U0327857

刘敦桢全集

第六卷

中国建筑工业出版社

图书在版编目（CIP）数据

刘敦桢全集．第六卷／刘敦桢著．—北京：中国建筑工业出版社，2007
ISBN 978-7-112-08979-6

Ⅰ.刘… Ⅱ.刘… Ⅲ.古建筑－中国－文集
Ⅳ.TU-092.2

中国版本图书馆 CIP 数据核字（2007）第 001069 号

本卷收录了1943—1965年期间刘敦桢先生关于中国古代建筑史教学、中国古代建筑研究等方面的著作。主要内容有：《中国古代建筑史》（教学稿）、中国古代建筑营造之特点与嬗变、中国木构建筑造型略述、宋《营造法式》版本介绍、略述中国的宗教和宗教建筑。

本书可供建筑学、城市规划、园林专业师生，建筑历史和理论研究人员以及建筑设计人员等参考。

责任编辑：王莉慧　许顺法
责任设计：冯彝诤　赵明霞
责任校对：兰曼利　关　健

刘 敦 桢 全 集
第六卷
*
中国建筑工业出版社出版、发行（北京西郊百万庄）
各地新华书店、建筑书店经销
北京广厦京港图文有限公司制作
北京中科印刷有限公司印刷
*
开本：880×1230毫米　1/16　印张：$14^{3}/_{4}$　字数：435千字
2007年10月第一版　　2007年10月第一次印刷
印数：1-2500册　定价：52.00元
ISBN 978-7-112-08979-6
（15643）

出版说明

刘敦桢先生（1897–1968年）是我国著名建筑史学家和建筑教育家，曾毕生致力于中国及东方建筑史的研究，著有大量的学术论文和专著，培养了一大批建筑学和建筑史专业的人才。今年恰逢刘敦桢先生诞辰110周年，值此，我社正式出版并在全国发行《刘敦桢全集》（共10卷），这是我国建筑学界的一件大事，具有重要的意义，也是对建筑学术界的重大贡献。作为全集的出版单位，我们深感荣幸和欣慰。

《刘敦桢全集》收录了刘敦桢先生全部的学术论文和专著，包括了以往出版的《刘敦桢文集》（4卷）中的全部文章、《苏州古典园林》、《中国住宅概说》、《中国古代建筑史》（刘敦桢主编）和未曾出版的一些重要的文章、手迹。全集展示了刘敦桢先生在中国传统建筑理论著述、文献考证、工程技术文献研究、古建筑和传统园林实地调研等多方面的成就，反映了刘敦桢先生在文献考证方面的功力和严谨的学风，也表现了他在利用文献考证古代建筑方面所作出的卓越贡献。《刘敦桢全集》无疑是一份宝贵的学术遗产，具有非常珍贵的历史文献价值。对于推动我国建筑史学科的发展，传承我国优秀的传统建筑文化，将起非常重要的推动作用。

全集前九卷收入的文章是按照成稿的时间顺序而相应编入各卷的。

第一卷编入了1928～1933年间撰写的对古建筑的研究文章和调查记等。

第二卷编入了1933～1935年间撰写的对古建筑调查报告和研究文章等。

第三卷编入了1936～1940年间撰写的对古建筑的调查笔记、日记和研究文章。

第四卷编入了1940～1961年间撰写的对古建筑调查报告和研究文章等。

第五卷编入了1961～1963年间撰写的对古建筑、园林等方面的研究文章以及关于《中国古代建筑史》编辑工作的信函等。

第六卷编入了1943～1964年间撰写的中国古代建筑史教案及1965年间写的古建筑研究文章。

第七卷编入了《中国住宅概说》和《中国建筑史参考图》。

第八卷是《苏州古典园林》。

第九卷是刘敦桢先生主编的《中国古代建筑史》。

第十卷编入了未曾发表过的对古建筑的研究文章、生平大事、著作目录、部分建筑设计作品以及若干文稿手迹与生前照片等。

为了全集的出版，哲嗣刘叙杰教授尽最大可能收集了尚未出版过的遗著，并花费了大量的心血对全集所有的内容进行了精心整理，包括编修校核已有文稿、补充缺失图片以及改补文稿中的错漏等，对于全集的出版给予了大力支持。同时，在全集的出版过程中，我社各部门通力合作，尽了最大努力。但由于编校仓促，难免有不妥和错误之处，敬请读者指正。

中国建筑工业出版社

2007年9月

目　录

中国古代建筑史*（教学稿）

第一章　自然条件与中国建筑

一、概说

甲、人类建筑产生与发展之背景

人类之建筑，乃系为满足自身之种种需要，在一定物质条件及支配此等条件之生产方式，及其所派生之政治、文化等基础上，所产生与发展者。所谓物质条件，除劳动力与劳动工具外，尚包括自然界之地理、地质、气候、水文、生物诸因素。由于它们均系人类赖以生存与繁殖之必需，因此亦成为人类建筑形成与发展之必要前提。就另方面而言，建筑又受到人类社会上层机构（政治、文化、思想……）之影响与制约，并随其发展而产生变化。由此可知，人类建筑之产生与发展，必与当时当地之自然条件与社会条件有密切关联。

乙、建筑与自然条件之关系

原始社会初期，人类之生产工具虽已由粗制之石器进化为骨器及弓箭等，然当时原始人群仍主要依靠渔猎与自然采集为生。由于此类生活资料之来源及取得极不稳定，因此生活甚为艰辛。经中石器时期至新石器时期，人类逐渐掌握了耕种、纺织、畜牧等生产技术，生活亦因此渐趋稳定与改观。但同样从事农、牧生产之原始人群，未必都能获得同等之劳动成果。以农业为例，位于温带与亚热带地区之河谷及冲积平原者，其土地肥沃，阳光与雨量充沛，农作物生长较快，产量也高。这就使当地经济得以较快繁荣，并进一步推动了社会各方面之发展。如附近另有河流、海洋，则因交通运输之便利，使贸易、文化等方面之交流频繁，就会给当地居民带来更多有利条件。此亦即古代之埃及、巴比伦、印度与中国等地区，成为世界人类文明摇篮之重要原因。由此可见，自然条件之优劣，在人类社会的早期可在相当大程度上促进或阻滞其发展。当社会已具有一定的经济组织职能后，则生产力与生产关系就成为推动社会前进之主要力量。而自然条件之影响，虽已逐渐退居次要地位并被削弱其作用，但仍不容予以忽略。

建筑之产生与发展亦复如是。人类最初之建筑均系产生于极为原始之物质条件下，仅能利用自然界所直接赋予之材料（如土、石、木材、茅草等），以及当时仅有之工具与技能。因此毫无疑义，此时大自然之气候及材料，在很大程度上影响着人类建筑的结构与形式。只是随着人类生产和社会的进步，人类对大自然的认识与控制程度的增加，以及对生产和生活需求的不断发展，才有可能利用新的材料（如钢铁、水泥、玻璃……）和新的技术（如电……）来创造新的建筑。

以上所述人类建筑与自然条件之关系及影响，其目的是为了了解建筑之产生与发展之经过，以便今后更全面地认识自然与利用自然。

二、影响我国建筑之自然条件

大致可分为地理、地质、气候与材料等几方面：

甲、地理

（一）位置

我国位于亚洲东南部。疆域东西横亘五千余公里，位置在东经71°（帕米尔高原）至136°（黑龙江省抚远县东境）之间。南北距离亦相仿佛，即自北纬4½°（南沙群岛之曾母暗沙）至53½°（黑龙江省漠河县北江心分界线）。但主体地域之纬度仅介于北纬20°至45°间，即属于地理与气候较佳之温带地区。

我国之西、北疆土深入亚洲大陆。陆地国界先后与朝鲜、苏联、蒙古、阿富汗、巴基斯坦、印度、尼泊尔、

*［整理者注］：原为作者1943～1957年间中建史教学用讲稿，共有数种不同体裁。后又为研究生讲课而屡加补充、修订。此文成于1964年4月。

缅甸、老挝、越南等国接壤。疆界之东、南两面，则为长达一万一千余公里之海岸线。海域南疆延至南沙诸岛，与婆罗洲西北之沙捞越、印度尼西亚毗邻。由于领土兼有水陆之长，所以构成了立国的有利条件。

（二）面积

我国自古以来，即为版图宏扩之大国。现有国土面积为960万平方公里，占亚洲面积1/4强，占世界陆地面积1/13。版图之大，仅次于苏联与加拿大，而居世界第三。

（三）地形

整个地形趋势为西北高东南低。北部有蒙古高原，西侧为西藏高原，西南则系云贵高原与横断山脉之高山深谷。主要河流大体与纬度平行，即源于西部而东流入海，如黄河、长江、珠江三大水系。它们贯穿境内最富庶地区，形成中国之主要动脉。所经之处有平原、湖沼、丘陵、山岳、盆地、沙漠、草原等复杂地形。

总的说来，全国大致可划分为九大区域，即：东北地区、内蒙古高原、西北高原、青藏高原、华北平原、四川盆地、江淮平原、云贵高原和闽、粤丘陵区。由于各区之纬度与地形各不相同，因此其间之气候与物产（包括建筑材料在内）亦形成较多之差异。

此种复杂之地形，对我国建筑发展可称有利。例如国内大部分地区很早即已采用木架系统之结构形式，即为适应此不同地区之自然环境者。由此产生不同形式之平面与外观，从而大大丰富了我国传统建筑内容，使它成为具有统一性与特殊性相结合之建筑技术与造型艺术，此亦为其他国家所少见。

（四）地理条件与建筑发展之关系

我国传统建筑之发展，与本身之地理环境有如下数种具体关系：

1．位于我国中部黄河流域之黄土平原，因土地肥沃颇宜于农业，且附近交通便利，因此成为中国古代经济与文化的主要发源地，同时也是我国古代大多数王朝的政治中心（或都城）所在，从而使该区之建筑发展较早，演变也较多较快。

2．中国古代文化由黄河流域传播到长江流域，再推广到珠江流域，最后才达到西南高原及其他山岳地区*。而后者因交通不便，对传入的建筑结构与形式，常予长期保留而少加变化。换言之，它的发展较迟，演变也较缓慢。

3．古代中国与西方之重要陆路交通往来，大约正式始于西汉中叶，以后至唐代又达到一个高峰。即中国之政治势力达到当时西域诸国后，才较为频繁。是以中国与巴比伦、希腊等国之文化交流，较之印度稍晚。

4．唐代以后，南海交通日益发达，是以广东、福建一带最先接受伊斯兰教建筑艺术影响。而明末以来，亦成为最早接受欧洲建筑影响之地区。

5．中国与朝鲜、越南接壤，并与日本、琉球亦一海之隔。因此，中国古代之建筑艺术，很早即被他们所吸收与采用。

（五）地理条件与建筑结构及式样之关系

1．在我国古代，黄河流域尚存在相当茂盛之森林，又有天然深厚之黄土层。因此，居住于该地区之先民，利用此二种材料，创造了木架与版筑的建筑结构方式。

2．盛行于我国东南湖沼地区的干阑式建筑，往往临水筑基，或迳建于水中。西南丘陵地区因湿热多雨，或为避蛇虫之扰，亦多采用干阑建筑。它们的结构与外观，自然和其他地区大不相同。

3．我国东北与西南的山岳地带，因盛产木材，至今在若干地区中尚使用井干式建筑。

---

*［整理者注］：著者在撰写此文时，江南之彭头山文化、河姆渡文化及内蒙古一带之兴隆洼—红山文化尚未发现，故仍依原意未改。

4．西藏、西康、青海等地，因高原气候寒冷，多风雪而少雨，故建筑常用窗小之厚墙及平屋顶。云南境内风力较大，故屋面亦铺筒瓦，与华北诸省同一方式。

5．沙漠地区民族逐水草而居，故使用易于装拆之帐幕（如蒙古包）作为主要建筑之形式。其于青、藏、甘诸省之牧民亦有用者。

6．西南横断山脉地区的桥梁，因河谷深而水急，为避免桥墩被水冲毁，故常采用索桥（竹、铁）或悬臂式木桥（又称飞桥）。

乙、地质

（一）中国之地质概况

1．中国之土壤分布　于华北一带大都属由碱性黄土所形成之平原或台地。南方诸省虽有灰壤、棕壤、红壤、紫壤等不同差别，但大体都系酸性黏土。长江下游与沿海地带，则多为含水量较多及地下水位较高之冲积土与湿土。河北省中部及内蒙古、宁夏等处，有局部碱土及盐土。东北诸省除碱性黄土外，尚有肥沃之灰壤与灰棕壤。

2．中国之岩层　四川盆地之红砂岩离地面较浅，分布亦很广，但质量松脆，不能作高级建材。石灰岩各地产量较多，但高级石材如质地坚硬之花岗岩及纹理秀美之大理石储量甚少。

3．中国之地震　均非出于火山爆发，而是出于地层构造之变化。其产生原因，是由于地球地壳自若干亿年前形成到现在，各部分所受地心熔岩浆压力很不平衡，而分布于地壳内部之压力亦经常处于变动之中。地壳岩层本具有一定弹性与强度，当某处压力超过所能承受之限度时，地层即产生分裂或错动，由此而形成地震，并影响到附近地区。其波及范围与造成损害的程度，视内力大小与传力情况以及所在地点地质构造而定。地壳一旦分裂或错动，就会形成断层。因此，地貌上断层较多之处，即是容易发生地震之地区。我国北方地震区以甘肃六盘山为策源地，烈震时可影响华北诸省。南方则以西南之横断山脉地区地震为多。甘肃一带之地质，在距今约六十万年以前之上新世时期，其岩石因受气候影响，表面已分裂为砾石层。更新世初期以后，地层表面又因风力的堆积，而成为黄土台地。由于黄土层中的水分经毛细管下渗，使它与砾石相近之下层形成泥浆状态。因此，若遇地震就易产生分裂或下滑，危险性很大。

（二）中国黄土之特征

中国古代文化胎息于黄河流域之黄土地区。关于黄土所具特征，现介绍如下：

地球上原来仅有岩石，而无土壤。尔后由于物理性之风化与化学性之分解，以及生物残骸腐化等原因，遂将岩石逐渐分解成为土壤。在欧洲大陆，因几次冰川时期气候的变化与雨雪冲积，形成了许多平原与盆地。但中国黄河流域的黄土层，则是因上新时期地球地壳的造山运动，形成了隆起的喜马拉雅山脉。从此使印度洋上的热带季候风不能北来。结果使位于今日新疆塔里木盆地与蒙古一带的内海干涸，并逐渐成为沙漠。大约自更新世初期开始，亚洲北部的季候风将沙尘吹扬至秦岭山脉及伏牛山脉乃至大别山脉以北地区，经若干万年的堆积，形成了今日的黄土地带。

黄土可分为初生黄土与次生黄土二种。初生黄土又称风成黄土。次生黄土除风成的外，还可源于水成，如溪流附近的盆地与冲积黄土层，即属于此类。次生黄土中含有砂砾者，尤为明证。

黄土层的厚度，从 10 米到 120 米不等。以地区划分，则甘肃一带的黄土台地最厚，陕西、山西、河南等省次之，安徽北部与黄河下游三角洲的冲积黄土区又次之。

就黄土的物理性质而言，它是一种极细微的矿质尘料，而非黏土。矿质的体积以直径 0.05 厘米者占 70% ~ 80%，达 0.20 厘米者绝少。黄土土质松软，便于耕作，土内构成众多的毛细管，雨雪后能保持相当湿度，并可将土中的矿物质等沿毛细管输至上层，以供植物吸收，因此是一种有利于农作物生长的土壤。

黄土之化学成分据分析，含有石英、长石、云母石、方解石、磁铁矿、磷灰石、橄榄石、碳酸石灰、窒素、苛性加里等内容。但各地之黄土成分略有出入，故有漠钙土、淡色钙土、暗色钙土及含砂较多之砂姜土数种。然土内一般均含有碳酸石灰，如加以适量水分，则碳酸石灰可不断分解土中的矿物质，使其成为极肥沃土壤。因此，建设相应的灌溉工程，对提高黄土地区的农业生产起着关键的作用。

（三）地质对建筑之影响

1. 黄土对建筑有如下优点：

(1) 黄土土质平均，厚度深，易于排水，是建筑物的良好基床。

(2) 黄土中含石灰质，能提高夯土版筑墙等构筑物的强度。

(3) 本身具有垂直节理，虽成壁立状态仍不崩溃。因此，早在新石器时期就已被用作竖穴及横穴（窑洞式居室）。后者直至目前，在山西、陕西、河南等省缺乏木材地区，仍利用黄土断崖开凿以作民居。由于黄土具有隔热性能，所以穴内冬暖夏凉，颇适于居住。但甘肃一带因多地震，似应控制使用。

2. 酸性黏土吸水后排泄较慢，不是理想建筑基床。又黏土收缩性大，容易龟裂，须加石灰与砂，方可筑墙。

3. 湿土与冲积土含水分较多，故荷载力较小。如基础荷重大，则需打桩或采用其他加固措施，颇不经济。

4. 河北、内蒙古、宁夏等处的碱土受日光蒸发后，碱质由泥土中的毛细管上升，剥蚀砖墙或石墙的下部，影响建筑的寿命。旧法在墙下部距地面 30 厘米处铺木板一层；或铺树枝、高粱秆 7 ~ 10 厘米，利用其间空隙流通空气，缓和碱质上升；或用素土筑成台基，再在台基上建造房屋，但都非彻底之解决方法。现在可在墙身近地平线处，置水泥腰箍一周；或在房屋周围铺水泥地面，以减少泥土之蒸发；或在附近多栽植吸收碱质之花木；或挖掘沟池，使泥土表层的碱质，随雨雪流集一处，都可收到相当的效果。

5. 岩层如为厚度较大的水平层，且无破裂断蚀等情状，乃属理想之建筑基层。但实际符合此情况的为数甚少。四川系红砂崖构成之盆地，所以当地汉代墓葬多采用崖墓形式。六朝以后，始于地面掘穴建坟。抗日战争期间，依崖掘坑道作为防空洞者甚为普遍。亦有移作仓库或改作工厂车间者。

6. 地震之运动颇为复杂，但一般以水平方向的震动为多。不论何种方向的震动，都属以加速度改变建筑的荷重方向，从而产生破坏建筑结构体系及受力材料的应力。因此，房屋愈高愈重，所受之破坏愈大。其中刚性结构节点又较柔性者受破坏大。在中国历史中，地震曾予建筑以多次严重损害。如近千年以来，仅北京之地震记录就达八十五次之多。其中最激烈者发生于元至元三年（公元 1337 年），其连续地震竟达六天之久。而最近三十年间，甘肃、云南亦有地震多次，个别城市甚至全毁。因此，在今后之经济建设中，应当特别注意此项破坏之可能性。

丙、气候

（一）中国之气候概况

我国国土虽位于北半球温带，但因地域太广，以致北端已具亚寒带气候，而南端则呈亚热带气候。大体说来，我国气候以夏季较热，冬季较冷。且冬、夏二季温差颇大，雨量又多半集中于夏季。此等现象均属大陆性气候特征。

各地之风向，因纬度与地形等影响，亦有若干差别。但大致冬季多为北、东北或西北风。夏季则以南、东南、西南风为主。

横亘于国土中部之秦岭山脉、伏牛山脉及大别山脉，将我国划分为南、北二部。其北部气候较冷，雨少而空气干燥。其南部则较暖，多雨而潮湿。因此，建筑之结构与形式亦产生若干区别。此外，同属南部之四川盆地与云贵高原，因海拔高度与地形不同，气候亦迥然有别。又如同处长江下游之南京与上海，两城相距非远，但南京位于内地，上海则邻近海洋，以致两地气候差别悬殊颇大。

（二）气候与木架建筑之关系

由于我国疆域广大，地形与气候复杂，其间形成差距颇大。如内蒙古自治区北部之兴安岭山区，冬季曾有摄氏零下五十度之超低温记录。而位于西北之新疆维吾尔自治区吐鲁番盆地，夏季最高温度竟达摄氏四十六度。再若四川与西藏虽在同一纬度，但前者系一由高山包围之盆地，气候相当温暖；而后者约有一半面积在海拔5000米以上，以致夏季平均温度不过摄氏十度，与寒带情况无多大差别。此外，如海南岛位于亚热带，终年如夏，而无四季之明显区别。由于上述情况，我国某些地方之房屋，需要较厚之屋面与墙壁，以及较小面积之门窗，以御严寒。但另外若干地区，则使用较薄之屋面与墙壁，并要求加大门窗面积，以求通风散热驱湿，甚至形成四面开敞，有若凉亭式样之建筑。如我国之传统建筑仅采用承重墙而未采用木架结构形式，就难以适应上述复杂多变的气候与各种不同的建筑要求。此即木架建筑在我国自古以来被普遍采用的主要原因。

（三）气候与建筑平面之关系

1．我国冬季之主导风向，大都以北风居多，是以一般建筑均采面南背北布置。但江、浙一带，夏季常有袭自东南之台风，因此房屋朝向多采南偏东5°或15°。

2．日照角度对建筑亦产生重要影响。如华北地区建筑朝南，则夏季日光射入室内较浅，而冬季日光射入室内较深，最合居住要求。然而在西南地区的云南昆明，地处北纬25°与海拔2000米的高原上，其建筑方位如选择正南，夏季虽无阳光侵入，室内比较阴凉，但冬季阳光射入室内深度不及北京的二分之一。因此当地乡间居朝向常采取南偏东或南偏西，以弥补上述缺陷。此种方式的采用，据记载至少在唐代已很普遍。

3．四合院为我国传统建筑最常见的布局形式，但因气候不同处理亦略有区别。在气候较凉爽之华北诸省与云南高原，院落多呈方形或近于方形之矩形，以争取四面建筑均可获得较多之日晒。而在夏季相当炎热之长江流域与珠江流域，其四合院院落多采用东西长南北短之狭长形状，俾使遭受强烈日晒的东、西两侧房屋面阔减至最低程度。

4．气候与结构式样之关系

（1）中南与西南山区潮湿闷热，又多虫蛇。居住于该区之苗、僮、瑶、黎、傣等兄弟民族，利用当地盛产之竹木，建造下部架空之干阑式建筑。此与东北地区之建筑，为防止土壤中水分因冰冻与融解导致建筑下沉或开裂，从而将基础置于冰冻线以下（有的竟深达三米半）的做法，不啻有天壤云泥之别。

（2）房屋高度于南方较高，以有利通风。北方较低，则着意于保暖。

（3）墙壁构造方面，南方诸省之建筑每于檐柱间施木板或编竹涂泥之竹笆墙，即足阻隔风雨，或使用厚25厘米之空斗砖墙与实砌砖墙。北方各地之建筑之外围护结构，大多采有坚实之夯土墙、土坯墙或实砌砖墙，厚度都在38厘米以上，甚至可达1米有余。

（4）北方建筑之柱为承载较厚重之屋面与强劲之水平风力，故直径较粗，并包砌于外檐墙体内。南方建筑则因上述二项外力较小，故可用较细断面。又因气候潮湿，木材易腐，柱体常与墙身分离。

（5）屋面结构在北方因御寒需要，椽上铺望板，上再垫较厚之苫背，用以保温并固定瓦件，是以屋面甚为厚重。其如宫殿、庙宇等官式建筑，尤为特出。而南方绝大多数建筑，仅于木椽间置蝴蝶瓦。

（6）由于上述气候对建筑产生种种影响，使南、北方建筑在外观上亦形成若干差异。一般来说，南方建筑柱较细长，墙身与屋面轻薄，门窗量多面积大，整体印象清秀玲珑。北方建筑柱、梁粗壮，墙身与屋面厚重，门窗较少且小，外观显得雄浑稳健。

（7）雨量较多与阳光强烈的南方，常于街道两侧建骑楼或檐廊，或在桥梁上建筑廊屋。山洪较大处之石桥，往往在桥墩上及桥头置小券泄水，或用石柱代替分水金刚墙。

(8)雨量稀少之西北地区及华北等地，除大量使用夯土墙外，建筑常以土坯或灰土构成平顶或囤顶式样。

丁、材料

中国古代建筑之材料，以木材与泥土为主，故称建筑房屋为“土木之工”。其次为砖、瓦、石、竹与油漆。而金属材料与矿物颜料等，仅居辅助地位。

（一）木材

我国古代具有丰富森林资源，以致至少在新石器时期，就已将木材应用于建筑房屋，并由此发展了抬梁式、穿斗式、井干式和干阑式多种形式的木建筑。而尤以其中之抬梁式木架构得到特别广泛的应用和较大的发展，并使得中国建筑成为世界古代六大建筑系统之一。后来由于中原一带的森林砍伐殆尽，人们不得不制定种种法规，以防止浪费木材。另方面又努力使用砖、石材料代替木材。同时还在黄土层深厚的地区，继续保持窑洞这一传统形式，都收到很好的效果。此外，砖木混合结构建筑与用较小木材构成的穿斗式屋架以及用拼帮法做成的柱、梁，都得到广泛的应用。

（二）土壤

我国新石器时期的居住建筑，已使用在草木围护物表面抹泥之墙壁和屋面，室内泥土地面亦经过烧烤或其他加工。至夏、商时期，已普遍采用夯土建筑墙体、屋基乃至墓葬。自陶砖出现后，虽其用于建筑日渐广泛，但夯土技术及土坯砖仍被大量采用。直至目前，我国南、北农村中犹处处可见。夯土筑墙时，于墙体中施木骨等辅助构件以增加强度的方法，除见于北宋的《营造法式》记载以外，尚得之于辽、元建筑遗物。而仅施版筑建造三、四层房屋之例，在今日四川、福建亦不乏少数。

（三）砖材

据考古发掘资料，我国于战国时期即已使用表面模印花纹之大型陶质地砖，并以大型空心砖构造墓室。至少在西汉末期，条砖亦广泛见于墓葬。其用于房屋墙壁，似乎从东汉开始。南北朝时又施于建塔，今日河南登封嵩岳寺塔，建于公元6世纪初之北魏，是为现知我国最古的地面砖砌建筑物。依其形制，这时砖砌建筑已在模仿木建筑的外观形式。至唐代中叶，其模似程度已达很高水平。两宋、辽、金时期，木构之佛塔甚为少见，而砖塔已成为佛塔中的主流，其仿木形象更加细致华丽。明代又出现全由砖建的无梁殿，使我国砖构建筑更向前发展了一步。

琉璃砖、瓦的使用最早见于北朝，唐、宋又有所发展，但至元、明才广泛使用。建于明初南京大报恩寺的九级琉璃佛塔，曾被誉为中古时期世界七大奇迹之一，由此可见当时成就的辉煌。清北京宫殿为我国现存使用琉璃构件之最大建筑群体，其规格也系最高级者。

（四）瓦件

西周已经使用了正式的陶质板瓦和筒瓦。瓦的雏形与出现当在更早，推测与陶器的产生有关。东周遗址中发现带蕨纹的半瓦当筒瓦，有的还附瓦钉。战国瓦有在表面涂朱为饰的。到北魏初期（公元5世纪初）才有琉璃瓦。不过当时担任制作的是大月氏国匠人，以致不久即失传中土。后来至隋代，有何稠者能制绿琉璃釉，因此琉璃瓦才又重新发展起来，但色彩种类甚少。唐代的琉璃瓦据目前所知，仅有黄、绿、蓝三种，远不若出土之三彩明器色彩丰富。宋代以后，琉璃瓦种类增加。明代起又在瓦坯内掺拌陶土，增加了瓦件强度，于是瓦的质量，得到了划时代的进展。清代宫殿所用的琉璃瓦，多经北京赵家窑承造。由于制作成为专业化与世袭职业，技术日臻精进，已能制出黄、绿、蓝、紫、黑、白、桃红、翠绿等色釉料。所以就琉璃瓦的颜色品种而论，应以清代最为进步。

（五）石料

我国所产的石料，虽有花岗石、石灰石、砂石、大理石等，可是质地坚固最适于建筑使用的花岗石产量不多。其主要产地在江西南部、湖南东部、广东北部和安徽南部等处。过去因开采不易与运输困难，一般很少使用。而黄河流域比较丰富的石灰石，又以我国传统建筑的结构以木架为主，因此石料多半仅用于房屋的台基、栏杆、柱础、踏步与桥梁的券体。仅少数用于铺地、砌墙、出檐与檐柱等。河北房山县大石窝所产白色大理石，色泽纯洁，宜于雕琢，素负盛名，俗称“汉白玉”。明、清二代宫殿、庙宇常用为建筑之台基与栏杆，在艺术方面曾获得很高的成就与评价。云南大理点苍山所产之大理石，则以花纹秀丽闻名全国，常用作装饰用材。

河北房山、唐山等地的板石，坚而不脆，又能耐火，且重量不大，可用作屋面的铺材。此种石瓦，又见于西南山区及东南沿海之民居。

（六）竹材

竹的主要产地是在长江流域与珠江流域，可用来制作围篱、竹笆墙，或搭盖简单轻便的亭、廊、房屋，或作施工之脚手架等等。它是我国南方诸省除木料以外，比较普遍采用的建筑材料。此外，在川、滇、西康一带，又利用竹的重量轻而具有较好的弹性与韧性的特点，制成张应力很强的竹索，并以此建造索桥。位于四川灌县的安澜桥即其一例，其总长达320余米，成为世界上最特殊的桥梁工程之一。从这里也可充分证明我国古代匠师具有的高度智慧和伟大的创造力。

（七）其他材料

桐油与漆是我国的特产品。周代已用来保护建筑的木质部分，使其不受潮湿影响。朱砂的运用，早已见于殷代坟墓内的木椁。周、汉之际，又用以涂刷瓦面，以增加房屋之美观。后来和石青、石绿、赭石、铅白、槐黄、土红等，同为我国建筑彩画的主要材料。

铜、铁等金属一般用于建筑之门钉、门环、铺首及门窗的接榫部分（即角叶），或用于屋角、天花、藻井等处，以辅助木材应力之不足。其他实例及见于文献记载者，如商代宫殿在柱与柱础石间加铜锧一层，以防木柱潮湿腐烂；战国时于梁头、柱端置“金釭”；新朝王莽建太庙用铜斗栱；秦朝宫殿及西晋太庙中用铜柱；明代宫殿用铜制的阴沟管，并在屋顶的苫背下铺锡板一层，以防漏雨；后来明、清二代有用作屋面辅材或完全以铜建造殿屋（俗称“金殿”）等等，都是比较突出的。但总的来说，其应用范围有限，对整个中国建筑的发展，未能起重大作用。

铁器的运用在汉代已甚为普遍，但是否已施于建筑，尚存疑待考。后世使用者亦不多，如扒钉、铁箍等。此外建石桥时，亦有熔铸于券石间作银锭榫者。在佛教建筑中，偶亦有全由铁铸之塔、幢者。

金、银等贵重金属使用极少，一般是镀在其他金属（如铜）之表面，称为“镏金”。常见于屋瓦及小型之塔、幢等。

第二章　社会发展与中国建筑

一、概说

甲、建筑与社会发展的关系

在人类社会中，人类自诞生伊始，经过幼年、壮年，以至于老死，无日不与建筑发生关系。所以离开人，便无所谓建筑；除开人的生活，便无建筑功能与建筑艺术可言。而人又是群居的，不可能脱离社会而单独生存。人们的意识形态，不问其自觉或不自觉，都被社会的生产力和生产关系，以及由它们所派生的政治、文化、宗教等上层建筑，所共同支配与左右。因此，由人类意识形态所反映的建筑艺术，必然成为社会经济体系所构成的上层机构的一部分。而不同经济体系所构成的不同社会，也必然产生由于不同社会需要而出现的不同建筑。即自古远之原始社会到20世纪的今日，世界上任何一种建筑，无不依随社会之发展规律，并不断地改变着它自身的内容与外貌。因此，建筑发展与社会发展关联密切，而建筑发展的本身规律，还为社会发展总规律所制约。

乙、中国社会发展的分划问题

人类社会的发展，虽具有共同的统一性，但由于各民族的客观环境不尽相同，又产生若干特殊性。所以在总的发展规律方面，中国社会虽然也是由氏族组织的原始社会，经过奴隶社会，再演变为封建社会的。不过，后者在中国历史中占据长达三千年之久的漫长时期，跟随而来的不是资本主义社会，而是半封建半殖民地社会，以及革命后过渡性质的新民主主义社会。这与世界上某些国家由封建社会直接发展为资本主义社会不同，因此在建筑的发展上也产生了若干区别。

我国过去载述历史的书籍，虽然数量很多，但大多是记载帝王将相、贵族豪强以及士大夫阶级的言行事迹，对于人民大众的生活情况，则很少述及。因此使我们对我国历史发展的情况，未能得到一个全面和详细的了解，对许多问题还有争议。例如对奴隶社会与封建社会的划分，国内外学者还没有一致的意见。据范文澜先生的研究，证明西周时奴隶虽大量存在，但已不是构成社会的主要成分了。现在依照范文澜先生所著的《中国通史简编》，将中国社会的发展划分如次：

原始社会　夏以前（公元前2207年以前）

从原始公社走向奴隶社会　夏（公元前2207～前1765年）

奴隶社会　商（公元前1765～前1121年）

封建社会　西周到鸦片战争（公元前1121～公元1840年）

半封建半殖民地社会　鸦片战争到中华人民共和国成立（公元1840～1949年）

新民主主义社会　中华人民共和国成立以后（公元1949年～）

丙、各时期建筑的特点

从中国建筑的发展来说，由于各社会发展时期的性质不同，它给予建筑的影响也就不同。据本人不成熟的看法，从原始公社到奴隶社会，是中国建筑的形成时期。封建社会是中国古典建筑的发展与渐趋衰落时期。半封建半殖民地社会是中国传统建筑受帝国主义侵略，从而导致崩溃与蜕化的时期。新民主主义社会则是中国建筑走向新纪元的开始时期。

二、中国的原始社会建筑

社会生产力和生产关系的发展，是和生产工具的进步分不开的。因此，以生产工具的进展，作为划分古代社会的标准，目前已被公认是正确的方法。一般说来，从旧石器时代，经中石器时代，到新石器时代末期，由于人们的生产工具主要以石器为主，因此，应属于中国的原始社会时期。其分布地域可参见图1。而铜器的使用，是促使原始社会走向奴隶社会的主要原因。因此这两个社会的嬗递转变，完全以铜器的发明与使用为其关键。*

甲、中国的旧石器时代

1. 旧石器初期（距今约50万年前），河北房山县周口店的北京人，虽体质尚具有若干猿人成分，但已有粗糙石器，并使用了火，又利用天然崖洞解决其居住问题。

2. 黄河上游的河套地区与宁夏附近，已发现旧石器中期人类使用的石器多种，但未找到居住遗迹。

3. 旧石器末期（距今约10万年前），房山县周口店的山顶洞人仍住在天然崖洞内，但使用的石器已较进步，并有骨器与简单的衣服、装饰品及埋葬制度。

乙、中国的中石器时期**

在黑龙江省北部满洲里（原文如此，满洲里今属内蒙古自治区。——整理者注）的札什诺尔煤矿中，发现以渔猎为生的中石器时代的人类化石及使用的细石器等，但亦未见居住遗址。

从旧石器时期到中石器时期的居住遗址所以稀少的原因，也许是由于这时正值华北黄土地区的堆积形成时期，许多遗址被黄土所掩埋，以致可遇而不可求。

丙、中国的新石器时期

由河南省陕县庙底沟及渑池县仰韶村、山西省万泉县荆村与陕西西安半坡村等地所发现的新石器时期文化遗址，证明当时人类已知耕种（使用石犁）、纺织（陶纺轮）及饲养家畜。广泛地使用骨器与磨光石器，并能制作美丽的彩陶（以红、黄、黑诸色勾绘出多种优美的花纹图案）。所以也被考古学家称为彩陶文化，时间约在公元前2500～前2200年。

当时的居民常在附近有河流或泉水之冈丘上营建聚落，并建造穴居（竖穴）与半穴居作为居住之所（图2）与供储藏用的窖穴。前者平面略近圆形，剖面上小下大，底径1.5～2.5米，深度2～3米，内部有灶的痕迹，穴顶可能用人字形或圆锥形屋盖。此项竖穴于铜器时代，在河南省安阳附近尚有发现。后一种穴居称半穴居或浅穴居，即在地平面往下掘深0.5～0.8米之浅坑作为居住面，室内设灶及通往室外之坡道。根据室内地面柱洞表明，此时已使用简单的绑扎木屋架，并有于树枝、茅草外涂泥土的墙壁与屋盖。建筑平面作矩形或圆形（图3、4）。且若干居室常围绕一较大之方形房屋（图5），似为氏族公共活动之处。

在山东半岛北部及辽东半岛的南部，还发现由大块石板搭砌的、称为“石棚”的原始社会建筑，以辽宁省海城县的最为有名，估计是当时的墓葬。

三、从原始公社走向奴隶社会的中国建筑

所谓从原始公社走向奴隶社会时期，就是铜器时期的开始，也是金石并用时期。在年代上可能相当于夏朝。

山东省历城县龙山镇发现了黑陶文化遗址，并有铜箭镞与简单文字的卜骨。陶器的制作方法，已由手制进步为轮制。陶胎很薄，颜色深黑，因此又被考古学家称为“黑陶文化”。它是以山东为中心，南及淮河与长江下游的文化系统。遗址外侧，绕以平面为矩形的围墙，墙基厚约10米，全由夯土筑成，表面且具收分。此种版筑技术的出现，表明当时的建筑技术，已较前述之仰韶时期大有进步。

四、奴隶社会时期的中国建筑

甲、概说

中国古代社会至少在商代，即已进入奴隶社会。商代的版图，系以河南为中心。最初都商丘，后来迁亳，

* [注]：中国的铜器时代（即金石并用时期）假定从夏朝开始，确切与否，尚待证明。中国从何时起使用青铜器尚不明了。

** [整理者注]：目前我国考古学界对石器时期仅划分为旧、新两期，不提中石器（或细石器）时期。

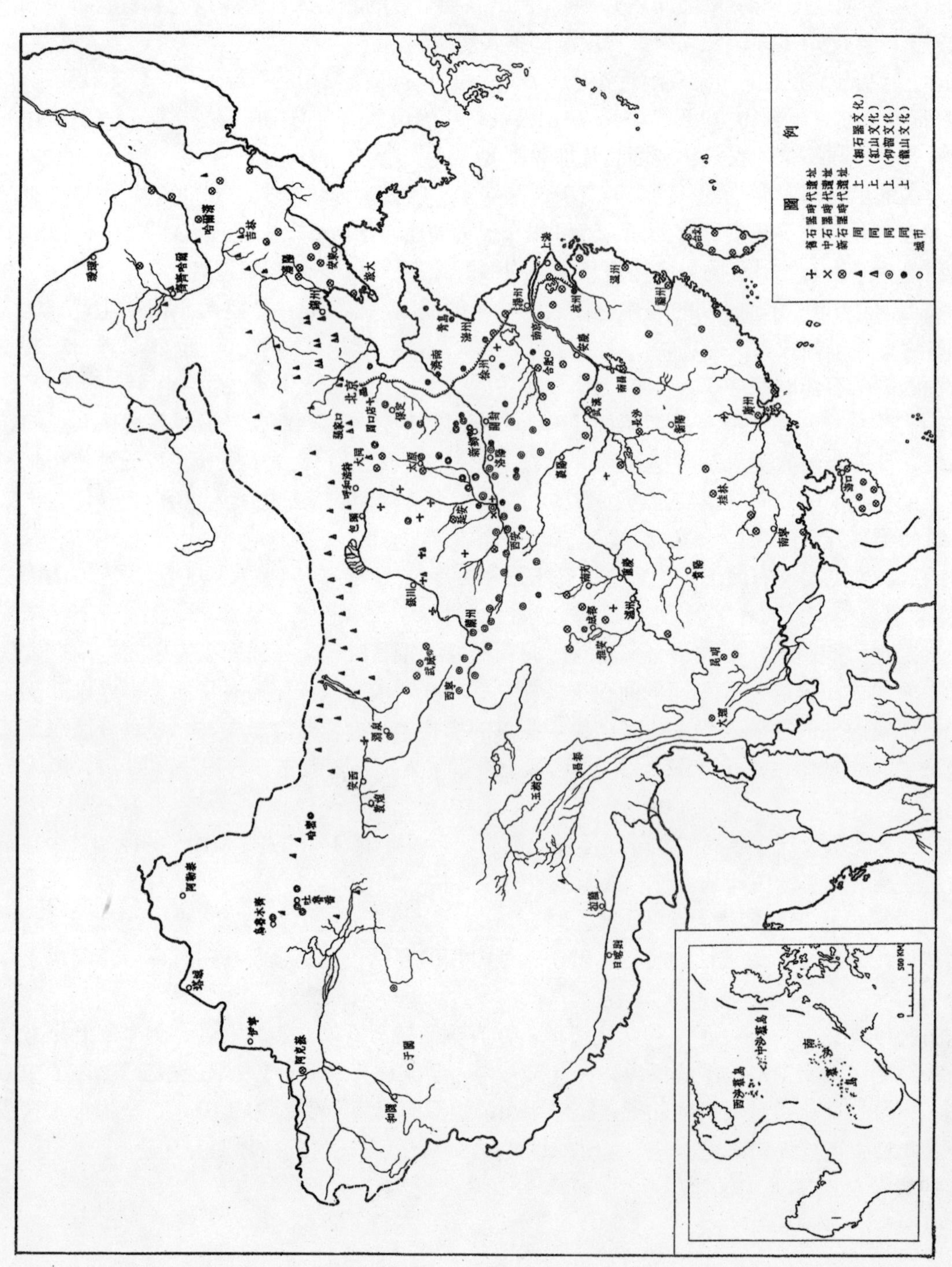

图1 中国石器时代重要遗址分布图

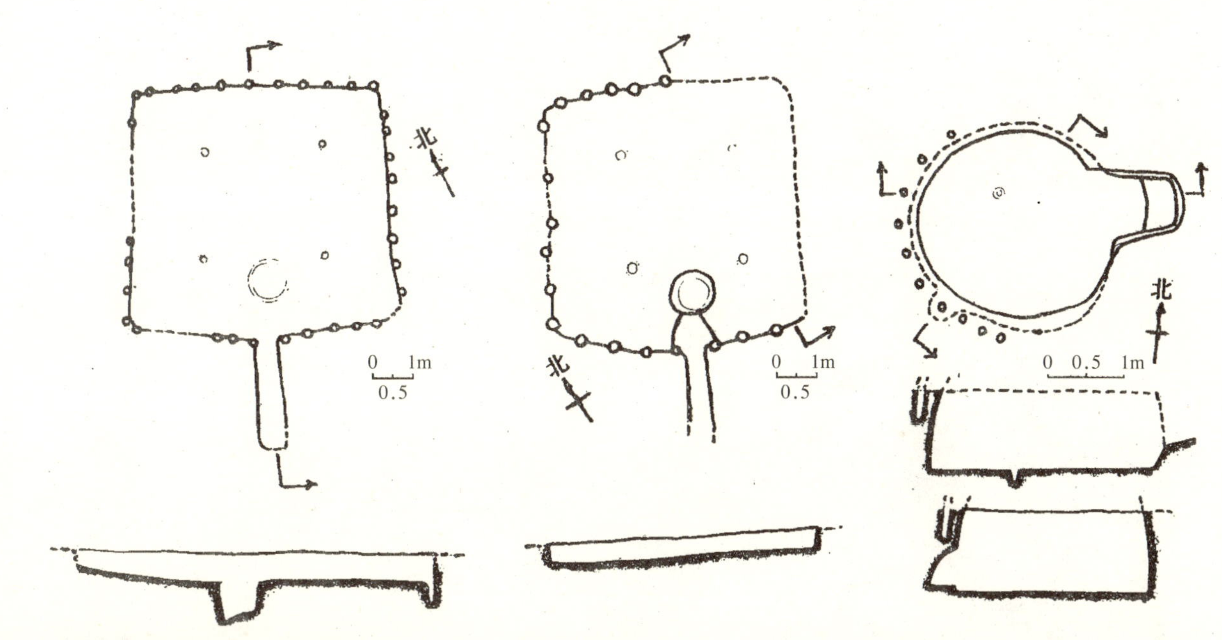

图 2　河南陕县庙底沟仰韶文化半穴居房屋

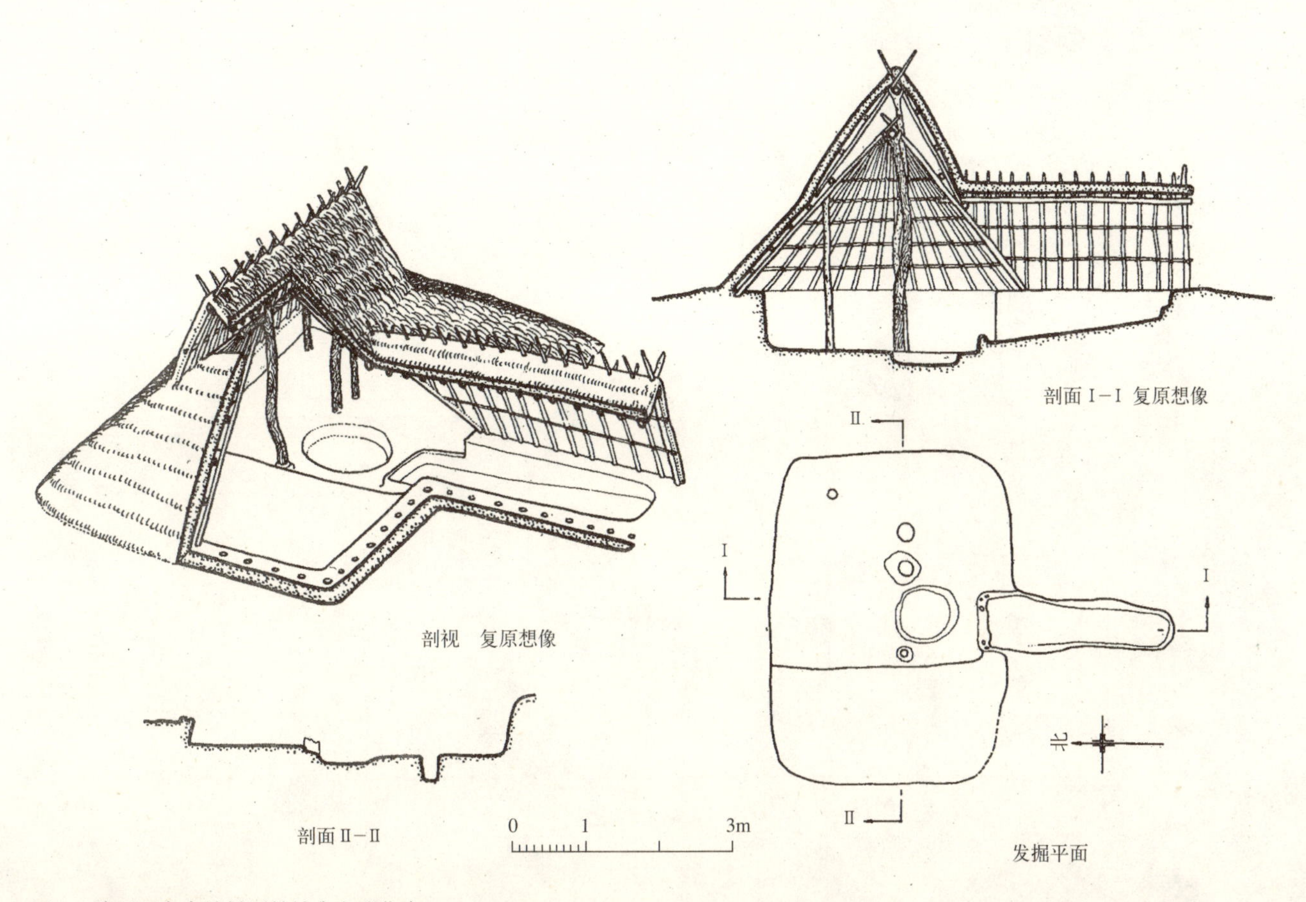

图 3　陕西西安半坡村原始社会方形住房

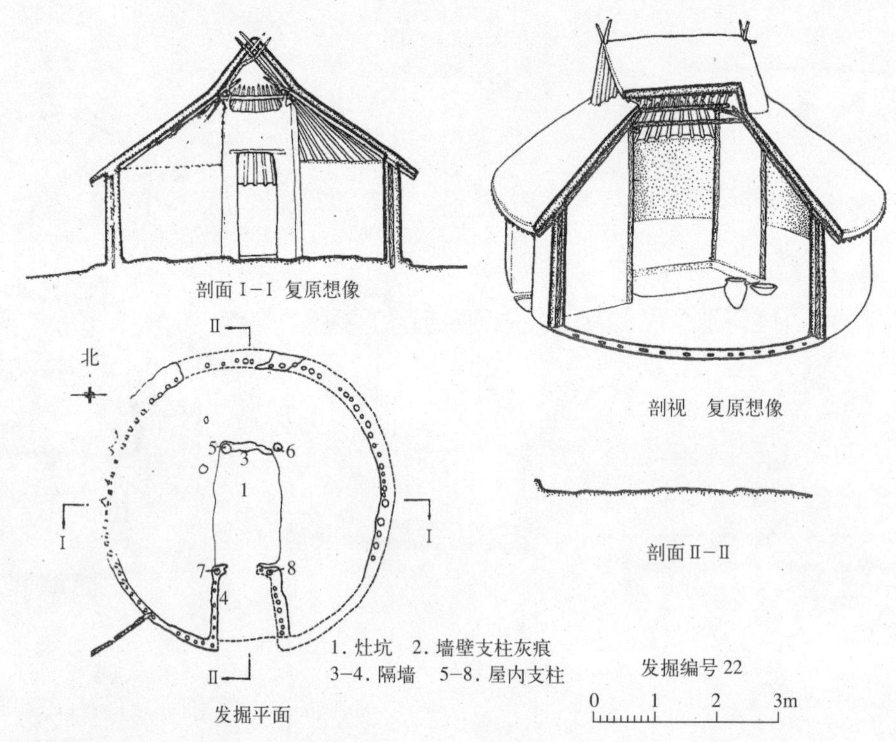

图 4 陕西西安半坡村原始社会圆形住房

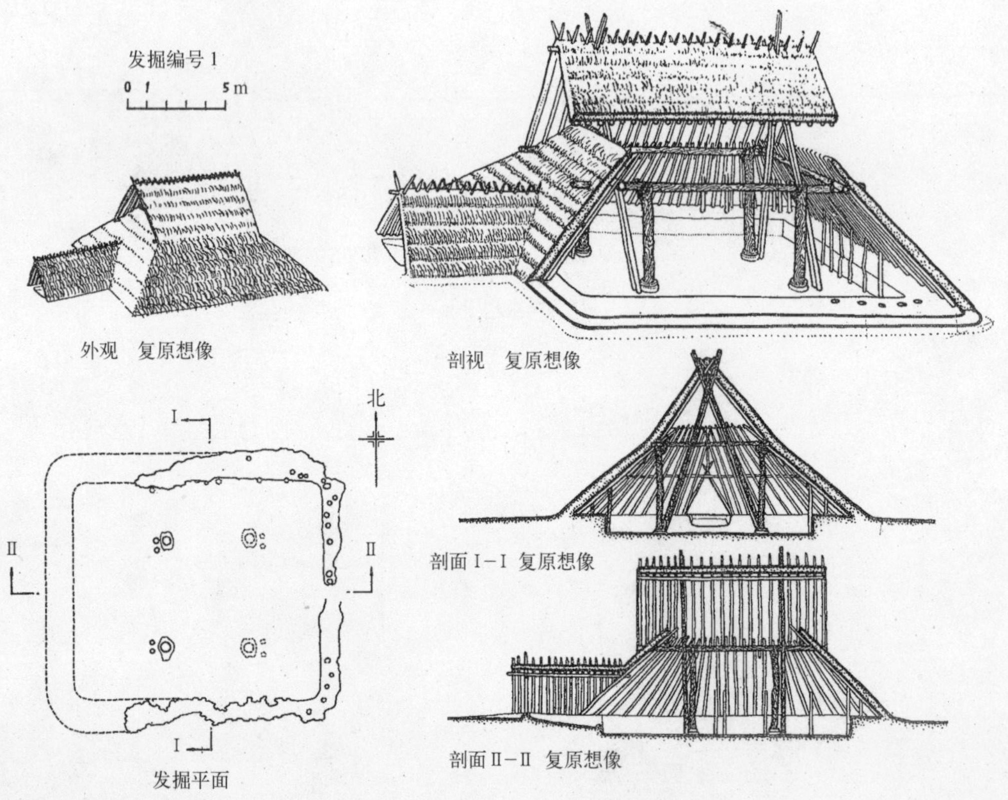

图 5 陕西西安半坡村原始社会大方形房屋

再经过五次迁都，最后建都于殷（今河南省安阳县），所以晚期又称为殷商。商朝的统治时期，大约自公元前 1765 ～前 1121 年，前后约六个世纪。都殷时间，为公元前 1401 ～前 1121 年。

商代是建在奴隶制度上的王朝。在文化上，已有阴历、干支、甲骨文字，与精美的白陶，以及高度发展的青铜器。由后者可知当时的手工业已很发达。商人最崇敬祖先与鬼神，是以迷信很深，凡大事先予筮卜，并设置专司筮卜的官吏——太史。现在传世的甲骨文，就是当时刻在龟甲和牛骨上的卜辞。这种习俗也许是由巫演变而来，而后代的五行阴阳之说和道教都是它的流裔。可见中国社会流传的一部分习俗——如崇敬祖先与迷信鬼神，至少在商代即已形成一定的规制了。

1928 ～1936 年间，我国的考古学家经过多次在河南安阳一带的发掘，证实殷商时已有规模相当宏大的宫室和陵墓建筑。不过这些遗迹均散布在洹水两岸（图 6），似乎当时并未在一个统一的规划下进行建设。

乙、殷商的皇宫、宗庙

其遗址位于洹水南岸之河曲处。据当时的发掘报告，此建筑群由北往南迤逦，大致可分为北、中、南三区（图 7），均为由夯土台基组成类似多进四合院的平面形式。北区有基址十五处（考古报告中称为“甲”区），中区（“乙”区）基址二十一处，南区（“丙”区）基址大小十七处。此五十余处台基之主轴总方向均为北偏东 5°左右，南北全长约 330 米。根据对基址及附近的发掘，北区大概是宫殿的居住区，中区则是朝廷施政所在，而南区是宗庙或祭祀地点。

台基均由夯土筑成，附近尚存取平的小沟。最大基址宽 20 余米，长 80 余米（“乙”八）。土台中有排列整齐成行、内置天然卵石的洞穴（有的石上覆以铜板），洞内尚有木烬遗留。可知这些卵石乃是原来木建筑的柱础，铜板是柱脚防潮隔湿的铜锧，而木烬则是房屋被焚毁后的木构残余。进一步推证，知此建筑均系木架结构，柱间距约二米半，柱径在 20 厘米左右。由于遗址中未发现片砖寸瓦，可窥知当时建筑屋顶系用茅草或树皮覆盖，与传说中的“茅茨土阶”基本吻合。

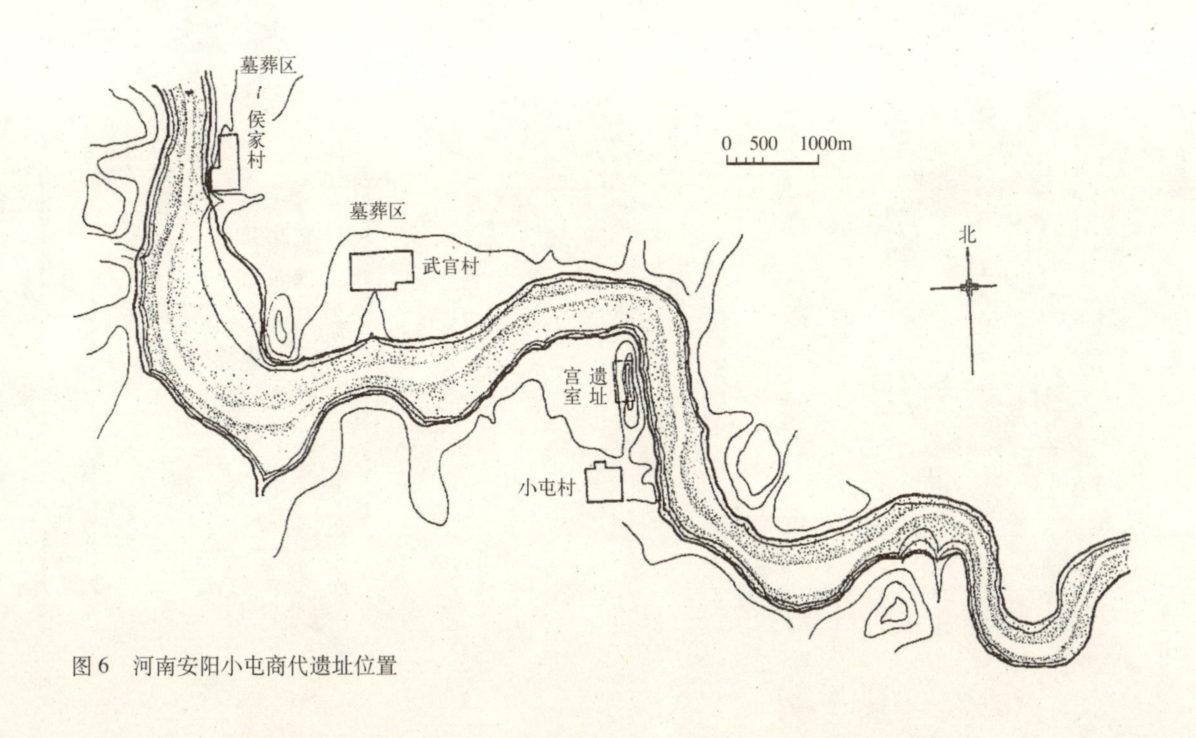

图 6　河南安阳小屯商代遗址位置

丙、殷商的墓葬

已发掘位于河南安阳的殷商墓葬，大多散布在洹水的西北上游，即位于河北岸的武官村、侯家村一带。墓上均不起坟丘。墓穴为长方形或近于方形平面之土坑，小、中型墓不设墓道；大型墓设一墓道（南）、二墓道（南、北向各一）（图 8）或四墓道（东、南、西、北向各一）。中、大型墓之墓穴中，又分为椁穴与二层台两部分。椁穴中以巨木构成井干式椁室，棺下再掘一腰坑，埋一犬。二层台及墓道下埋殉葬人与马、猴等动物。木椁表面镂刻花纹，嵌贝壳与松绿石，并涂朱砂。原木椁虽腐朽无存，但所施花纹及饰品已压印在穴壁泥土中，尚清晰可辨。由此可知中国古代建筑早在三千余年以前，已经和雕刻、彩画有密切联系了。

发现于墓内的殉人与墓外的牲人，表明当时盛行惨无人道的殉葬与牺杀祭祀的风俗。

丁、中国古代木架建筑的形成与发展

依照建筑发展的程序来说，任何一种式样与结构的出现，或在其充分发展以前，必有一个酝酿时期。而它所以能够发展，又是与工具的进步无法分开的。我们知道当黄铜内加入 15%～25%的铅，才能制成硬度较大的青铜器。如果没有这种坚锐的工具，就难以开凿坚硬的石料，砍伐巨大的木材，以及制作复杂与准确的榫卯，从而也无法建造高大的建筑物。由考古发掘得知，从新石器时代晚期到金石并用时期，

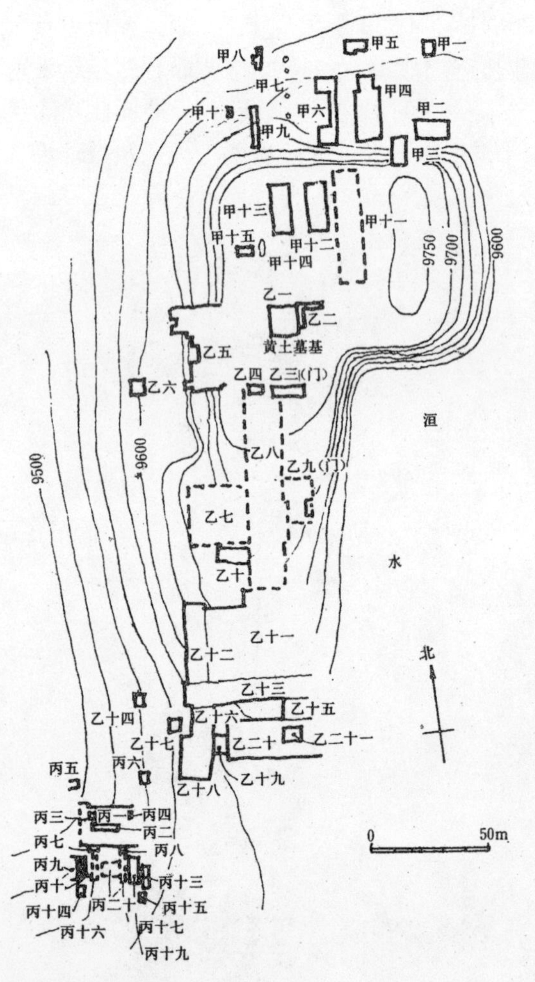

图 7 河南安阳小屯商代宫室遗址

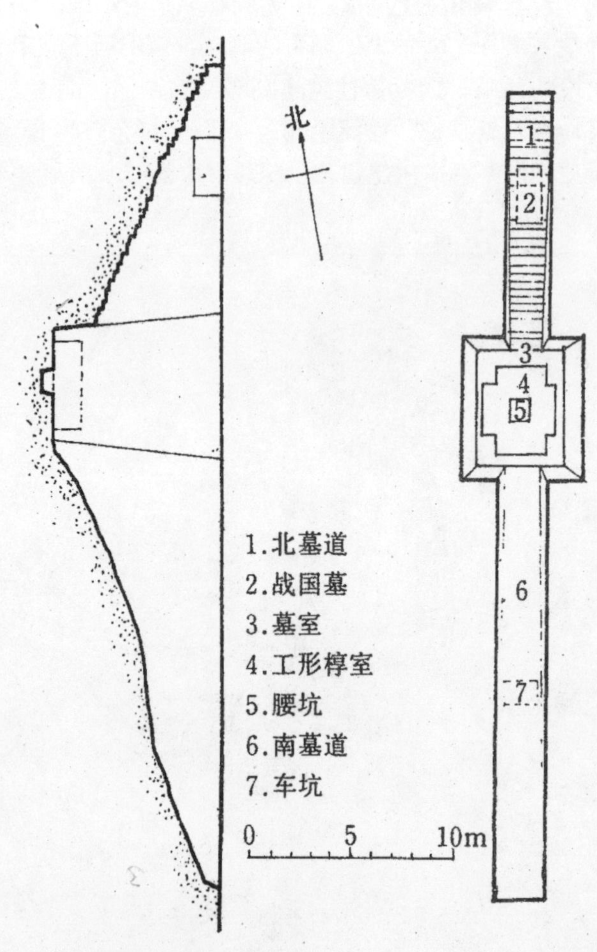

图 8 河南安阳后岗晚商大墓

在黄河中、下游地区的仰韶文化与龙山文化遗址中，已出现由简单木架构成的半地下与地面建筑。除此以外，由于当时林木茂盛，还可能使用井干式结构的木建筑。后者的缺点是浪费木材多，且构成的空间有限，因而逐渐归于淘汰，后仅见于中原一带施用于墓内之椁室，成为历史的残余。与此相反的，是木架建筑能适应社会的各方面要求，用同样材料可以构成数量较多与空间较大的房屋。于是被逐渐推广到全国各地，成为三千年来中国建筑的基本结构形式。从它的萌芽到形成基本体系，大约是从原始社会末期到奴隶社会之间完成的。因此，笔者也认为此时期也就是中国传统建筑的形成时期。

五、封建社会时期的中国建筑

甲、概说

中国的古典建筑，主要是在封建社会中发展起来的。因此，在说明各种建筑的特征以前，应当对中国封建社会的发展概况，先作一个简单的介绍。

凡是研究中国历史的人，都知道中国封建社会的延滞性特别长。不过所谓的延滞，只是它的表面现象而已。其形成的主要原因，是由于我国原始公社的残余和奴隶社会发展的不充分，因而在封建社会的农村中，产生了自给自足的自然经济，它妨碍了整个社会的生产力和生产关系的发展。其次是历代统治阶级所施行的残暴镇压，千百年来深重的政治压迫与经济剥削，造成多数人民经济上的极端贫困和文化上的极端落后，以致严重削弱了中国社会前进的力量。

（一）中国封建社会中的经济体制

中国封建经济的本质，是属于所谓的亚细亚生产方式的范畴，和欧洲有所不同。我们都知道土地公有与农业和手工业相结合的生产关系，是构成原始社会的基本因素。可是到了公社末期，除了生产工具由石器进步到铜器以外，从事社会生产的主要劳动者，多数也由原来的氏族公社成员变化为丧失一切人身权利的奴隶。奴隶主为了榨取更多的剩余价值，就需要奴隶掌握更熟练的生产技能。这不但使社会生产中的农业与手工业出现明显的分工，而且还出现了更细致的专业分工。其结果是导致了公社组织的瓦解。随着社会中奴隶人数的增加，社会劳动的分工也愈来愈细致与严格，公社的瓦解也就越快越彻底，而奴隶社会也可得到充分的发展。这是生产力促进生产关系的必然结果，例如古代欧洲的希腊和罗马即是最典型的例子。后来欧洲社会的生产力，在罗马帝国的废址上逐渐发展成为两种类型：就是最初在农村中以农奴劳动为主的土地产业，和 11 世纪以后由工匠和学徒劳动为主的城市手工业。由于农村中的土地已被封建统治者和教会等所占有，迫使城市中的工商业者以剩余资金从事生产，这样就促成工商业的繁荣与城市的发展。接着工商业者为了自身利益组织了各种行业公会，互相团结，与封建统治阶级形成对立状态。有些地方甚至用财力购得自治权，出现了所谓的“自由都市”。13 世纪以后，这些“自由都市”因防御封建武士的侵略又结成同盟，其政治与经济地位更加巩固。因此在整个欧洲社会中，工商业的经济比重如旭日般逐步上升，而土地产业的经济比重则逐步下降。其结果是使得封建统治者对农民进一步加重了剥削，导致二者间矛盾的激化。后来终于由工商业资产阶级领导了反对封建统治的革命，从而进入了资产阶级社会这一新的历史阶段。

中国社会大概在夏代初期才确立私有财产制，建立了帝位世袭的国家组织，正式进入了阶级社会。经夏末到商代，已建立了奴隶制的王朝。不过当时社会生产力不高，未能促使生产关系发生剧烈的变化，从而对原有公社制度的破坏是有限的。正因为如此，在西周时期又出现了以宗族为本位的封建制度，它是氏族残余和封建剥削相结合的政治组织。在政治上，周天子是最高统治者，他把土地分封给同姓诸侯与少数异姓诸侯；诸侯又把采邑分封给同姓和异姓的卿大夫；卿大夫再将土地分给下面的士和庶民。政治上形成了等级分明、上下依附的多层次从属关系。在经济上，卿大夫对诸侯、诸侯对天子都有输捐纳贡、服役随征的义务，而庶民除此以外更有助耕公田（即孟子所称“井田”）的义务。所谓的公田虽是劳役和地租相结合的封建剥削方式，但形式上还保留着共同劳动的习惯。到西周末年，因公田管理不便，与私人开垦的土地不断增加等原因，乃废止公田改为什一而税的田赋，于是以土地为枢纽的封建经济基础便发生了动摇。东周以降，一方面由于铁工具的出现，提高了农业生产力；另一方面因宗族间产生的激烈兼并战争，消灭了许多宗族，但却使家族制度慢慢滋长起来。从春秋到战国这五百余年间，正是家族制度取代宗族制度的激烈斗争时期。结果是前者取得了胜利，并促使社会组织产生了巨大变化。因为家族是以父权居主导地位的，家长死后，诸子分家独立，而各人所有的田地房宅，均可以自由买卖。于是农村中除了大、中地主外，又产生了无数小土地所有者，这是欧洲封建社会中所没有的。

上述小土地所有者由于数量庞大，因此成为中国封建社会经济的主要成分之一。也是两千多年以来，中国封建统治阶级的主要剥削对象。苛繁的剥削和压迫，驱使他们只能局促于农业与手工业直接结合的小天地里，用简单的工具从事耕作和纺织，过着勉强自给的自然经济生活。他们没有多余的农副产品供应市场，同时也无法成为城市工商业商品的重要主顾。结果，中国封建社会的工商业者除了供应统治阶级的消耗以外，不能由广大农民处累积资金以扩大再生产，从而也就不可能具备进入资本主义社会的条件。在另方面，土地自由买卖以后，它又成为城市工商业者的投资对象，从而使他们成为商人兼地主加入了封建集团，并成为维护这一统治的重要支柱。所以在中国的封建社会中，始终没有出现过可与统治阶级进行对抗的新兴阶级，这也是我们和欧洲有较大差别的地方。

（二）中国封建社会经济发展概况

中国农村中的自然经济，阻滞了社会生产力和生产关系的发展，但这不等于说三千年来中国封建社会的经济没有较大的进展。因为生产工具和生产技术的改进，以及历代农民的起义，都曾对当时的经济起了一定的推动作用。加以领土的扩大和海外贸易的发展，以及控制了高原民族的侵略等其他原因，曾在历史上形成若干次兴盛局面。而这些兴盛局面又促进了经济的繁荣，发展了我国几千年来的灿烂文化以及辉煌的建筑艺术。

1．东周以后，生产工具由青铜器进步为铁器，为深耕提供了有利条件。役牛耕田、施肥与水利灌溉等的普遍使用，大大提高了农业生产力。诸侯间的兼并战争，逐渐结束了分散的封建分封局面，最后由秦统一中国，建立了我国第一个中央集权的封建制度国家，推动了社会和文化的长足进展。

2．西晋以前，江南一带仍采用较为简单的耕作方法。东晋以后，中原人民及贵胄氏族大量南迁，以较先进的方式开垦土地，并改良耕作方法，使江南逐渐成为全国最富庶的地区。从六朝末期起，北方诸省盛行的水碾和宋代南方诸省的深耕细作等方法，都对农业的发展作出了相当大的贡献。

3．中国的农民起义，无论就次数之多或规模之大，都是人类历史中所少有的。历次农民起义，都打击了当时的统治阶级，在一定程度上变更了当时的社会关系，推动了社会生产力的发展。例如唐初的均田与清初的更名田，以及由此形成的贞观之治和康熙之治，都是显著的例子。

4．西汉在秦代统一的帝国基础上，向外扩大了领土，开辟了海外贸易。经六朝到唐、宋，长安、广州、扬州、泉州等城市，成为陆、海对外贸易的重要城市，促进了纺织品、制茶、制纸、漆器、瓷器及其他手工业的发展和进步，增加了从事生产、贸易和运输的商人，又产生了汇兑、纸币与行业组织等。中国的经济在唐代得到了向上的发展，形成了我国封建社会中期的经济与文化高潮。宋代虽然受到辽、金等外族的压迫，但社会经济还是得到一定的发展，这和其农业、手工业的持续繁荣以及南海贸易的畅通不无关系。

（三）中国封建社会建筑的特点

一定的文化是一定社会的政治与经济在意识形态上的反映。中国漫长的封建社会反映在建筑方面又是什么呢？虽然在当时建筑中占有绝对数量的，是被剥削人民的遮蔽风雨的简陋房屋。而所谓真正反映封建社会建筑的重要实物，都是为封建帝王、贵族、官僚、地主等统治阶级所服务的宫殿、苑囿、陵寝、城堡、邸宅、宗祠等等，以及用以麻痹人民的宗教建筑，如寺、观、塔、幢、石窟等。就它们本身性质而言，都是保守性色彩较浓厚的建筑，由于因循一定的理法制度，是以延续多年而变化甚微。

除此以外，由于社会的生产力始终停留在农业与手工业的不甚发达阶段，没有出现有突破性的社会需求，因此不可能出现新型的建筑物，例如资本主义社会中的银行、商场、工厂、车站……就是建筑内部，绝大多数也不必具有广大的空间和承载很大的活荷载，更不必考虑此空间内由于活荷载所引起的振动、倾斜、弯捩、破裂、崩溃等问题。所以中国古代建筑的结构与材料，除了少数例外，大体都以木架为主，砖石为辅。而它的平面布局与外观式样，也就长期维持这一贯的独立系统。至鸦片战争以后，我国的政治、经济与文化已沦为半封建半殖民地的地位，社会上产生许多新的需要和新的要求，才迫使我们的建筑发生较大的变化。

在另方面，由于我国古代劳动人民的辛勤努力和善于利用气候、材料等自然条件，发展了木架系统的结构法。不但解决了当时人民的物质需要，并且在建筑艺术方面，不断推陈出新，创出了许多新式样和新作风，丰富了人民的精神生活，又创造了历史上许多规模宏巨、造型雄丽的城市和建筑物。它们都成为我国几千年来灿烂文化的一个重要组成部分，而且还播及朝鲜、日本、越南等邻国。现在使用这个建筑系统的人口约占世界人口的四分之一。这就是说，中国的传统建筑不但对本国并且还对整个人类的历史文化都作出了巨大贡献，这是值得我们引为光荣与骄傲的。

乙、周代建筑

（一）社会概况

周本为位于我国西部的一个诸侯小国。由于实行公田制度，解放了一部分奴隶，提高了农业生产力，因此国力渐强。后来联合了其他诸侯，推翻了商朝，建立了以宗族为本位的封建王权统治。至西周末年，周宣王已将公田改为什一而税的田赋制。东周进入铁器时期，使农业、手工业、商业逐渐发展，出现了若干大城市。同时因家族制度的勃兴，土地可以自由买卖，于是产生了地主阶级，并使原来缚束在宗族封建制度下的农奴得到解脱，成为农民阶级。在这个巨大的转变时期，社会的一切都向上发展，各阶层都出现了不少优秀人物，各种思想空前活跃，形成了春秋、战国期间诸子百家争鸣的文化高潮。因而在哲学、文学、军事学、医学、天文、历算、农田水利、工艺、美术等诸方面，都得到长足的进展。其中的政治思想家管仲、子产、商鞅，军事家孙武，哲学家孔丘、墨翟、李耳、庄周、孟轲、荀况、韩非和文学家屈原等，不但对当时社会起了推进作用，并且还影响了其后两千多年的中国社会的各个方面。战国时秦国首先采纳了商鞅的变法，建立起代表当时先进阶级——地主阶级利益的政权，所以它的经济、政治、军事莫不蒸蒸日上，逐渐占据优势，并以此吞并六国诸侯，最后建立了统一的中央集权专制封建帝国，完成了中国历史发展过程中的一个伟大阶段。除政治影响外，秦朝对我国文字、度量衡、货币等方面的统一，也是极具有深远意义的。

（二）城市建设

在建筑方面，周代的封建制度首先促进了城市的发展。西周建都于酆、镐，东周建都雒邑，现虽都已不存在，但据周末人所著《考工记》，帝都王城平面（图 9）九里见方，每面开三门，城的四隅又建有角楼。王宫位于全城中央，它的南侧，左建太庙，右立社稷坛，宫后则置市，周旁为民居。整个城市布局不但采取整齐划一的对称形式，而且有了“面朝背市”的分区计划，较之殷商的城市更为进步。

西周初曾分封诸侯七十余国，他们又都分别建造了自己的都邑，因此发展了若干次要城市。现存山东曲阜鲁故城（图 10），是西周初年到西汉早期具有将近一千年历史的中型城市。它的平面大体呈东西较南北稍长的矩形，其宫殿基址恰好在城市中央，面对着南墙城门。而战国时期赵国的都城邯郸（图 11）

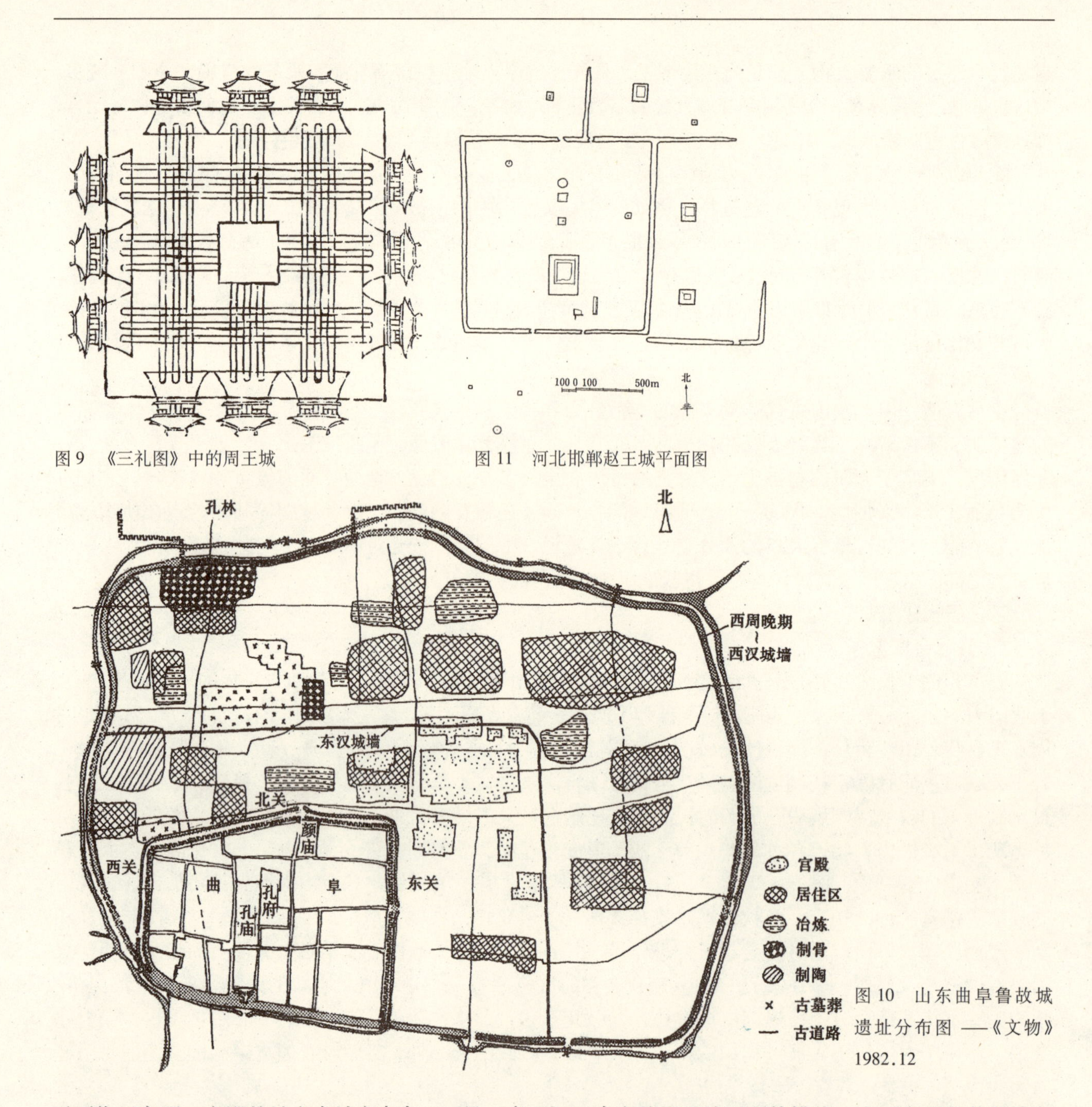

图 9 《三礼图》中的周王城

图 11 河北邯郸赵王城平面图

图 10 山东曲阜鲁故城遗址分布图 ——《文物》1982.12

平面作正方形，宫殿故址亦在城市中央，可见《考工记》中有关周王城平面的描绘，亦可在周代某些城市中反映出来。而这个原则又影响了后代一些都城的建设，像元大都和明、清二代的北京就是依此设计的。

由于种种原因，当时另外的大多数城市则是按非对称和不规则形状发展的，例如齐国的临淄（图 12）和燕国的下都（图 13）等等。

（三）以宫室为本位的建筑

在封建社会中，统治阶级不惜大量人力物力营建宫室。除了满足其生活需要外，还在于表现其政治上的无上权威，一如萧何为汉高祖刘邦建长安未央宫所说："天子以四海为家，非壮丽无以重威，且无令后世有以加也"。是以宫室自然居于建筑的领导地位。由于其建筑乃是集中了当时物质和技术上的精华，并运用了历代建筑所累积的优秀经验，因此又促进了建筑技术与艺术的进一步发展。

据记载，周代王宫的平面仍以中轴线为主，并采用左右对称布置原则。宫的正面入口建有双阙，四隅再建角楼。主体部分依“三朝五门”之制，即沿中轴线设置皋门、雉门、库门、应门、路门等宫门五座；及大朝、常朝、日朝等供朝觐与处理政务的主要殿堂三座。

至于春秋时期士大夫住宅之平面，已知其入口为三间之门屋，中央为门，左、右有称为“塾”之室。门内有庭，庭后即为堂。堂又分中堂、序、夹、室、房等（图 14）。

房屋的台基最初不高，但有等级区别。如《礼记》所谓：“天子之堂九尺，诸侯七尺，大夫五尺，士三尺”。及至战国时期，宫室盛行台榭建筑，像《后汉书》记载的赵国丛台，和现存燕下都武阳、张公、老姆诸台。除平面日趋复杂，其高度也都在 7 米以上，可见建筑物的规模也越来越大。建筑的层数由于木结构尚未解决结构技术问题，亦不可能太高。《礼记》称天子的宗庙用重檐，而据最近河南辉县出土的战国时期铜鉴残片，上已刻有 3 层建筑，且上部 2 层均设平座，屋顶则用四注式样。

在装饰色彩方面，《春秋 · 穀梁》中载：“礼。楹，天子丹，诸侯黝垩，大夫苍，士黈（即黄）”。但燕下都所出陶瓦，表面已刷朱色，制式一同天子。根据这些事实和记载，可以证明周代的建筑，原来因封建阶级而形成的种种区别，随着社会的发展，而逐渐成为“礼崩乐坏”的局面。

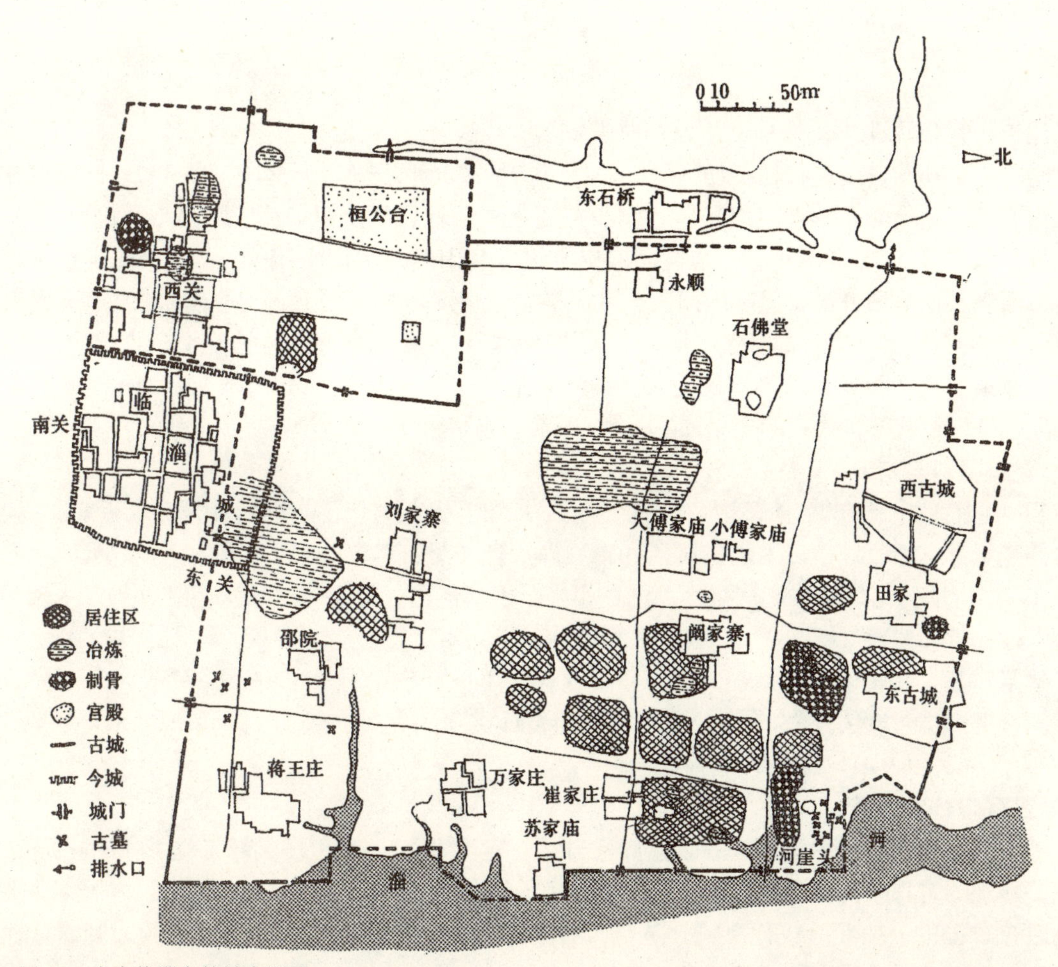

图 12　山东临淄齐故城实测图

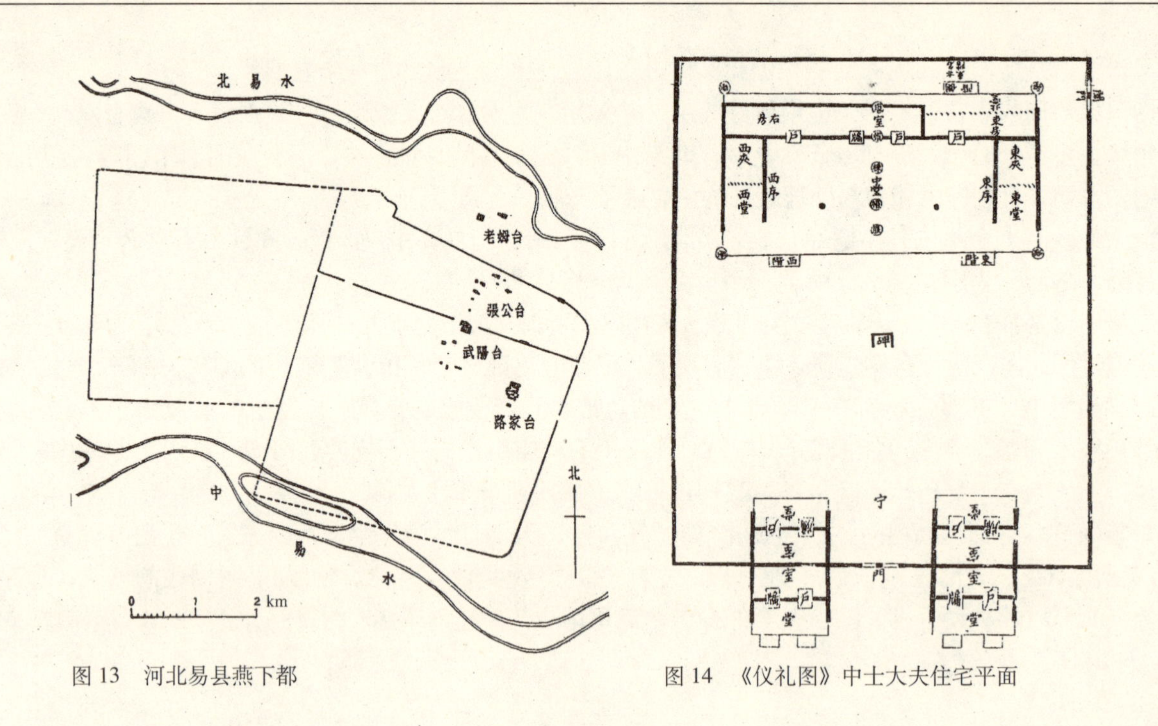

图 13 河北易县燕下都

图 14 《仪礼图》中士大夫住宅平面

周代建筑中已出现斗栱，最早见于西周早期铜器“令殷”，其四足呈方形短柱形象，柱上置栌斗，再在两柱之间，于栌斗斗口内施横枋，枋上置二短柱，与栌斗共承上部版形之座（图 15）。此器制作年代上距周武王灭商仅二十余年，因此可以推断，至少在商代末期就已经使用栌斗了。另据《论语》有：“山节藻棁”之载，此“节”，就是坐斗。而前述河南出土铜鉴及山西长治出土铜匜上，所刻建筑柱上均有斗栱之表现。另西周铜器兽足方鬲，已有版门、十字棂格之窗户及勾阑（图 15）。俱为生动之建筑形象。

据《史记 · 秦始皇纪》：“秦海破诸侯，写放其宫室，作之咸阳北阪上。南临渭，自雍门以东，至泾、渭，殿屋、复道、周阁相属，所得诸侯美人、钟鼓以充入之”。可以推想战国末期各地建筑式样定有许多不同的作风。证以汉代斗栱式样的庞杂，《史记》所载的当是事实。

（四）建筑材料与施工

《诗经》中谓：“中唐有甓”；又谓：“载弄之瓦“，知至少在周代已有地砖和瓦。而近年之考古发掘，于河北易县燕下都宫殿故址中，发现陶质栏杆砖及排水管（图 17）。又战国墓葬中出土之大块空心砖等实物（图 16），均可证明此时陶质建筑构件，已在相当范围内使用。但房屋之结构系统，仍以木架为主要形式。由其木棺椁榫卯情况（图 18），知当时木构已达到很高水平。

周代建筑房屋，用矩取方，用径求圆，用绳取直，用垂定正，用水定平。后人称为“五法”，并予以沿袭不替，例见宋《营造法式》。至于决定房屋朝向，《诗经》中有“揆之以日”和《考工记》载“夜考之极星”，表明已知利用太阳与北极星矣。

（五）工官与著名匠师

据文献记载，周代职官中设有专管营建都邑与宫室的“司空”，和担任实际工程工作的“匠人”。表明当时对皇室建筑的重视以及工程的繁浩。而上述职官的设立，也有利于建筑经验的总结与技术的提高。

春秋时，鲁国的公输般（或称鲁班）是当时有名的匠师，为后代土木匠人尊奉为祖师。公输般能够发挥他的才能并以巧匠见称，除了他自身的条件，也与当时的社会向上发展有关。

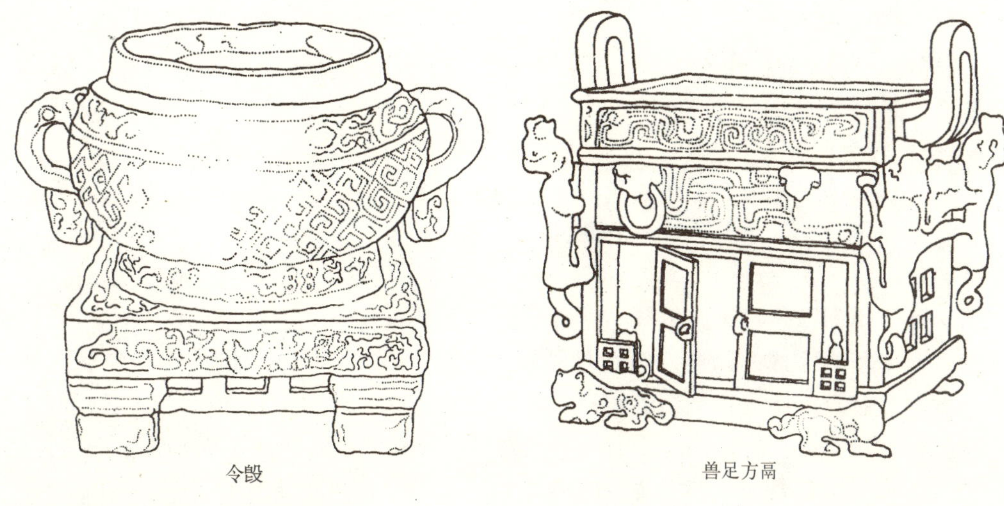

图 15　西周青铜器中表现之建筑构件

图 16　战国空心砖纹样

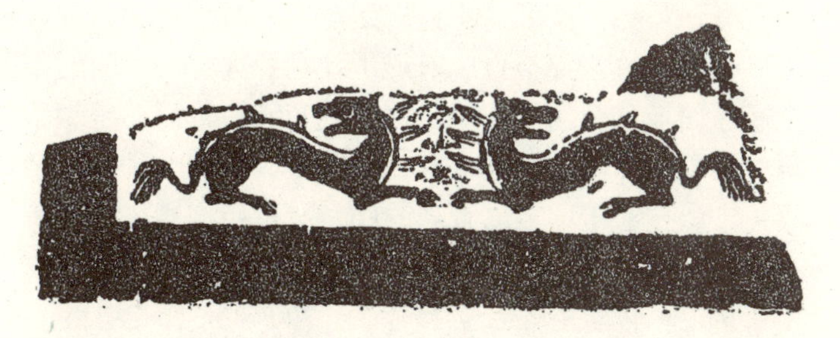

燕下都出土的“栏杆砖”拓片（比例约 1/3）

图 17　燕下都出土栏杆砖拓片

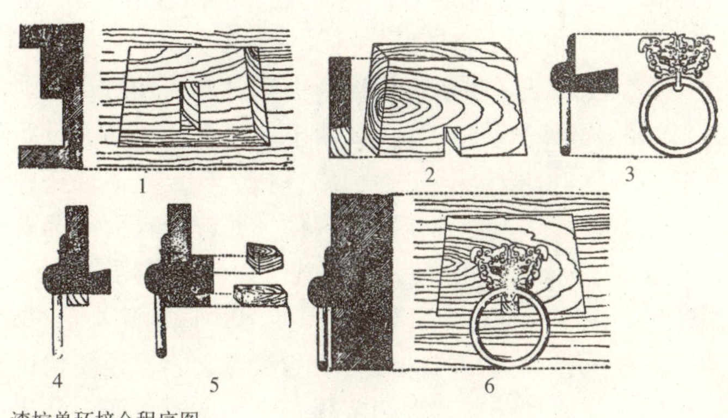

漆棺兽环接合程序图

图 18　战国木椁榫卯

1. 漆棺壁为梯形牝槽　2. 另制同尺寸的梯形牡笋

3. 兽环　4. 将牡笋骑在兽环背钉上　5. 加甲楔及乙楔

6. 将兽环牡笋及楔子一同纳入牡槽中，楔固涂漆

(六) 建筑著作

《周礼 · 考工记》中有匠人一节，乃是世界上记述古代建筑与都市计划的已知最早文字记录。

丙、秦、汉、三国建筑

(一) 社会概况

秦王嬴政于公元前221年消灭最后一个敌手齐国，结束了自春秋以来五百余年大、小诸侯相互攻伐的纷乱局面，建立了我国第一个中央集权的封建王朝，并自称为“始皇帝”。中国历史从此进入了一个新的发展阶段。

秦王朝不但统一了全国的疆域，而且还统一了全国的政令、货币、文字、车制和度量衡，实现了中国亘古以来所未完成的伟业。然而对称为“黔首”的黎民和六国诸侯的残余反抗势力，在经济上进行残酷的剥削，在政治上进行严厉的镇压。对外则屯重兵于北疆以御匈奴，南略五岭以远之地直至于海。又大兴土木，建宫室，修长城，营山陵，开驰道，劳役频繁，百姓不堪其苦。而遣徐福率童男女入海求仙，聚销天下兵器以及焚书坑儒，更使宇内沸腾，怨声载道。于是陈胜、吴广揭竿一呼，各地群起响应，这个由苛法与暴力所支撑的政权，很快就被农民起义所推翻了。

覆亡秦的农民起义，后来转变为刘邦与项羽二大集团争夺天下的斗争，最终以前者的胜利和建立汉王朝而宣告结束。在中国封建社会中的任何改朝换代，都是统治阶级通过农民战争，实现其政治地位和社会财富的再分配。汉王朝的建立，导致一批新权贵和新地主的出现。以后又发展成为以宗族为中心的地方豪强势力。铁工具的更广泛使用和旧生产关系的破坏，使社会生产力得到发展。西汉帝国遏制匈奴的战争，经过长期努力后取得了胜利。这使得中国的版图向西北深入到亚洲的腹地。并由此往前，开辟了通往西亚甚至欧洲的贸易之路。商队将华丽的丝绸和精致的瓷器贩到西方，带回来的是芬芳的香料和洁白的象牙。这时贸易的商品总额并不算多，可是由此却开辟了闻名世界的“丝绸之路”。若干年后，发源并广泛传播于印度次大陆的佛教，也经这条道路传到中国。并且在以后的许多世纪里，对中国的社会和文化产生了极为深刻的影响。

东汉献帝建安二十五年（公元220年），曹丕结束了两汉的四百年统治而建魏，都于许昌（后迁洛阳），奄有中原及以北地域。次年，自称汉胄宗室的刘备，也在成都称帝，国号蜀。而长期占据长江中、下游的孙权，于公元222年另建政权，三都建业，两迁武昌，史称东吴。从此形成了三国鼎立、相互争雄的四十余年战乱时期。直至公元280年，东吴最后为西晋所灭，中国才重新获得短期的统一。三国时期由于战争连绵，生产衰落，加以国力有限与为时甚暂，以致在建设方面不可能形成重大的成就和突破。

秦、汉时期是中国古代社会一个重要的转折点，中国封建社会制度得到了完善与成熟，对中国有极大影响的佛教，也在此期传入中土。而春秋、战国时斗胜争鸣的诸子百家，于秦时已被基本罢黜。汉代帝王为巩固自身统治，极力倡儒尊孔。自西汉武帝任孔子十二世孙延年为五经博士伊始，儒学即被奉为国学。元帝赐十三世孙孔霸关内侯，并食邑八百户为孔子常祀。平帝初年，追谥孔子为褒成宣尼公，遂开历代帝王封谥孔子之首。又赐其十六世孙孔均褒成侯，食邑二千户。东汉亦援此例，裔传至献帝时方绝。儒学经两汉朝廷提倡，逐渐奠定了它在中国封建社会思想领域中的领导地位。

在战国已经流行的神仙方士和黄老之学，到汉代还具有不小的影响。原因之一是由于它对当时的统治阶级希望永享荣华富贵而妄想长生不老的思想，具有很大的吸引力。著名的西汉武帝刘彻就是一位神仙方士的笃信者。为了寻求仙人和长寿不老之药，曾多次遣使四出探觅，并建筑楼台、宫观以候神人降临。自己也频频出巡，穷山历海，封禅祭祀，冀求与仙灵一遇，可是终其一生仍归泡影，留给后世的仅有一段千古话柄。

与此并存的还有五行、阴阳及谶纬之说。它们的起源颇为庞杂，与远古盛行的巫、占卜以及后来的庄老之学及《易经》等都有关连。它一方面是人们对自然与社会规律的抽象认识，另方面则被用作判断世间事物吉凶、正逆的法则。因此也广泛施之于汉代的建筑活动中，举凡城池、宫室、宅邸、陵墓等无不受其影响。而流风所及，犹被及后世及至近代。

在艺术方面，由于汉代实物遗存不多，未得窥其全豹，仅能自若干雕刻、彩绘、铜器及陶器中略得一二。以石刻为例，武帝时骠骑将军霍去病墓前牛、虎、马与人物之刻画，均甚古拙，亦为现存最早之石象生。而东汉墓中所出画像砖、石，以及石墓门上所镌饕餮铺首与神怪人物，则日臻生动熟练。尤以画像砖、石中所表现之建筑及主人生活起居情状，甚为丰富逼真。说明当时石刻取材及表现手法，已有长足进步。彩绘则见于汉墓中壁画及棺椁、漆器等出土文物。壁画内容亦为墓主之起居、仪仗、出行、宴乐场面，色彩以红、黑、白为主。棺椁及髹漆器皿，大抵以黑、红为底，上施涡纹、夔纹、云纹或龙、凤、蟠螭纹样，对比鲜明，造型优美。实用铜器上多施几何图案，如三角纹、菱形纹、波纹、涡纹等。陶器亦有施彩绘者。陶砖、瓦上则以几何纹（蕨纹、回纹）为多，或冠以宫殿官署之名，或镌刻吉祥文字，种类为数亦复不少。

（二）秦代建筑

秦始皇虽然建立了一个庞大的统一帝国，可是仅仅维持了十五年，就被汹涌的农民起义所冰消瓦解。但有秦一代，也曾进行过许多大规模的营建活动，由于遗物不存与史载欠详，至今尚无法明了其中底细。据《史记》所云，秦始皇曾大建宫室，其离宫、别馆位于关中者达三百所，而建于关外者更四百有余。就首都咸阳附近的两百里范围内，即有“宫观二百七十，复道、甬道相连，帷帐、钟鼓、美人充入之”。其中自然也要包括因破诸侯，从而仿建于北阪之上的各国不同风格的宫室了。至于正规宫殿，则有建于始皇二十七年（公元前220年）的信宫。它位于渭水南岸，后来为象征天极，改名“极庙”。并由此作甬道，直达骊山下的甘泉宫前殿。更大规模的兴建，是始皇三十五年（公元前212年）于渭南上林苑中所营的朝宫。其前殿名阿房，“东西五百步，南北五十丈，上可坐万人，下可建五丈旗。周驰为阁道，自殿下直抵南山。表南山之巅以为阙。为复道自阿房渡渭，属之咸阳，以象天极，阁道绝汉抵营室也。”具见《史记》卷六·秦始皇纪。以上虽仅寥寥数十字，亦可见其规模之宏巨。而建造时征调工匠、刑徒数十万人。伐北山之石，采蜀荆之材，输送劳作，天下大扰。然终始皇之世，犹未竟功，至二世时尚继续进行。最后则毁于项羽一炬，化为焦土，甚可惋惜。

与阿房宫同时大兴土木的另一工程，是秦始皇的骊山陵（图19）。它在始皇即位后已开始建造，至二十六年兼并天下以后，因各地送来大批囚徒罪犯，建陵人众总数竟达七十余万。据记载其墓室深下，并铸铜为椁；又于地面凿江河大海，实以水银，设机关使之流动；墓顶绘星辰、日月，以收“上具天文，下具地理”之功效。殉葬物品包括各种珍奇瑰宝以及宫室模型。又殉以众多的宫人与建墓的工匠。墓上覆土形成丘岗，再种植草木使似天然山阜。根据现在调查，始皇陵周围有矩形平面之陵墙二重，内垣中央尚保存一座残高40余米、边长350米的方形覆斗状土丘。虽其他地面建筑均已无存，但就此陵的规模与范围而言，仍不失为我国已知之最巨者。

为了抗御北方匈奴的入侵，秦始皇派遣将军蒙恬率兵三十万出塞，大军直抵阴山高阙，并筑边城、亭障屯守。又连接旧日秦、燕、赵等国北疆边城，自辽东迄于河西，蜿蜒亘横一万余里，成为我国古代最巨大雄伟的建筑工程和中华民族辉煌历史的见证。

基于皇帝出巡、军事运输和传递驿报的需要，秦代曾在全国范围内修筑驰道。道宽五十步，道侧每隔三丈植一行道树。又“厚筑其外，隐以金椎，树以青松”。果如所言，则全国所耗之人力物力，亦极可观。

此外，秦巴蜀太守李冰开凿离堆，筑渠引水至成都，灌溉两岸农田无数，又具舟楫之利，至今犹为民间所称颂。而引泾水入洛、长三百余里的郑国渠，亦是秦时变关中为沃野的另一重要水利工程。

（三）汉代建筑

1．宫殿

秦末的农民起义及其后的楚、汉之争，虽然使旧有的生产关系得到重大调整，但对各地城市和建筑的破坏却是十分严重。昔日繁华的秦都咸阳及其内、外的宫观、楼台，因项羽引兵焚掠而化为乌有。如此彻底的破坏，使得后来登上帝位的刘邦无法再在秦咸阳的废墟上，重建他的宫殿和都邑。据说是经过了萧何的相土尝水，才在战火破坏较少的渭水南岸台地上，选择了一处秦代离宫兴乐宫作为基址，建筑了西汉王朝的第一座宫殿——长乐宫。此宫周回二十里，成于高祖七年（公元200年）二月，刘邦即率群臣由雒阳迁往长安。次年，萧何又营建了第二座宫殿——未央宫。它位于长乐宫以西一里，周回二十八里，有北阙、东阙和前殿等。当时天下方定，经济凋敝，民不聊生，叛乱与战争还时有发生，因此刘邦以此宫室奢华、宏伟过度而假责萧何。而后者以"天子以四海为家，非壮丽无以重威，且无令后世有以加也"的话来应对，这正中刘邦的下怀，因此也就假惺惺地转怒为喜而不予追究了。此宫成于高祖九年，后来一直是西汉诸帝施政和居住的主要所在。而长乐宫则划归太后居住。第三所宫殿是位于未央宫北面东端的北宫，始建于高祖而增修于武帝，面积较小，用以奉居太子。武帝时感到城内仄狭，于是在长安城西垣外另建建章宫，与御苑上林苑相接。此宫初建于太初元年（公元前104年）二月，周围二十余里。东置高二十余丈之凤阙，北建高度相若之渐台，宫中楼观、台阁不可胜数，故有"度为千门万户"的记载。亦设前殿，其高度与未央宫等。其他宫殿尚有明光宫，位于长乐宫北，建于武帝太初四年（公元前101年）。又有桂宫，位于未央宫北侧西端，北宫之西。成帝为太子时居，哀帝、平帝时以置太后。

至于离宫、别馆，汉仍承秦制，数量既多，分布亦广。其中一部为沿用或改筑秦代之旧有者，如宜春宫、兰池宫、棫阳宫、萯阳宫、长杨宫、梁山宫、回中宫等。其余建于汉代者，又以武帝时所构者居多，如宣曲、鼎胡、云阳、钩弋、首山、思子、宣防、御宿、万岁、扶荔、集灵、昆吾等宫，均见于《汉书》与《三辅黄图》等文献，而实际数字当若干倍于此。另有相当数量的宫殿用作神祠，如甘泉宫、交门宫、寿宫、神仙宫等等。

西汉都长安，其主要宫殿是未央宫。自高祖刘邦建置以后，皇帝操持政务及大多数的重要政治活动都在此宫进行。而惠帝、高后与景、昭、宣、元、成、哀、平诸帝均崩于是宫。其朝会建筑称前殿与东、西厢，三者沿东西轴线作横向排列，与前所述周代大、常、日朝沿南北纵轴排列截然不同。这种布局，对西晋迄南北朝宫殿影响甚大。未央宫内供皇帝、后妃起居作息的殿堂甚多，已知有承明、广明、宣德、曲台、寿安、寿成、东明、玉堂、永延、飞雨、昭阳、椒房、高门等殿。又有专司供奉、储藏与管理职能的建筑，例如织室（奉宗庙衣服）、凌室（为深窖以藏冰）、温室、非常室、蚕室等等。

西汉长安城内，就有长乐、未央、桂、北、明光等宫殿五区，城外则有建章宫。宫殿密度之大，为其他朝代所罕见。而东都洛阳（后为东汉首都）城内亦有南、北二宫。这种在都城内集中若干组宫殿，而彼此又相对独立的格局，似为汉代所独有*。而宫殿之间，又使用阁道相连，有的甚至跨越城垣，如未央宫与建章宫间之例。

2．城市

西汉长安宫殿始建于高祖刘邦，但长安城垣却建于惠帝刘盈元年（公元前194年）正月至五年九月。这种先建宫殿而后建都城的方式，在我国古代甚为少见。以致城垣因长乐、未央二宫已建的既成事实，而不得不采取不规则的曲折平面。据《三辅黄图》："（长安城）高三丈五尺，下阔一丈五尺，上阔九尺，雉高三版，周回六十五里。城南为南斗形，城北为北斗形"。城设城门十二，每面三门（图20）。若依顺

*[整理者注]：据目前发掘资料，河南偃师商城（可能即史载之亳都）城内已发现独立之宫室三区。

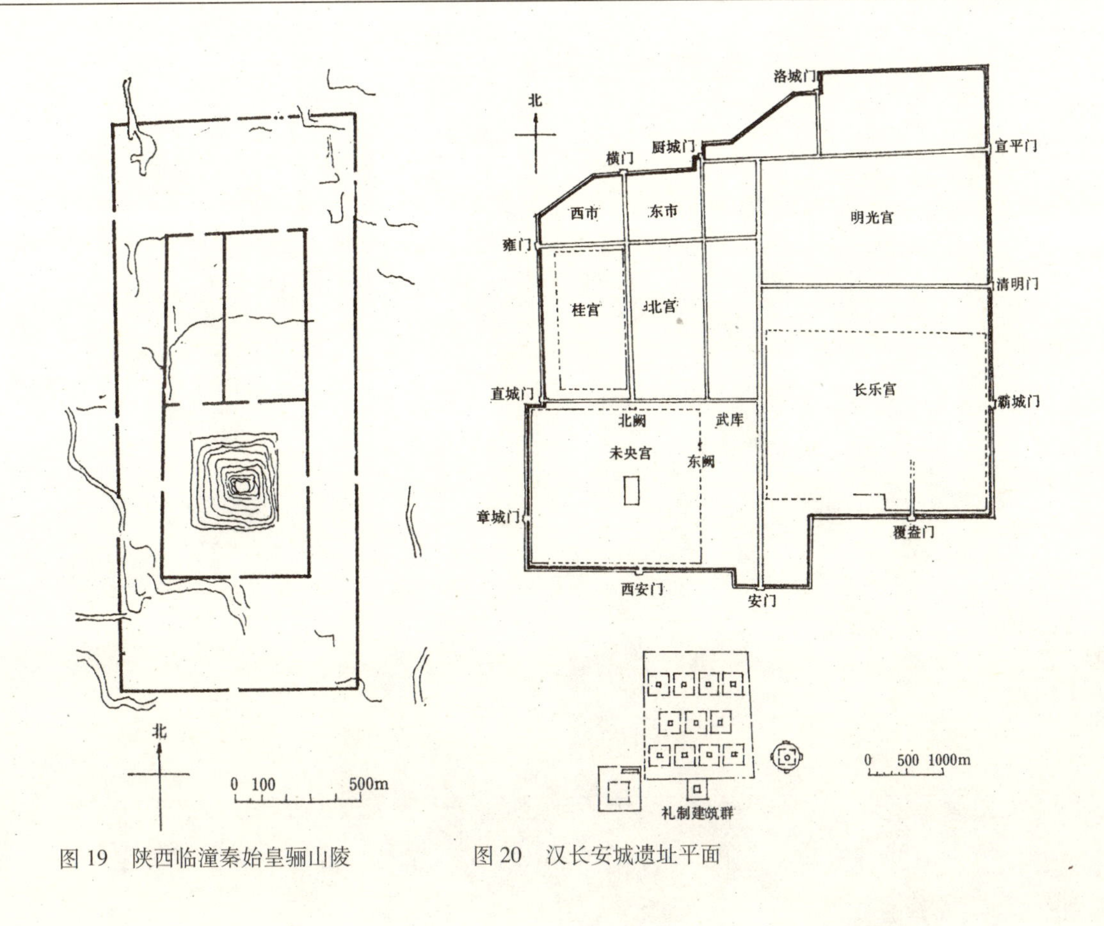

图 19　陕西临潼秦始皇骊山陵　　图 20　汉长安城遗址平面

时针方向，其北墙三门依次为横门、厨城门、洛城门，东墙为宣平门、清明门、霸城门，南墙为复盎门、安门、西安门，西墙为章城门、直城门、雍门。其中横门为渡渭水北上的交通孔道，宣平门为前往东都洛阳的必由之路，而安门则是通至城南郊祭祀场所的主要通道。

根据考古实测，汉长安城垣周长约 25.73 公里（合汉里 62 里），全由夯土筑成，城垣最厚处达 16 米。城每面三门，每门设三门道，各宽 8 米，可容四车并行。文献记载门上曾建有城楼。城内街道走向南北或东西，作十字或丁字相交。已发掘之八条道路，均与城门直通，其中以南北向的安门大街为最长，达 5.5 公里。此街宽 50 米，中央 20 米为专供皇帝使用的驰道，二侧掘沟，沟外各有宽 13 米之次要道路，供一般官民往来。依《汉旧仪》：“长安城中，经纬各长三十二里十八步，九百二十七顷。八街、九陌、三宫、九村、三庙、十二门、九市、十二桥。水泉深二十余丈。城下有池围绕，广三丈，深二丈，石桥各六丈，与街相直”。其中某些记载是与现在考古发现一致的，有的尚待进一步证实。目前从各文献中得知的街道名称，有章台、华阳、藁、太常、城门、尚冠、夕阴、香室等。

长安城区西北端建有九市。六市在未央宫北阙至横门大道之西，合称西市，建于惠帝六年。三市在大道之东，称为东市。后来城西昆明池南又设柳市。王莽时，安门南增置会市。皆不在上述九市之内。

居民有闾里一百六十。以长安城内宫殿、官署之密集，估计大部闾里系位于城外。闾里名称见于文记的，有尚冠、修城、黄棘、宣明、建阳、昌阴、北焕、南平、大昌等。

祭祀建筑如明堂、辟雍、太庙等，均置长安南郊。据已发掘之大型建筑遗址，其轴线作十字相交状。最外有环形水道，内建方形围墙，中央部分构夯土筑之台基，周旁并有柱础及铺地痕迹，估计是西汉末年的明堂辟雍所在（图 22、23）。其格局系按我国古代“天圆地方”之说部署，也是此种类型建筑在国内

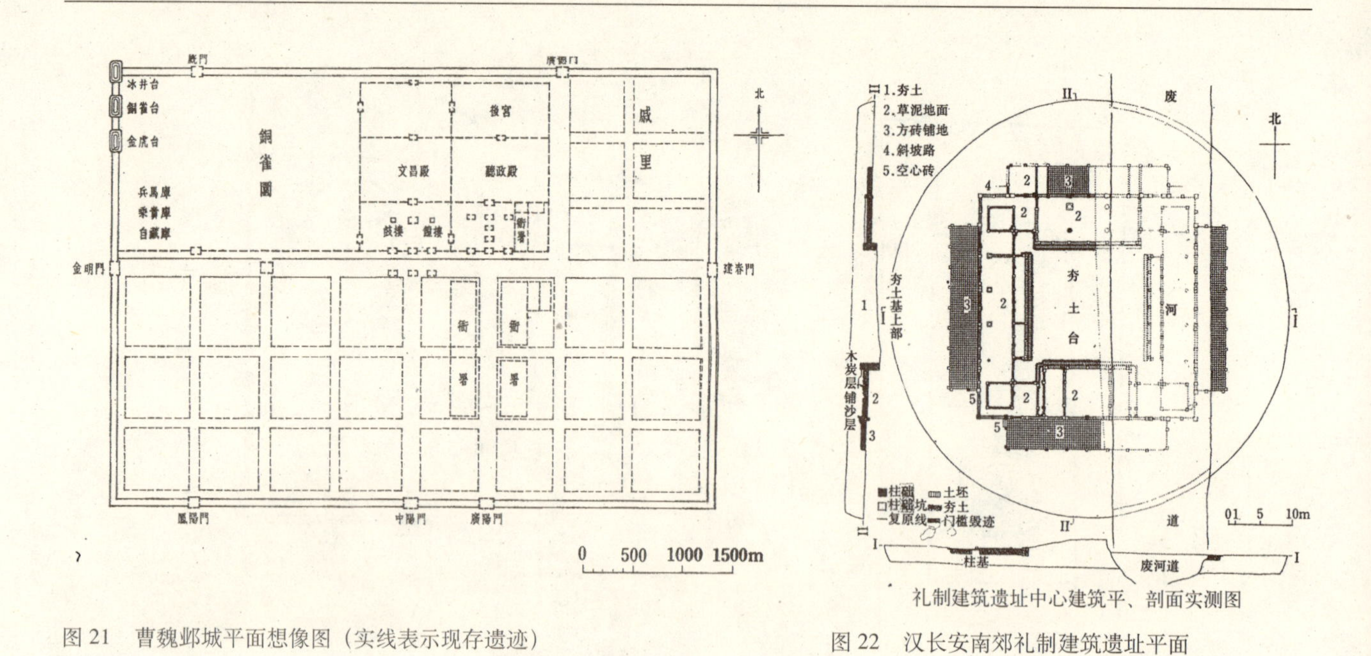

图 21　曹魏邺城平面想像图（实线表示现存遗迹）

图 22　汉长安南郊礼制建筑遗址平面

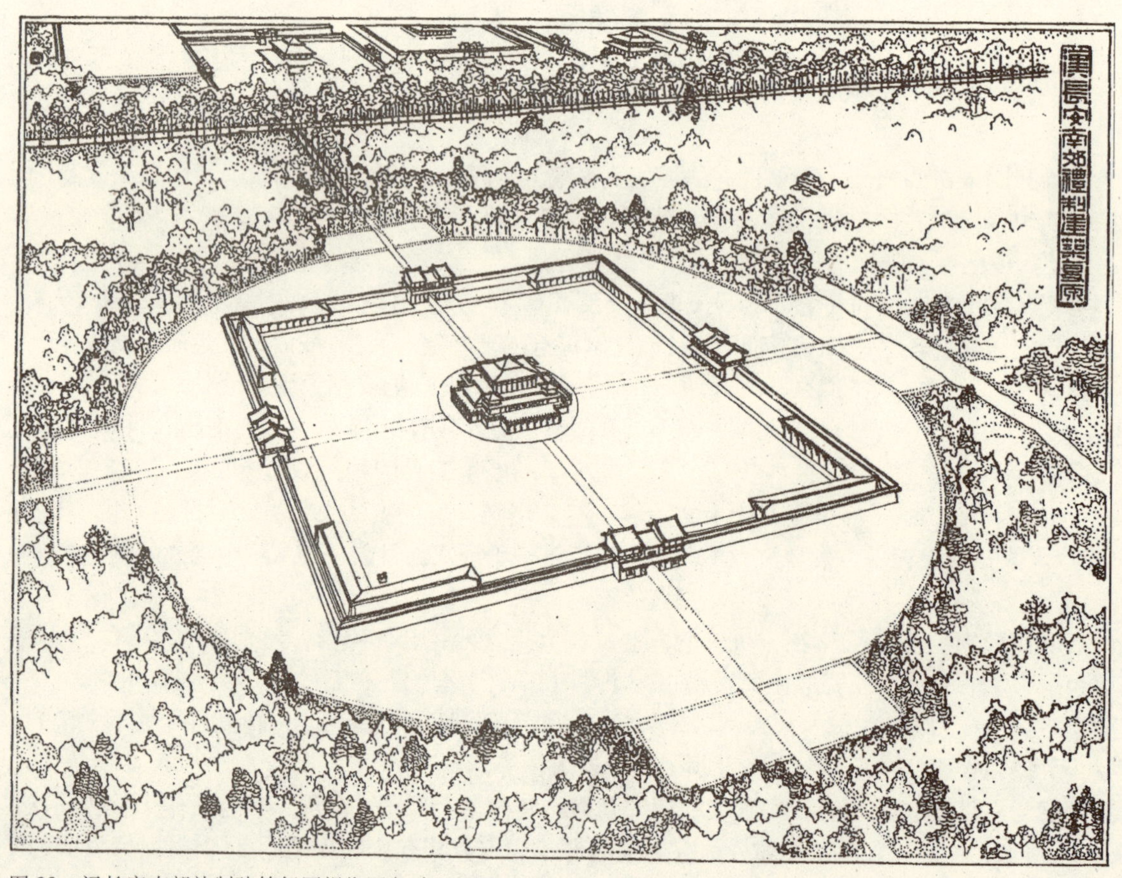

图 23　汉长安南郊礼制建筑复原想像图鸟瞰

最早发现的实例。

洛阳在西汉称东都，是仅次于长安的陪都，至东汉才取代长安，而成为当时的政治中心。它南临洛水，又有谷水支流自西往东穿城而过，将市内划分为南、北两部。此城平面亦不甚规整，现有残迹已不能充分描绘其原来面貌与形状。根据文献记载，汉代洛阳亦有城门十二（每门亦是三门道）。自北墙西端依顺时针方向，为夏门、谷门；东墙为上东门、中东门、耗门；南墙为开阳门、平城门、小苑门、津门；西墙为广阳门、雍门、上西门。城内主要道路二十四条，亦纵横交错，已知有长寿街、万岁街、士马街等。重要通衢亦由并行之三条道路组成，中为驰道，两侧为一般道路，一若长安之制。

宫殿位于东都之西北，分为南宫与北宫二区，对峙于谷水支流两岸，其间以道桥相连。依《汉典职仪》载："南宫至北宫，中央作大屋复道三道行。天子从中道，从官夹左、右，十步一卫。两宫相去七里"。由此可知其间距离及交通情况，但所谓的"中央作大屋"，系谷水上作廊桥抑或驰道上建廊屋？尚未得悉其详。又据《史记 · 高祖纪》，刘邦击灭项羽后，以秦咸阳已残破，先都于洛阳，并于南宫置酒大飨群臣。而《前汉书 · 高帝纪》亦载六年刘邦居南宫，自复道见诸将耦语事。俱表明此宫当时尚保持相当完整，绝非短期间内所能建成者，故为秦代之遗构殆无疑义矣。后汉光武初定天下，即居南宫。建武十四年（公元 38 年）修此宫前殿，是为大朝所在，而日后光武亦崩于此。北宫始建于明帝三年（公元 60 年），成于八年十月。由二宫之使用及兴建，可知南宫之地位实高于北宫。虽北宫德阳殿一度成为大朝，但东汉诸帝之主要活动仍在南宫之内。

邺城是汉末曹操封魏公时的采邑，城在今日河南省安阳东北。据发掘证明，此城平面（图 21）作矩形，东西约 3000 米，南北约 2160 米。有城门七处（南墙三，北墙二，东、西各一），主城门为南垣中央之中阳门。城内划分井然有序，显然是经过事先精心规划而后实施的，较两汉长安、洛阳更进一步。

此城以横亘东西的大道，将全城划为南、北二区。北区中央为宫殿所在，宫东置王室亲族所居之戚里，宫西建仓库及苑囿铜雀园。又于城市西垣北端，依墙建冰井、铜雀、金虎三台。均周以廊屋，联以阁道，又虚其内以贮粮食、器械。三台平时供游观，战时可据以瞭望、守备。城南区划为若干整齐街坊，面向宫殿之大道则布置官司衙署。都城中这种将宫殿、官署集中于一区的方式，对后代帝都（如隋大兴城）的布局，产生很大影响。

3．苑囿、园林

两汉之皇家苑囿虽多，然就其规模宏大与宫观众多而言，未有能出上林苑之右者。此苑位于长安城西南郊，其北端与建章宫相接，始辟于秦代，至西汉武帝建元三年（公元前 138 年）又予以大肆宏扩。班固《两都赋》中记载："林麓薮泽陂池，连乎蜀汉。缭以周墙，四百余里。离宫别馆，三十六所。神池灵沼，往往而在……"《三辅黄图》又作了补充："……上林（苑）有建章、承光等一十一宫，平乐、茧观等二十五，凡三十六所"。而此苑之馆观另见于《汉书》等文献的，尚有当路、涿沐、磃氏、阳禄、上兰、豫章等。苑中有巨泊，称昆明池。此池开凿于武帝元狩三年（公元前 120 年），其水面辽阔，远胜于建章宫之太液池。又将穿池所出土石，用以叠山，高二十余丈。周旁楼台、堂殿，不可胜数。而汉代文士记述此苑者，亦颇不乏人。如扬雄《羽猎赋》即称："……武帝广开上林，东南至宜春、鼎湖、御宿、昆吾，傍南山，西至长杨、五柞，北绕黄山，滨渭而东，周袤数百里。穿昆明池，象滇河。营建章、凤阙、神明、驱娑、渐台、泰液，象海水周流，方丈、瀛州、蓬莱，游观侈靡，穷妙极丽……"而张衡《西京赋》亦谓："……上林禁苑，跨谷弥阜，东至鼎湖，邪界细柳，掩长杨而联五柞，绕黄山而款牛首，缭垣绵联，四百余里……乃有昆明灵沼，黑水玄阯，周以金堤，树以柳杞。豫章珍馆，揭焉中峙，牵牛立其左，织女处其右……"据此观之，上林苑已大大超过一般苑囿的范围，它实际上是罗纳了汉代关中的众多离宫、别苑，其中并包括建章宫在内。帝王们为了满足自己的享乐欲望，恣意圈占大量土地，用以营建离宫、苑囿，而置黎民百姓生死饥寒于不顾。是以东方朔有《谏除上林苑》之奏，其中有："……（南）山出玉石、金、银、铜、铁、豫章、檀、柘异类之物，不可胜原，此百工所取给，万民所仰足也。又有粳、稻、梨、栗、桑、麻、竹箭之饶，土宜姜、芋，水多龟、鱼，贫者得以人给家足，无饥寒之忧。故丰、镐之间，号为土膏，其贾亩一金。今规以为苑，绝陂池水泽之利，而取民膏腴之地，上乏国家之用，下夺农桑之业……"等语，辞意恳切，然终不为武帝所采纳。

两汉皇家苑囿之建设，以武帝时为最盛。以后新建者不多，旧苑因久废失修或裁以赋民，数量所有减削。但大苑如上林、广成者，仍保留以供帝王攸猎游幸。

两汉宗室、达官及大贾、富人亦多建园林自娱。西汉文帝次子刘广封梁孝王，所筑东苑方三百余里，广逾睢州城七十里，规模十分宏大。《西京杂记》载"梁孝王好营宫室、苑囿之乐……筑兔园。园中有百灵山，山有肤寸石、落猿崖、栖龙岫。又有雁池，池间有鹤洲、凫渚。其诸宫观相连，延亘数十里。奇果异树、瑰禽怪兽毕备。王日与宫人、宾客弋钓其中"。又"孝王游于忘忧之馆，集诸游士各为赋……"，由诸赋中知园中有沙洲、兰渚，并植柳、槐，所畜禽兽有鹍鸡、鹤、鹿等。东汉大将军梁冀"广开园囿，采土筑山，十里九坂，以象二崤（按：二崤山在洛州永宁县西北）。深林绝涧，有若自然。奇禽驯兽，飞走其间……又多拓林苑，禁同王家。西至弘农，东界荥阳，南极鲁阳，北达河淇。包含山薮，远带丘荒，周旋封域，殆将千里。又起菟苑于河南城西，经亘数十里。发属县卒徒，缮修楼观，数年乃成"。又西汉茂陵富人袁广汉，"于北邙山下筑园，东西四里，南北五里。激流水注其内，构石为山，高十余丈，连延数里。养白鹦鹉、紫鸳鸯、牦牛、青兕、奇禽怪兽委积其间。积沙为洲屿，激水为波澜，其中致江鸥、海鹤，孕雏产鷇，延蔓林地。奇树异草靡不具植。屋皆徘徊连属，重阁修廊，行之移晷，不能遍也"。由上三例，可知此类园林之面积均甚为辽阔，其广袤可自数十里乃至数百里。而择址亦在有陂岗峦阜、茂草深树与曲沼流水之处，即着眼于以自然风景为主。其经人为增添或改造者，如构筑之土石山丘，引注之溪涧湖泊，以及栖息其间的飞禽走兽，也都寓意于造就更多的自然气息。以与园中另一重要组成部分——楼堂参差，廊阁周回的建筑群，形成十分鲜明的对比。

4. 住宅

对于此时期的住宅情况，仅能自汉代遗留的画像砖、画像石、建筑明器及少量文献记载中知悉，其形式和种类已相当繁多（图 24）。

小型住宅多为矩形或折尺形平面，有的围以院墙，以形成住宅之庭院。沿墙或设置猪圈等附属建筑。主体建筑一般一层，亦有局部二层者。屋顶多采用两坡之悬山或单坡。建筑结构表现为木梁架式或干阑式，有的柱头还施斗栱，柱间额上用短柱，这大概是最早的补间铺作形式。窗有直棂、斜方格等式样。屋面表示铺瓦，正脊两端且翘起，四坡顶之戗脊端部亦有此种表现。

较大之住宅多由几个庭院组成。四川修建成渝铁路时，发现一块刻有住宅透视图的画像砖（图 25），可为此类建筑的重要代表。该住宅周以围墙，全宅又由中部之内墙划分为左、右两部分；左部前置版门结构之大门，入门为前院，再经内门可至后院。此二院均绕以木构之回廊。后院有木柱、梁结构的三开间厅堂（但当心间柱可能为石制），似为该宅之主要建筑。右部前端为厨房，院中有水井。后部为一较大庭院，中矗立一高 3 层之木构塔楼建筑，平面方形，上覆单檐四坡顶，檐下有一斗三升斗栱，角部另施弯曲斜撑。塔楼底层门内置有木梯，此层与二层墙面均不开窗。估计此楼乃供主人危急时避难之用（今日曲阜孔府中亦有类似之塔楼，称"避难楼"，但壁体已用砖砌）。汉代有的较大住宅之门屋为 2 层建筑，或用单层三间，两侧施夹屋或廊屋。也有的在入口处设双阙的，其等级当较前者为高，均见于画像石。

更大的住宅可称为坞堡（图 27），平面亦为方形或矩形，四壁垣以高墙，坞壁下层均不开窗，仅辟大门一处，门上置有门楼。坞堡四隅建角楼，其间往往联以阁道。庭院中央为主体建筑，有时建一塔楼。

图 24　汉明器中表现之建筑形象

图 25　四川成都出土东汉住宅画像砖

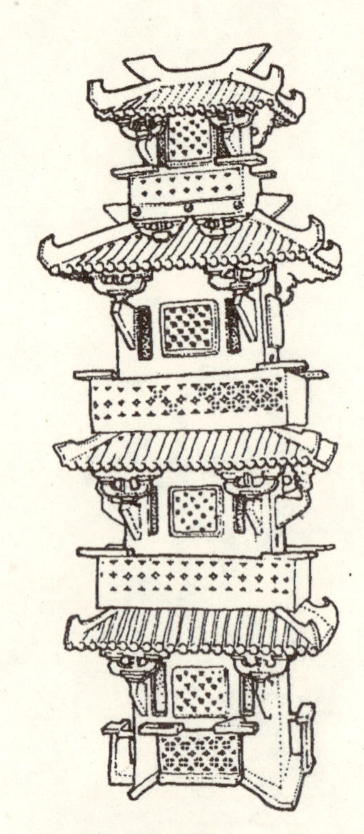

图 26　汉望楼明器

山东高唐汉墓明器

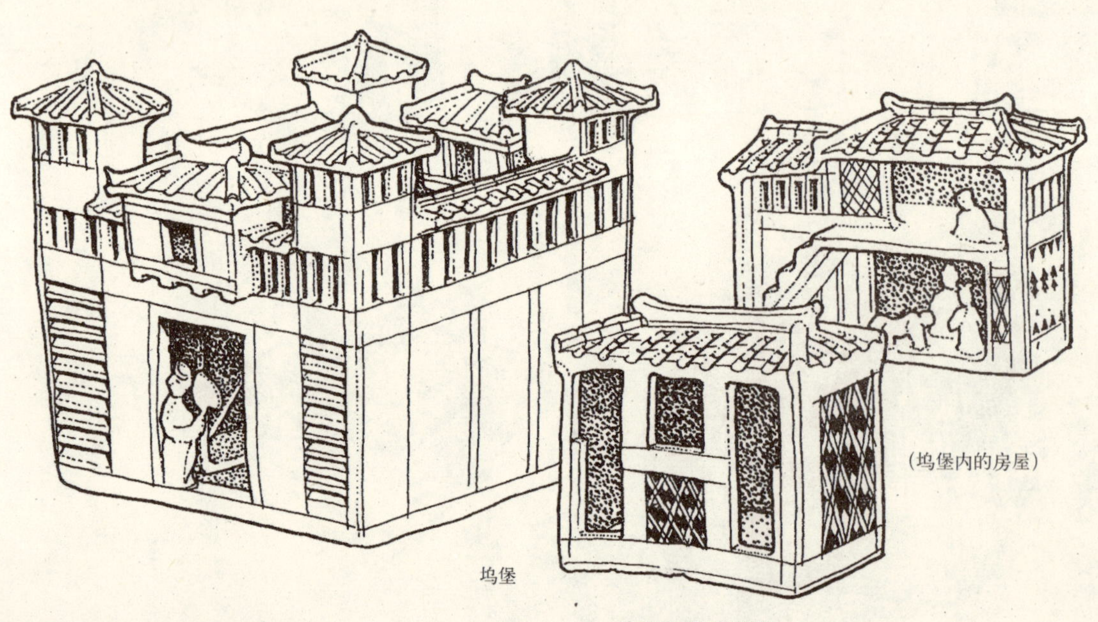

（坞堡内的房屋）

坞堡

广东广州汉墓明器

图 27　汉墓出土明器中的坞堡建筑

随居住建筑同时出现的，还有粮仓、井亭、猪圈、羊舍等（图 24）。另有多层之望楼（图 26），其平面呈方形。有的还置于表示水池的圆（或方）盘内。此类建筑多具腰檐、平座，其下常施斗栱。楼上或置手执弓弩的射手。

5．陵墓

汉代帝王大多在即位后即建营葬地，或称寿陵，以与日后取得谥号之陵园有别。

西汉帝陵大多分布在长安之渭水北岸（图 28），规制仍沿秦法。墓上封土为截去顶部的方锥形“方上”；其下之棺椁与黄肠题凑等纳于墓圹部分，称为“方中”。“方上”之外，建平面为方形之墓垣，四面中央辟司马门，南司马门外置有石象生之神道。陵设寝殿、便殿司祭祀，又有管理之官署及守护之军营，其外再绕以陵墙。陵附近有达官、贵族的陪葬墓，以及由全国各地迁来的豪富所形成的陵邑。陵邑制始于高祖刘邦之长陵，后来惠帝刘盈的安陵、景帝刘启的阳陵、武帝刘彻的茂陵和昭帝刘弗陵的平陵都仿此，号称五陵邑。各有陵户人口数万，形成了京师长安周围的五个“卫星城”。元帝以后至东汉诸帝，皆不复用此。

东汉都洛阳，帝陵多依北邙山，各陵范围及“方上”高度、体积，俱不逮西汉远甚。史载两汉诸陵园，经赤眉与董卓两次焚掘，以致庐墓荡然，筑构平毁，遂使后人无从考其究竟。

汉代墓葬，就其结构与材料言，可分为：木椁墓、空心砖墓、石梁板墓、崖墓与砖券墓数种。

木椁墓盛行于西汉。实际上是自商殷以降所流行的木椁葬式的继续与演变。由方形断面的木材所叠累的井干式木椁，在大墓中常构成椁室数重，以区别主、次墓室（图 29）。小墓中则仅木椁一层，其中另以木板分隔为棺室、头箱、边箱等。木材多使用柏木，棺具内、外髹漆，椁外使用白膏泥、木炭或砂，以达到防腐、防水和防盗的目的。

使用大块陶质空心砖作墓室，虽在战国时已有先例，但西汉洛阳一带仍相当流行。其砖长度约 1 米，宽 0.5 米，厚 0.2 米，表面模印几何花纹。形状以矩形板状的为最多，亦有方条形和梯形的，少数尚有企口。而墓室结构也由简单的梁板式逐渐变化为折线的拱形（图 31）。

硺石为柱、板、梁，并用之以构成墓室的实例，常见于山东、河南与江苏的北部。其中山东沂南的汉画像石墓，更可作为此类墓室的代表（图 30）。在平面上它由前、后、中及两侧的十个石室组成，而以中央部分的前室、中室与左后棺室与右后棺室为主体。入口设并列的二门，门柱与门楣上均为石刻浮雕。前室与中室中央各建一八角形独立的“都柱”，柱头上都置斗栱，尤以中室柱上的一斗二升附龙首翼身者最为华丽特出。此墓地面铺石板，墙体砌石条，而墓顶则用石条砌出八角形与套方藻井，甚为简洁明快。此类石墓，常于壁面置刻绘有神话、鬼怪或墓主起居、宴乐、出行等图形之画像石。其中且有建筑形象，亦可供吾人作间接之参考。

凿山为石室以营墓，现见于四川彭山、乐山诸地者，均属东汉时期（图 32、33）。或于入口凿享堂及供奉牌位之龛，再于龛侧开甬道深入崖内。而棺室则置于甬道尽端之旁侧。或入口处不设享堂与龛，径凿双阙以作标志，入内即为甬道及其棺室。见于乐山崖墓之享堂、龛及阙，其表面均隐出木构建筑之形象，如倚柱、梁头、阑额、地栿、腰枋、立旌以及板瓦、筒瓦等。

以小砖砌造墓壁及券顶之墓室，始见于西汉末而盛行于东汉（图 31）。一般是多室墓，其平面也往往采取不对称形状。这是因为小砖的应用十分灵活，可根据具体需要机动调整各墓室的位置与面积。室内墙面亦常饰以壁画或嵌入画像砖、石。而小砖表面也多模印各种几何图案、动植物纹样或吉祥文字等等。这对以后魏、晋、南北朝的墓室，也起了相当大的影响。

汉代墓前常树以阙，分峙于神道入口之两侧。其制式可依天子、贵族、官吏之等第分为三出、双出与单出阙三类。由文献及画像砖（图 36）、画像石与实物，知阙之构材有木、土、石多种。而今日所遗留

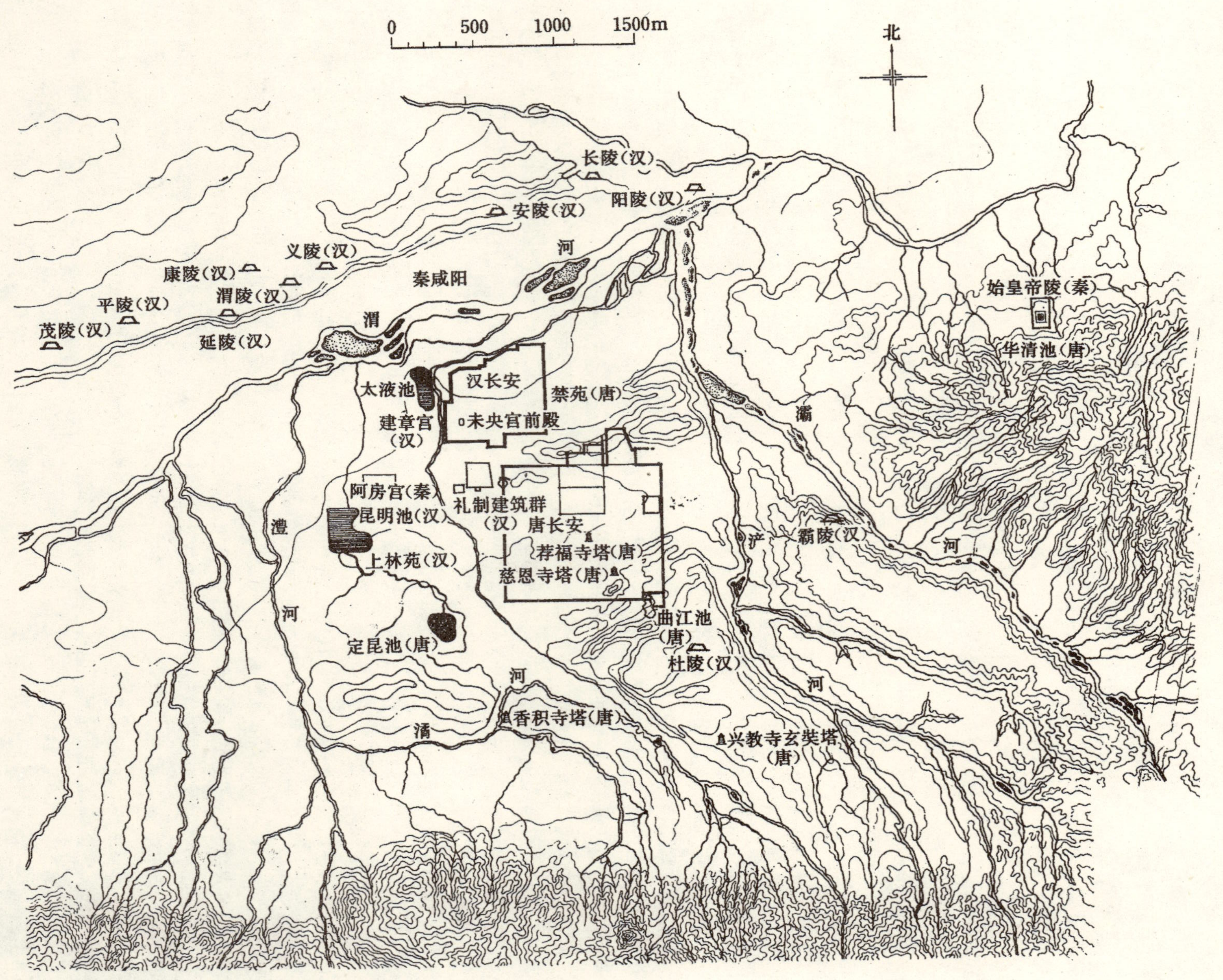

图28 西安附近秦、汉、唐重要建筑及遗迹分布图

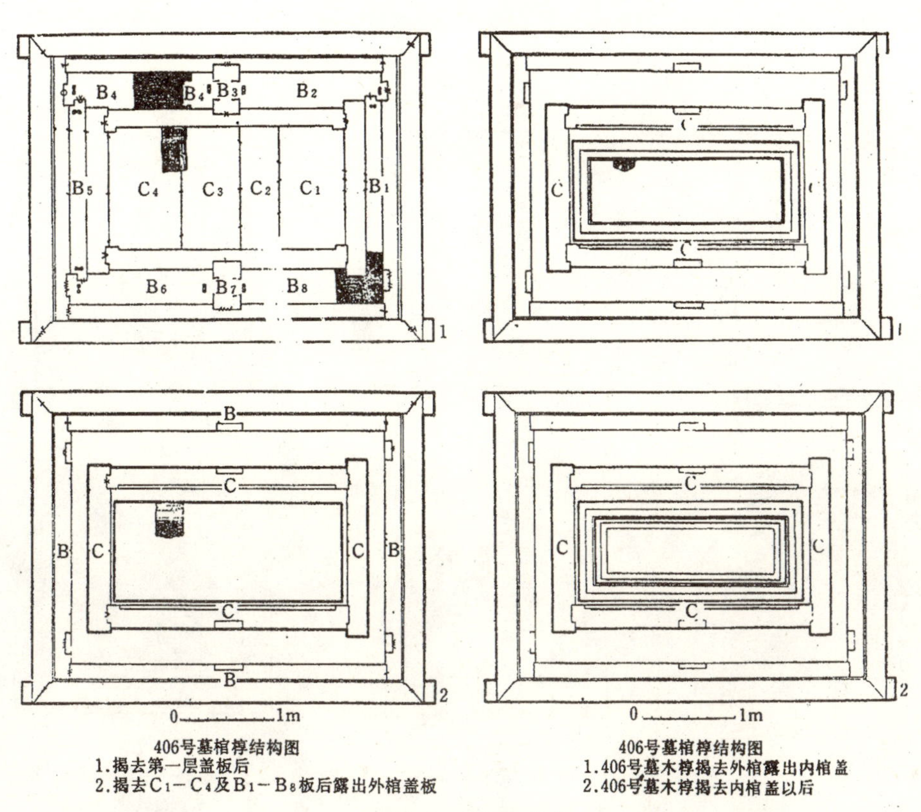

图 29　西汉木椁墓

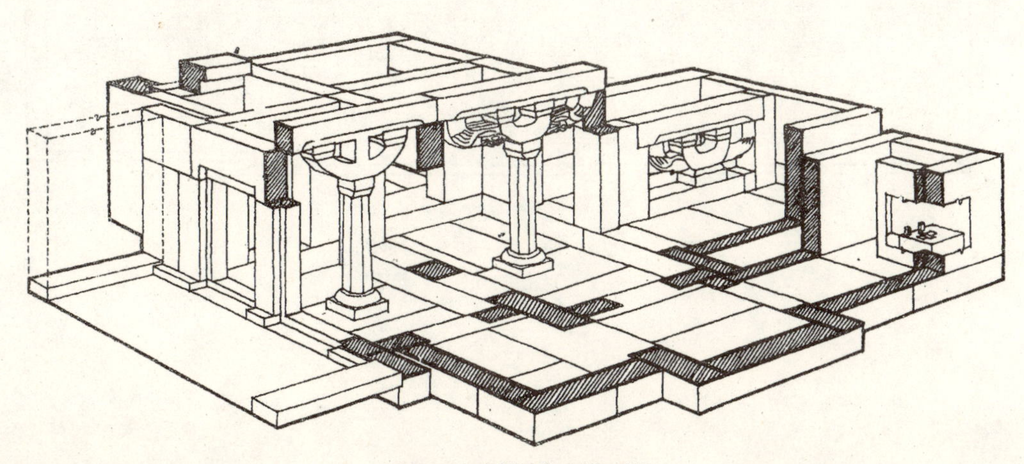

图 30　山东沂南汉画像石墓

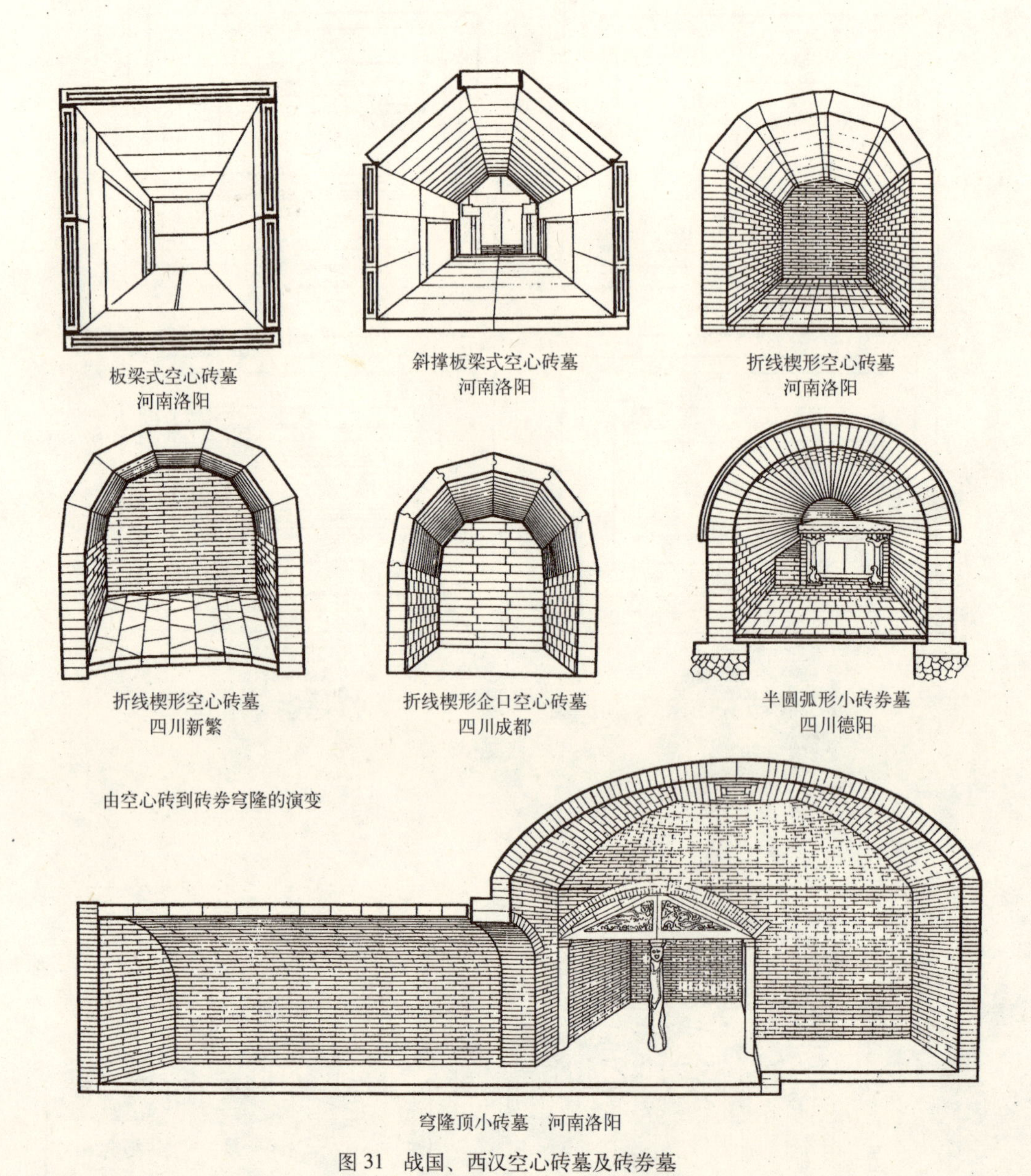

图 31　战国、西汉空心砖墓及砖券墓

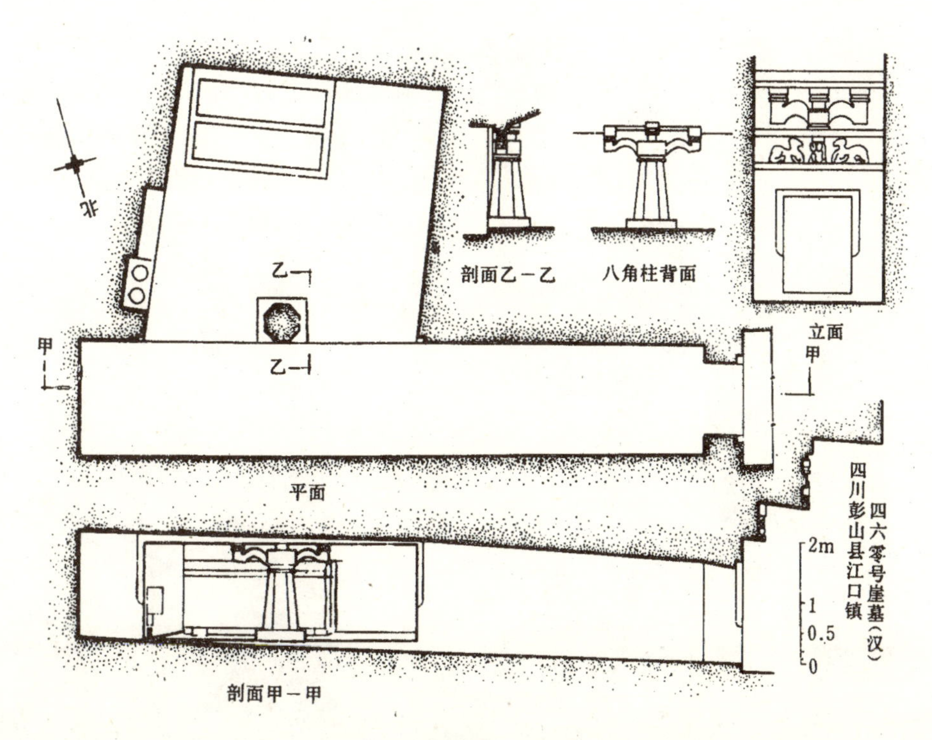

图 32　四川彭山江口镇汉崖墓

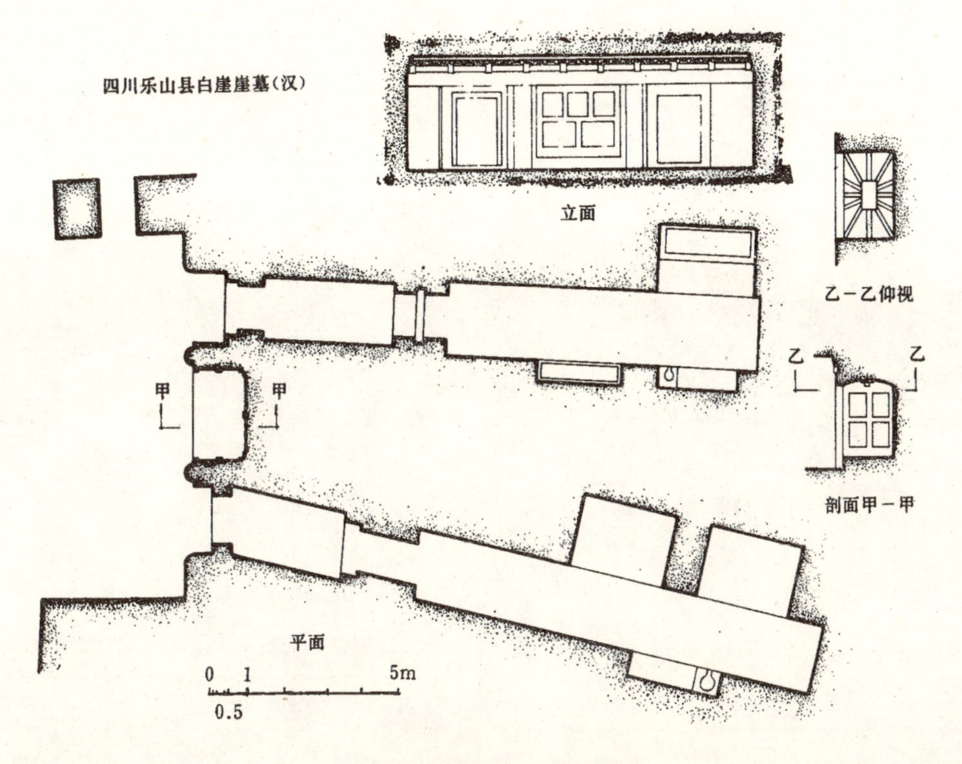

图 33　四川乐山白崖东汉崖墓

之实物，均属于石构者。其所在地域为北至河北，东迄山东、河南，西及四川，而尤以四川、西康东部为多。阙之知名者如河南登封少室祠阙（图 34），四川渠县沈府君墓阙（图 35）、冯焕墓阙，但内中最华丽者，乃雅安之高颐墓阙（图 37）。此阙建于东汉献帝建安十四年（公元 209 年），虽时代居已知诸阙中最晚，但其造型之雄丽与雕刻之华美，又当居其中翘首。此阙为双出阙，即于母阙之外侧附建一子阙。阙下构台座，阙身隐出倚柱，柱上置栌斗，承托梁、枋及一斗二升斗栱与屋顶。屋顶作平缓四坡形，檐下施收分之圆椽，檐上置板瓦及筒瓦，最上为两端翘起之正脊。整个比例适当，所雕刻之人物、鬼神、异兽等，均极精巧生动，实为汉代石刻中之上品。其他遗物如四川渠县之冯焕墓阙，建于东汉安帝建光元年（公元 121 年）；同县之沈府君墓阙，建于安帝延光间（公元 122 ~ 125 年）；绵阳之平阳府君墓阙，建于献帝初平间（公元 190 ~ 193 年），都是已知汉阙中的杰作。

图 34　河南登封少室祠汉阙

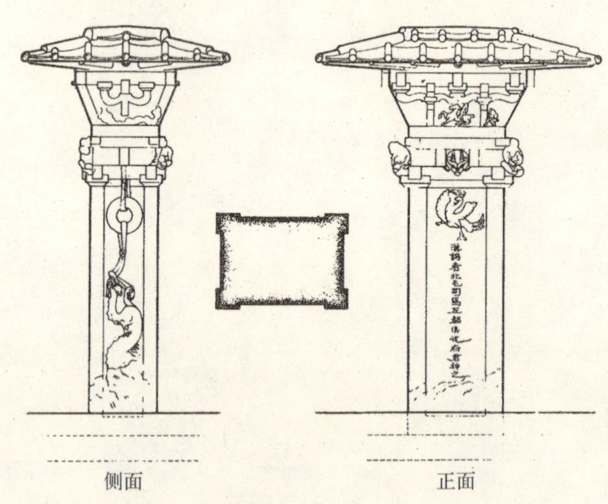

图 35　四川渠县汉沈府君墓阙

图 36　四川成都汉画像砖中门阙形象

图 37　四川雅安汉高颐墓阙

入阙后即为神道，两侧置石羊、石虎等象生。现知此类石斫动物最早使用于西汉霍去病墓（图38），惟形象古朴，且其排列亦不若后世之有一定规制也。

象生之后，建为享堂。现存实物仅山东肥城孝堂山郭氏石祠一处（图39）。此祠石建，平面矩形，面阔二间，单檐悬山顶。正面中央石柱为八棱形，上置一大栌斗，柱下石础亦同此式。此室除正面外，其余三面均为封闭墙体。室内后侧置一神龛。屋顶刻出瓦垅及筒瓦，近两山处刻排山瓦。石屋正脊作叠瓦式，至二端稍起翘。其他石室类乎此者，如嘉祥之武梁祠及金乡之朱鲔墓室，皆已破毁不堪，故未克引以为据。

6．佛教建筑

佛教正式传入中国，史载是东汉明帝遣使赴西域，迎来中天竺僧竺法兰、摄摩腾还至洛阳。次年创白马寺，是为我国兴建佛寺之始。然记载甚略，未悉其详。

东汉末，丹阳人笮融在徐州建浮屠祠。依《后汉书》等文献，知主体建筑为“上累金槃，下为重楼”的塔式建筑，其四周且绕以殿屋回廊，内、外可容三千余人。又塔内供奉身着彩衣的镀金铜像。由此可知此寺平面为以塔为中心的“塔院式”布局，并已供奉铜佛。虽我国隋以前的佛寺未有存者，然方之朝鲜、日本，尚有相当我国南北朝时期之佛教寺院建筑。其与笮融所建浮屠祠甚为接近，可证上述文字记载之非谬。且当时释教初至中土，经典均自外来，沙门亦皆番僧而无国人。是以寺院制度，纯系抄袭天竺或西域者。而建筑本身，则因材料、结构的差异，不得不权予变通而采中国的固有形式。

考我国佛塔之由来，实渊源于印度。佛教创始人乔达摩·悉达多（后为弟子尊称为释迦牟尼）逝世后，其所遗骨灰分葬各地，并建塔以供信徒瞻仰膜拜。其位于山基（Sanchi）者至今犹存。此类塔印度称stupa，汉译为塔婆或窣堵坡，系由印度传统之坟丘变化而来。其下为基台，台上建圆形之“覆钵”，顶置藏骨灰舍利之“宝匣”，最上为多重之相轮。墓外且环以石栏，又为门四出，门楣、柱上均饰以雕刻。另一类佛陀塔出现较迟，平面为方形，但形体高大，可划分为若干层，每层具佛龛若干。至顶置一缩小之stupa。此类佛塔对我国密檐塔影响不小。第三种塔称为支提或制多（chaitya），为平面方形或圆形之单层塔，顶部覆以stupa，是为我国日后之单层佛塔与墓塔之前驱。

图38　陕西兴平西汉霍去病墓石象生

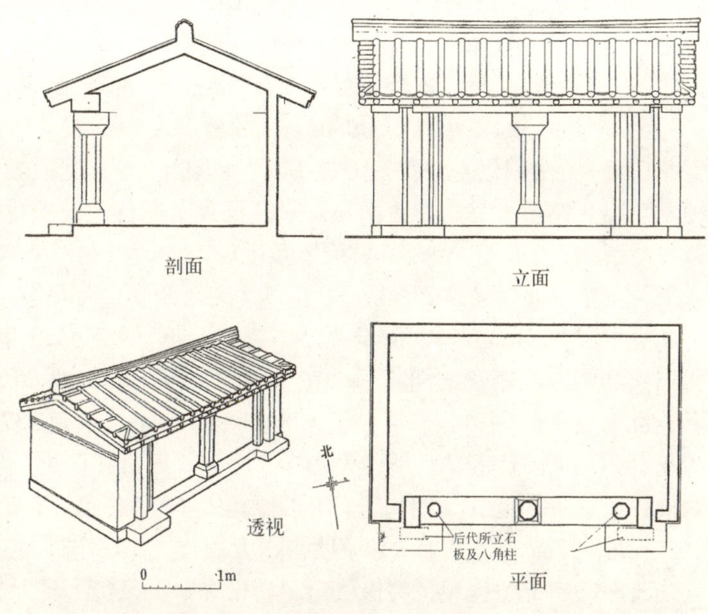

图39　山东肥城孝堂山汉郭氏石祠

就汉代资料来看，以上三种印式佛塔与徐州浮图祠中所描绘的甚有距离。非但形制迥异，其结构材料亦不相同。笔者以为此与我国当时的建筑技术条件以及传统文化有关。

7. 建筑技术及艺术

随着建筑体量与高度的增加，对于木架构的结构系统，也日益提出了新的要求，斗栱就是其中的一项。由于出檐的伸长与平座的增加，使斗栱的功能与外观都需要得到改进。汉代斗栱构造与形式的众多，说明当时正处于一个“百花齐放”的发展阶段。

建筑的屋顶，除了四注、悬山、囤顶、单坡以外，还有叠落式的两坡顶和两递式的四注顶。正脊两端及筒瓦瓦当亦有诸多变化。有的建筑还在脊中央施用脊饰，例如汉宫门阙之上，就有用铜凤凰的。

屋面本身的断面，也由直线改为曲线，故有“反宇向阳”的说法。它除了可使冬季日光更深地射入室内，又能使屋面落水较远地排离台基。在外观上，则消除了直线屋面所产生的单调与生硬，并使得屋角因此形成起翘，进一步美化了建筑的形象。

瓦与地砖已普遍使用于地面建筑。但空心砖与小砖则主要施之于墓室。后者除砌造墓室墙体及铺砌地面外，还用于顶部之筒券与穹窿。它们是否由国外传来？目前学界议论纷纷，尚无定论。

在建筑装饰方面，特别是在宫廷中，使用了多种不同的材料，以突出它们在质量和色彩上的特点和对比。例如在后妃居住的庭院地面上涂以丹朱，殿堂地面则髹以黑漆；窗扉中饰琐纹而边框涂之以青。建筑之台基、踏道和柱础都用白石或纹石砌造，有的还另包镀金的铜板。墙壁面或绘以云气、花木、仙灵与圣贤人物，或用饰有明珠、翠羽的金釭壁带，再悬以锦绣帷帐，垂以珠玑幕帘，其富丽堂皇与斑斓华灿景象，当可想像。

（四）三国建筑

此期建筑因政治、经济等种种原因，仅可谓是汉代衰退之尾声。三国之中，以曹魏建树稍多，东吴次之，蜀汉则鲜有可书者。

曹操为魏公时原都邺城，文帝曹丕都许昌，后又迁洛阳。遂以此三地与长安、谯并为五都[1]，而以洛阳为京师。黄初元年（公元220年）十二月营洛阳宫。时洛阳残破，文帝依居北宫，殿堂仅建始、承明、嘉福等。明帝青龙三年（公元235年）始于旧汉南宫等处大起宫室，营太极、昭阳等殿。又筑高十余丈之总章观，上立翔凤。其后宫则分为八坊，以才人等实之。推测当时曹魏洛阳宫殿，尚循汉代南、北两宫之制。其余如许昌，亦起景福、承光等殿。

至于苑囿，除魏武帝曾于邺城筑三台外，文帝黄初三年穿灵芝池，七年筑九华台，皆见于帝纪。明帝青龙三年大治洛阳宫时，曾“于芳林园中起陂池，楫櫂越歌……引谷水过九龙殿前，为玉井绮栏，蟾蜍含受，神龙吐出。使博士马均作司南车，水转百戏。岁首建巨兽鱼龙漫延，弄马倒骑，备如汉西京之制”[2]。建芳林园西北土山时，“使公卿群僚皆负土成山，树松柏、杂木、善草于其上，捕山禽、杂兽置其中”[3]。及齐王芳正始年间，又建芙蓉殿、广望观、凌云台、宣曲观等，以为嬉戏游乐之所，而芳终以沉湎声色废黜。

吴主孙权初都京口，后至武昌。黄龙元年（公元229年）四月称帝，九月即迁都建业。据记载都城北临玄武湖，南距秦淮河五里，东至平岗，西抵石头城，周回二十里十九步。都城南墙正门宣阳门，南至秦淮又设大航门，盖有浮航渡水也。赤乌十年（公元237年），孙权以迁都以来所居南宫“材柱率细，皆以腐朽，常恐损坏”，乃新作太初宫。此宫“周回五百丈，作八门”。南垣五门名公车、升贤、明阳、左掖、右掖，东垣一门苍龙，西垣一门白虎，北垣一门玄武。宫后置苑城，即后日东晋之台城所在。孙皓宝鼎二年（公元267年）六月，起昭明宫于太初宫之东，作时“二千石以下，皆自入山督摄伐木。又破坏诸营，大开园囿，起土山楼观，穷极伎巧。功役之费，以亿万计”[4]。

至于佛教建筑，史载为数无多，仅知吴主孙权于建业起建初寺，后又建阿育王塔，是为江南梵刹浮屠的最早纪录。

丁、两晋、南北朝建筑

（一）社会概况

西晋于公元280年一统中国，但内部统治阶级上层分子斗争日趋激烈。仅十余年即爆发了“八王之乱”。诸王勒兵互攻，战乱延蔓，致使国力大衰。而地处边陲的匈奴、鲜卑、羯、氐、羌等民族遂乘机进入中原，先后建立割据政权，史称“五胡十六国”。公元317年西晋覆灭。同年东晋南迁，后于公元420年为刘宋取代。北魏则于公元460年统一了中原及以北地域，于是形成了以后百余年的南北对峙局面。

两晋至南北朝的三百余年间，是我国历史上最混乱的时期。由于政权的迭变与战争的频繁，使社会生产遭受到极大破坏，此时中国整个经济已处于停滞与衰退状态。特别是中原一带受害最烈，兵火之余，赤地千里，城乡残破，民不聊生，甚至发生人竞相食的悲惨景象。而南方战祸相对较少，加以中原人口大量南迁，带来了先进的生产手段和文化，从而对江南地区的发展起了促进作用。并使得在这一历史阶段中，南方的经济与文化状况基本都超过了北方。

当时社会的激烈动荡与长期不安，使一般民众生活至感痛苦，作为统治阶级的帝王将相也常朝不保夕。为了在精神上摆脱困境和追求寄托，就纷纷皈依宗教。因此宣扬善恶报应、轮回转世、慈悲宽容、听由天命的佛教，就为平民大众所信仰与统治阶级所推崇，从而得到极为迅速的发展，并在不长时期内，跃居为国内诸教之首。

士大夫中的庄老之学和清谈此时亦十分盛行。若干士人以不愿随流浊世，而提倡清高野逸或佯狂放纵，如陶渊明、“竹林七贤”等。而此辈的诗文、书画，也对社会文化乃至建筑，都产生了一定的影响。

这时期又是我国各民族大交融时期。北方的匈奴等民族进入中原后，带来了本民族的文化传统，同时又吸收了较进步的汉族文化。例如北魏的孝文帝拓跋元宏就曾极力提倡汉化，并将都城由平城（今山西大同）迁至洛阳。又大弘佛法，盛开石窟，广建寺塔，对振兴我国文化作出了贡献。与此同时，传统的汉文化也吸收了许多新的外来内容，其中并包括来自犍陀罗、印度甚至间接传自希腊的文化，特别是在雕刻、绘画和建筑中，其表现较为明显。

（二）建筑

1．城市

各朝代帝都的建造，仍为此时主要的城市建设活动。北方可以北魏洛阳为代表，南方则以“六朝金粉”的建康最具盛名。

北魏原都盛乐，后移平城，太和十八年（公元494年）再迁洛阳，新都是在西晋洛阳的故址上兴建的。孝文帝颇重视中原文化，其于平城建太庙、太极殿时，即事先令蒋少游等“乘传诣洛，量准魏、晋基址”[5]。后又遣使赴南方建康，考察其宫阙、衙署状况，以供新都筹划参佐。北魏洛阳（图40）有城垣三重。最外为外廓，具体尺度不明，估计西至洛阳大市（西市）及供皇族居住之寿邱里一带，东至洛阳小市（东市）以东。中垣为都城，即汉、魏洛阳之故基。其平面大体呈纵矩形：“南北九里、东西七里”。都城置城门十三座，依顺时针方向，东垣有建春、东阳、青阳三门；南垣有开阳、平昌、宣阳、津阳四门；西垣亦四门，即西明、西阳、阊阖、承明；北垣仅二门，曰：大夏、广莫。此外，因有河流穿城，故另应有水门或水窦若干。都城北垣西尽端，有金镛小城突出，亦属宫禁之地。宫城在都城中部略偏西北处，主要入口在南墙中央，辟大道铜驼街直抵都城南垣之宣阳门。宫北有御苑华清园（即曹魏芳林园故址）。

东、西市分别位于都城两侧，而以西市为大。另于宣阳门外永桥附近，设有供外国商人居住的四夷里及贸易之四通市。

供居民居住之里坊有二百二十区（一作三百二十三坊）[6]，筑于宣武帝景明二年（公元501年），现

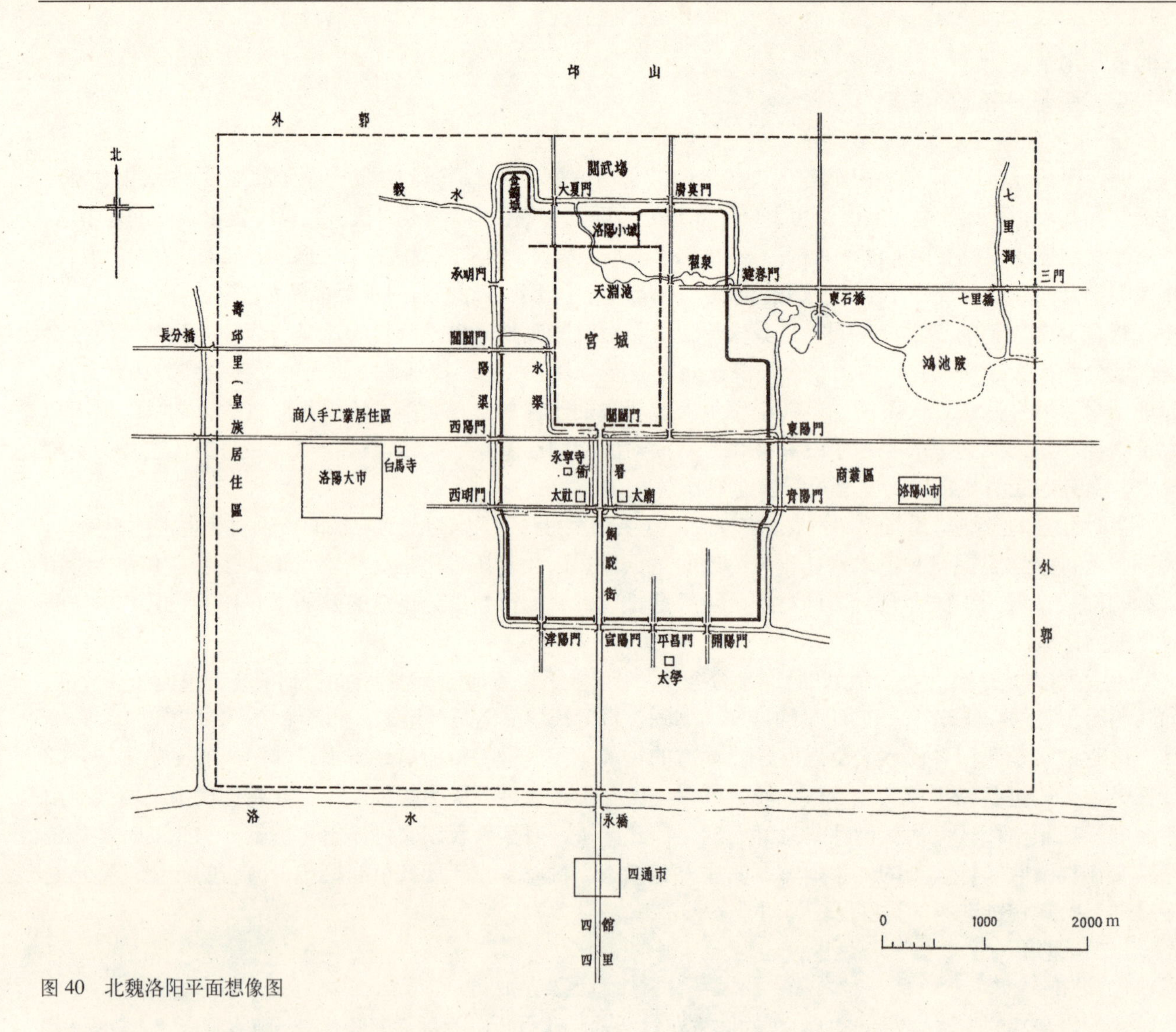

图 40　北魏洛阳平面想像图

已无痕迹可考。据史载每里方三百步，辟四门。并设里正二人、吏四人、门士八人以司管理。[7]

南方最重要城市莫过于建康。此城自东晋南迁后，即建为京师。以后历经刘宋、萧齐、萧梁至于陈，均沿为帝都。惟因袭用旧城，受历史沿革及地形等诸多条件之限制，故其布局及建置未能尽如理想。该城位于长江南岸，北临玄武湖（东晋时称“北湖”），东北亘以紫金山（又称“蒋山”或“北山”），西、南二面则有若干丘陵，因此周围地形呈南北长东西狭之不规则形状（图 41）。都城略作方形，南面三门，东、西、北面各二门。南墙中央之宣阳门为都城之主城门，有御道北通宫城南门大司马门，南抵秦淮河畔之朱雀门及其以外之长干里。宫城在都城中央稍北，作南北较长之矩形。其北为鸡笼山及御苑华林园，城外即玄武湖。此外，还根据军事需要，于西侧之丘岗地带，建石头城以为屏障。再在都城西南筑西州城，东南构东府城，并置部分行政官署。

南方因地狭人多，且河港纵横，以致大多街道坊里不克依规整方式布局。据文献所载之建康坊里有：禁中里、蒋陵里、都亭里、定阴里等，但其具体内容及位置，则均未述及。然自宫城以南至秦淮河一带，是为当时商业繁华与民居麇集所在，虽正史阙录，但自墨客骚士的诗文吟咏中，尚可知悉个中若干概况。

与西汉长安相较，两晋、南北朝之帝都已有所不同。首先是宫殿已不再分散，而是集中于一座宫城之内。

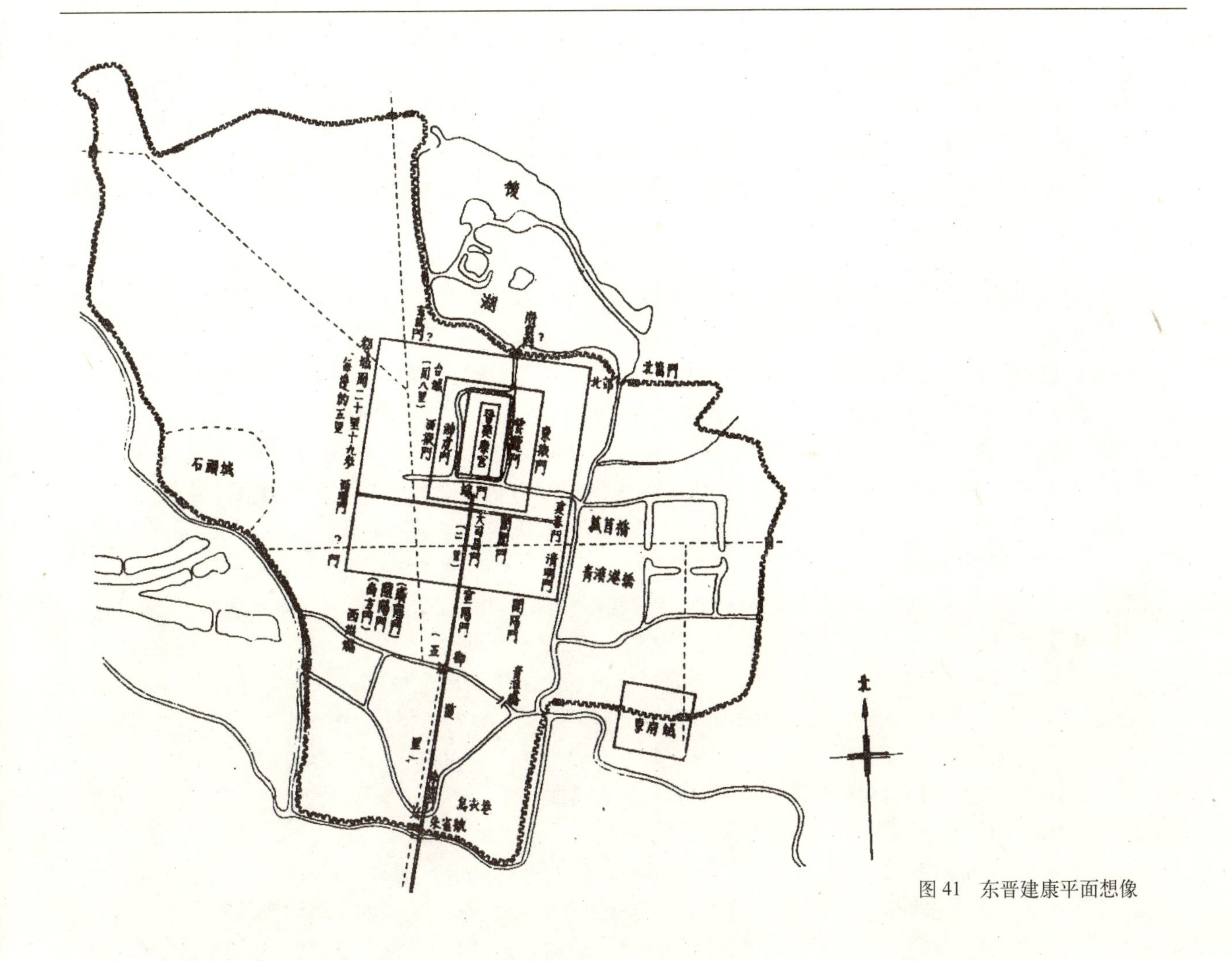

图 41　东晋建康平面想像

宫城位置在都城中央偏北，并成为都城的中心。其次是都城都有一南北向之主轴线，它大体位于城市中央，同时也是宫城的中轴线。其三是依此中轴线的南端，布置城市的主干道，经由宫城的南垣正门，通向都城的南墙正门并延伸向外。它又是供皇帝通行的御道所在。

2．宫殿、苑囿园林

此时期之宫殿总体布局仍按“前朝后寝”。其朝廷部分也基本沿用两汉的前殿与东、西厢的横向布置。不过改称前殿为太极殿，又将原来的东、西两厢脱离主殿，并改称东堂与西堂。至东魏时，除上述三殿堂之布置外，又依太极殿纵列二组宫室。这与汉末曹魏邺城制式相近，并成为隋代以后再恢复纵向排列的“三朝”形式的过渡。

离宫及苑囿的数量及规模均不逮秦、汉远甚。且帝王平时游乐的苑囿，大多都在京畿附近或都内，如北魏的华清园，南朝的华林园、乐游园、西苑、芳林苑等。苑中聚水汇流，累山叠石，又植各地异树、名花，构参差亭台、楼阁，其巧构睿思，皆可引人入胜。然就内中景物而言，经由人工所为者已渐有增加，而这种趋向，对于后世园林产生不少影响。

许多贵族、官僚及富商的私家园林，仍沿袭上述传统。即在追求精神享受的同时，也着重物质上的需要，并且还不忘记借此来表现自己的财富和权势。但是另一种风格的园林也在此兴起，它们是士大夫崇尚淡泊和出世的产物。这类园林的规模不在于大，而在于景物的古朴与自然。以追求远离市廛的危崖曲径、落瀑盘溪、古树垂藤和柴篱茅舍，作为他们理想中的最高境界。如果当自然条件不足以达到上述境界时，就以人为的方式去创造。例如北魏大司农张伦在洛阳昭德里的宅园[8]中所形成的山情野趣，备为时人所颂扬，即属于这类风格。至于一般清贫之士，无力图此丘壑，则只能因陋就简，或是用更抽象的形式，来渲泄自己的情感。众所周知陶渊明的“采菊东篱下，悠然见南山”，就是这些人的一个侧面写照。

3. 佛教建筑

前面已经提到，佛教在此时期得到了极大的发展。它的传播已不仅普及于人民大众，而且对上层统治者也有深远影响。帝后、王侯笃依佛法并极力提倡，如北魏孝文帝元宏和南梁武帝萧衍，都是当时身体力行的中坚人物。

随着佛教的弘扩，各地寺、塔、石窟兴建的数量甚为惊人，尤以北魏洛阳和南朝建康二地更为集中。据《洛阳伽蓝记》所载，孝静帝迁邺以前，洛阳有寺一千三百六十七所[9]（笔者按：恐为城内、外之合计数）。而《魏书 · 释老志》则云：“自正光（笔者按：为孝明帝元诩第三年号，公元520～525年）至此，京城内寺新旧且百所，僧尼二千余人。四方诸寺六千四百七十八，僧尼七万七千二百五十八人”[10]。依此，则洛阳内、外佛寺总数又当大大超过前述矣。南朝建康所建造的梵刹为数亦甚众多，一般常所耳闻的，是唐代诗人杜牧《江南春》中的名句：“南朝四百八十寺，多少楼台烟雨中”。而据《南史》之记述，梁武帝时“……都下佛寺五百余所，穷极宏丽，僧尼十余万……”[11]此为正史所载，应属可靠。

二京中之佛寺，有由帝后捐赀建造者，其规模之宏丽，自非他寺可比。如由北魏胡灵太后所建之永宁寺，刘宋明帝兴建之湘宫寺，以及萧梁武帝所创之同泰寺，均为名噪一时之巨刹。以永宁寺为例，此寺建于孝明帝熙平元年（公元516年），是一所采取“前塔后殿”布局，且有“僧房、楼观一千余间，雕梁粉壁，青琐绮疏”[12]的宏丽佛寺。位置就在宫前。因系胡灵太后所立，一切制度，均拟仿宫禁。书载：“寺院墙皆施短椽，以瓦覆之，若今宫墙也。四面各开一门。南门楼三重，通三道，去地二十丈，形制似今端门。图以云气，画彩仙灵，绮钱青琐，辉赫华丽。拱门有四力士、四狮子，饰以金银，加以珠玉，装严焕炳，世所未闻。东、西门亦皆如之，所可异者，惟楼二重。北门一道，不施屋，似乌头门。四门外树以青槐，亘以绿水，京邑行人，多庇其下……”[13]其附属之墙垣、门屋已经如此，寺内主体建筑又作何如？依《洛阳伽蓝记》，知塔北有“佛殿一所，形如太极殿。中有丈八金像一躯，中长金像十躯、绣珠像三躯，织成五躯。”众所周知，太极殿为皇帝大朝所在，居宫中诸殿堂、楼观之首，而该寺佛殿竟得侔比朝廷，其规模与制式可想而知。但寺中最宏巨建筑仍不在此殿，而在于殿前之九重塔。此塔“架木为之，举高九十丈，有刹复高十丈，合去地一千尺。去京师百里已遥见之”。又“浮图有四面，面有三户六窗。户皆朱漆，扉上有五行金钉，合有五千四百枚，复有金环铺首……绣柱金铺，骇人心目。至于高风永夜，宝铎和鸣，铿锵之声，闻及十余里”。由上述记载，则该寺塔之瑰伟壮观，已跃然纸上矣。然塔之高度千尺，以东魏一尺得30厘米计算，应合300米。按记载其木构（并包括台基）占全高十之九，即270米。而木建之九级浮图，恐难以达此高度，且立面亦不成比例。另据北魏 · 郦道元《水经注》，称此塔下基方十四丈，露盘下至地面高四十九丈。依北魏一尺等于25.5～29.5厘米计，则塔高当在125～142米之间，方之木构，较为可信。故以杨衒之记载有所夸张而存疑焉。永宁寺塔不慎于孝武帝永熙三年（公元534年）毁于火。据载当时“百姓道俗，咸来观火，悲哀之声，振动京邑……火经三月不灭，有火入地寻柱，周年犹有烟气。[14]”一代巨构就此烟消灰灭，堕为尘土，而后世竟无可与伦比者，良可痛惜！

就此寺之总体平面，为廊庑围成之塔院。但塔后置殿，此与汉末徐州浮图祠仅有塔无殿不同，而与日本现存之四天王寺近似。四天王寺建于公元6世纪末，属日本飞鸟时期，亦即中国南北朝式建筑输入时期。以该寺平面与永宁寺相较，可谓出乎一辙。但由内置释像之佛殿出现，表明原来佛寺中仅以塔为单一膜拜对象的格局发生改变。即塔已由寺中惟我独尊的地位下降，而逐渐让位于后来居上的佛殿了。由于财力物力及技术条件所限，并非所有寺庙均建有塔，特别是中、小佛寺更加如此。此外，当时又常有舍宅为寺的，由于原来的宅邸格局已定，往往无法再建梵塔，而是采用改前厅为佛殿，后堂为佛堂的权宜方式。从而出现了一种新的佛寺平面，它打破了汉以来一统的外来佛寺布局，并为后来佛寺的中国化奠定了基石。

佛寺的另一种表现形式是石窟寺。即依崖凿石室为佛殿，或径临崖刻龛纳佛像。印度已早有此类构筑，主要有二种形式。其一称为“窟殿”，面积颇大，入窟后两侧为柱廊，最后中央置塔柱，以供信徒膜拜。有的还在侧壁开小室若干，供信徒静修等用。另一种沿窟内石壁辟小室或龛甚众，供僧人修行或起居。我国绝大多数佛教石窟都属佛殿类。而分布亦集中于西北地区，仅部分位于中原或西南。其中最著名的是云冈、龙门和敦煌石窟。

云冈石窟在今山西省大同城西16公里武周山（旧时称武州山或武州塞）（图42）南，开凿于北魏文成帝和平（公元460～465年）初季，大同当时称平城，为北魏都城所在。据《魏书·释老志》载：沙门统昙曜“于京城西武州塞凿山石壁，开窟五所，镌建佛像各一，高者七十尺，次六十尺，雕饰奇伟，冠于一世”，史称“昙曜五窟”，亦为此处石窟中之最早者。

全部石窟均依武周山之北崖，绵延约一公里。现存石窟一千余处，其中较大者有53处。大小造像51000躯。大部主要洞窟均完成于迁都洛阳以前，即自文成帝和平年间至孝文帝太和十八年（公元494年）间的四十余年。其余最晚也不迟于孝明帝正光年间(公元520～525年)。现经编号的主要石窟有二十一处，依次分为三区：东区（1号～4号窟）、中区（5号～13号窟）及西区（14号～21号窟）。前述著名之“昙曜五窟”即在西区，编号为15号～20号。此五窟之平面作椭圆形，内部以高大的本尊立（或坐）像为主，旁壁或刻大像或雕千佛，但未见本生故事。龛顶略作穹窿状。内中20号窟为露天式，雕有高13.7米的

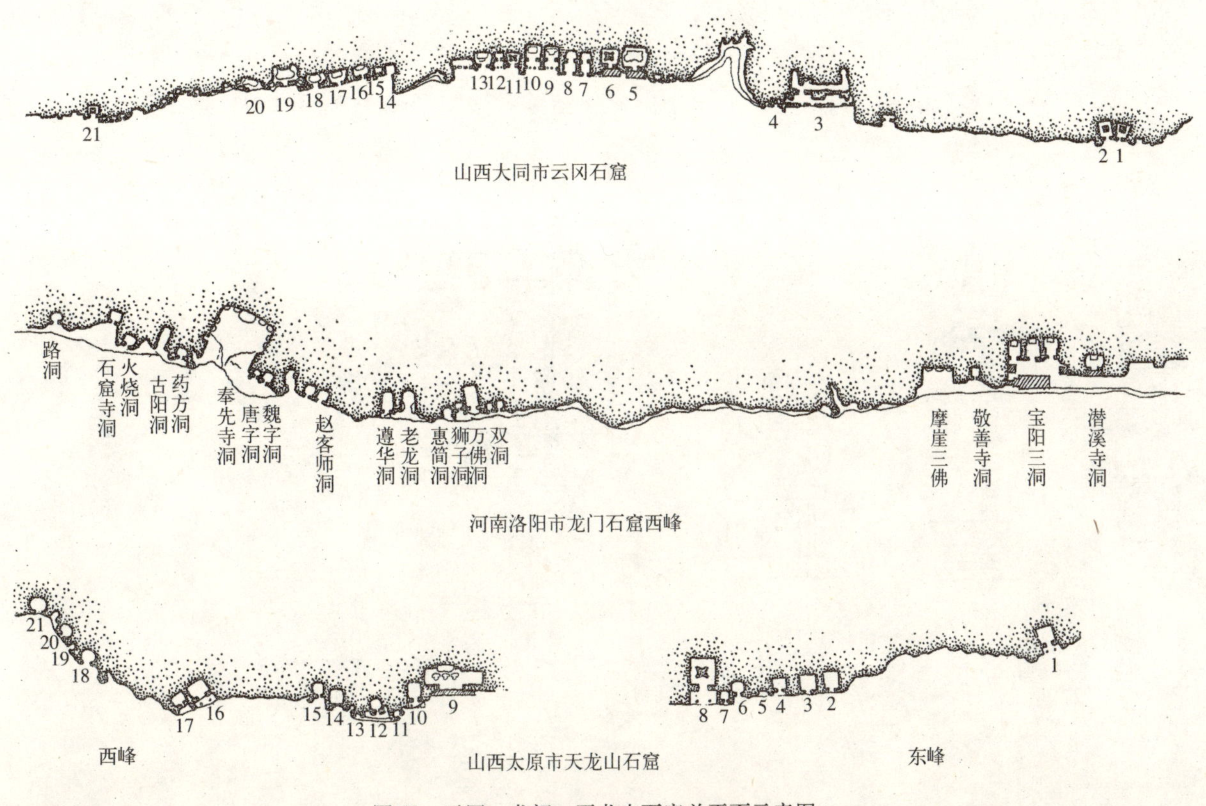

图42　云冈、龙门、天龙山石窟总平面示意图

本尊坐像，高鼻丰颐，禅衫飘逸，造型端庄雄浑，被认为是此石窟寺中北魏石刻之代表作。最西端之21号窟，虽开凿较上述五窟为迟，但内中之五层方形塔心柱，实为云冈诸窟最巨大与精美者。此塔每面五间。表面刻出倚柱、阑额、一斗三升斗栱、檐椽及带瓦垅的屋面。中部诸窟平面多为矩形，有的还附有二柱的三开间前廊。6号与11号二窟室中并置有由地面直达顶部之心柱。6号窟心柱上又置塔柱，为平面方形之九层塔，外观作仿木楼阁式样，但时间早于21号窟中者。取之与印度石窟中塔柱相较，表明此时其形式已渐易客为主矣。壁面及窟顶满布雕刻，除菩萨、力神、飞天及各种几何纹样（图46），又有浮刻之三开间佛殿与塔等建筑。其中之佛殿于八角柱上置栌头、阑额、一斗三升斗栱及人字栱等，再上承有椽之四坡屋盖，屋上刻瓦垅、鸱尾、脊花及金翅大鹏鸟等，均为仿中国传统木架建筑之形象。室外前廊上部亦雕刻上述屋顶形象，或于石壁上遗留巨大洞穴，推测为旧日外部覆以木架建筑之梁孔。东部虽仅四窟，但颇具特色。其中1号、2号、4号窟面积均不大，但皆有塔柱，尤以2号窟中之三层方形塔柱具显明之木构形象（图43）。3号窟为云冈之最大者，亦分为前、后室，但前室偏于平面之西侧。前室东西宽11米；后室东西宽43米、南北进深15米，平面呈浅凵字形。内有高大佛像三尊。室外崖壁上亦有矩形梁孔十二，其上更有排列整齐之椽孔可见。

云冈石窟是我国现知的较早石窟，其雕刻尚保留不少外来影响。例如中区8号窟柱头上作双向之漩涡纹，颇似希腊建筑中的爱奥尼（Ionic）柱式；又同窟另柱上阑额所承的双伏兽形斗栱，亦非我国固有，疑受印度或波斯之影响。此外，壁龛上常施尖瓣形拱门，则显然来自印度。其他如佛像之高鼻深目，上衣右袒，衣褶薄叠等，俱可说明我国石窟艺术的初期，所受外来文化的深刻烙印。

龙门石窟位于河南洛阳南约12公里之伊水两岸（图42），始建于北魏孝文帝迁都后，当时称伊阙石窟。其中著名的宾阳三洞、莲花洞、魏字洞、古阳洞、火烧洞与药方洞、石窟寺、路洞等，即凿于北魏至北齐者，均位于西岸。而最为突出的是宾阳中洞，起工于宣武帝景明元年（公元500年），完成于孝明帝正光四年（公元523年），前后历时二十四年，耗工八十万。窟内列大佛十一尊，主像如来高8.3米。而洞口二侧浮刻之《帝后礼佛图》尤为精美，惜于抗日战争前被盗往国外，现分别藏于美国纽约市艺术博物馆和堪萨斯

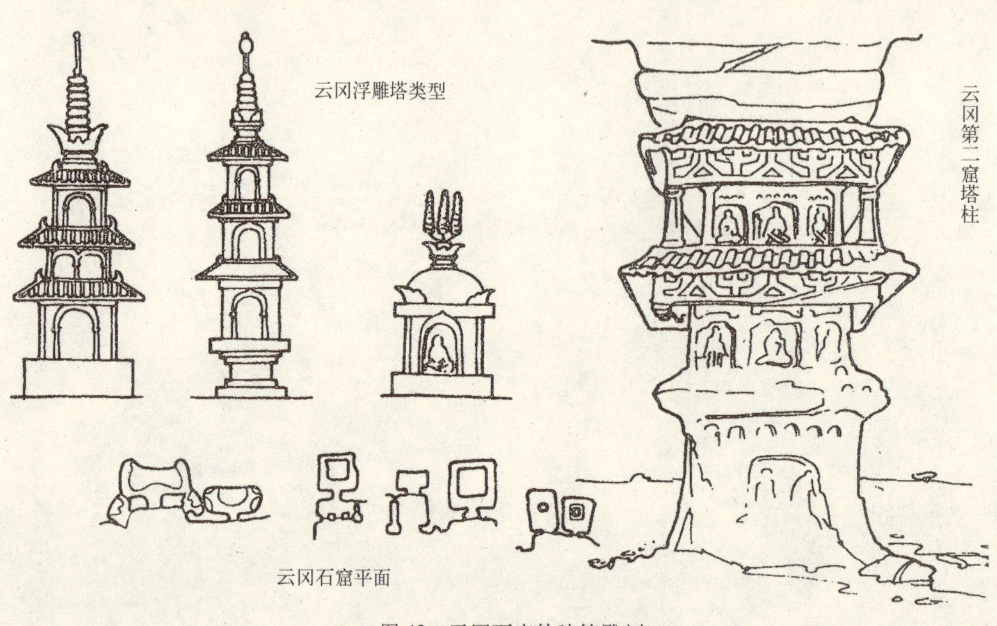

图43　云冈石窟的建筑雕刻

纳尔逊艺术馆。

诸窟平面多为矩形单室，形状较为简单。室内浮刻已不若云冈之杂乱繁密。造像铭记甚多，且药方洞中刻有北齐时古药方百余条，弥足珍贵。在建筑局部的造型方面，如云冈之漩涡纹柱头及双马斗栱等均已不见。佛像之面目与衣饰亦已更加中国化了。

敦煌石窟在甘肃敦煌东南25公里之鸣沙山下，始建于前秦建元二年（公元366年），较之云冈、龙门更早。此石窟又称莫高窟或千佛洞，因当地石质不佳，不能进行雕刻，因此以壁绘与彩塑为主。但窟平面以方形或矩形为多，有的还保留中心柱。窟顶以覆斗形最多，也有用平棊和两坡的。洞中佛像均泥塑。壁面则施彩画，内容为佛本生故事等，窟顶绘飞天或莲瓣及几何纹样。色彩均甚强烈，以土红或白色为底，涂以青、绿、白色，再以墨线或深赭勾勒轮廓。所绘人物常隆鼻黝肤，且早期飞天有作蓄髭男子者。

响堂山石窟可分为南、北二处，相距15公里，均位于河北省邯郸市。始凿于北齐文宣帝时（公元550～559年），特点是外观进一步模拟我国传统木架构建筑，多于窟前凿三开间柱廊（图47），在檐柱上置栌斗、阑额及一斗三升、人字栱等，再承枋与屋面，琢刻甚为逼真。但外来之火焰形尖拱门及束莲柱仍相当普遍使用。山西太原天龙山（图42）之北齐窟，也有类似情况。

其他著名石窟寺如麦积山石窟（甘肃天水）（图44、45）、炳灵寺石窟（甘肃永靖）、巩县石窟寺（河南巩县）等，均始于北朝，惟建筑上表现不若前介绍者突出，故予从略。

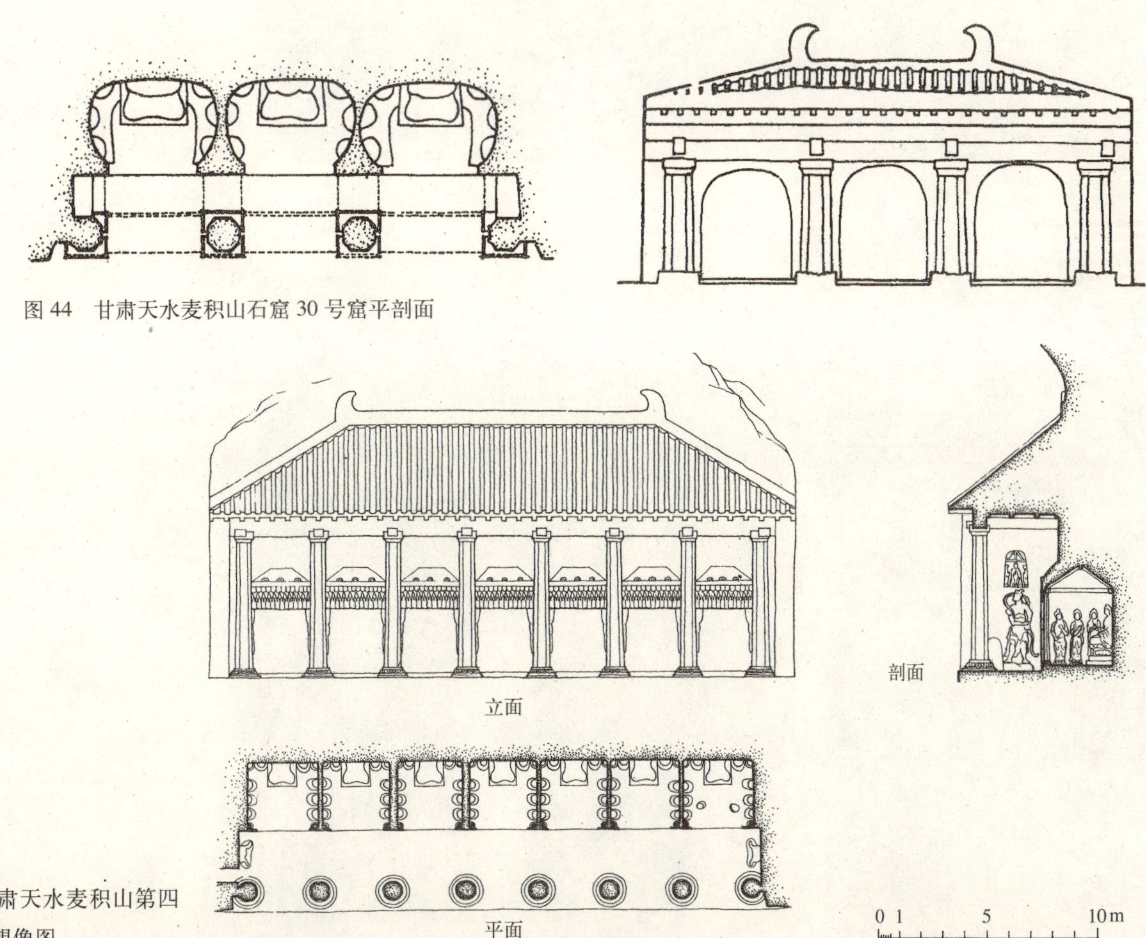

图44　甘肃天水麦积山石窟30号窟平剖面

图45　甘肃天水麦积山第四号窟复原想像图

图 46　山西大同云冈 10 号窟外洞内景

图 47　河北磁县南响堂石窟门廊

南方石窟较北方少甚，早期者更为难觅。仅南京东北之栖霞山千佛崖有少量南朝石窟。开凿于齐武帝永明二年（公元484年），续作于萧梁一代。惟规模不大，窟数无多，且造像迭经破坏，大多已失其原来面目。

南北朝之丛林、梵塔虽极一时之盛，然破毁殆尽，存者几无。就目前所知，仅建于北魏孝明帝正光四年（公元523年）之嵩岳寺塔（图48）犹在。寺原名闲居，成于宣武帝延昌前，为嵩山中大刹，周旁风景绝胜。此塔平面作十二边形（图49），为国内孤例。塔为密檐式，叠檐十五层，全高约40米。外轮廓作微凸之缓和曲线，异常雄丽挺拔（图50）。塔下基座亦十二边形，南端另建方形月台。底层南面辟门，由此进入十二边形塔室。主层于东、南、西、北四面开门，经门道进入八边形塔室。余八面对外均构长方形小龛，间以圆倚柱。此层塔外径为10.6米，壁厚2.5米。八边形塔室由此直达塔顶，过去曾以木楼板分内部为十层，现均朽落。塔身除刹为石雕以外，全部由灰黄色砖砌成。各层塔檐俱构以叠涩。主层倚柱头砌作莲头莲瓣，券门及小龛上皆施火焰形尖拱装饰。密檐间每面塔身置小窗三扇，但仅中央为真窗，余皆盲窗。此塔为我国现存最早之佛塔，且平面特殊，造型优美，又保留了不少外来建筑风格，因此在我国建筑史中占有重要地位。

此外，现藏于山西朔县崇福寺之北魏小石塔，制于献文帝天安二年（公元467年），亦为平面方形之九级楼阁式浮图。其每层四隅突出柱墩，除底层四面中央之大龛外，壁面全雕小佛像。此塔虽属模型性质，但亦可作研究当时佛塔之参佐。

4．陵墓

汉末以降，宇内多事，天下纷扰，致使国蔽民凋，从而葬制言简者日众。帝王且自作终制者，令其寿陵不封不树，敛以常服，葬以瓦器等等。如曹魏武帝、文帝，西晋宣帝、景帝然。西晋初，武帝亦诏禁墓前置石兽、碑表，称“……既私褒美，兴长虚伪，伤财害人，莫大于此”。然时禁时复，未能始终定为常制。总而言之，其比较秦、汉时之厚葬，已大为简略矣。

两晋及北朝诸陵之地面建构筑物，均已平毁而无从辨析，仅南朝帝王陵墓尚有若干遗迹可寻。齐、梁两代帝、后陵分布于今江苏丹阳县，而宋、陈皇陵则在今南京市境内。各陵地面建制已不完整，现存的尚有石兽、神道柱和石碑等。位于神道入口两侧的石兽作带翼的狮子形，高长各约3米，挺胸阔迈，昂首吐舌，外观雄劲粗犷。传说它们是古代的一种神兽，双角列左的称“天禄”，独角列右的称“麒麟”，后来亦通谓之“辟邪”，应均属护墓神灵（图51）。其次是神道石柱一对，下为雕双螭的石础，上承刻凹楞的方圆形柱身，中嵌有镌墓主职衔和姓名的石版，一般是左柱版上正书，右柱反书。柱顶为一刻莲瓣的圆形石盘，上再置一小辟邪。柱（图52）全高约6米，比例与造型俱极精美，方之后代，亦未有出其右者。再后则为载于龟趺上的石碑，碑高约5米，圆首有穿，并刻交蟠的双螭为饰。

至于诸陵地下部分，因迄今尚未有发掘者，故不悉其详。近年在南京一带发现东晋与南朝之大墓数处（图53），均为单墓室，平面呈矩形、六边形或椭圆形。墓由模印花纹之小砖砌成，墓顶则构作筒券式样。而较之西晋墓葬多用二墓室者又简化矣。

北朝墓室亦以单室为多，或于主室侧各加一耳室。东汉盛行于中原之具复杂平面之多室小砖拱券墓已不复见。

墓中亦有置仿木建筑形式之石椁室者，惟存世遗物仅有一例，即发现于洛阳的宁懋墓石室。此室建于北魏末季之孝庄帝永安二年（公元529年），面阔三间，进深一间，单檐厦两头（即悬山）屋顶，全部仿木梁、柱结构式样。正面当心间空旷，未置门窗；两次间除在横枋中央施间柱及人字栱以外，壁面无其他构件。背面则于当心间隐出布有门钉三列之双扇板门，门额上再施人字栱二具。次间中部隐刻直棂窗，窗上、下均立间柱，窗额上置大人字栱一具。山面结构为阑额上以蜀柱承大叉手。屋面刻出筒瓦、板瓦

图 48　河南登封县北魏嵩岳寺塔远眺

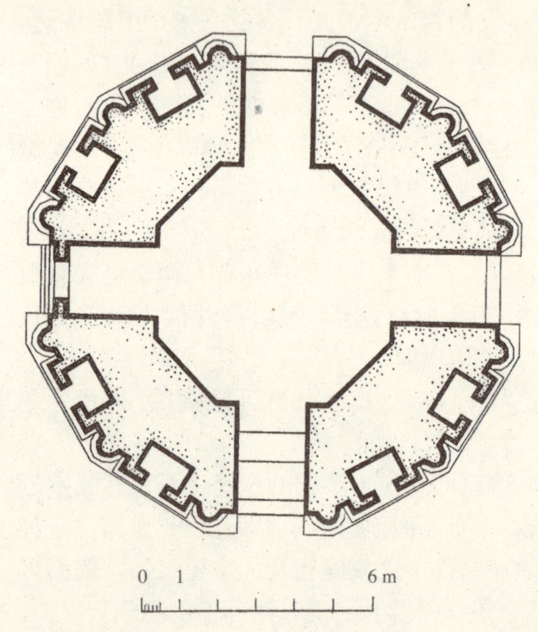

图 49　嵩岳寺塔平面

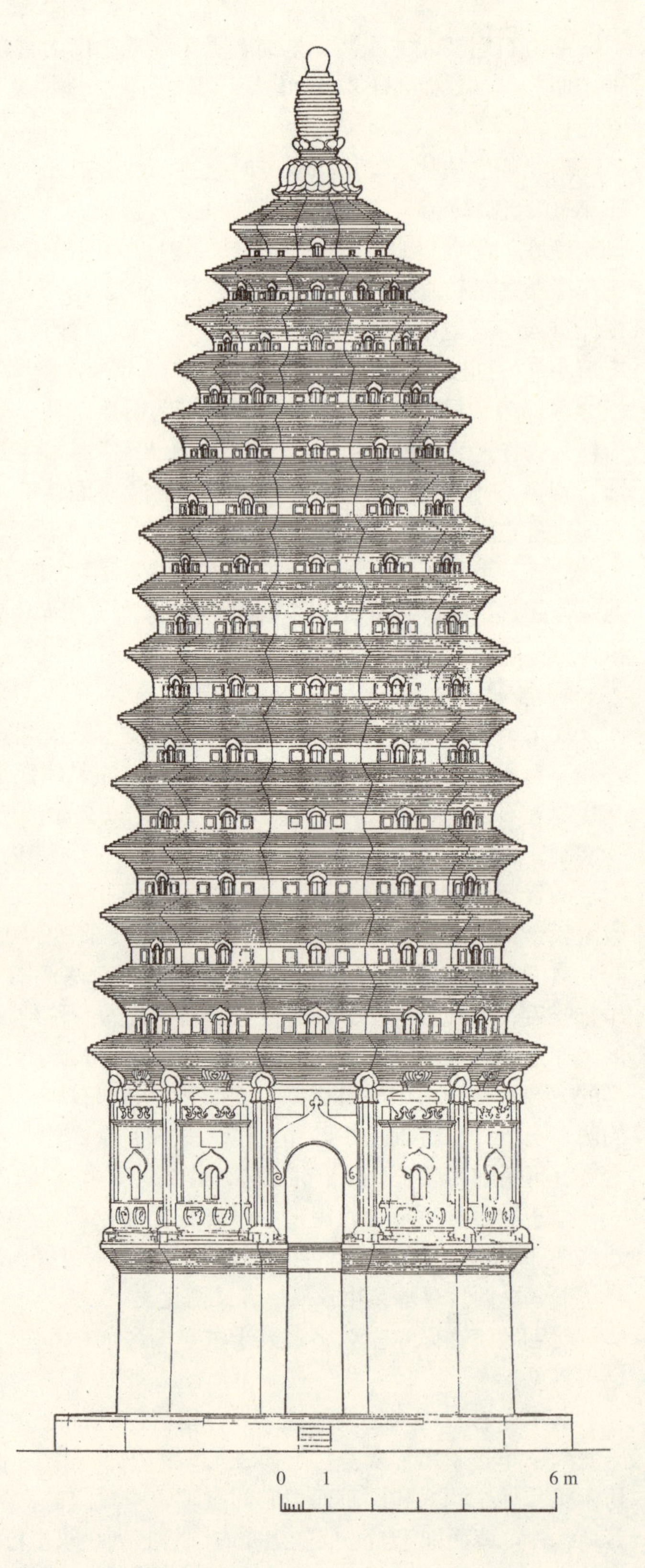

图 50　嵩岳寺塔立面

图 51　南京南朝萧憺墓石辟邪

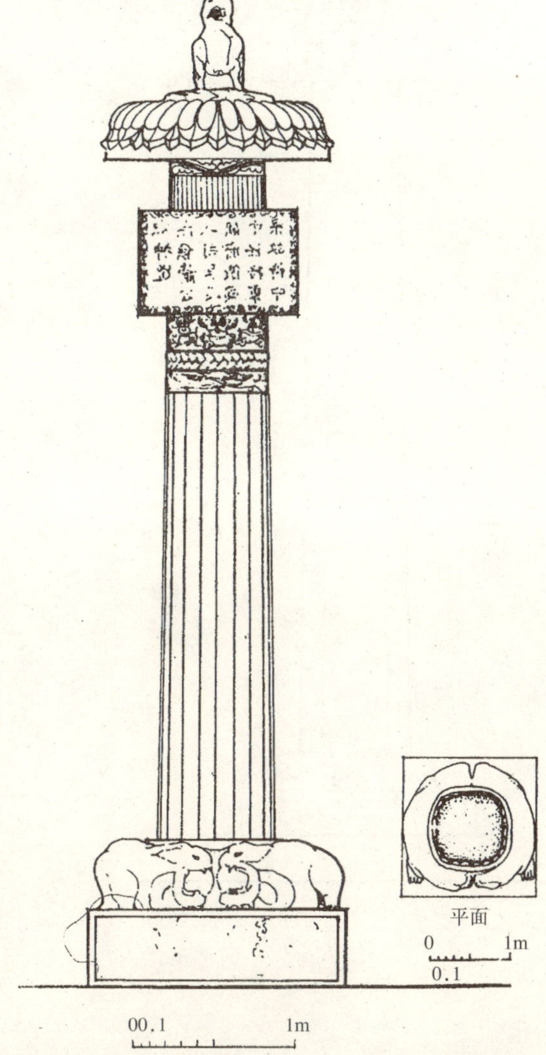

图 52　南京栖霞山南朝萧景墓表

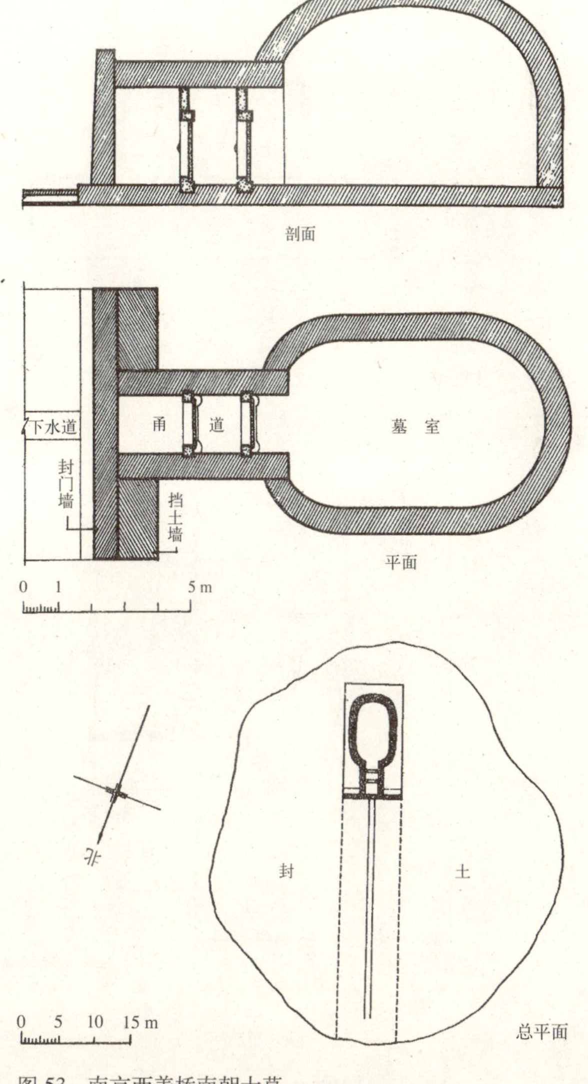

图 53　南京西善桥南朝大墓

及排山。正脊两端稍有起翘，但未施鸱尾。两山并置有搏风板，然无悬鱼等装饰。正面及两山墙面满布云、龙纹等线刻。以此室与汉代郭巨石祠比较，其仿木构建筑形象已更加逼真，表明此时建筑石作的技术与艺术水平已很高超。可惜此具有重要历史价值的石建筑已于20世纪初被偷运国外，现陈列于美国波士顿博物馆。

5. 其他建筑

1933年秋，笔者于河北定兴县发现的义慈惠石柱（图54），亦对研究北朝建筑有重要参考价值。此柱建于北齐天统五年（公元569后），依其上铭文，知当时为集葬殁于战乱弃之四野的骸骨，曾募金筑圹，并设供延僧，又建石柱以志芳徽。柱高约7米，最下为雕饰高莲瓣柱础；中为柱身，分为上、下两段。

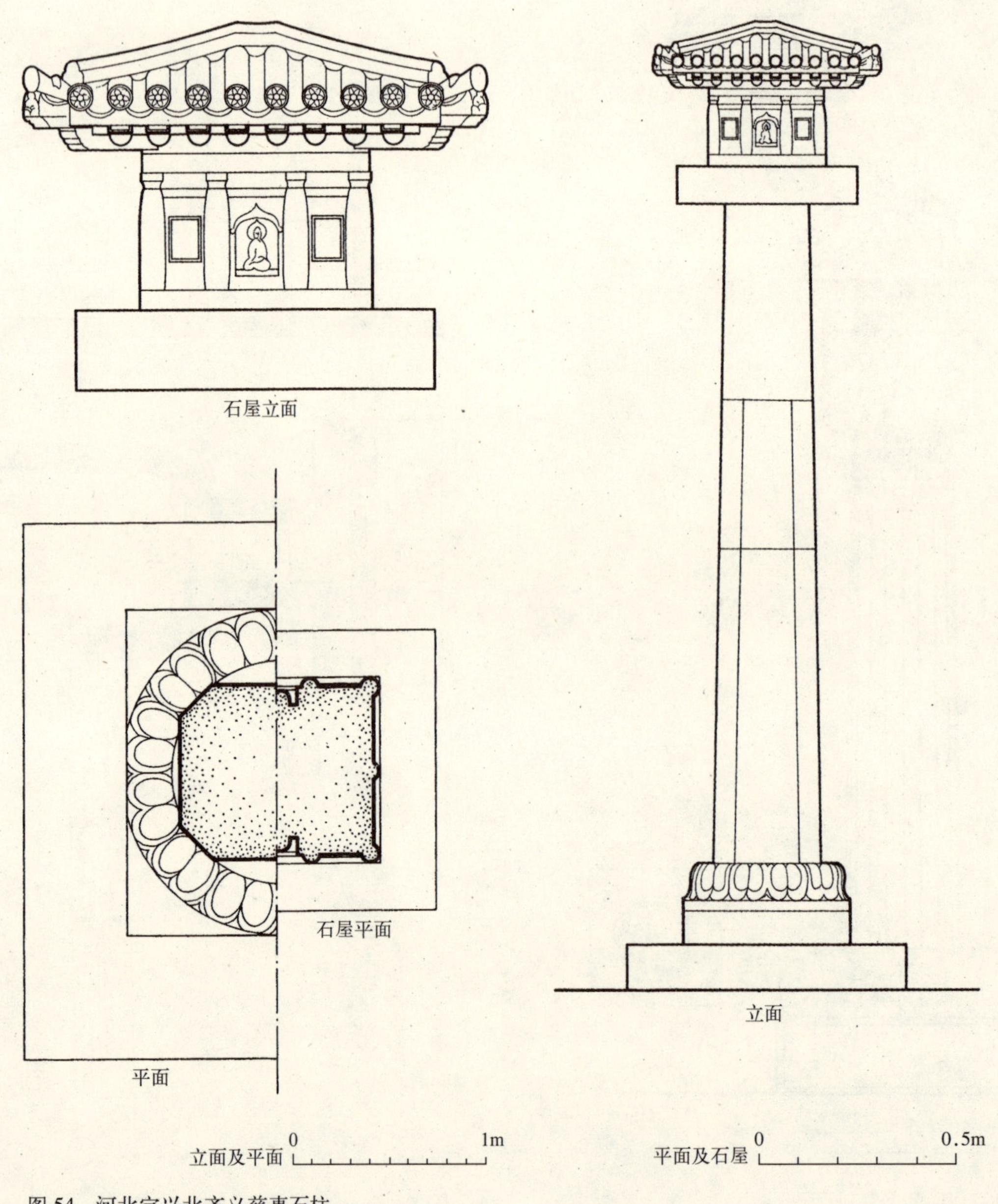

图54 河北定兴北齐义慈惠石柱

下段作八边形断面，上段为正方形，而叙事之《标异乡义慈惠石柱颂》及功德题名等皆镌刻于此。柱顶有方形盖板一，底面刻莲瓣、套环等装饰纹样。板上又建一面阔三间、进深二间之仿木梁、柱结构石殿屋。其当心间置尖形拱佛龛，内具有背光之坐佛一躯。次间开矩形窗。檐柱皆呈梭形，下无柱础，上仅置栌头，承之以枋，柱间并联以阑额。屋顶为四坡形式，惟正脊极短，四垂脊至屋角处稍作上翘。檐下施椽二重，檐椽断面呈半圆形，飞子则作矩形。角部之大角梁、仔角梁已很明显。大角梁头已颇似后代之霸王拳式卷杀，仔角梁头则雕一蹲坐力神，亦与宋《法式》相近。

此柱与前述南朝神道柱颇不相同。无论就其柱础之雕刻、柱身断面及表面处理、柱顶板形状及顶饰等，均大相迥异。估计与它们应用的目的、对象和墓葬的制式有关。

6．建筑技术与艺术

此时期佛教建筑的大量兴建，特别是多层的木楼阁式塔的兴建，使得木结构技术得到很大发展。这里不但要解决高层木建筑整体结构的稳固性，还要解决各层之间构件接合的构造问题，估计此时缠柱造的方法已被普遍采用。否则就无法建成像洛阳永宁寺塔那样宏伟的建筑。

砖结构此时亦被推广。地下墓室已全用小砖铺砌地面、墙体和室顶。而渊源甚久远的木椁墓与战国至西汉一度流行的空心砖墓均不复见。在地面上，除用砖包砌城墙外，还建造了高达40米与直径近11米的庞大砖砌体——嵩岳寺塔，表明砌砖技术亦已上升到一个很高水平。

据记载，北朝已经使用了琉璃，这可能是由西域传来的，因应用不甚广泛，且不久后就已失传。

佛教发展对于建筑的另一影响，就是石窟寺的开凿。自十六国起至北齐、北周，我国北方兴建石窟之风一直不断。长期而大量的开窟造像，必然使石作的技术与艺术水平获得长足进步。此外，兴修陵墓也是使石作发展的另一动力，如南朝诸陵的石兽、石柱与石碑，自采料、运输、琢刻到安装，无不与建筑的技术与艺术有关。而如宁懋石室、义慈惠石柱的仿木建雕刻，即说明了我国石建筑风格发展的趋向，也体现了当时石工匠们的技艺高超。

东汉砖石墓中屡见的画像砖、石，至此期已逐渐消失，而代之以墓内壁面满砌花纹砖，或径施由砖组成的巨幅画面。例如南京西善桥发现的一处南朝大墓，壁面即有由模印砖拼嵌的大型砖画《竹林七贤图》，甚为别出心裁。

南北朝时石刻浮雕与圆雕的大量出现，也与佛教石窟寺的发展有关。它一变西汉画像石平面浅刻的单调与初期圆雕的古拙粗犷，而以构图丰富，形象优美，线条流畅，神情雅逸取胜。其中尤以云冈20号窟之露天三世佛坐像，与龙门宾阳中洞前壁之《帝后礼佛图》浮刻最为端丽生动，足为此期石刻代表。

由于中西交通的增多，特别是佛教的东传，带来了新的建筑和装饰题材上的内容。例如“火焰式”尖拱门、束莲柱、须弥座、西番莲、卷草等。它们的使用和尔后的发展，都大大地丰富了中国建筑的内容。

戊、隋、唐、五代建筑

（一）社会概况

隋文帝杨坚于公元581年篡易北周，建立隋朝。又于开皇九年（公元589年）南渡灭陈，从而统一全国，结束了二百年来南北分裂的局面。隋文帝崇尚俭约，精励图治，修长城，开河渠，又建新都大兴城，在位二十四年，“人庶殷繁，帑藏充实”。然其继者炀帝则好大喜功，虽修边城，开大运河有利于国，但役民过度，天下不堪。又大起宫室，广为苑囿，美奂服御，荒奢无度。且屡开边衅，动众兴师，败亡相继，白骨盈野。导致士庶恚怨，忠良背离，盗贼蜂起，四海骚然。十余年间，即崩溃瓦解而不可收拾。事见《隋书 · 炀帝纪》，而后世史家往往以此为立国者之殷鉴。

隋代统治时仅三十九年，但土木之功甚为可观，其情况将在下节中介绍。隋文帝虽称明主，然“素无学术，好为小数，不达大体……又不悦诗书，废除学校……罢黜诸子”。如仁寿元年（公元601年）曾颁令废太学及诸州、县学，仅留国子学生七十人。炀帝时则比较重视经术，并多次宣诏择选“学行优敏，堪膺时务”者入仕。又立孔子后裔为绍圣侯，以示尊儒。隋代盛崇释、老以及五岳、四镇诸神。如文帝曾诏令：“敢有毁坏、偷盗佛及天尊像，岳镇、海渎神形者，以不道论。沙门坏佛像，道士坏天尊者，以恶逆论”[15]，并勅天下诸州各建舍利塔广弘佛法。

隋末群雄并起，经数年攻伐兼并，最后由李渊一统大业，建立了唐王朝，从此中国历史又跨入到一个新的阶段。唐代初期鉴于大乱之后，天下未复，因此采取计口授田及租庸调法，以增加农业与手工业生产和减轻人民赋税劳役，使经济很快得到恢复。在选擢人才方面，打破了汉、晋、南北朝以来一直由名门大族所垄断的传统因袭，提倡开科取士，选贤任能。这样就团结了人数众多的庶族地主阶级，从而加强了唐李王朝的统治。在对外与突厥、吐蕃和高句丽的历次战争中，取得大部胜利，扩大了唐王朝的版图和对外影响。此外，又采取汉以来下嫁皇室宗女的“和亲”方式，来笼络外族的上层统治阶级，文成公主远赴西藏，就是一个著名的例子。由于突厥势力的消退和西域诸国的归附，再度开辟了通往西方的陆路交通。当时往返于“丝绸之路”的中外使节、僧侣和商人络绎不绝。这些不辞辛苦，跋山涉水，横越沙漠，行程万里的先驱，为沟通中西文化交流和贸易往来，作出了不朽贡献。唐中叶以后，帝王竞逐淫侈，役税日增；朝廷官宦朋党，藩镇骄横。天宝时“安史之乱”，迫使玄宗西狩。自此政治、经济日趋衰弱，而上下、内外矛盾的全面激化，导致王仙芝、黄巢等农民大起义，唐王朝也因此被摧毁。

唐末的藩镇割据，形成了统治中原的梁、唐、晋、汉、周和江南、四川、山西诸地的吴、南唐、吴越、前蜀、后蜀、南汉、楚、闽、南平、北汉等地方政权，史称“五代十国”。占据中原的五个朝代，因土地与人口都较十国为多，所以过去被认为是正统王朝。在政治上各国统治时间都很短，但由于南方诸国间战争较少，破坏较轻，因此使经济得到不断发展，并从此确定了居于全国优势的地位。

自南北朝以来一直得到提倡的佛教，虽经北魏太武帝拓跋焘太平真君七年（公元 446 年）、北周武帝宇文邕建德三年（公元 574 年）和唐武宗李炎会昌五年（公元 845 年）三次全国性的取谛——所谓“三武灭法”。但皆历时不长，未几又次第予以恢复。然实际仍给佛教以严重损害，其中尤以唐会昌一役为最烈。除毁拆寺院、兰若四万五千余座，及还俗僧尼二十六万以外，数百年来所累积的佛经典籍，因此湮没或散佚亦极为众多，从而导致若干宗派（如天台、贤首等）走上了没落与衰微。

自汉代起即与佛教分庭抗礼之道教，为一贯自诩土生土长与符合中国传统国情者，其视佛教则否。因此佛、道二教短长之争，历代均有所闻。此外，道家于唐代又附会李氏皇族为道教鼻祖李耳后裔，冀图以此表明其渊源之正统与远长。而李唐诸帝，颇有受其惑者，如玄宗李隆基即其中之一。另武宗李炎更见诸灭佛行动，最后则以“……颇服食修摄，亲受法箓。至是药燥，喜怒失常，疾既笃，旬日不能言……[16]”，导致死于非命。然就总体言之，道教之传播范围与影响所及，始终未能超于释门之上。

其他外来之宗教如伊斯兰教、景教、袄教（或称拜火教）、摩尼教等，亦先后随西域商贾或降人等传来中土。并于长安建有寺庙，虽为数不多，但亦可见当时外来文化交流之盛况。

在文学、艺术方面，唐代之英才辈出，灿若群星。著名诗人如李白、杜甫、刘锡禹等，其制佳句绝唱，早为天下传诵。而画家若阎立本、吴道子之流，所绘妙手丹青，尤得世人盛誉。其共同特点是写实性强，予人以深切感受，而一反汉、六朝追求形式与内容空泛的作风。就雕刻而论，依现存寺院或石窟之雕塑佛像，其比例与造型已与人体极为相近。方之北朝诸例，则雄健瑰丽与端庄细腻皆远胜之；而较以其后之五代以迄于明、清，亦未有能出其右者。

（二）城市

隋文帝禅代北周之次岁，即开皇二年（公元 582 年），以所居之长安旧城“从汉凋残日久，屡为战场，旧经战乱。今之宫室，事近权宜，又非谋筮从龟、瞻星揆日，不足建皇王之邑”。且原有规模狭仄，宫室、官衙与闾里杂混，水质亦不堪用。于是经过“卜食相土”，选择了旧城东南“川原秀丽，卉物滋阜”的龙首山一带，营建新都大兴城。由左仆射高颎、将作大匠刘龙等主持。

据文史记载，大兴城建于开皇三年（公元583年），城平面为矩形（图55），“东西十八里一百十五步，南北十五里一百七十五步”，与现在考古发掘所实测之东西9721米与南北8652米接近。都城共开城门十处，

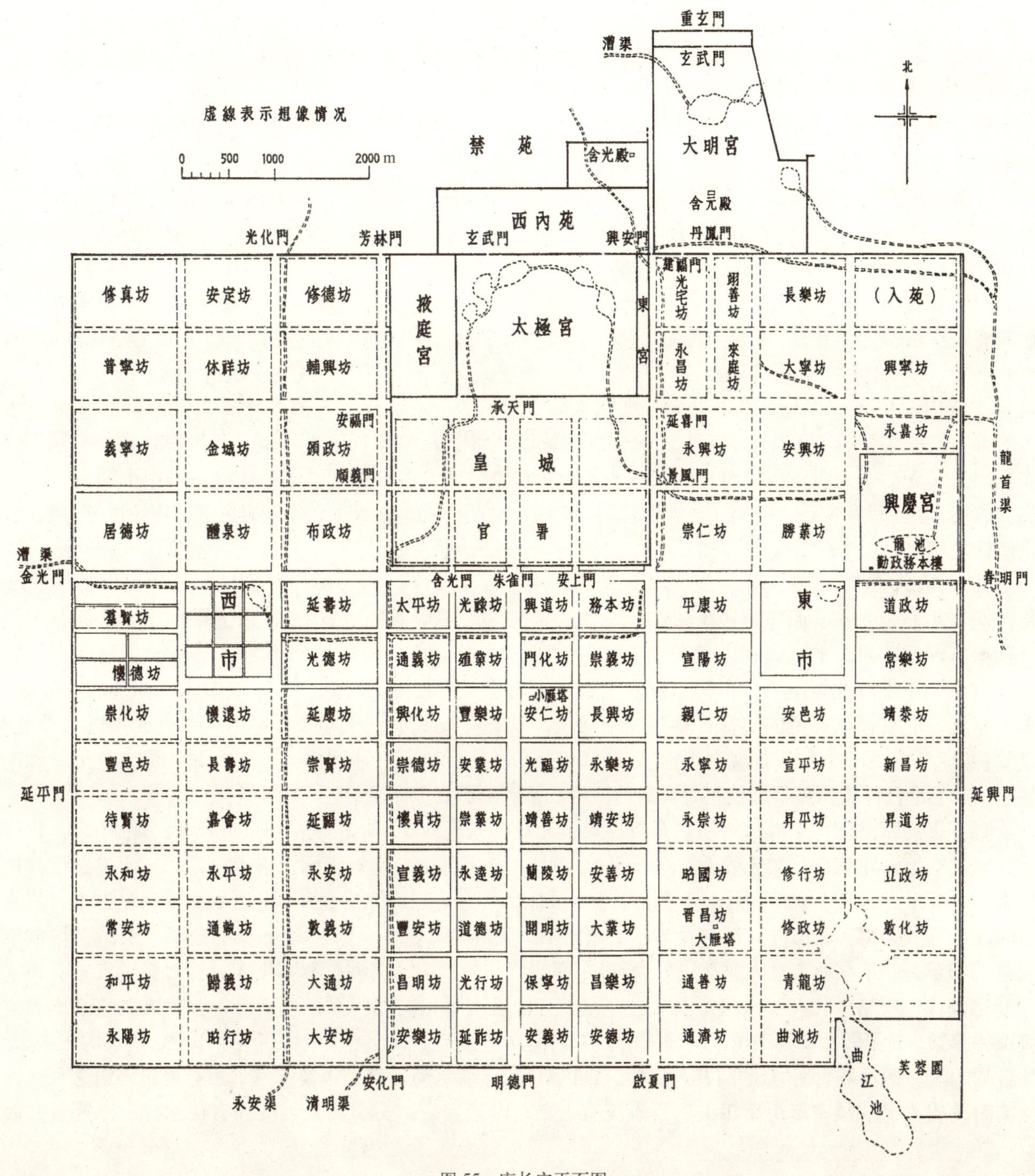

图55 唐长安平面图

东墙城门为通化、春明、延兴；南墙为启夏、明德、安化；西墙为延平、金光、开远；北墙仅西端有光化门。皇城建于都城北部中央，尺度于《隋书》无载。而《新唐书》卷三十七 · 地理志中曰：“皇城长千九百一十五步，广千二百步”。依现时测定，为东西 2820 米，南北 1844 米。有城门七处。南垣正中之朱雀门为皇城正门，左安上门，右含光门；东垣有延喜、景风二门；西垣为安福、顺义二门。皇城之北，建为宫城。宫城北垣即为都城北垣之一部。据前书其“长千四百四十步，广九百六十步，周四千八百六十步，其崇三丈有半”。考古实测为东西宽同皇城，南北 1492 米。是以记载尺度与实测有所差异。宫城南墙正门名承天门，北墙有玄武门。皇城与宫城间隔以宽度为 220 米之广道。宫城本身又划分为东侧之东宫，中央的大兴宫（即太极宫，为主要宫殿所在）与西端的掖庭宫。

整个城市设计极为规整，除有贯通全城之南北轴线外，全部街道、坊里均作正东西南北之棋盘状布置。已知隋代此城有“里一百六，市二”。由于大兴城之建设定于开皇二年六月，次年三月帝即“常服入新都”，事载《隋书》卷一 · 高祖纪。但同书卷二十四 · 食货志则称“开皇三年正月，帝入新宫”。以偌大工程能于如此短期内完成，实不可想像。可能当时仅完成内中之一部，而将其余续营于以后。由炀帝大业九年（公元 613 年）尚“发丁男十万城大兴”[17]一事，亦可稍见内中端倪。

唐都长安仍依隋代大兴城之旧，仅局部有所兴建调整。太宗贞观八年（公元 634 年），于城东北之龙首原高处建永安宫，供太上皇夏日避暑。明年，改称大明宫。此宫原系离宫性质，但高宗龙朔（公元 661 ～ 663 年）以后，改为大朝所在。玄宗即位，将其藩居兴庆坊改建为兴庆宫。开元十四年（公元 736 年）又将此宫向北扩充，并入永嘉坊之半。高宗永徽五年（公元 654 年）三月及十一月，两度以丁夫百姓四万余人筑长安罗郭，并在东、南、西三面九门建城楼[18]。后复于都城之北垣，另新辟景耀、芳林、兴安三门。又先后于大明宫东、西两侧与都城东墙处并建夹城。御辇循此可不经市廛，径由大明宫直达兴庆宫或芙蓉苑，堪称便利。大朝迁至大明宫后，正门丹凤门前辟南北大道，故将原建之二座坊里划分为四，致使都内坊里增至一百零八座。

都内街道，除宫城前东西大道宽 220 米外；由皇城南墙中门朱雀门通往都城南墙中央明德门之南北大道宽 150 米；东、西市周围街道宽 120 米；最窄的沿城街道也达 25 米。但道路都为土路面，下雨时积水，泥泞不堪。据记载初唐时道旁曾植以果树。

御苑位于都城北垣以外，史称“苑城东西二十七里，南北三十里。（东）*至灞水，西连故长安城，南连京城，北枕渭水。苑内离宫、亭观二十四所。汉长安故城十三里亦隶入苑中。苑置西南监及总监，以掌种植”[19]。另一处位于都城之东南隅，因原有地势低洼积水，不宜构作坊里，故辟为游宴之地，称芙蓉苑，又名曲江池或曲江亭。德宗时及其后诸帝，常宴群臣百僚于此。

隋、唐均以洛阳为东都。隋初名东京，大业元年（公元 605 年）三月，炀帝即令尚书令杨素、将作大匠宇文恺等营建东京，立新城于故洛阳西十八里，“北据邙山，南对伊阙，洛水贯都，有河汉之象。都城南北十五里二百八十步，东西十五里七十步，周围六十九里三百二十步”[20]。此城平面略呈方形，洛水东西流，分城为南、北二部。都内置宫城于东北隅，又辟“纵横各十街，街分一百三坊，二市”。城成于大业二年正月。根据杜宝《大业杂记》，所载东都情状与新、旧《唐书》颇有出入，然对都内宫室、街道等描述较详，现略择其大要，以作上文之补充。自宫城南垣正门端门循御道南行，渡黄道渠、洛水与重津渠诸津梁，九里即抵罗城南垣正门建国门。都内街坊一百二十六，除三十坊在洛水以北，其余均在水南。坊各周四里，四垣辟门临街，“门普为重楼，饰以丹粉”。洛水为贯都之主要水道，虽有舟楫转输之利，但泛滥时为害亦甚。故南岸距重津渠二百步筑有大堤，以策安全。另引流入城的尚有伊水、谷水等。宫西

*[整理者注]：此处意义不全，似缺一“东”字。核之地图，果如是。

南以大青石建石泻，“东西三百余步，阔五十余步，深八尺……以泻王城池水，下黄道渠入洛”，是为都中较大之另一水利工程。城内街陌纵横，而以南北向之端门大街为主干。此街“阔一百步，道旁植樱桃、石榴两列……四望成行，人由其下。中为御道，通泉流渠，映带其间”。因城内河渠甚多，故建桥或浮航以渡。其中主要的如端门外之黄道桥三道，跨洛水之天津浮桥，可开阖以通楼船入苑的重津浮桥，以及建国门南二里，渡甘泉渠之通仙桥五道等。城西北之右掖门街，有子罗仓，贮盐二十万石。其西另有库，藏米八千石。诸王府第在西太阳门外西南，各宅自成一院。达官显贵亦于东都造宅，如尚书令杨素等。大业三年十月，迁河北诸郡工艺人户三千余家至东都，于洛水北建阳门道东建坊十二以居之。上述施建，大都成于炀帝时。据《隋书》卷二十四 · 食货志：“始建东都……每月役丁二百万人……役使迫促，僵仆而毙者，十四五焉。每月截死丁，东至城皋，北至河阳，车相望于道”。炀帝之好大喜功而不恤百姓，于此亦可见其一端。

隋末唐初之际，群雄争霸天下，王世充曾据洛阳，因此城居必争之地，故颇蒙兵燹。唐初建京师于长安，高祖李渊武德四年（公元 621 年）曾罢东都，至太宗时称洛阳宫。及高宗显庆二年（公元 657 年）仍复为东都。以后虽名称屡有所更，如则天后时称神都，玄宗又易为东京，至肃宗仍沿其旧。然唐代东京之建设，数则天后时最为繁浩。如建明堂、起天堂、立天枢、铸九鼎、开伊阙石窟等，均极天下之力，而耗费不赀。玄宗好游幸，车驾多次临东京，虽有若干建树，然规模已大不逮则天后矣。唐末大乱，昭宗迁都洛阳，此乃受朱全忠之挟制，非其本愿，更无从顾及营建矣。

五代之后梁、后晋、后汉、后周均都汴，仅后唐都洛阳。皆依旧城稍加改作即得。如汴原为州城，朱温开平元年（公元 907 年）升为开封府并建都于此。依《册府元龟》载，此城城门经晋、汉、周沿用至北宋，仅名称有改。而墙垣即为宋东京之中垣。

（三）宫殿、苑囿

隋建大兴宫于皇城之北端，已具见前述。其大朝为大兴殿，而次要及附属殿堂，若武德、文思、嘉则、崇德、大业及射殿等，皆见于文帝及炀帝本纪。御苑置于宫城之北，称大兴苑或北苑。文帝开皇四年（公元 584 年）南梁萧岿来朝，曾大射十日于此。炀帝大业元年（公元 605 年）“采海内奇禽、异兽、草木之类，以实园苑[21]”，此苑当在其列。

东都之隋宫在城西北隅，东西广五里二百步，南北袤七里。宫墙北面三重，东、南、西各二重。宫正门居南垣中央，名端门，上置重楼太微观。另设左、右掖门于其东、西。端门内为则天门，门楼二重，名紫微观，左、右各建高阙。隋代宫殿改变两汉迄南北朝的前殿（太极殿）与东、西厢（堂）的并列布置，恢复了将主要门殿依纵轴排列的制式。其主殿为乾阳殿，“殿基高九尺，从地至鸱尾高二百七十尺。十三间二十九架，三陛”[22]。其后有大业殿，“规模小于乾阳殿，而绮丽过之”。此外，散见诸文献中之殿堂，尚有武德殿、文思殿、嘉则殿、崇德殿、文成殿、武安殿、东、西上阁等。

御苑称西苑，建于大业元年，周环二百里。苑中为筑山而凿大池，周十余里，中设蓬莱、方丈、瀛洲三神山，突兀水面百余尺，上建宫观以象仙居。池北引水名龙鳞渠，广二十步。依渠建宫院十六所，各为一区，并建院墙。内置殿台、楼阁，穿池引水，栽树莳花。院周置屯，或因水养鱼殖菱，依圃培瓜种菜，“四时肴膳，水陆之产，靡所不有”。秋、冬苑中花木枯谢，宫人遂剪彩绫为花叶，色败则更新之。

隋代离宫别馆甚多，其中著名者如岐州之仁寿宫，建于开皇十三年（公元 593 年），为供文帝避暑所在。而自京师大兴城至此，中途设离宫十二所。又如江都宫，建于大业初，其正殿名成象殿，其他殿、堂、楼、榭不可胜数。至今扬州城北尚有迷楼故址，相传亦建于斯时。他如显仁宫、天经宫、醴泉宫、景华宫、长春宫、晋阳宫、汾阳宫、临朔宫、亭子宫、甘泉宫、临江宫、陇川宫、嵩阳观、榆林宫等，皆有载于籍记。

唐代长安宫殿最先仍沿用隋大兴宫，仅改名为太极，后称西内。据记载宫内共有殿、堂、亭、观三十五所。

正门承天门，正殿太极殿。其后为常朝两仪殿，而诸殿门有嘉德、太极、延明、白兽、玄德、虔化等。殿堂则有三清、武德、甘露、神龙等。太极门殿东置鼓楼，西置钟楼，系为前代所未有。另于宫城西北之三清殿侧建凌烟阁，太宗贞观十七年（公元643年）命阎立本图开国元勋二十四人于此。而高祖武德四年（公元621年）所置之宏文馆，则位于延明门之东偏，专供收藏天下书籍典册，一如隋代之观文殿者。高宗以后，朝廷迁往大明宫，而以西内居太上皇。

大明宫原属避暑离宫性质，后改为正衙所在，亦称东内，建有殿、堂、亭、观三十余座。宫正门为丹凤门，入内含元、宣政、紫宸三殿纵列。其中含元殿为此宫主殿（图56），建于丘冈龙首原上，拔地十余米。殿面阔十一间，前有蜿蜒踏道如龙尾，故称龙尾道。殿左、右向前延出翔鸾、栖凤二阁，联以廊楯，形成凹状平面，遂开后世午门形制之先河。殿前左、右并置若干台、省、衙署。紫宸以北，属后宫范围。中央有大池曰"太液"，池中置岛称"蓬莱"，沿池建殿、台、楼、榭、亭、廊之属。此区西侧有麟德殿（图57），据发掘证明，此建筑由前、中、后三殿组成。前殿面阔十一间，面临广庭。中殿面阔亦如之，但两侧有厚达5米之土墙，估计其上更有建筑。殿东、西各有楼、亭一座。唐人记载中言及此殿者甚多，为皇帝宴群臣百僚及观看角觝、俳优百戏之所。宫北辟玄武门，其外再置重城及重玄门，以纳军卫。

玄宗即位后，就其旧居为兴庆宫，或称南内。宫内有大池曰：龙池，建于开元二十三年（公元735年）。主殿名兴庆殿，另有勤政务本楼、花萼相辉楼、咸宁殿、龙堂等建筑。此宫日后亦用于颐养太上帝、后。

东都宫室均大体依隋。史载唐时有殿、堂、台、观三十五所，其中知名者如贞观殿（高宗崩所）、武成殿（武则天上尊号处，为宫中听政之正殿）、乾元殿等。后者建于高宗麟德二年，武后当政时，毁之以建明堂。堂成于垂拱四年（公元688年），"凡高二百九十四尺，东、南、西、北各三百尺。有三层，下层象四时，各随方色。中层法十二辰，圆盖，盖上盘九龙捧之。上层法二十四气，亦圆盖。亭中有巨木十围，上下通贯，栭栌撑棍，借以为本，亘之以铁索。盖为鸑鷟，黄金饰之，势若飞翥。刻木为瓦，夹纻漆之。明堂之下，施铁渠以为辟雍之象，号万象神宫"[23]。此建筑之壮丽华奂，于唐季当居第一。尔后又建或称为天堂的功德堂于明堂北，建成将以容"大佛像高九百尺……头高二百尺"[24]。堂高千尺，巍峨五层，据称至三层即可俯瞰 明堂。然未及竣工，证圣元年（公元695年）正月不戒于火，熊熊烈焰并延及明堂，"至曙，二堂并尽"。次年，武后又令重建明堂，成于四月，改名通天宫。玄宗开元二十七年（公元739年）诏令毁其上层，并改拆其下层仍为乾元殿[25]。武后于洛阳另一"壮举"，为广敛东都铜、铁，用建天枢柱于端门之外，借以歌颂功德。此柱"高一百五尺，径十二尺；八面，径各五尺。下为铁山，周百七十尺。以铜为蟠龙、麒麟萦绕之。上为腾云承露盘，径三丈；四龙人立捧火珠，高一丈"，亦极宏伟崇丽。开元元年七月诏毁，

图56 唐长安大明宫含元殿复原设想图

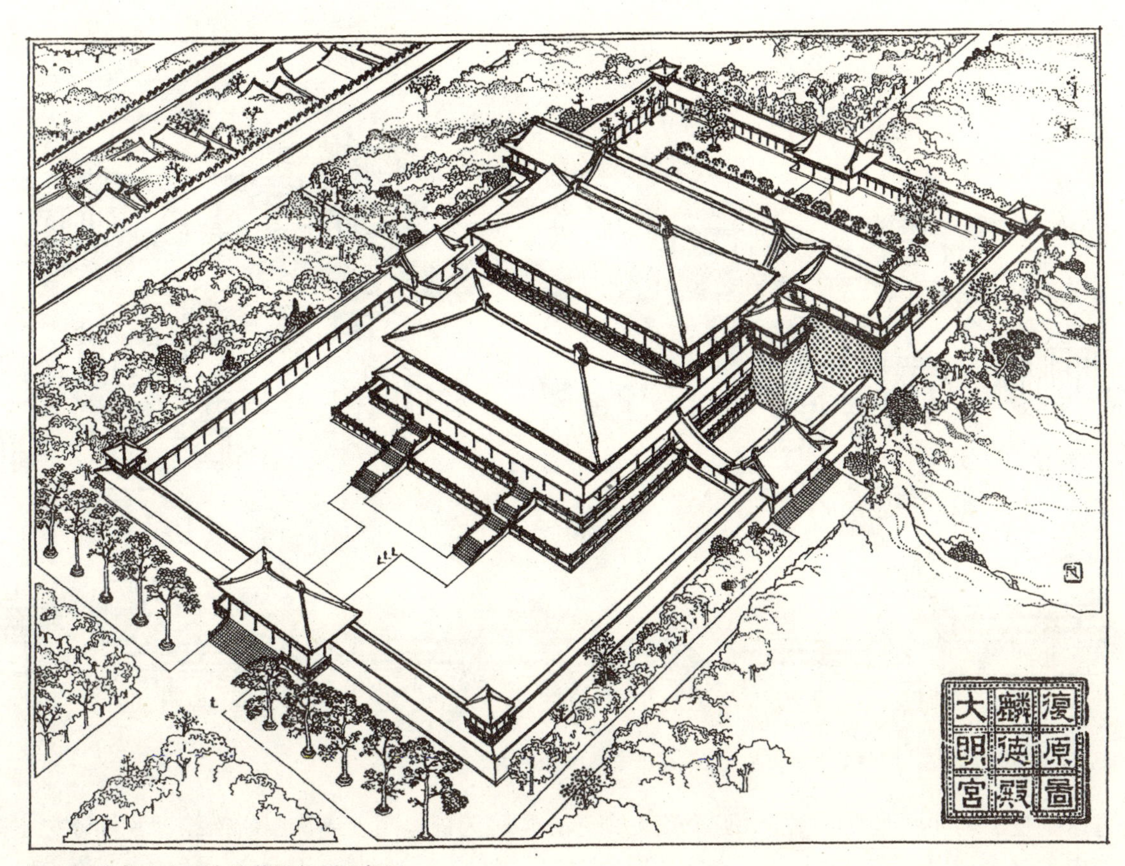

图 57　唐长安大明宫麟德殿复原设想图

“取其铜、铁充军国杂用”，但至次年春季方予施行。

禁苑在东都城之西，“东抵宫城，西临九曲，北背邙阜，南距飞仙。苑城东面十七里，南面三十九里，西面五十里，北面二十里”[26]。苑中建有宫观、楼台十四所，内有高宗显庆四年（公元 659 年）所起之八关宫（旋改名“合璧宫”）。上元二年（公元 675 年）皇太子弘即薨于此宫之绮云殿。

唐代于各地所建之离宫，较隋代更有增无减，仅见于文记者即有四十余座，大多供帝王避暑或出行驻跸之用。如建于终南山之太和宫，地处太和谷中，覆山以为苑，即为奉太祖以消署。贞观十一年后，改称翠微宫。位于长安附近骊山之温汤，屡蒙车驾所幸，尤以玄宗最为频密。开元十一年（公元 722 年）于此起温泉宫。天宝六年（公元 747 年）改称华清宫。依温泉作御汤、妃子汤等，并砌以白石，隐起龙鱼、花草图案，瑰丽绝世，罕有俦比。周旁环列殿、亭、楼、阁，见史文者有长生殿、观风楼、朝元阁、走马楼、吹笛楼、饮酒亭等，又“筑罗城，置百司及十宅”[27]。他如九成宫，原系隋仁寿宫，亦有“周垣千八百步，并置禁苑及府库、官寺等”，并为高宗所常幸。离宫、别馆多有其特点，除上述具温汤或避暑外，如鱼藻宫中浚为大池，可供临观竞渡。而长春宫则以“其间园林繁茂，花木无所不有，芳菲长如三春节……”[28] 取胜。

（四）佛教建筑

隋、唐佛教之衍盛，亦可由其兴建寺庙、塔幢与石窟的众多，而得窥其端倪。五代则因战乱，所遗实物极少。此外来宗教经汉、晋、南北朝五百余年之嬗变，其内容与形式与初传时已大相径庭，佛教建筑自不例外。据今日所知，隋、唐、五代之佛寺平面已形成以殿堂为中心的对称布局，佛塔或已不用，或退居次要地位而置于寺侧或寺后。敦煌莫高窟 172 号窟北壁、148 号窟东壁（图 58）、217 号窟北壁之《西

图 58 甘肃敦煌莫高窟 148 窟《西方净土变》壁画中唐代佛寺形象

方净土变》与 148 号窟南壁之《弥勒变》所示，均可为证。而上述诸图所描绘天宫佛寺之主要部分，即由中央之大殿以及左、右行廊、崇阁所组成的凹形平面，与大明宫正衙含元殿如出一辙，似为当时最高等级建筑的通则。在结构上，则完全表现了木梁架的结构形式。而其外观亦与中国传统建筑相吻合。

当时佛教寺庙虽多，形象除得自壁画及石刻（慈恩寺大雁塔门楣）（图 59）外，保存完整者至今尚未发现。现知殿堂仅有唐代遗物二处，即山西五台之南禅寺大殿与佛光寺大殿。

南禅寺大殿（图 60）建于唐德宗建中三年（公元 782 年），这是一座开间与进深俱为三间的小殿，平面大体呈方形（图 61），坐落在一低窄台座上。除南面当心间置双扇版门，二次间各施直棂窗外，其余三面均为封闭之墙壁。此殿在结构上不施补间铺作，仅柱上栌斗外出五铺作双杪，偷心造，耍头斫作批竹形；内转四铺作单杪承四椽栿。此栿上再以驼峰二具托平梁，梁中立侏儒柱，支令栱、替木承脊槫。并用叉手与托脚。整个梁架为彻上明造，甚为简洁（图 62、63）。屋顶为九脊殿式。坡度缓平，约 1/5.51。盖瓦均经后代更换，已无唐意。檐下方檐一层，端部已被修理时锯短。室内几乎完全为一凹形佛坛所占据，坛上本尊及胁侍、天王等像均系唐塑，仅色彩经后人添补。寺中其余建筑系近代所为，皆无可载叙。

佛光寺位于五台山豆村一西向山坡上，入山门经台地二级始达大殿。大殿面西（图 64），面阔七间，进深八架椽，单檐四坡顶，建于唐宣宗大中十一年（公元 857 年）。平面柱网排列成二圈，即宋《营造法式》所称之“金厢斗底槽”式样（图 65）。外柱上柱头铺作七铺作，双杪双下昂，第一、三跳偷心；昂为批竹形真昂，后尾压草乳栿下。斗栱内转出一跳华栱承月梁明乳栿。补间铺作一朵，以直斗造托双杪。室内施平闇天花，上草架，下明栿。内槽出华拱四跳托四椽月梁（图 66）。草架平梁上仅用叉手托脊槫，较为少见。由于柱使用了生起和侧脚，故屋檐呈一缓缓翘起曲线，再配合墙体收分，使此建筑显得异常雄丽与稳定。屋顶坡度亦仅 1/4.77，而遒劲的辽式鸱尾与简洁的叠瓦屋脊，更为这殿增添了许多端庄与严肃的气氛。

图 59　唐长安慈恩寺大雁塔门楣石刻佛殿形象

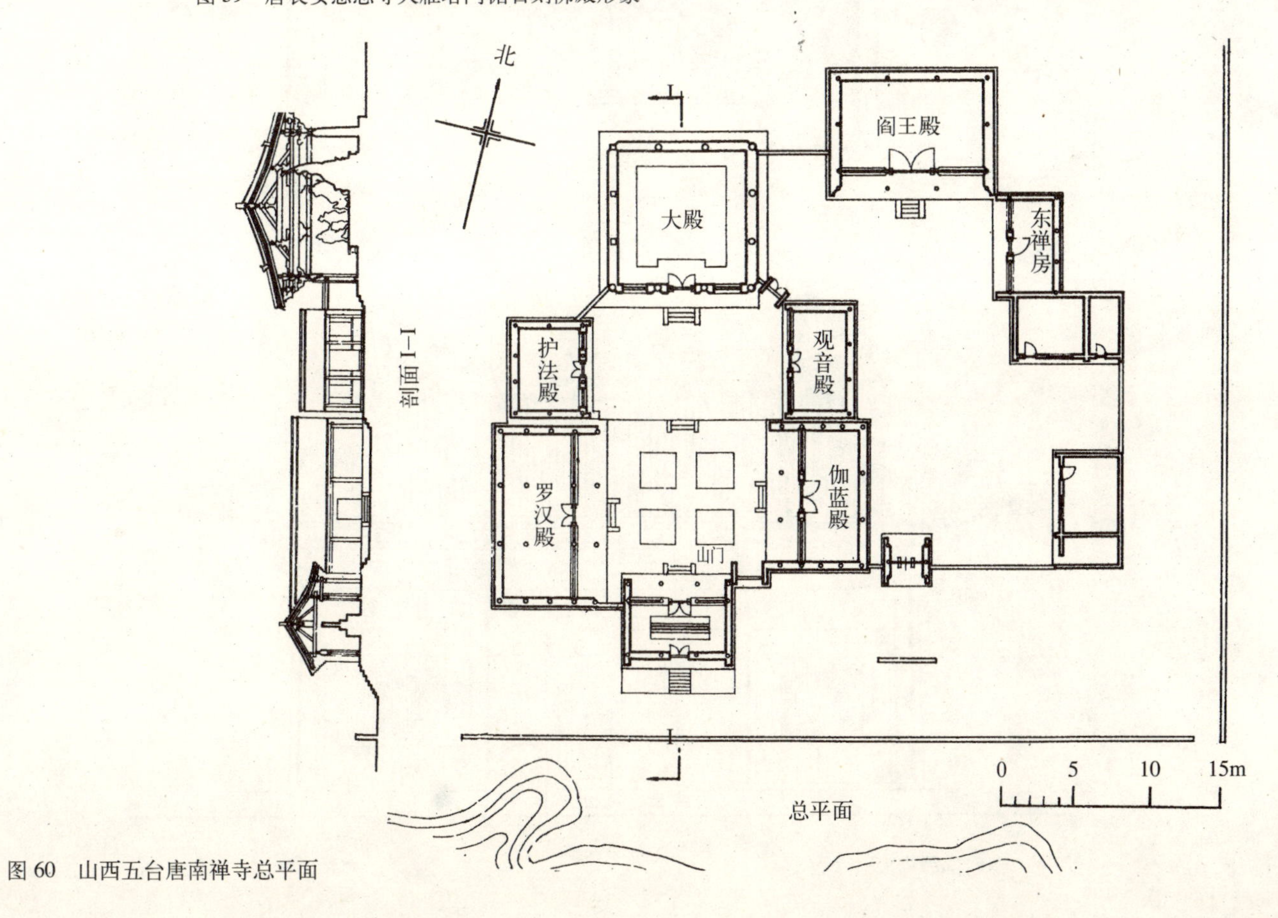

图 60　山西五台唐南禅寺总平面

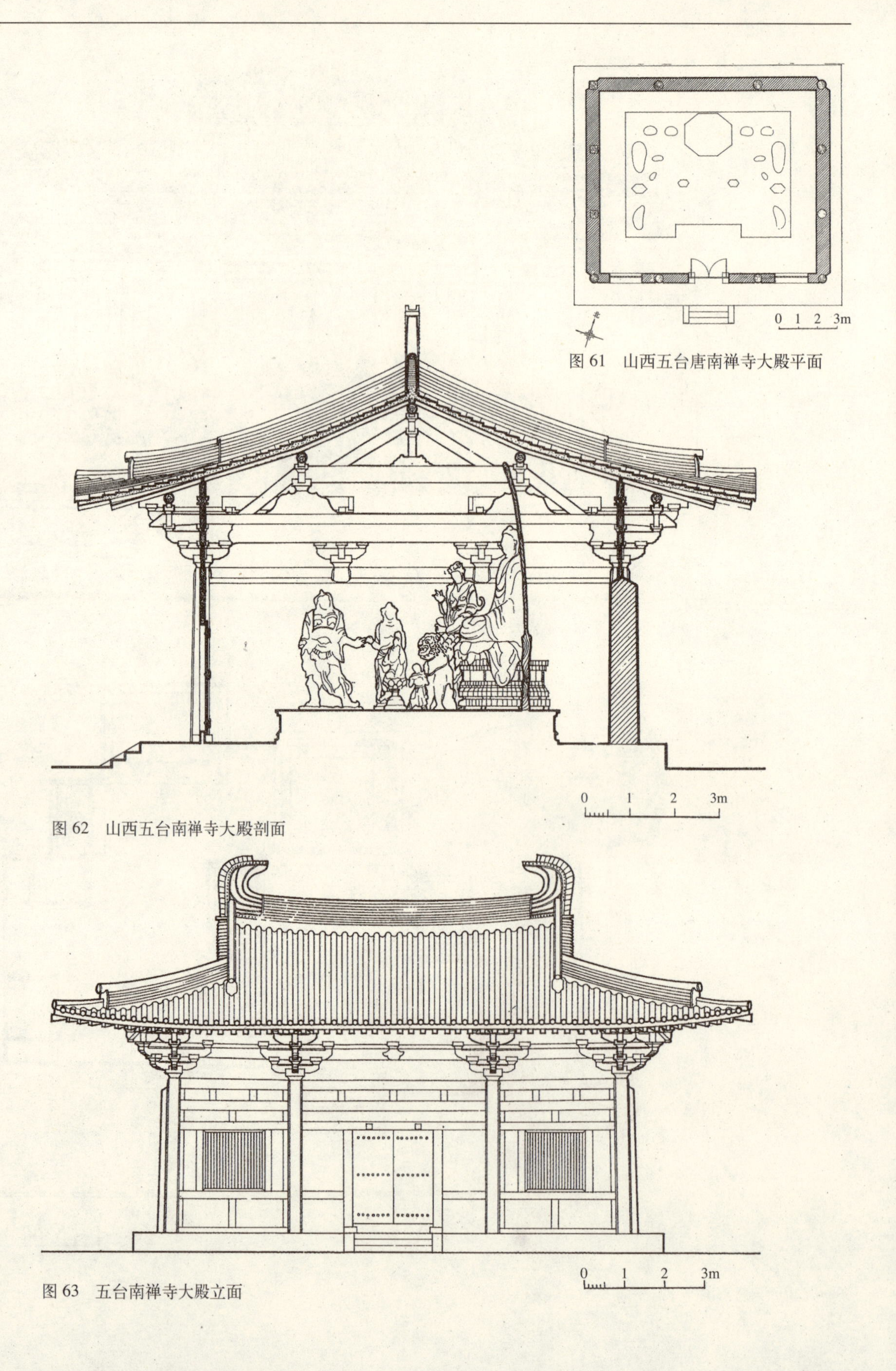

图 61 山西五台唐南禅寺大殿平面

图 62 山西五台南禅寺大殿剖面

图 63 五台南禅寺大殿立面

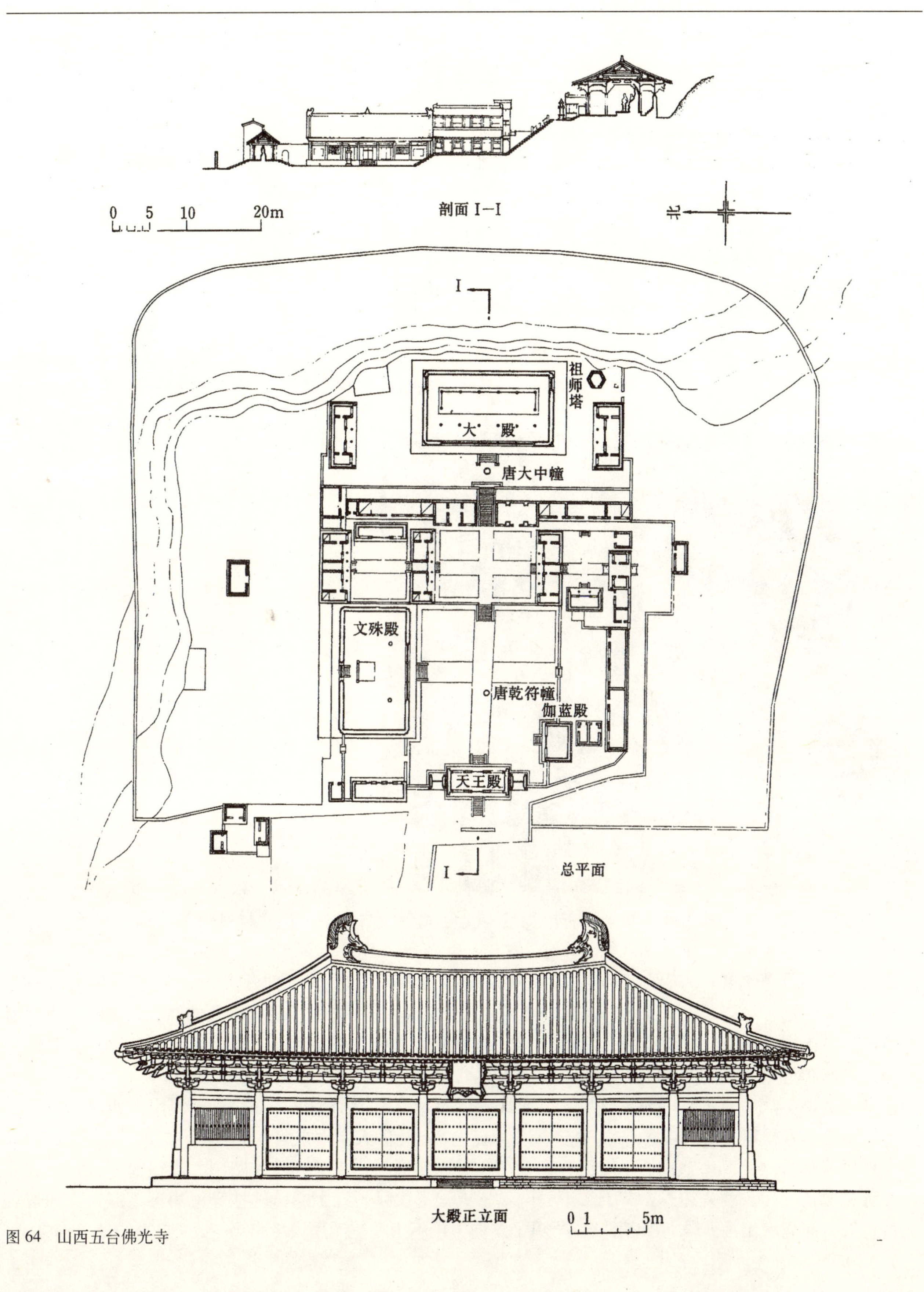

图 64　山西五台佛光寺

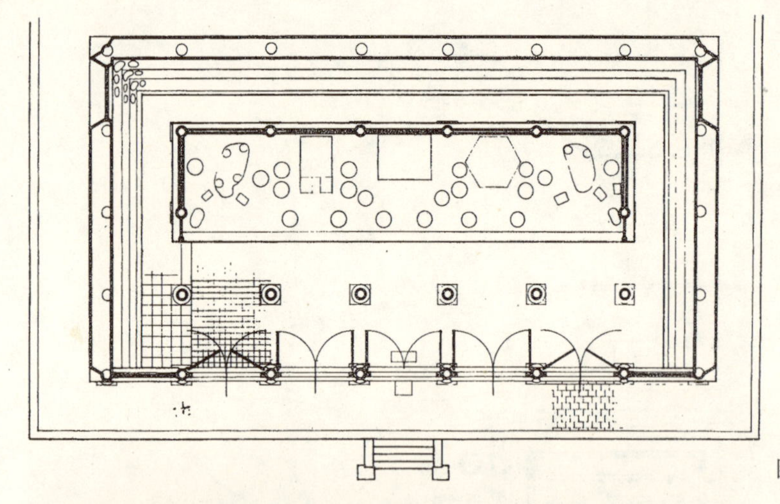
图 65　山西五台唐佛光寺大殿平面

图 66　五台佛光寺大殿内景

佛塔之于隋、唐、五代者，就形式有单层塔、楼阁式塔与密檐塔三种；就材料与结构，则可分为砖、石与木二类。

单层塔中最著名者，为山东历城之神通寺四门塔（图 67），建于隋大业七年（公元 611 年）。塔全为石构，平面方形，每边长约 7.40 米，四壁辟圆券门，塔室中立一方柱，四面镌有佛像。塔顶以叠涩收为方锥形，最上置山花蕉叶石座及刹，全高 13 米。唐代现存单层砖塔均为僧侣纳骨之墓塔。若河南登封会善寺之净藏禅师塔（图 70、71），即为世人所熟知者。此塔建于玄宗天宝五年（公元 746 年），平面八角形，南壁辟圆券门，可进入八角形之塔室。北壁外嵌石碑，述禅师生平。而东南、西南、西北、东北四壁上以砖隐出直棂窗。角隅皆置倚柱，柱上铺作以砖隐出，补间人字栱亦然。其上再以叠涩收为二层塔顶，最上座以宝珠。其他墓塔如山西运城泛舟禅师塔，平面作圆形，塔身亦隐起版门、直棂窗等。山西五台佛光寺祖师塔，平面作六边形，其上、下券门均置火焰形尖拱，且上层倚柱柱身使用束莲形式，都是极有特色的。河北房山县云居寺小塔则为方形平面，檐下已不用叠涩而用檐椽与飞子，入口方门楣上施尖拱，门旁各置力士一躯。以上诸例，当可为唐代诸多墓塔之代表。

此时期木楼阁式塔已荡然无存，仅存若干砖构者。如西安兴教寺玄奘法师塔（图 68、69），建于唐总章二年（公元 669 年）。塔平面方形，高约 21 米。外观分为五层，底层塔外壁平素无任何雕饰，每面宽 5.2 米，南壁置半圆形拱门，经此进入矩形小塔室。二层至五层塔外壁均隐出壁柱、阑额及一斗三升柱头铺作，每面分为三间，均无门窗。各层间施菱角牙子与叠涩构成之出檐。此塔为我国现存最早之砖砌仿木楼阁式塔，又系著名高僧玄奘之墓塔，故堪称珍贵。另一位于唐长安都内慈恩寺之大雁塔亦著闻于世，平面方形，底层每边长 25 米。高七层共 64 米，经塔内木梯可登。但此塔外壁在明季曾经大修，已失原有唐代风貌矣。建于五代钱弘俶十三年（公元 959 年）至北宋初之苏州云岩寺塔，俗称虎丘塔，平面八角形，

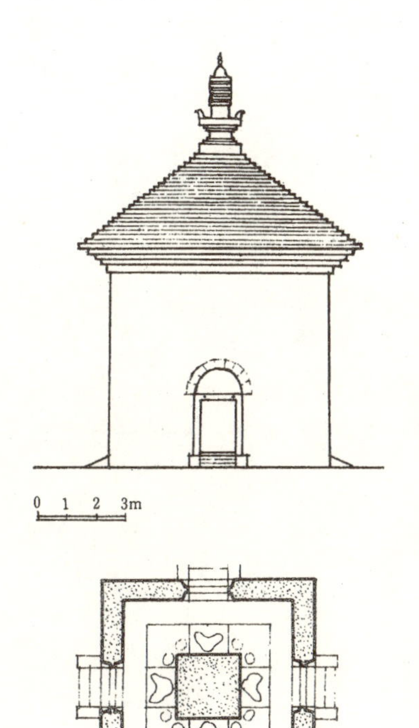

图 67　山东历隋城神道寺四门塔

图 68　西安唐兴教寺玄奘法师塔

图 70　河南登封会善寺净藏禅师塔

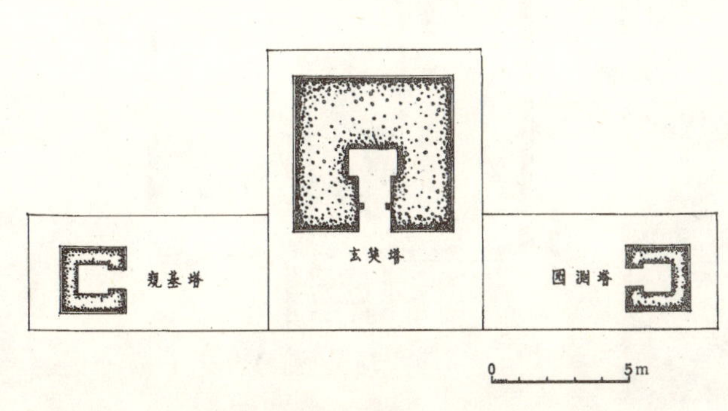

图 69　兴教寺玄奘法师塔平面

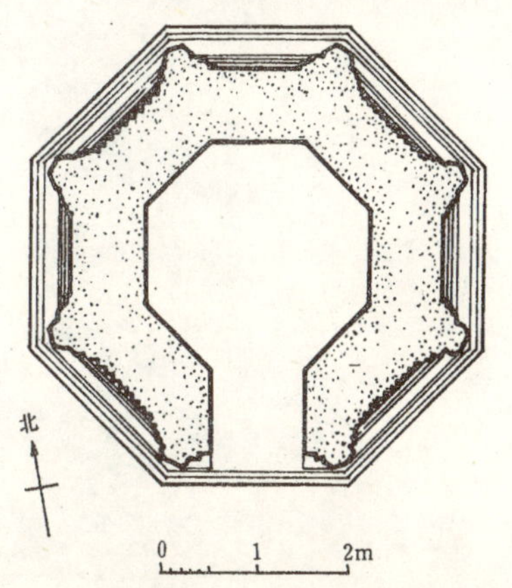

图 71　登封会善寺净藏禅师塔平面

外观楼阁式七层，现残高尚有 47 米。因地基之岩层滑动，塔身已向西北倾斜。原塔刹及第七层已崩毁，现该层系明代所建。塔之平面分为塔外壁、回廊、塔心壁及塔心室数部，各层楼面均以砖券等联为一体。此种平面与构造方式，为我国现知最早之例。塔外壁隐出圆倚柱、壶门、直棂窗、斗栱及平座，回廊及塔心室亦隐出内柱、斗栱、梁栿等。该塔以砖仿木之程度，较之唐初已大有进步。又内部横枋上并有“七朱八白”、如意头等雕饰。

密檐式塔可以西安荐福寺小雁塔为例（图 72、73），此塔建于唐中宗景龙元年（公元 707 年）。塔平面方形，底层每边长 11.40 米，塔身上叠密檐十五层。明嘉靖三十四年（公元 1555 年），因地震顶部二层及刹被破坏，塔身中部并形成裂缝，残高约 45 米。此塔外观简洁，下未建有台座，底层塔身平素，未施任何装饰。惟各层密檐之上置低矮平座，则为他处所未见。位于我国西南边陲的云南大理崇圣寺，建有南诏至大理时期佛塔三躯，皆为密檐式。其居中者称千寻塔，平面方形，密檐十六层；双塔在其西，八角平面，密檐十层。

石砌之密檐塔以江苏南京栖霞寺舍利塔（图 74、75）最负盛名。原舍利塔为木构，建于隋开皇时。现塔则改建于南唐，且易木构为石。塔平面八角，高五层计 15 米。塔下承以较高之须弥座及仰莲座，底层壁面镌刻版门、文殊、普贤及四天王神像等。以上各层塔身置以带佛像之壶门，雕琢均甚为华丽生动，足可列为石塔中之超品。

石经幢常于表面刻有《陀罗尼经》，故称为“佛顶尊胜陀罗尼经幢”，系密宗产物，始行于初唐。现存晚期实物有山西五台佛光寺唐大中十一年（公元 857 年）及乾符四年（公元 877 年）幢（图 76）。以后者为例：幢底为附有莲瓣及壶门之石座；幢身作八角形石柱二段，下段较粗长，上段较细短，其间隔以刻有垂缨之宝盖。柱顶置八边形屋盖、山花蕉叶及火珠。外观尚称简洁。

就石窟寺而言，隋代开凿者为数不多，且规模不大，如山西太原天龙山之例。若干则仅继前代未竟之功，若龙门石窟之宾阳南洞。其建筑形象有较多特点，当推天龙山凿于文帝开皇四年（公元 584 年）之石窟。

图 72　西安荐福寺小雁塔

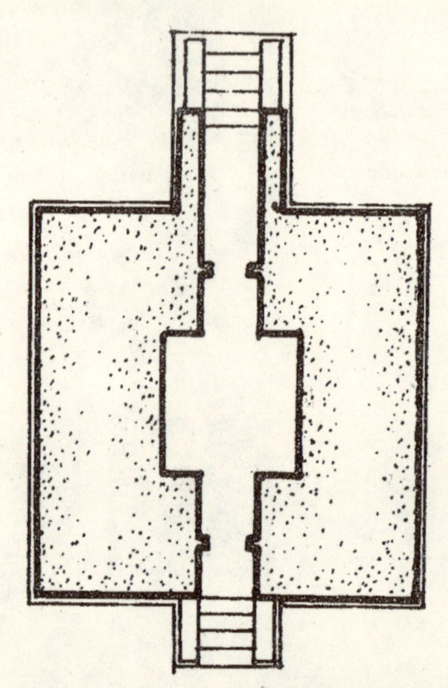

图 73　西安荐福寺小雁塔平面

图 74　南京栖霞寺南唐舍利塔平、立面

图 75　栖霞寺舍利塔外观

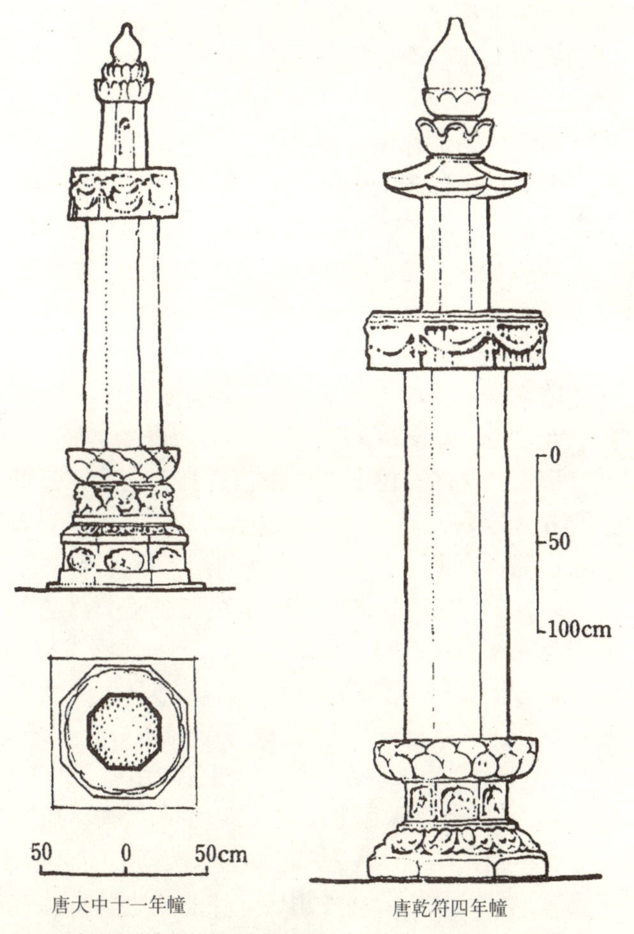

图 76　山西五台佛光寺唐经幢

前列三间之柱廊，柱头置栌斗，柱间置人字补间。入口之洞门上部亦作为火焰形尖券。室内立中心塔柱，屋顶作覆斗形。总的形制仍与北齐窟相仿。然于以塑像和壁画为主的敦煌石窟中，隋窟占有1/5。平面大体呈方形，多数于正壁中凿一龛，室内屋顶仍为覆斗形。壁画如419号窟人字顶之《须达那本生故事》、420号窟顶之《法华经变》，都是规模甚大，构图复杂与内容丰富的佳作。此外，如表现各型佛殿的423号窟西顶之《说法图》与同窟东顶之《须达那本生故事》，都为当时的佛教建筑描绘了可供参考的形象。其特点都是线条流畅，色彩鲜艳。画面底色常用土红，所绘人物、建筑、佛像、山水，施以黑、白、青、绿乃至金色，另辅以起晕，使画面既堂皇而又生动。

唐代所建石窟甚多，龙门诸窟如潜溪寺、奉先寺、看经寺、万佛洞等，俱可列为代表。石窟平面多为马蹄形或矩形，有的附前室。窟内以大像为主，旁列二菩萨、二弟子。室内中心柱已不见。其中最为壮观的当属奉先寺，主像卢舍那佛居中趺坐，全高17米，两侧列弟子伽叶、阿难及诸菩萨、金刚，或端丽庄严，或威武雄健，神态各异。窟前原建有九间大殿，现已无存，仅崖壁上尚留有置构件之孔洞若干。唐代依崖凿以大佛像者尚有数例，如建于四川乐山凌云寺者即其最知名者——乐山大佛。此像作于玄宗开元元年（公元713年），成于德宗贞元十九年（公元803年），前后费时达九十年之久。像端坐于岷江畔，通高71米，唐时曾覆以崇阁九层。

敦煌唐窟平面作梯形、矩形或有前廊而后室呈方形者。其壁绘之大幅者，常以表现天宫楼阁之佛教建筑为背景，如217号窟北壁及148号窟东壁之《西方净土变》。亦有描绘各种本生故事者，如85号窟南壁《报恩经变》及159号窟东壁《维摩变》等。其中所示人物、城郭、家具、器皿等，皆极写实逼真，足为研究当时社会文化之重要参考。如木建筑皆表现木构之柱、阑额、斗栱（一斗三升柱头铺作及人字栱补间铺作）、直棂窗、勾阑等。砖石砌体则有建筑之台阶、铺地、城墙及堞垛等。屋顶大多为附鸱尾之四坡殿堂、两坡廊庑及攒尖之亭阁。至于塑像，其比例与神情更加接近常人形象，摆脱了过去的古拙超俗，而使人对之产生更多的亲切感。若菩萨则雍容华贵，若力神则遒劲威武。其体态、面容、表情与色彩，皆能与所欲表现者适如其份。是以唐代塑像之佳妙，方之中国古代历朝，未有能出其右者。

其余塑像之见于南禅寺、佛光寺大殿，以及苏州甪直保圣寺者，俱为现存唐塑之佳品。其中保圣寺之罗汉像，据称为唐杨惠之所作，极为难得。

（五）陵墓

隋文帝与独孤后葬于太陵。炀帝葬雷塘，后均失其所在而不可考。唐代诸陵多因山而建，如太宗昭陵于九嵕山，高宗与武后之乾陵于梁山皆是。而一般贵族、勋臣则仍就地掘建，如永泰公主墓等。

唐高宗乾陵（图77）在陕西乾县西北2.5公里之梁山，依南北纵轴布置。主要入口在南侧，以二天然小丘为双阙，沿神道立石柱、翼马、朱雀、石人等，又有无字碑、蕃酋像及石狮。陵墙大体呈方形，仅西南隅折缺少许。四面中央辟门阙，角隅建角楼，格局仍沿西汉帝陵之旧。

永泰公主墓（图78、79）为乾陵之陪葬墓之一。陵墙作南北稍长的矩形，四隅亦设角楼，但仅南墙置门及双阙。神道侧树华表、石人、石狮。经发掘知其斜墓道上有“天井”六处，墓室则分为前、后二室，皆“刀形”平面，穹窿顶。后室西侧置仿木建形式之石椁。墓道与墓室壁面及天花均绘壁画，有出行仪杖、宫廷生活、天体星辰及几何纹样等。墓上夯土台作覆斗形，底边长55米，残高11米。

五代十国王陵可以江苏江宁祖堂山南唐二陵及四川成都前蜀永陵（图80）为例。南唐二陵为先主李昪与其后宋氏之钦陵（图81）及中主李璟与皇后钟氏之顺陵。平面都由前、中、后三室组成，壁面以砖石隐出柱枋、斗栱，这是和已知唐代陵墓不同之处。此等仿木构件上均涂彩色，后室顶仍绘天象图。就材料而言，钦陵用石而顺陵用砖，且前者地面凿出江河，是为秦始皇骊山陵形制之尾骥。前蜀王建之永陵地宫未开土圹，而迳置于地面，可谓帝陵中之 特例。其墓室构造为使用若干石砌之肋拱，其间再铺以石板，

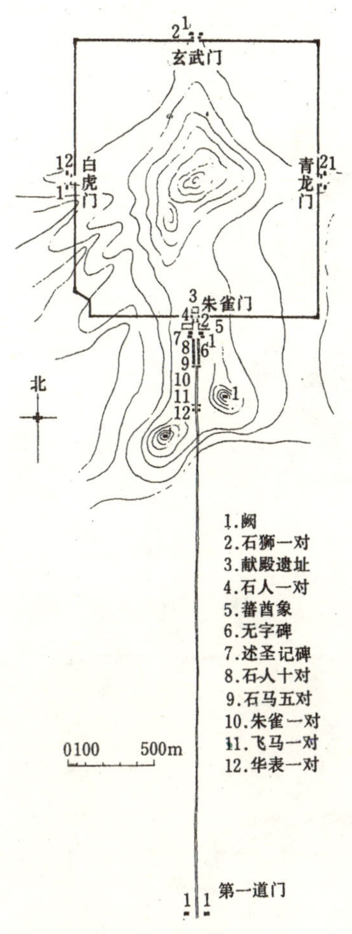

图 77　陕西乾县唐高宗乾陵平面

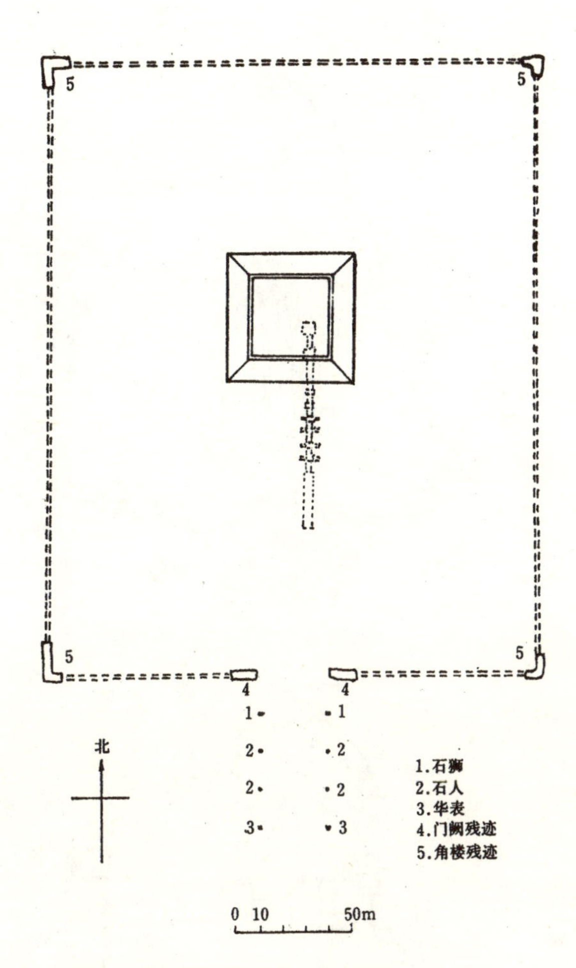

图 78　陕西乾县唐永泰公主墓平面

图 79　陕西乾县唐永泰公主墓剖面透视

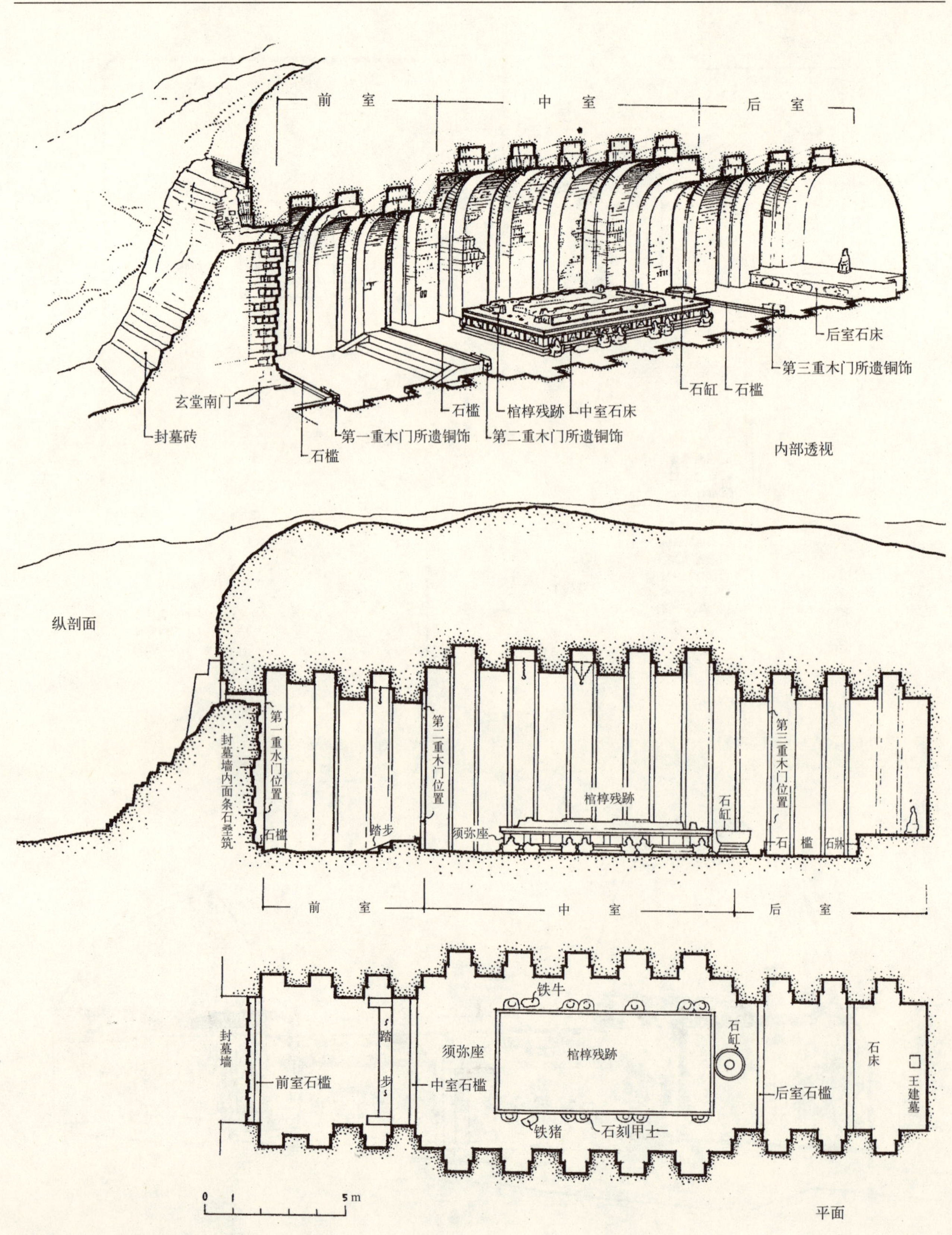

图 80 四川成都前蜀王建永陵

图 81　江苏江宁南唐李昪钦陵

亦属墓中之罕见者。全墓分为三室，中室置硕大且华丽之须弥座以为棺床，其束腰于间柱之间雕刻伎乐浮像，极为优美生动。石床两侧各有甲士像六躯，半身瘞于土内，亦甚威武雄健。

（六）其他建筑

由名匠李春建于隋大业间之赵州安济桥，是为脍炙人口的此期巨构。此桥跨河北赵县南门外洨河上，长 37 米余。其单孔弧形桥券由并列之 28 道小石券组成，石间联以铁榫。券高仅 7 米，故桥坡度平缓，有利车马、人众往来。大券两肩各置小拱二座，借以渲泄洪水并缓解对桥墩的侧向推力，又可使桥头之自重减轻，并且还美化了桥的外观，达到了一举数得的功效。桥上雕龙栏版，虽留存不多，但回首舞爪，意欲腾飞之势，则跃然栏楯之间，极为生动醒目。

（七）建筑技术及艺术

建筑构件之预制、装配及尺度之标准化，于隋代已有相当水平。如炀帝时即有“六合城”的设置。据《隋书》卷十二 · 礼仪志载：“大业四年（公元 608 年）炀帝北巡出塞，行宫设六合城，方一百二十步，高四丈二尺。六合以木为之，方六尺，外面一方有板，离合为之。涂以青色，垒六板为城，高三丈六尺，上加女墙，板高六尺。开南、北门，又于城四角起敌楼。二门观之门、楼槛皆丹青绮画”。如此则知该城皆由预制木构件组合而成。而后来大业八年征辽时，其规模更大：“……夜中设六合城，周回八里，城及女垣合高十仞。上布甲士，立仗建旗。又四隅有阙，面别一观，观下开三门。其中施行殿，殿上容侍臣及三卫仗，合六百人，一宿而毕，望之若真。高丽旦忽见，谓之为神焉。”

就已知唐代木构建筑，其结构甚为简洁，除必要者外，并无多余装饰构件。全用料宏巨，柱、梁、枋、栿率皆粗壮。斗栱亦复雄大，惟限于柱头铺作；其补间仍颇为简单，或施人字栱，或以直斗短柱承出跳甚少之铺作，如佛光寺大殿然。柱有侧脚，墙砌收分，故建筑外观坚实稳固。屋檐则因柱之生起而呈缓和曲线，正脊亦向端部翘起。以致建筑形体虽大，却兼具刚柔之美而无僵直之敝，是为建筑结构与外观结合较为完美的范例。在较大的建筑如佛光寺大殿中，其内部空间之升高，尚采用多层重叠之斗栱，而未施以较高之内柱。在这方面，则不若宋代建筑之坚固与实用。至于色彩之使用，大抵于木构之柱、枋、门、窗部分涂饰红色，墙面则刷以白垩，形成异常鲜明之对比。屋面多用灰瓦，仅皇家建筑有用蓝色琉璃者。室内、外地面或台基外表常铺花砖，纹饰有荷莲及其他几何图案。

官署、庙宇建筑之内墙面，常绘以壁画。其作者如吴道玄、王维等，皆一时名手。内容或为山水人物，或为佛家故事。其白画、丹青俱技艺高湛，形象生动，并为建筑生色不少。而其他画师若梁洽、释思道（道玄弟子）、范长寿、邵宗武、杨岫之、韩干、陈子昂、刘整、郑法士、王耐儿（亦道玄门下）、尉迟乙僧、皇甫轸、卢楞伽、杨坦等，俱称俊杰。故有唐一季之壁绘，其水平于我国古来可称独步。而此时雕塑艺术之发展，亦非他代所能企及者。因该项艺术与建筑关系不甚密切，故暂予从略。

己、两宋、辽、金建筑

（一）社会概况

后周太尉赵匡胤利用陈桥驿“兵变”取代柴周，建立宋王朝，史称北宋。中国经五代数十年混乱后，从此得到大体统一。此后维持了九帝 168 年的统治，其间与北方的辽、金、西夏不断发生战争。公元 1127 年金兵陷汴京，北宋亡。赵氏宗室赵构避乱江左，建立偏安政权。为保持其自身利益，一直满足于与金人隔淮对峙局面。在其最后亡于蒙元以前，尚延续了 152 年，是为南宋。

北宋初年在削平各地方割据政权，统一了大部国土以后，颇注意休养生息和发展生产。这就使国内的农业、手工业、商业以及人口都得到较快的增长。特别是后来南方的一些沿海城市如广州、泉州等，也随着海外贸易的日益繁荣，成为新的商业、手工业和航海运输的中心。北宋末期到南宋时，由于中原战祸连绵，城乡残破，经济遭受很大破坏，致使全国的经济重心，转移到了南方，特别是东南一带。这个格局，一直保持和延续到以后的各个朝代。

游牧于我国北境的契丹民族和女真民族，此期已逐渐强盛，并先后成为宋王朝致命的政治竞争对手。赵氏政权在战争中屡遭失败，不思振兴国力与改革弊端，反以纳贡图和谋求苟且偷安，其结局都以为外族攻灭而告终。

在社会思想方面，有宋一代儒家仍占上风。南宋时，以朱熹为代表的理学抬头，给后世影响至大。宋代帝王大多推崇道教，但佛教之信仰仍居全国之首，并兴建了大量的寺、塔、石窟，伊斯兰教又因海上贸易而传到我国南方，并在沿海一带形成了一定势力。

宋代统治阶级一贯满足于苟且偷安与奢靡享乐，社会风习亦日趋庸俗低下。举国无进取之心，朝野乏宏图之志。贪暴横行，纪崩律败，赋役苛繁，民心怨愤。以致外忧与内患俱作，终于不可收拾。

契丹原是我国北方游牧民族，其太祖耶律亿（又名阿保机）统一各部，于公元10世纪初称雄北域。至太宗耶律德光获后晋石敬塘献幽、蓟十六州后，势力已扩展到今日河北、山西北部一带，遂于大同元年（公元947年）正式建国，国号：大辽。

契丹民族原来文化不高，但自太祖时即注意吸收汉族文化。神册五年（公元920年）始创文字。而其后所营都邑、宫室、寺观等，举凡制度、形式均依中原。在社会思想方面，佛教仍然得到统治阶级的提倡而广泛流传。此外，尊孔尚儒亦得到相当的重视。如太祖于神册二年即诏建孔庙，四年又亲往庙中拜谒，俱载《辽史》本纪。总的来说，辽代文化前期受唐之影响甚大，后期则又受北宋文化之濡染。就其建筑而言，内中所反映的契丹民族特点，并不十分明显。

公元1125年金军陷中京。辽主北狩，未几，辽亡。

居住在我国东北的女真民族亦以游牧为生。其崛起较契丹为晚，至公元1115年始建立正规政权，国号：金。女真族文化亦远不逮中土，故对汉文化仍以吸收为主。公元12世纪上半叶兴兵灭辽，遂有其地，版图已扩及黄河中、下游。不久又灭北宋，而与南宋以江、淮为界分庭抗礼。

金代文化主要受两宋薰陶，此外也有若干辽代之影响。

13世纪初，蒙古族日臻强大，屡次南下攻掠金地，金人惶恐，数迁都以避其锋。公元1234年元军陷南都汴京，金灭。

（二）城市

北宋因后周都城汴梁为京师，或称汴京（图82），而以洛阳为西京。汴梁旧为唐汴州城，后周时曾予以宏扩，周回二十里一百五十五步。至北宋因经济发展与人口增加，遂于真宗大中祥符九年（公元1016年）七月筑新城，周回“五十里一百六十五步，墙高四丈、广九丈五尺”。故北宋汴京有外廓（新城）、皇城（旧城）和宫城（大内）三重，均由城濠环绕。宫城位于皇城内偏北，周围五里。南面设置三门（左掖、丹凤、右掖），其余各面只设一门（东曰：东华，北曰：玄武，西曰：西华）。皇城南三门（东保康，中朱雀，西崇明），东墙二门（北望春，南景丽），西墙亦二门（北阊阖，南宜秋），北墙三门（东安远，中景龙，西天波），共十门。郭城南垣三门（东宣化，中南薰，西安上），东垣二门（北含辉，南朝阳），西垣三门（北金辉，中开远，南顺天），北四门（西永肃，中通天，东长景，次东永泰），共十三门。因漕运及城市用水、排水需要，引蔡河（惠民河）、汴河、五丈河（广济河）及金水河等四水入城，并于城垣处建置水门。诸河中以汴河尤为重要，每岁漕运米粟可达六百万石，约占诸河总量六分之五，其他日用百货亦不可胜数。据记载河上架桥十三座，宋画《清明上河图》中，所描绘之多边形木架构虹桥，即为汴河上重要津梁之一。而画中有关舟船运输及沿河市街景象，亦为研究汴京市容的绝好资料。他如蔡河上亦有桥十一。五丈河桥五。金水河桥三。[30]

城市之主干道为南北向，自宫城南墙中央之丹凤门起，经皇城南垣中门朱雀门，直抵郭城之南薰门，

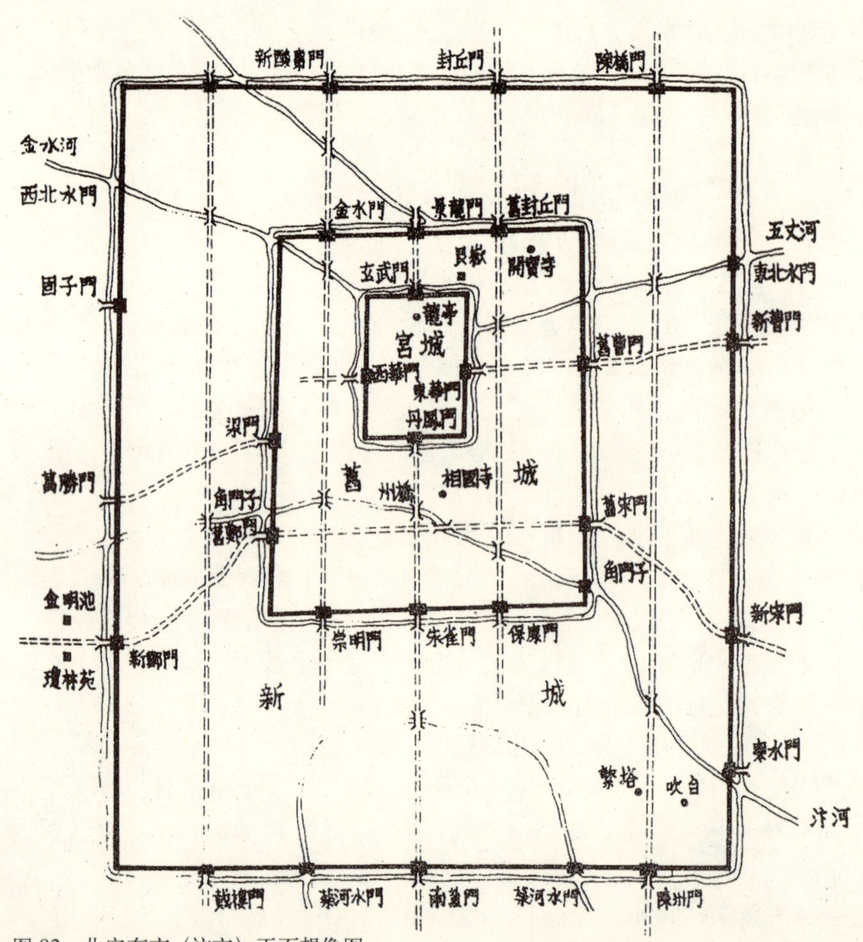

图 82　北宋东京（汴京）平面想像图

亦与汴京城的主轴线重合。其余城门均有大街通达，见于文献者有潘楼街、曹门大街、汴河大街、西大街、金梁桥街、牛行街等。此时之街道，已于两侧设置商店、民居，无复汉、唐之封闭式街坊矣。集中之东、西市亦已取消，各行业则依地段或街巷相对集中。为了便于管理，京城内将民居划分为八厢一百二十坊，由厢军巡护。城外则有九厢十五坊。由于城内市廛密凑，居民已有百万家，为了防止火灾，在若干地点建立望火楼，有专人登高瞭望，发现灾情，立即报警施救。

据孟元老《东京梦华录》载，汴京城门除南薰、新郑（即顺天）、封丘（即永泰）、新宋（即朝阳）四正门因有御道通过，故瓮城采取直门二重以外，其余各门皆瓮城三重，屈曲开门。现实物虽已不存，然自文献中尚可一窥此种城防设施之大概（图 83）。御道专供皇帝使用，二侧辟水沟相隔，沟中种有荷花。城内行道树栽以果树，沿河则夹植榆、柳，兼有巩固堤防之利。

皇城内东北隅，为著名的皇家园林艮岳所在。郭城西墙外，尚有金明池及琼林苑等苑囿。私家园林则多位于东南之宣化门（又称陈州门）一带。

此时也出现了一些称为“瓦子”的不固定市场，往往是日出而集日落而散，除了临时摊贩，还有卖艺、杂耍等。规模较大的设于皇城的景丽门、保康门内，以及崇明门、阊阖门外，或在大的寺庙如大相国寺前。

宋立洛阳为西京，基本依唐、五代之旧。城垣亦有三重，京城周回五十二里九十二步，南墙三门（中门定鼎，东门长夏，西门厚载），东墙亦三门（北称上东，中称罗门，南称建春），西墙一门（关门），北墙二门（东门安善，西门徽安）。皇城周长十八里二百五十八步，南垣三门（中端门，东、西为左、右掖门），

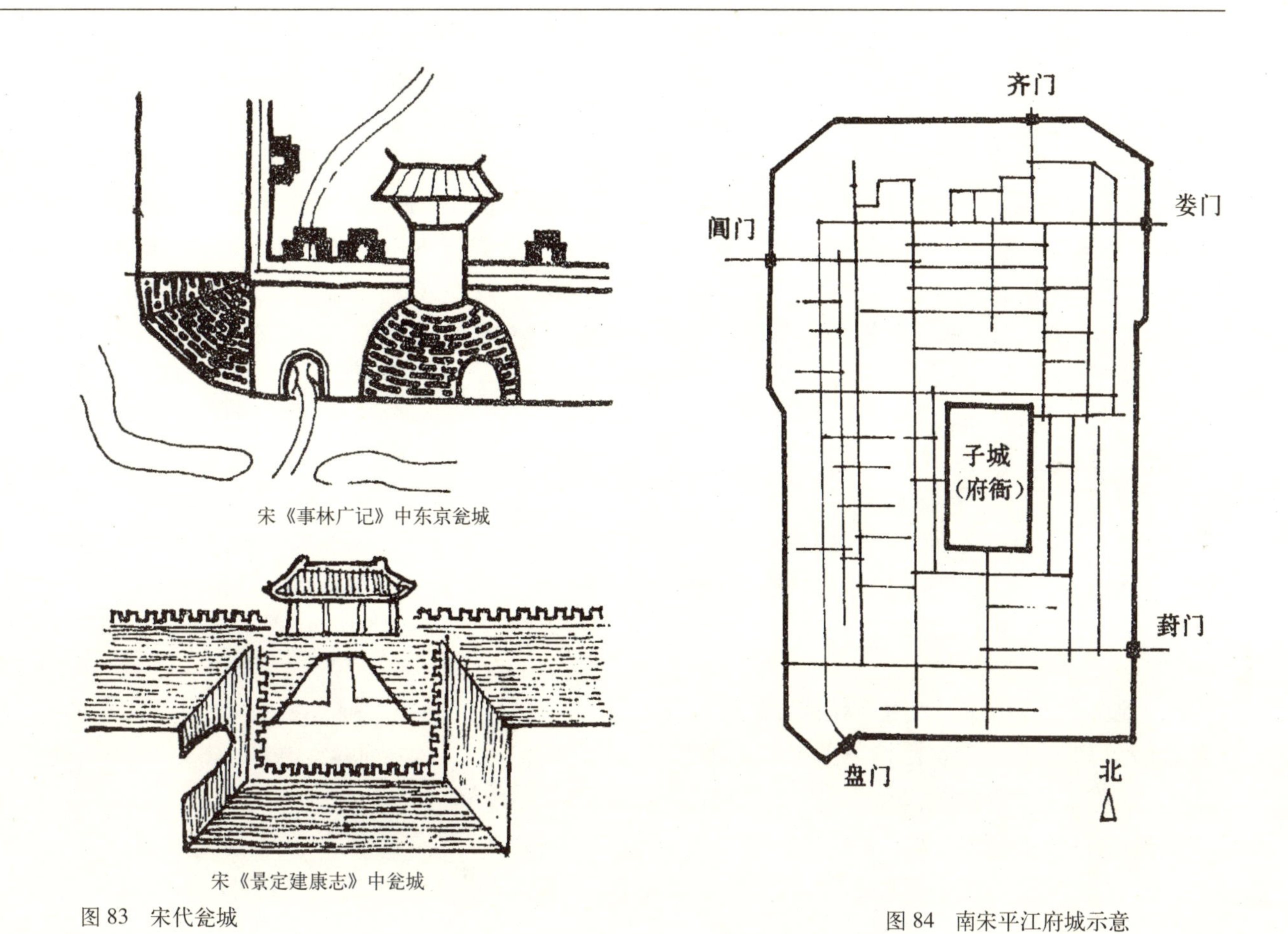

宋《事林广记》中东京瓮城

宋《景定建康志》中瓮城

图 83　宋代瓮城

图 84　南宋平江府城示意

东垣一门（宣仁），西垣三门（北应福，中开化，南丽景），但未有言及北垣者。宫墙周回九里三百步，南三门（中五凤楼，东兴教，西光政），东一门（苍龙），西一门（白虎），北一门（拱辰）。宫城东、西各有夹城广三里余，并置二门。东侧北门称启明，南门称宾晖；西侧北门称乾通，与皇城西垣中门开化遥对；南门称金曜，与皇城西垣南门丽景相直[31]。

大中祥符七年（公元 1014 年），曾建应天府为南京。庆历二年（公元 1042 年）又建大名府为北京，于本文皆略而不录。

宋室南迁后，高宗建炎三年（公元 1129 年）拟以临安为行都。嗣因金兵来袭，仓促未能以决。至绍兴初局势渐定，遂依此为都。按临安城于隋为杨素所创，城垣略作南北长、东西狭之矩形，周回三十六里九十步。有城门十二：东垣六门，曰：便门、保安、崇新、东春（或作“青”）、艮山、新门。西垣四门，曰：钱湖、清波、丰豫、钱塘。南垣一门，曰：嘉会。北亦一门，曰：余杭。另建水门五：东三门，名保安、南水、西水；北二门，名天宗、余杭（整理者按：此水门与旱门同名，但在其东北）。[32] 五代吴越钱镠时又筑杭州罗城，周七十里。城门已知者有七：东墙四门，曰：竹车、南土、北土、保德；西墙二门，曰：涵水、西关；南墙一门，曰：龙山；北墙亦一门，曰：北关[33]。依南宋 · 吴自牧《梦粱录》，知临安“水门皆平屋，其余旱门皆造楼阁”云云。

城内共划为八厢，除宫城外，余七厢俱为民居。共有坊里六十八，大体以一巷为一坊。如天庆坊在天庆观巷，保民坊在吴山庙巷等等。城内河道纵横，故桥梁亦多。据周淙《乾道临安志》及洪迈《夷坚志》等地志、笔记所载，共有大、小津梁七十五处，实际恐尚不止于此数。

宋代地方城市至今保存较完整者，莫若平江府城（即今日江苏苏州）。依现置府文庙内刻于南宋理宗绍定二年（公元1229年）之《平江府图》碑，得知当时此城情况与目前相差无几。府城平面作南北较长之矩形（图84），垣外建以马面，周以城壕。置城门五处，东墙二门：北为娄门，南为葑门；南墙西端一门，是为盘门；西墙之北为阊门；北墙东侧为齐门，各门均附水门，皆与现有城门位置一致。子城位于府城中部略偏东南，亦建有城墙及角台。南墙偏东为主要门道，由此可至府衙；另一在西墙，供仓廪、教场所用。

河流自水门入城后，即分流为若干与城内街道平行之水道，纵横交错，形成水、陆二组交通系统，极具江南水乡城市风貌。水上架桥甚伙，总数在三百座以上。其余城中之名胜古迹，若城北之报恩寺与玄妙观，城东之罗汉院双塔，西南隅之府文庙、沧浪亭及瑞光寺塔等，皆与现存旧构位置雷同，可证此图所刻皆属可靠。

辽设五京。上京临潢府（今内蒙古自治区巴林左旗林东镇附近之波罗城），为辽首都所在。中京大定府（今内蒙古自治区昭乌达盟宁城县境内），又称大明城，为辽中期至末之国都。南京幽都府，后称析津府（今北京西），原为唐代幽州府，规模之大居五京首位。西京大同府（在今山西大同）。东京辽阳府（在今辽宁省辽阳市）。

上京临潢府城始筑于太祖阿保机神策三年(公元919年)，时名皇都。太宗耶律德光天显十三年(公元938年)改称上都，都垣周匝二十七里。据《辽史》所载，都城*有城门六：东称迎春、雁儿；南为顺阳；西列金凤、西雁儿、南福。皇城在北，墙高三丈，并设楼橹，四面各开一门。南门大顺，东门安东，北门拱辰，西门乾德。城内置官署、仓库、国子监、孔庙及寺院多所。宫城又在皇城之内，称大内。南面正门称承天，东、西面各有东华、西华门。皇城之南又有汉城，以处外国信使、回鹘商人及一般居民。依解放后考古调查，上京平面呈日字形，轴线方向西北—东南。宫城作方形，每边约长五百米，位于皇城中部稍北。皇城平面亦近于方形，约2200米×2000米，惟西、南二角稍缺。其东南与汉城相接，余三面城墙均施马面，城门亦设瓮城。汉城平面矩形，约2300米×1500米，墙不施马面，亦未见瓮城。[34]**

金代亦置五京。其北京临潢府，即沿用辽之上京。西京大同府亦然。上都会宁府（在今黑龙江省阿城县白城子），或称上京。南都因北宋汴京之旧，贞元元年（公元1153年）称南京府。中都大定府（今北京城西南），与辽南京析津府基本重叠，海陵王天德三年（公元1151年）迁都于此。

中都大定府平面基本呈方形，有城门十三。东墙有施仁、宣曜、阳春三门。南墙则为景风、丰宜、端礼三门。西墙又有丽泽、灏华、彰义三门。北墙四门，依次为会城、通玄、崇智、光泰。皇城与宫城在都城中部略偏西南，联为一体，依《金图经》，知周长九里三十步。皇城南门称宣阳门；宫城四面各开一门，南应天，东宣华，北拱辰，西玉华。宫城前沿南北驰道施千步廊，两侧各二百余间，分为三段，每段自设一门。廊至宫城前转向东、西，又各有百余间。廊顶及宫殿门屋俱施绿琉璃瓦。沿驰道则植柳树。

（三）宫殿、苑囿

北宋汴京宫城称大内。南垣中门初依五代后梁、后晋之旧，仍称明德门。太宗太平兴国三年(公元978年)

*[整理者注]：此都城应即为后文所谓之汉城。

**[整理者注]：该数字不甚准确。据《中国大百科全书》考古学卷，皇城面积约1900米×1700米，汉城为一梯形，面积约1800米×1300米。

改为丹凤门，雍熙元年（公元984年）易名乾元。仁宗明道二年（公元1033年）再改称宣德楼。其内正门为大庆门，门内“正殿曰：大庆，正衙曰：文德”[35]。“大庆殿北有紫宸殿，视朝之前殿也。西有垂拱殿，常、日视朝之所也。次西有皇仪殿，又次西有集英殿，宴殿也。殿后有需云殿，东有升平楼，宫中观宴之所也。宫后有崇政殿，阅事之所也”[36]。以上为主要殿堂。其他散见于史籍者，尚有景福、延和、延庆、仁安、纯和、福宁、安福、观文、庆云、玉京、资政、崇和、宣德、述古、群玉、蕊珠、嘉德、延康等殿，皆在禁中。

北宋大内供政务活动之主要殿堂为大庆、文德、紫宸、垂拱四处，均屡见于公私史料而殆无疑义矣，然其确切位置尚欠端详。大庆殿于五代朱梁时即为宫中正殿，时名崇元。尔后石晋、刘汉、郭周诸朝均沿而弗更，用为正月朝贺及册封大典之所。宋太祖乾德四年（公元966年）易额乾元。洎仁宗明道二年至康定间（公元1033 ~ 1040年），方最后定名大庆。依记载知此殿在宣德楼与大庆门之后，亦宫城之主轴线上。北宋仁宗景祐年间（公元1034 ~ 1038年），已建为面阔九间及两侧各附夹屋五间之宏伟建筑。其北为紫宸殿（旧名崇德殿，改称于仁宗明道元年，即公元1032年）。而文德殿（宋初为文明殿）与垂拱殿均在其西。据叶少蕴《石林燕语》载：“紫宸与垂拱之间有柱廊相通。每日视朝，则御文德，所谓过殿也”。由上可知北宋大内之主要四座殿堂，并未置于同一南北主轴线上，而是大体分为平行的两组建筑。此种布置与唐大明宫之含元、宣政、紫宸三殿（系附会周代“三朝”之制）形式不侔，窃意以为或因袭曹魏邺城宫殿格局，亦属可能。又宋、金之世，其规制特别隆重之建筑，常采用“工字殿”平面。如抗日战争前调查之河南济源济渎庙，正殿渊德殿建于北宋太祖开宝六年（公元973年），其面阔七间，两侧各附挟屋三间，形制与前述大庆殿相仿，惟等级不逮耳。此殿与其后之寝殿（面阔五间）间，联以三间之廊，适成上述之“工字”形平面。由此观之，大庆殿与紫宸殿以及文德殿与垂拱殿之间有无其他建筑联系，是一个值得研究的问题。

在其他殿堂中，福宁殿（宋初称万岁殿，仁宗明道时为延庆殿）系宫中正寝，稍北之柔仪殿是为后寝。寿康、崇庆、隆祐、慈徽等殿为太后居所[37]。举行宴谯之地，除前述之集英殿外，尚有大明殿（太宗淳化元年——公元990年改称含光殿）、长春殿、崇政殿等。宫中建筑以阁名者，为数亦复不少，如延春、感真、翔鸾、仪凤、延羲、玉华、龙图、天章、显谟、徽猷、宝文……或供起居游息，或贮书画御集。诸帝墨翰，每建专阁以藏，此种风尚，尤以徽宗时达到极盛。

宋内廷藏书，始于建隆之世。及太祖，太宗削平诸国，输其府库图籍于京师，又诏命天下士民献鬻，于是珍希继出，群帙毕至。太宗以旧馆湫狭，遂于太平兴国三年（公元978年）就左升龙门外，新建崇文院三馆以庋，“其制皆亲所规划，轮奂壮丽，甲于内廷”[38]。端拱元年（公元988年），另在院中置秘阁，纳天文、占术诸书及古人墨宝与御制诗文等。真宗咸平二年（公元999年），又将三馆录写之四库书各一套，分贮禁中之龙图阁及后苑之太清楼内，遂肇此类典籍御藏之先声。

后苑在大内之北端，有东门称宁阳，自景福殿西序可以入苑。苑内积土石为山，引流泉曲沼，植幽花异木，间以楼台亭榭。据文记苑中有明春阁，高逾三百一十尺[39]（整理者按：恐数字有误。按袁褧《枫窗小牍》为一百一十尺）。其后依城墙累土为丘阜，因上植杏，故名杏岗。又立竹万竿，并引水亘曲其下。此外，苑中尚建有流杯殿。

除上述朝觐与起居建筑，宫城另置道观若干，均称为宫。如真宗时所立之延福宫、广圣宫，以及徽宗时之玉清神霄宫及上清宝箓宫等均是。除奉道教神像外，又供诸帝御容其中。

依《宋史》真宗纪，景德二年八月帝“幸南宫及恭孝太子宫”，大中祥符元年五月及四年八月复至南宫视高平郡王惟叙及南康郡王惟能疾。考此二人皆太祖第四子秦王德芳之后，故南宫当系秦王之府邸，或径在禁中亦未为可知。再据张之甫《可书》：“……于皇城之北建大第，以居诸王，谓之蕃衍宅”。而《宋史》诸帝本纪中所载之“北宅”，当即是处矣。

两宋帝王出幸巡狩之风，已不若汉、唐时远甚。故于各地建造之离宫别馆，数量与规模均已大减。以北宋诸帝为例，其平日所幸园苑，多在都城附近，如迎春苑、琼林苑、北园、玉津园、金明池、潜龙园、金凤园，含芳园等。或供讌宴赛射，或观龙舟水戏，其中尤以玉津园与金明池最为有名。玉津园在京师南垣外，太祖时即已屡幸，除宴射外，又为刈稼、观鱼之地。估计园中较为空旷，自然景物较多。金明池位于城东朱明门外道北，太祖乾德元年（公元963年）始募工凿此池，引蔡河水注之，并选遴水军战船习战于此，以备南征，故称“习战池”，又称“新池”或“教船池”。至开宝六年（公元973年）更名“讲武池”。太宗太平兴国三年（公元978年）江南已平，遂下诏改凿此池，建为御苑，并易称金明。七年池中水心殿落成，帝率群僚幸临并泛舟游焉。此苑周围约九里，园池景物可自宋画《金明池夺标图》得知梗概。池面大体呈方形，周以整齐砖石驳岸，沿水植杨、柳等树木。图中左侧有建于高台之殿堂及临水之台榭，另循拱形木桥可抵池中央之环形水殿。图右有亭阁及高屋数间，当为停泊龙船之船坞所在。此图系名家工笔所绘，其比例、形象俱极为逼真，与一般所见之文士写意者不可同日而语，是迄今为止表现北宋皇家苑囿形象的上佳孤品。其于建筑历史与艺术之价值，当可与张择端之《清明上河图》媲美。此外，孟元老所撰之《东京梦华录》中，亦多有记载。

及徽宗之世，土木之功更见频剧，其中屡见于史籍并为后人所针贬者，乃建于皇城东北隅之艮岳。此苑始创于政和七年（公元1117年），位于上清宝箓宫之东，原名凤凰山，后改万寿山。亦因地处京师之艮位，遂以为名。周围十余里，苑内积土叠石，辟为悬崖峡谷，其最高处拔地九十步。又为坡坨丘壑，间以池沼、溪涧、沙洲，并盛植竹木、花果、藤萝、苇蒲，野景逸趣，俨若天成。园中所置奇葩异树与怪石灵峰，乃经年罗致于天下而不遗余力者，即得自所谓“花石纲”是也。据史载峰石之佳巨者，多出江南太湖一带。其致送京师，舟浮车载，挽以千夫，途中甚至凿河、决堤、断桥、穿壁，亦无所惜。苑中又构诸多亭、台、殿、阁，若介亭、萼绿华堂、八仙馆、揽秀轩、龙吟堂、噰噰亭、绛霄楼、巢云亭、倚翠楼等，不下数十处，亦皆尽一时之工巧。后靖康间金兵围城，“钦宗命取山禽、水鸟十余万尽投之汴河，听其所之。折屋为薪，凿石为炮，伐竹为笓篱。又取大鹿数百千头，杀之以啗卫士”[40]。极天下之力经营十余载之一朝名苑，就此化为尘土。

至于一般达官、贵胄、名士、富贾园林，据前述《枫窗小牍》所载：“州南则玉津园西去一丈佛园子、王太尉园、景初园。陈州门外，园馆最多，著称者奉灵园、灵嬉园。州东宋门外，麦家园，虹桥王家园。州北李驸马园。西郑门外下松园，王太宰园、蔡太师园。西水门外，养种园。州西北有庶人园。城内有芳林园、同乐园、马季良园。其他不以名著约百十，不能悉记也”。所录虽仅有园名而缺乏实际内容，但由当时社会竞尚奢华，标榜巧异之风气看，此类园墅的基本特点当和皇家苑囿相仿佛，仅规模及奢华不逮耳。

南宋建都临安，因天下扰乱，兵事频繁，又受人力、物力限制，故高宗仅“以州治为行宫，宫室制度皆从简省，不尚华饰。垂拱、大庆、文德、紫宸、祥曦、集英六殿随事易名，实一殿。重华、慈福、寿慈、寿康四宫，重寿、宁福二殿随时易额，实德寿一宫……天章、龙图、宝文、显猷、徽猷、敷文、焕章、华文、宝谟九阁实一阁”[41]。按此州治原为吴越钱氏宫室所在，故葺治时尚稍有规制可循也。然依陈应随《南渡行宫记》，宫中主殿“垂拱殿五间，十二架，修六丈，广八丈四尺。檐屋三间，广修各丈五。朵殿四，两廊各二十间，殿门三间”。与之北宋宫室相较，其天壤之别显而易见。此项载述，又见于《宋史》卷一百五十四 · 舆服志第一百七 · 舆服六 · 宫室制度。

后高宗力抑北伐之功，曲纳求和之议，而以割让淮河以北诸州，并岁输银、绢各二十五万为条件，取得与金人暂时之妥协。其不欲徽、钦二帝南归之心，自是昭然若揭。朝廷既无北图恢复之志，上下复萌苟且享乐之风，于是宫室、宅邸、苑囿、园池，遂渐有建树者。如高宗绍兴三十二年（公元1162年），于临安就秦桧旧第建新宫名：德寿[42]。退位称太上皇，即居于此。因宫在大内北望仙桥，故又谓之“北内”。孝宗淳熙十六年（公元 1189 年）易名重华。又若建于淳熙初之选德殿，本用作射殿，而《宋史》孝宗纪又载帝曾观蹴球于此。太子所居东宫在丽正门内，建于高宗绍兴三十二年，孝宗、光宗皆曾藩居于此。

皇家苑囿之于临安者，以玉津园最为有名。此园在嘉会门外南四里，建于高宗绍兴十七年（公元 1147 年）。其年五月金遣使完颜卞等来贺天申节，帝即款迎宴射于此。终高宗之世临幸者五，孝宗凡十七，光宗仅一，此后正史遂无有记载。聚景园位于临安城西天波门北，缘西湖之东岸，孝宗时屡奉太上皇及太上皇后游幸，正史所载即达十二则之多。后光宗、宁宗亦仿此故事，惟幸临数差少。其余见载者尚有东园（一说即聚景园之别名）、集芳园等。集芳园在葛岭水仙庙西，建于高宗时，后归太后。理宗景定三年（公元 1262 年）二月赐贾似道。园中“古木寿藤，多南渡以前所植者，积翠回抱，仰不见日。架廊叠蹬，幽眇逶迤，极其营度之巧……架百余楹飞楼、层台、凉亭、燠馆，华邃精妙，前揖孤山，后据葛岭，两桥映带，一水横穿，各随地势以构筑焉”[43]。其中亭馆多悬高宗、理宗等书匾额，尤为可贵。

临安诸权贵园墅为数可以百计。若韩侂胄之南园，亦为太后所赐。其园“凿山为园，下瞰宗庙，穷奢极侈，僭似宫闱”。内中“为阅古堂，为阅古泉，为流觞曲水。泉自青衣下注于池，十有二折，旁砌以玛瑙。泉流而下，潴于阅古堂，浑涵数亩。有桃坡十二级，夜宴则殿岩用红灯数百，出于桃坡之后以烛之……又慈福以南园赐，有香山十样锦之胜。有奇石为十洞，洞有亭，顶画以文锦……”[44]后侂胄覆败，此园被收，改名庆乐，事见《齐东野语》。

其余如望仙桥内侍蒋苑使宅园，洪福桥和王杨存中宅园等，俱一时之胜。等循以下，则无可数计矣。

契丹宫室最早见于记载者，为太祖阿保机二年（公元 908 年）建于皇都之明王楼。此楼于七年被焚，八年冬于其旧基上建开皇殿。以上诸事均载《辽史》太祖纪。至天显元年（公元 926 年）太祖平渤海后，“乃展郛郭，建宫室，名以天赞。起三大殿曰：开皇、安德、五銮”。此时之开皇殿，系就原址扩廓抑或易址重建，史录不详。嗣太宗即位，诏令蕃部，并依汉制，御开皇殿，辟承天门受礼。改皇都为上京。会同三年（公元 940 年）更于皇城西南堞上建凉殿。

会同元年（公元 938 年）太宗升幽州为南京，以后诸帝常巡幸临莅。其宫室除太宗时已建之元和殿、昭庆殿与便殿等，以供殿试进士、谯宴群臣及接见外国使节外，见于文记的尚有五凤楼、嘉宁殿、百福殿等。

辽中京宫殿营于圣宗统和二十七年（公元 1009 年）。其主殿名昭庆，凡奉册上尊号、改元等大典，均于此殿举行。武功殿系辽主所居，文化殿则以处辽后。观德殿纳先帝诸像，会安殿则用以祭祖。永安殿时供试进士、策贤良。此外，宫内尚有延庆殿、乾文阁等，均散见《辽史》诸纪。

辽代帝王之出巡游猎活动，似较宋室为多。依《辽史 · 营卫志》，知辽主每于渔猎、避暑、违寒之地设牙帐，以为四时行在，称之“捺钵”。如“春捺钵”在长春州之鸭子河泺，系春季捕鱼及猎天鹅所在。“夏捺钵”多在吐儿山，为夏季避暑纳凉之地，每岁四月中来，至七月方去。又常与群臣会商国事于此。“秋捺钵”在永州西北五十里之伏虎林，就地射鹿猎虎，岁以为常。“冬捺钵”在永州东南之广平淀。因周围皆沙碛，又多榆柳，冬日较暖，故驻跸此间。有殿名省方及宁寿，“皆木柱竹榱，以毡为盖，彩绘韬柱，锦为壁衣，加绯绣额。又以黄布绣龙为地障，窗槅皆以毡为之，傅以黄油绢基高尺余。两厢廊庑亦以毡盖，无置门户。”帝在此越冬，间召集权贵近臣议政，或接见外国礼贡来使，或谯宴、讲武，不一而足。然据《辽史》诸帝本纪，所载御幸观鱼、射猎、清暑……之处所甚众，如观渔在土河、潞河、汭水、鸭绿江、桑干河、玉盆湾……射猎在炭山、秋山、赤山、玉山、白鹰山……其避暑地尤多，若冰井、炭山、七金山、缅山、孤树淀、永安山、散水源、拖列古、特礼岭等，但均未载建有诸多正规离宫别馆如中原者，此实与其原系游牧民族之习惯有关耳。

金上京会宁府为女真最早建都处，其宫室有构于太宗天会三年（公元 1125 年）之乾元殿，熙宗天眷元年（公元 1138 年）改称皇极殿。建于天眷初有朝殿敷德，其余尚有延光门、霄光殿（寝殿）及稽古殿（书殿）等。皇统间则有凉殿、延福门、五云楼、重明殿、东华殿、广仁殿、西清殿、明义殿、龙寿殿、奎文殿等。海陵王贞元二年（公元 1154 年）迁都于燕。正隆二年（公元 1157 年）诏令尽毁此间宫殿、宗庙及诸宗贵府邸。虽以后世宗大定二十一年（公元 1181 年）再予复廓，然已无复旧日规模矣。

中都宫室为有金一代之最盛者，自海陵以下至世宗、章宗均有所构筑。其如紫宸殿系世宗即位之处，大安殿以授宝册或殡大行皇帝梓棺，泰和殿用册皇后又款宴百官，庆和殿诞辰受贺及应对群僚，临武殿供赐饮击鞠，贞元殿召见外国使臣。其他知名者尚有睿思、鱼藻，神龙、福安、仁政、广仁、厚德、瑶池等殿，于此未能一尽述。

海陵王贞元元年以汴京为南京，正隆三年（公元 1158 年）十一月"诏左丞相张浩、参知政事敬嗣晖营建南京宫室"[45]。王性好奢华，所起土木之功，俱不殚人力物力。是以史文有载："至营南京宫殿，运一木之费至二千万，牵一车之力至五百人。宫殿之饰遍傅黄金，而后间以五彩。金屑飞空如落雪，一殿之费以亿万计，成而复毁，务极华丽"。语简意赅，谅不为过。以汴京自五代迄宋，数为帝都，虽经靖康之役大受残破，其大内旧有格局仍依然可寻。故正隆之后，宫室、楼台恢廓兴造规模与速度，均已超越上京、中都。《金史》中称："宫城门南外门曰：南薰……"，记载是否有误，尚待考证。但宫殿部分自具有"门五，双阙前引"之承天门开始，则应无疑问。由此直北，各门殿之顺序为：大庆门、大庆殿（正殿）、仪德殿、隆德门、隆德殿、仁安门、仁安殿、纯和殿（正寝）、福宁殿及苑门，均排列于一中轴线上。其中仁安门以南诸殿门，当系朝廷所在；而仁安门以北，则属后宫。宫中之库局、卫司，大抵位于仁安门以东，自成一区。太后所居之寿圣宫亦在宫东，即安泰门左近。

后苑主殿曰：仁智，有巨太湖石二，左称：敷锡神运万岁峰，右称：玉京独秀太平岩，当系大观、宣和旧物。殿东有仙韶院，院北叠山名：翠峰，有洞壑。峰左、右列长生、涌金、蓬莱、浮玉、瀛州诸殿。

寿圣宫东另辟小苑，专供太后游息，所建苑殿名曰：庆春。

然史载之金代御苑，尚以中都附近为多。如熙春园、西苑、广乐园、北苑、芳苑等，或射柳、击鞠、或观灯、饮宴。其于郊外稍远者，有玉泉山、香山诸地，章宗时临幸尤频。

至于行宫，所见不多，于都南、石城、玉田均有设者。

（四）佛、道建筑

宋代帝王虽屡有提倡道教者，若真宗、徽宗之辈。然民间之信奉佛教，犹益盛而弗衰。全国各地兴建寺塔、开凿石窟之风，不亚于北魏、隋、唐之际。神宗时，全国寺观达四万余所，僧尼、道士、女冠二十五万余人。

汴京皇城内东南隅之大相国寺，即为当时最负盛名之佛刹。寺始创于北齐天保六年（公元 555 年），时称建国寺，后废。唐中宗神龙二年（公元 706 年）僧惠云复之。睿宗景云二年（公元 711 年）赐额：相国寺。北宋太宗至道中（公元 995 ～ 997 年）御题寺额曰：大相国寺。其极盛时计有门、殿、阁、塔六十余院。主要建筑有大山门，五间三空，上建门楼，内置铜罗汉五百尊。二山门亦五间，塑四天王像。大殿二侧设翼廊通两庑，为宋代重要建筑的常见形式。殿后有资圣阁，建于唐玄宗天宝四年（公元 745 年）。又构二塔，东塔曰：普满，唐肃宗至德二年（公元 757 年）造；西塔曰：广愿，宋哲宗元祐元年（公元 1086 年）立。其余建筑另有仁济殿（天圣八年，公元 1038 年建）、宝奎殿、琉璃双塔等[46]。据孟元老《东京梦华录》等文献所载，相国寺每月开放五次，许四方商贾麇集寺中，依廊庑、院庭设肆交易。举凡珍禽奇兽、日用杂物、饮食茶果、图书古玩等，无不毕具。又于寺前置棚摊，陈说唱、百戏、杂耍。届时都内士女人众云集，摩肩接踵，络绎不绝。寺内殿阁中所绘经变与壁塑楼台、人物，以及历代所藏帝王、名士手迹，尤为游人所叹为观止。

宋汴京著名梵刹，尚有开宝寺。其于唐为封禅寺，太祖开宝三年（公元970年）改建，殿堂、廊庑计二百八十处。太宗端拱间又延名匠喻皓建八角十三级木塔，惜毁于仁宗庆历时。皇祐元年（公元1049年）于其东另建同型琉璃塔，至今犹存，俗称铁塔者是也。他如太平兴国寺、天清寺，俱一时之最。

现遗宋代佛寺较完整者，首推河北正定之隆兴寺（图85）。此寺在隋称龙藏寺，北宋太祖开宝四年（公元971年）重修，至今已有千年历史。寺中建筑经历代兴废，宋时遗构仅余摩尼殿、转轮藏殿及大悲阁三处。

摩尼殿面阔七间，进深六间（图86）。就平面而言，山面之二次间窄于其他各间，此种布置极为少见。殿身墙面均未开窗，而于每面中部各置龟头屋（即抱厦）一处，殿内光线即由此处及置于斗栱间之直棂小窗透入，故内部照度甚暗。屋顶为重檐歇山，显为清代式样。斗栱均施五铺作之单杪单下昂，昂头与下斜之耍头均作批竹形，颇具时代特征。又补间铺作俱用斜栱，当心间施二朵，次间一朵，于宋代遗物中罕见。

转轮藏殿（图87）在摩尼殿北面西侧，实际为二层之阁，面阔与进深俱为三间，但下层向前延出一间。殿内因置轮藏（图88），故将中列内柱外移，以构成六边形内槽。上、下层柱交接处用叉柱造联结。平座斗栱五铺作，外出双杪。上檐斗栱五铺作，单杪单下昂，耍头亦做成下斜批竹形，其后尾延至平槫下作为托脚。脊槫两侧并施叉手。屋顶亦为清式歇山。

大悲阁（即慈氏阁）位于转轮藏殿东，与之隔广庭相对，外观形式基本雷同。阁内原置观音大士像一尊（现已佚），故内部柱网未加更动。

寺后之佛香阁高33米，三层五檐；两侧另附挟殿，乃寺内最高大之建筑，除部分柱、梁、斗栱为宋季原物外，大部皆重修于近代。阁内供奉之千手（实际四十二臂）千眼观世音镀金铜像，铸于肇寺之开宝四年。像通高24米，造型端慈，装銮精丽，为不可多得之艺术佳作。且又系该寺之最早遗物，并属我国现存之最大古代铜像，故堪列为国家瑰宝。

就寺之总体布置而言，其主要建筑均依寺之南北中轴线排列。但未建有佛塔，而于寺后矗立高百尺之楼阁。此种制式，与我国早期佛寺以塔院为主之风格大相径庭，而与传统之多重庭院式宫室或住宅布置相类似，尔后竟成为中国佛教寺院平面之主流。该寺之布局，可为宋初时此类佛寺已经成熟之明证。

位于河南登封嵩山下之少林寺，始创于北魏孝文帝太和年间，自达摩禅师驻锡后，即成为我国佛教禅宗名刹。隋、唐之际，此寺规模更见宏阔。然其早期建筑，俱已无从考据，日前所余仅初祖庵大殿一处，为最有建筑历史价值者。

庵在寺西北约一公里，相传为达摩禅师面壁之所。现存大殿面阔三间，进深亦三间（六椽），建于北宋徽宗宣和七年（公元1125年）。此殿内、外共用八角形石柱十六根，其后槽内柱因佛座关系，向后移动约一椽架，亦即宋《营造法式》移柱造做法。殿前所施踏道，系东、西二列相并，又于其间加一较垂带石为宽之石条，似为后世所谓陛石之先声。檐柱俱有明显升起，阑额出头斫作楷头形式，且不施普拍枋，都是较典型的宋式手法。斗栱五铺作，外出单杪单下昂，柱头铺作施插昂，斗栱后尾俱用偷心造。屋顶已经后代改修，现系清式歇山，自与原来之宋式九脊殿有甚多区别。内柱表面所镌神王、盘龙、飞仙等，雄健古朴，流畅生动，为所见宋代浮刻中难得之精品。

宋代佛教披靡昌繁，建寺修塔之风仍极一时之盛。其塔多建以砖石，或璃璃、铸铁等特殊材料，是以木构之殿堂虽毁，而此类佛塔则常有保存者，于北国幽燕乃至大江南北，无虑数十百区。现择其中有代表性者，简介于次。

开元寺塔

在今河北定县城内，建于北宋真宗咸平四年（公元1001年）至仁宗至和二年（公元1055年）间。

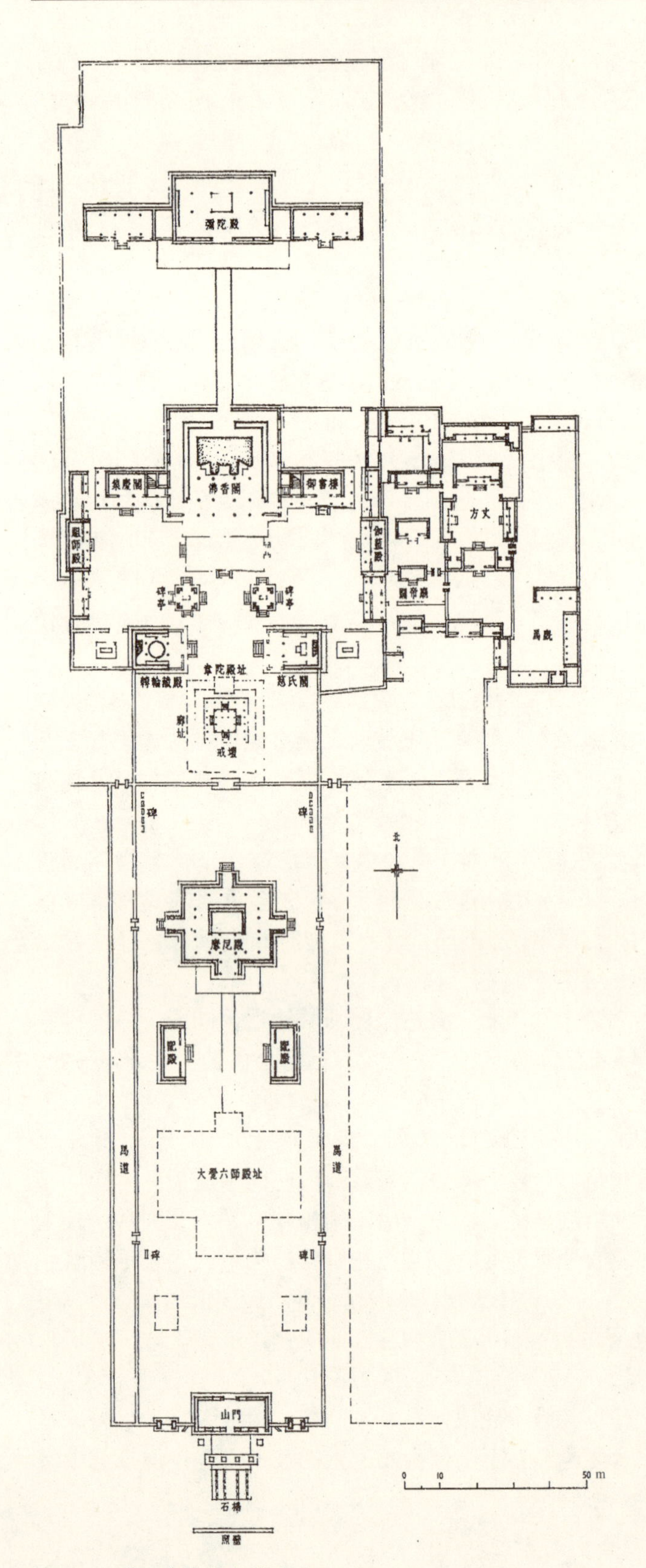

图 85 河北正定隆兴寺总平面

图 86 正定隆兴寺摩尼殿外观

图 87 正定隆兴寺转轮藏殿轮藏

图 88 正定隆兴寺转轮藏殿外观

该塔全由砖构，平面作八边形，外观为11层之楼阁式（图89、90），通高84米有余，为我国现存诸塔之最高者。宋时因所处地与辽国接壤，常用以隙望对方动态，故又称“料敌塔”。清光绪十四年(公元1888年)，塔东北外壁全部坍落。

塔之平面由外壁、回廊及塔心柱组成。各层阶梯皆置于此八角形之塔柱内。二至七层之回廊两侧上部，施砖制斗栱二跳承平棊。其中二至三层为砖板，纹样各异，甚为精美；四至七层代以彩绘木板；八至十一层，则仅有券洞而已。

塔外壁于四正向各置一门，其余四面则隐出假窗，仅西南之第二、十、十一层因有阶梯，故砌为真窗。

总的外轮廓呈具有曲线之收分，故立面秀丽而不呆板。其底层较高，上部砌出腰檐与平座。以上各层则仅施平座。此乃砖石建筑仿木之表现，因系早期所为，故形象较为简略。

天清寺繁（音po）塔

塔在河南开封市东南1.5公里处之繁台上，故名。寺建于后周世宗，而塔始创于北宋太祖开宝间（公元968～976年），原名兴慈。

塔平面六边形，原高九层，现仅余三层，残高约32米，底层长径28米。塔身以双杪斗栱承出檐及平座，壁面密布镌小佛之圆龛。入塔券门辟于南、北二面，经走廊可达中央之六角形塔室。此塔外观属于楼阁式，虽上部毁除已不可考，但依现存体量与尺度推测，其形象应较粗壮，或与辽应县佛宫寺塔比例相近。

祐国寺琉璃塔

寺亦在河南开封城内，唐时名封禅，宋太祖开宝三年（公元970年）改称开宝。太宗时建木塔，后毁。仁宗皇祐元年（公元1049年）于其旧址东之上方院立此琉璃塔，以上方为名。寺称祐国则始于明代。该塔外表饰以褐色琉璃砖，故俗称“铁塔”。

塔平面八角，高十三层（约55米），外观属楼阁式（图91、92），但比例硕长，与前述之二例不类。塔身各层均砌出挑檐，二层起且有平座，又于角隅置圆形角柱，柱间隐出阑额、普拍枋及斗栱。其补间铺作朵数随塔身变窄而递减，由第一层之六朵减至顶层之二朵，每朵斗栱亦由出二跳减为一跳。

因塔身甚窄，为结构安全计，塔体均系实砌，仅设梯道穿插其间。而塔壁若干真窗，即为供此采光者。

报恩寺塔

在江苏苏州城内偏北。寺原名通元，相传创于三国吴大帝赤乌中（公元238～251年）；唐玄宗改称开元；五代十国吴越始用现名。旧塔毁于南宋高宗建炎四年（公元1130年）金兵陷城之役，绍兴间重建。

此塔平面八边形。外观九层，高76米，为木构楼阁式样，实际内部均系砖砌。其平面最外为外廊；次为砖砌之外壁；其内为置梯级之内廊；再次又为附方室之塔心砌体。内廊及塔心室均以砖隐出内柱、阑额、斗栱、藻井等，形象比例甚为逼真，说明此时之仿木技术已达很高水平。

其建筑局部可供注意者有如下数端：内柱或为梭柱，或用瓜楞断面，其下均施柱礩。柱头或阑额上所施栌斗，有圆、八角、瓜楞、方、讹角等多种，其内转角尚有用凹栌斗者。第三层塔内室承藻井之内檐斗栱，以华栱一跳托上昂，是为宋代砖石建筑中已知之孤例。

罗汉院双塔

寺在苏州城内东庙之定慧寺街路北。建于唐懿宗咸通二年（公元861年），原称般若院；吴越时改现名。双塔建于北宋太宗太平兴国七年（公元982年），后屡修。二塔皆同一制式，平面为等边八角形，外观七级仿木楼阁式。

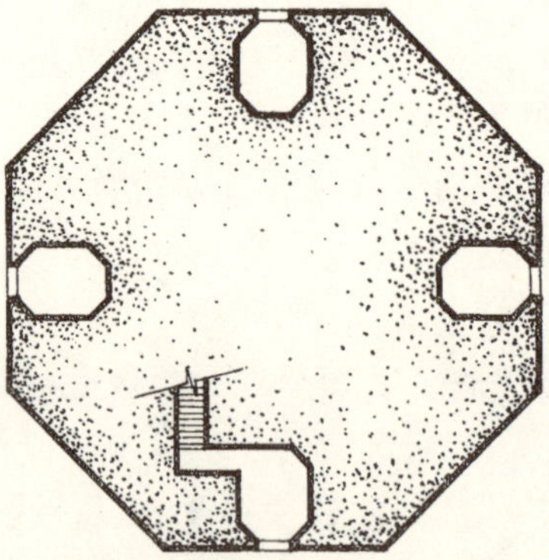

图 91　祐国寺琉璃塔平面

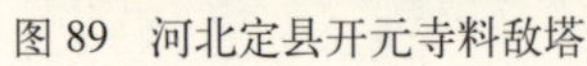

图 89　河北定县开元寺料敌塔

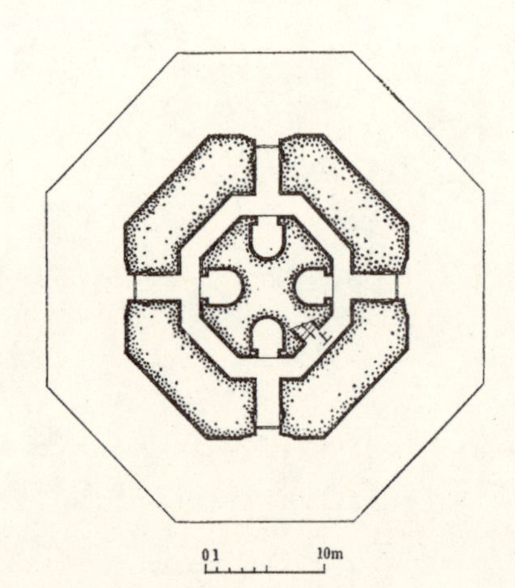

图 90　开元寺料敌塔平面

图 92　河南开封祐国寺琉璃塔

底层平面于东、南、西、北四面辟壶门，循短甬道可达塔内之方室；其余四面概置直棂假窗。自二层起，各层门窗交互易位，可弥补塔壁强度不匀之缺陷。塔隅出八角形倚柱，柱间施阑额；额下再以槏柱二根，分每面为三间。外檐斗栱四铺作，出华栱一跳托令栱及撩檐枋，再承拔檐砖及菱角牙砖与其上之出檐。塔心室亦施角柱及阑额、斗栱等砖砌隐出构件；惟天花为木制，盖可由此缘梯上达也。

开元寺双塔

寺在福建泉州，初建于唐则天后垂拱二年（公元686年），名莲花寺。玄宗开元二十六年（公元738年）诏改开元。寺内原有木构双塔，南宋时先后易为石。

两石塔相距约200米。东塔名镇国塔，竣工于南宋理宗淳祐十年（公元1250年），通高48米。西塔名仁寿塔，毕建于理宗嘉熙元年（公元1237年），拔地44米。二塔均采用八角形平面，仿木建筑之五层楼阁式外观（图93、94）。

以西塔为例，下建石质须弥座，束腰部分镌刻莲花、力神及佛教故事。石座亦八边形，四面有踏阶可上。塔身底层亦仅四面开圆券门，另四面隐出窗扉。以上各层门窗相错，一如前述苏州罗汉院双塔。外壁之内即为回廊，中央建八角形塔心柱。

塔隅置圆形角柱，柱间阑额上仍未施普拍枋。斗栱均系五铺作，偷心造（东塔则为计心造），出华栱二跳，但所出耍头之上缘带有多瓣曲线，与中原批竹式上部为直线者有异。补间铺作于一、二层每面二朵，三至五层每面减为一朵（东塔各层均为二朵）。

玉泉寺铁塔

寺在湖北当阳。塔铸于北宋仁宗嘉祐六年（公元1061年），原名如来舍利宝塔。平面八边形，外观十三层楼阁式，高约18米。此塔虽由铁铸，其柱、枋、斗栱、门窗、力神、佛像等，均甚精微写实，为现存已知诸宋代铁塔中保存最为完好者。

宋代之经幢，较之唐、五代更加崇丽。其中最负盛名者，为位于河北省赵县城关之陀罗尼经幢（图95）。此幢成于北宋仁宗景祐五年（公元1038年），断面八边形，高15米，其体形之高巨与装饰之华丽，实居现存历代诸幢之冠。幢下基座由正方形石须弥座一及八角形须弥座二组合而成，上雕刻莲瓣、束莲柱、壶门、神人、力士、伎乐及建筑等，异常细巧生动。第三层石座上置云水、宝山，其中并镌殿堂、亭阁等。再上为八角幢身三段，均刻以陀罗尼经文；其间以垂幛、宝装莲瓣及狮头、象首等予以分隔。第三段幢身上刻一城郭，似表示释迦游四门故事。以上又有附佛龛之建筑及莲瓣等装饰，至顶再施宝珠、火焰以为结束。

此期佛教石窟及摩崖造像之开凿，就其规模、数量与艺术造型而言，似均不及北朝与隋、唐，尤以大河以北地区如是。众所周知，于我国北方诸石窟中，宋窟占有较重要地位者，仅甘肃敦煌之莫高窟一处(在有壁画或塑像之四百余窟中，约占五分之一)。然于南方内地，如四川之阆中、巴县、潼南、大足、梓潼、彭山、乐山、合川、夹江诸县，由两宋所营凿之石窟与造像，为数亦颇可观。作者曾于抗日战争期间前后前往上述地点调查，内中印象尤深刻者，为大足县北郊之佛湾，所存大、小二百余石窟中，宋窟几占四分之三。其开创年代自北宋太祖乾德起，经徽宗大观，至南宋高宗绍兴以及孝宗淳熙间，前后凡二百余年。因彼时我等一行匆匆，未及深入细察，估计实际年限尚不止此。即此一端，亦足证佛湾之宋刻，就规模于国内无出其右者。所镌刻题材，有经变、阎罗、孔雀明王、千佛、诸菩萨等，部分且有新意。

至于摩崖大像，则以四川潼南县西之大佛寺造像最为著名。北宋钦宗靖康元年（公元1126年），就唐懿宗咸通间所刻石佛头，依崖作全身像，又建阁七层以护，此像高约30米，尚不及乐山凌云寺唐刻弥勒坐像之半，然已属宋代摩崖中之佼佼者矣。洎元代及以后，此类巨像遂未有再兴造之纪录。

目前所见诸宋窟之平面形状，与云冈、龙门、天龙山等石窟相较，自无显著特点可言。然敦煌427、431及444诸窟前所存之木构窟廊，系作于北宋太祖开宝三年（公元970年）至太宗太平兴国五年（公元

图 93 福建泉州开元寺镇国塔立面

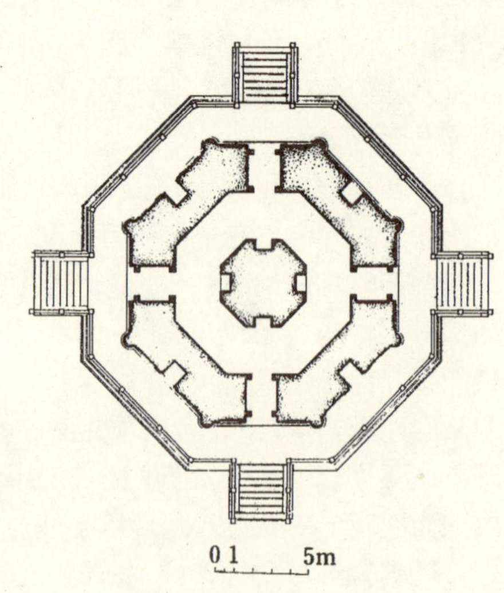

图 94 开元寺镇国塔平面

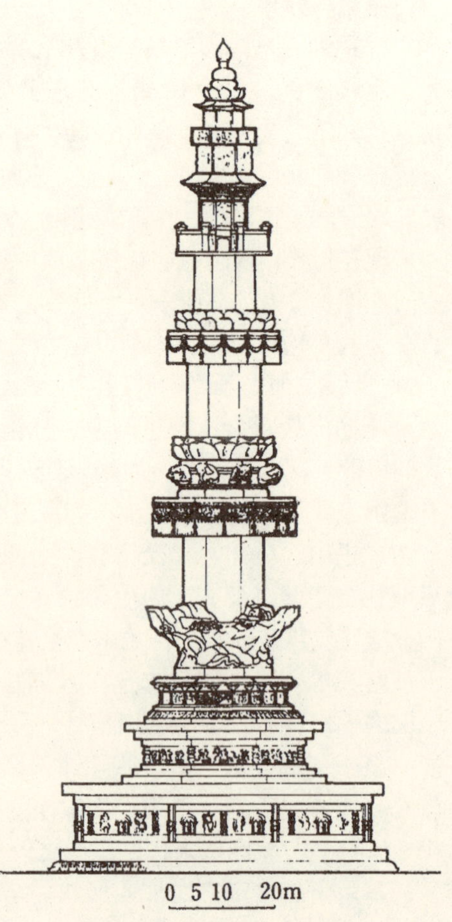

图 95 河北赵县陀罗尼经幢

980年）者，乃他处未存之早期遗物。窟廊以八角形木柱划为三间，当心间辟门，次间置直棂窗。柱间阑额上尚无普拍枋，斗栱均为五铺作双杪，其当心间之栱垫板处设直棂小窗，若正定隆兴寺摩尼殿所为。柱枋上尚遗部分彩画，色彩以朱红、丹黄为主，间以青绿。纹样则有龟背纹、束莲纹等，构图整齐明洁，但未见有若后世将其区分为箍头与枋心部分者。

就造像论，宋代石刻固然有不少佳品，下意以为其塑像更胜一筹。现存之实例，如山东长清灵岩寺与江苏苏州甪直保圣寺之罗汉，山西太原晋祠圣母殿诸女像等，俱可列为极品。此外，壁塑亦甚发展，除文献载前述汴京相国寺大殿朵廊者外，今日遗留实物，可由正定隆兴寺宋构摩尼殿东壁中得见梗概。其普贤、飞天、象、龙、佛殿、梵塔等所塑手法，均属典型宋式，并表现了对唐风的若干继承。

现存之辽、金佛教建筑，多位于今日之东北及河北、山西一带，其中且不乏宏巨瑰丽者。又其主要承重之木架构，亦具有甚多突出之特点，如多层建筑中“暗层”之使用，以及对减柱、移柱的大胆尝试等。

奉国寺大殿

寺在辽宁义县城内，建于辽圣宗开泰九年(公元1020年)。面阔九间(48.20米)，进深五间十椽(25.13米)，单檐四坡顶。正面当心间、次间开门，第二次间与梢间开窗，背面当心间开门，余皆垣以厚墙。内、外檐均施斗栱，材断面为29厘米×20厘米，相当宋制一等材。梁架中已使用升高之内柱。斗栱及内檐梁、枋上保存之彩画，亦属极为可贵。

华严下寺薄伽教藏殿

寺在山西省大同城内，其山门、天王殿、配殿、亭、牌坊等均系清代所建。教藏殿面阔五间，进深八椽，单檐九脊顶，建于辽兴宗重熙七年（公元1038年）。下为附月台之砖台座，高约4米。殿身除正面当心间与二次间置槅扇，背面当心间辟小窗以外，余皆实砌墙壁。柱网仍采用“金厢斗底槽”式样。柱有生起及侧脚，阑额上施普拍枋。外檐柱头斗栱五铺作，双杪重栱计心。补间一朵。内檐柱头六铺作，出三杪。梁架为前、后乳袱对四椽栿。室内之天花，除内槽后部三间为藻井外，均属平綦。殿内中部砌凵形佛坛。四周依墙置二层木经橱共三十八间，外观作建筑形式，有台基、腰檐、斗栱、勾阑、屋檐等，至后壁中央更做成天宫楼阁五间，联以圜桥。制作异常精确灵巧，是为辽代上佳之小木作典范。

独乐寺观音阁

寺在河北蓟县城关（图96），其山门三间亦与观音阁建于同时。阁面阔五间，进深八椽，外观二层，单檐九脊顶（图97），辽圣宗统和二年（公元984年）建。平面柱网亦大体呈“金厢斗底槽”形式，仅底层内柱稍高。内槽中央形成六角形空井，以容高16米之十一面观音塑像。其木架结构于上、下二层间另形成一暗层，加强了整个木架的刚度，是一种很有效的结构措施，致使此阁面临多次强烈地震而未受损害。阁内斗栱共有二十四种之多，亦表明其对结构上的多方探索。上、下层柱间节点采用缠柱造与叉柱造两种方式。梁架亦有明袱与草架之分。天花与藻井俱施平闇。

佛光寺文殊殿

殿在山西五台佛光寺山门内北侧，面阔七间，进深八椽，单檐不厦两头造（即清式之挑山顶）（图98），成于金熙宗天会十五年（公元1137年）。此殿最大特点为内部大量减柱，致使内柱仅余四根，即前槽次间缝与后槽当心间缝上者。为承梁架，故内柱上竟置以横跨三间（约13米）之大内额。此种超负荷的减柱引起结构上的恶化。为此，后世又于内额下另加支柱，以图补救。此结果表明其结构设计甚不合理，但就减柱数量及内额布置论，尚未见有他例出其右者。

净土寺正殿

寺在山西应县城内，其他建筑俱毁，目前仅存此殿。殿面阔三间，进深六椽，单檐九脊顶，建于金熙宗天会二年（公元1124年）。殿内以其精美天花藻井及门窗槅扇知名于海内外。当心间藻井平面外层

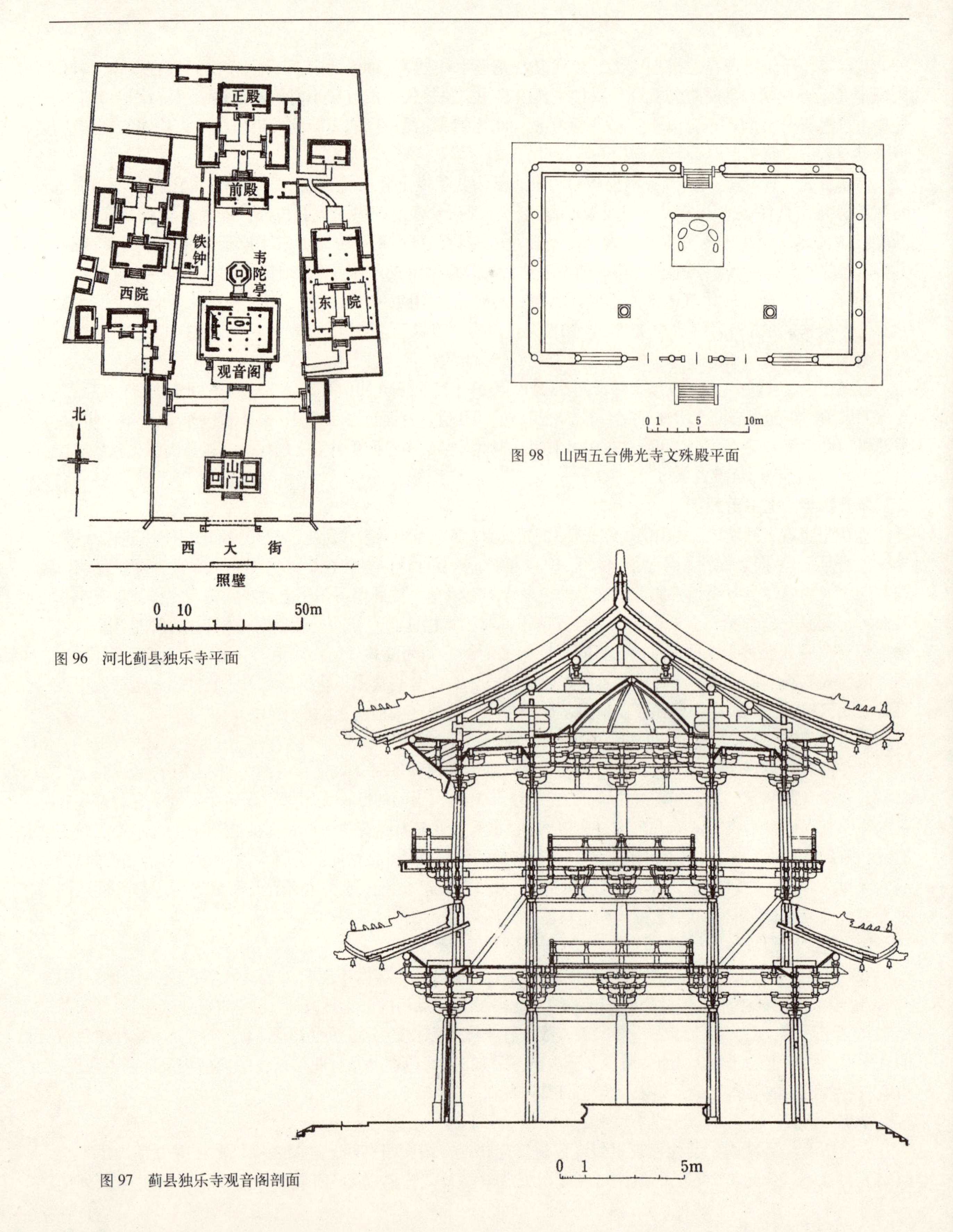

图 96 河北蓟县独乐寺平面

图 98 山西五台佛光寺文殊殿平面

图 97 蓟县独乐寺观音阁剖面

为方形，环以小木作之精巧天宫楼阁，有平座、勾阑、殿宇、挟屋、回廊之属。内层则套以二层饰以斗栱之斗八藻井，顶部平版上浮刻双龙绕珠图案。色彩以青、绿、红、金为主，对比鲜明，灿烂夺目。构图除龙、凤外，尚有各种几何图形，配合协调，形象生动。

佛宫寺释迦塔

亦在应县城内（图 99），寺中建筑如钟楼、鼓楼、后殿等，均属近代所为，仅塔构于辽道宗之清宁二年（公元 1056 年）。此塔为我国现存最早木塔，平面八角形，外观为五层楼阁式，由基座至塔刹高 67 米，底层直径 30 米。塔下有亚字形及八角形台基各一层，底层环匝副阶。塔之木架构由内、外二圈柱网组成，各层间再设结构暗层（图 100），手法与观音阁同一形式。其各层上、下节点，亦采用“缠柱造”与“叉柱造”。内、外斗栱有六十余种之多，极富变化，可谓集当时之大成。如外檐斗栱于副阶为五铺作，出双杪；一层及二层为七铺作，双杪双下昂；三层施六铺作，出三杪；四层五铺作，双杪；五层为四铺作，但系半栱承单杪。平座斗栱除第五层为五铺作双杪外，余皆六铺作三杪。内檐斗栱均七铺作出四杪。斗栱局部变化，在于偷心与计心，直栱与斜栱，以及是否施半栱或直斗造等。

此塔亦屡遭自然与人为之破坏（地震、战争……），但迄今基本完好，表明其结构系统相当完善。惟于火灾之防护，尚应格外加强。内部各层所置佛像，均系辽代原塑，亦足增加该塔之历史价值。

天宁寺塔

在北京阜成门外八里庄，寺已全毁无踪迹可寻，惟余此塔矗立于大道之北。平面亦为习见之八棱形，塔身下置莲瓣及须弥座二层，上叠密檐十三道，高约 58 米。塔全由砖实砌，不可登临。底层于四面辟有圆券之假门，门侧立金刚力士；其余四面隐出假窗。此种形式之塔，于辽、金两代甚为常见，而于基座与底层所施多种华丽饰刻，是其共同特点。[本书责任编辑注：按文中所述之塔址及塔之外观推测，文中所述之塔可能并非天宁寺塔，而是慈寿寺塔。该塔位于北京阜成门外玉渊潭乡八里庄，正名永安万寿塔，又名慈寿寺塔，俗称八里庄塔，是明神宗于万历四年（1576 年）为其母慈圣皇太后寿辰所建。该塔系仿天宁寺塔建造，惟高度（约 50 米）不及后者（约 58 米）。天宁寺塔位于辽代南京幽都府之城东（今北京南城广安门外），寺建于北魏，辽代在寺后建塔。]

天宁寺塔之建造时间约在辽之末季，至明、清又复大修，但风格仍属辽式未变。

广慧寺多宝塔

在河北正定南门外，寺已全毁仅此塔部分尚存。塔建于金世宗大定间，形制甚为特殊。主塔高三层，平面为八角形，但于四隅另附六角形小塔各一。此种小塔依附大塔周旁之手法，曾见于云冈 6 号窟塔心柱及原藏山西朔县崇福寺之北魏小石塔，又或受印度佛陀伽耶之金刚宝座式塔之影响，亦属可能。

多宝塔全由砖构，并隐出柱、枋、斗栱、门、窗等木作形象，外观秀丽特出，故当地又称之为“华塔”。

白马寺齐云塔

白马寺为佛教传来我国后首建之梵宇，地在今河南洛阳东郊。目前殿堂皆近代所建，构于金世宗大定十五年（公元 1175 年）之齐云塔则矗于寺前之东偏。塔平面作方形，外观为密檐十三级。塔立于八角形台基上；塔身最下施须弥座二层，底层壁面亦仅砌出普拍枋与一斗三升斗栱。各层出檐以砖为叠涩及牙子砌造。此塔建于金代中期，未采用当时流行之八角形平面与华丽之装饰，保存了较多的唐塔形制；但其下施须弥座多层，则系辽、金传统手法。

其余较为著名之辽、金佛教建筑，若殿堂、门阁者，则有山西大同华严上寺大雄宝殿（面阔九间，金熙宗天眷三年，公元 1140 年）；大同善化寺山门、三圣殿（面阔俱五间，金太宗天会六年至熙宗皇统三年，公元 1128 ~ 1143 年）、大雄宝殿（面阔七间，辽中叶）、普贤阁（面阔三间，二层，辽中叶）；朔县崇福寺弥陀殿（面阔七间，金熙宗皇统三年）、观音殿（面阔五间，时间约同上）；河北宝坻广济寺三大士殿（面

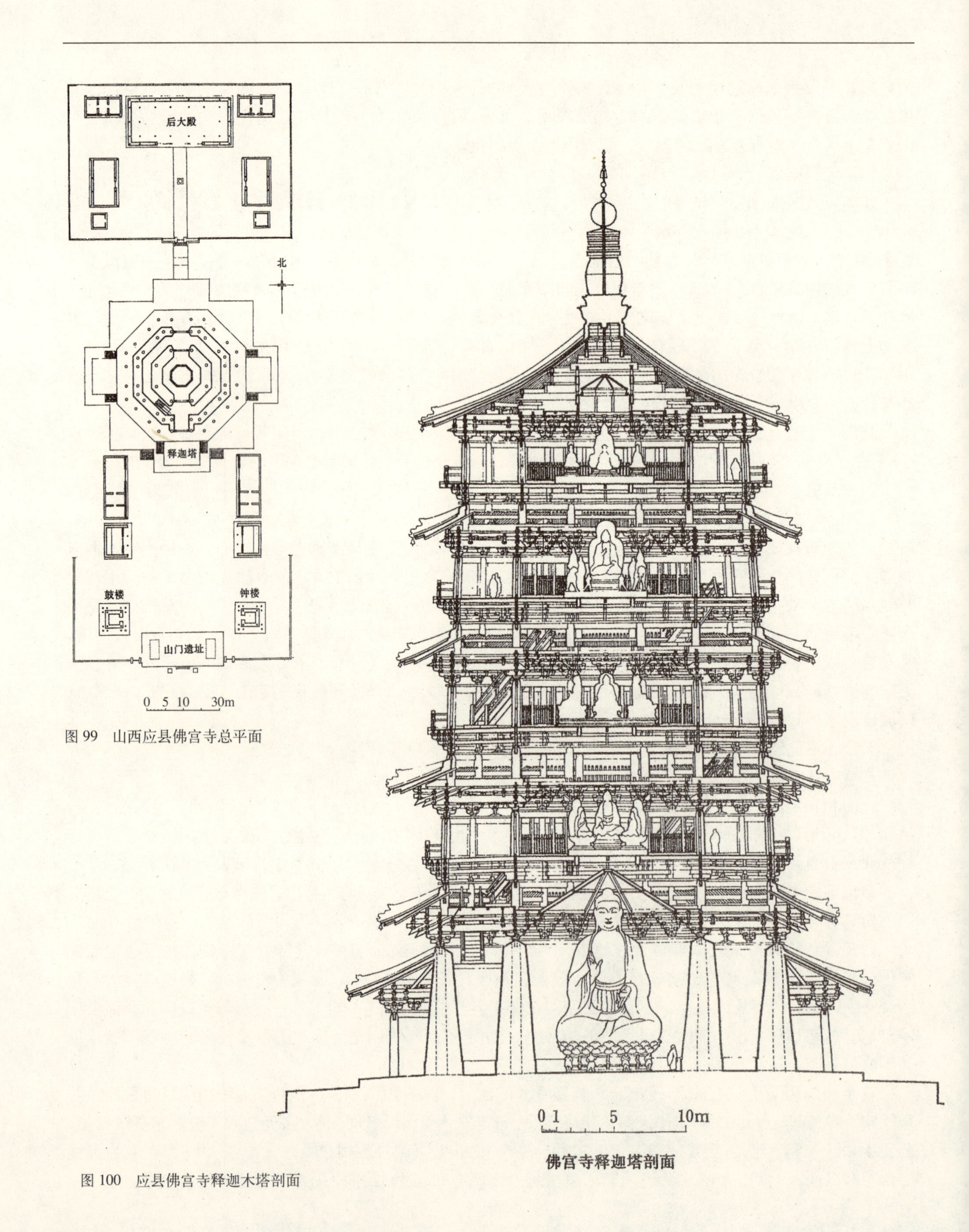

图 99 山西应县佛宫寺总平面

图 100 应县佛宫寺释迦木塔剖面

阔五间，辽圣宗太平五年，公元1025年）；易县开元寺毗卢殿、观音殿、药师殿（面阔俱三间，辽天祚帝乾统五年，公元1105年）、蓟县独乐寺山门（面阔三间，辽圣宗统和二年，公元984年）等。其若梵塔、佛幢之著者，有内蒙古巴林左旗林西镇之庆州白塔（平面八角，七级，辽兴宗重熙十八年，公元1049年）；河北正定临济寺青塔（平面八角，密檐九级，金世宗大定二十五年，公元1185年）；山西应县净土寺佛顶尊胜陀罗尼幢（平面八角，五级，辽兴宗重熙九年。公元1040年）；河北涞水大明寺幢（平面八角，三级，金世宗大定十三年，公元1173年）等。另外尚有众多墓塔，为佛教僧尼瘗寄骨灰之所，其形式亦有单层、楼阁与密檐多种。

宋帝崇道教者颇不乏其人，故道观之兴建，亦常为土木之大举。太宗时即诏建上清宫，成于至道元年（公元995年）。据《玉海》载，宫中有房屋“一千二百四十二区”，可知其工程之浩大。又依《宋史·太宗纪》，知诏建之另一道院寿宁观，落成于至道二年七月；且帝又曾数遣官使前往京师诸道观、佛寺祈晴祷雨。由此可见此类场所，定非当时之一般泛泛者。及至真宗之际，更倡道教，大中祥符元年（公元1008年）始作昭应宫。次年，改称为玉清昭应宫。此宫施工期原定十五年，修宫使丁渭日夜赶筑，仅七年即已竟功。有建筑二千六百一十区，规模较太宗所建太清宫尤大。其中殿堂见于文献者，有正殿、玉皇后殿、集禧殿、长生崇寿殿等。仁宗天圣七年（公元1029年）宫因雷火延烧，仅存小殿数区而已。徽宗政和三年（公元1113年）于大内福宁殿东建玉清和阳宫（七年改玉清神霄宫）。政和五年就景龙门东起上清宝箓宫，又自门上修复道相通，以供御临。七年二月，帝会道士二千余人于此宫，其规模当可想像。除于京师大立宫观以外，真宗大中祥符二年十月，诏天下州、府并置天庆观，于是崇道之风更遍及全国矣。

现存宋代道观可称寥若晨星，而其中之最著者，莫若江苏苏州之玄妙观。观在城内观前街北，《府志》谓始建于西晋武帝咸宁中（公元275～280年），名真庆道院；唐改开元宫；北宋真宗大中祥符为天庆观；南宋初毁于金兵陷城之役，孝宗淳熙六年（公元1179年）重建；现有大殿即当时遗物也。

大殿立于前附月台之石基上，面阔九间，进深十二椽，重檐九脊顶。柱网作满堂柱式，除外檐及殿内屏墙中央四柱用八角断面之石柱，其余内柱均为圆断面。全殿计用柱七十根。若干外檐石柱尚镌有淳熙时输募者铭记。斗栱于下檐为四铺作（柱头出昂式华栱，补间出真昂）；上檐俱七铺作，出双杪双假昂。内槽斗栱中最可介绍者，为中央四缝所施六铺作双杪上昂斗栱，乃目前国内木建筑中之孤例，极为可贵。而此项做法又见于距此不远之报恩寺塔中，虽为仿木之砖石斗栱，亦可推想上昂之运用在当时平江一带并非罕见。

（五）坛庙

供祭祀天地、日月、山川、五谷、祖先、哲贤等之建筑，如圜丘、方丘、明堂、社稷、宗庙、祠社者，两宋及辽、金皆有之，惟繁简不一，而于宋之制式尤多变更，实难一一尽述。现就存留之遗物予以介绍。

晋祠圣母殿

祠在山西太原西南郊之悬瓮山下（图101），原建以祀春秋时晋国始祖叔虞，故有是称。北魏郦道元《水经注》已有记载。圣母殿为祠中现存建筑年代最早者，构于北宋仁宗天圣间（公元1023～1032年）。徽宗崇宁时（公元1102～1106年）重修。殿身面阔五间，进深八椽，重檐九脊顶（图102、103）。下再周以回廊，以致外观为面阔七间与进深六间。结构上施“减柱造”。即减去前列中央四根下檐柱，将上部檐柱承于四椽乳栿梁架上，以扩大前槽处之空间。此种做法，国内尚为孤例。

廊柱斗栱五铺作，出双杪（平昂形式）；上檐斗栱六铺作，双杪单下昂，但耍头做成批竹昂式样。补间铺作仅一朵。前廊柱上雕刻木质蟠龙，甚有时代风格。殿内塑像43尊，中有41尊塑于宋代。其中33尊侍女像衣裾飘逸，形态生动，为我国古代塑像不可多得之佳品。

殿前有方池，中立石柱，架以斗栱、木梁，上承十字形桥梁，称为“鱼沼飞梁”，亦为宋代旧物。池

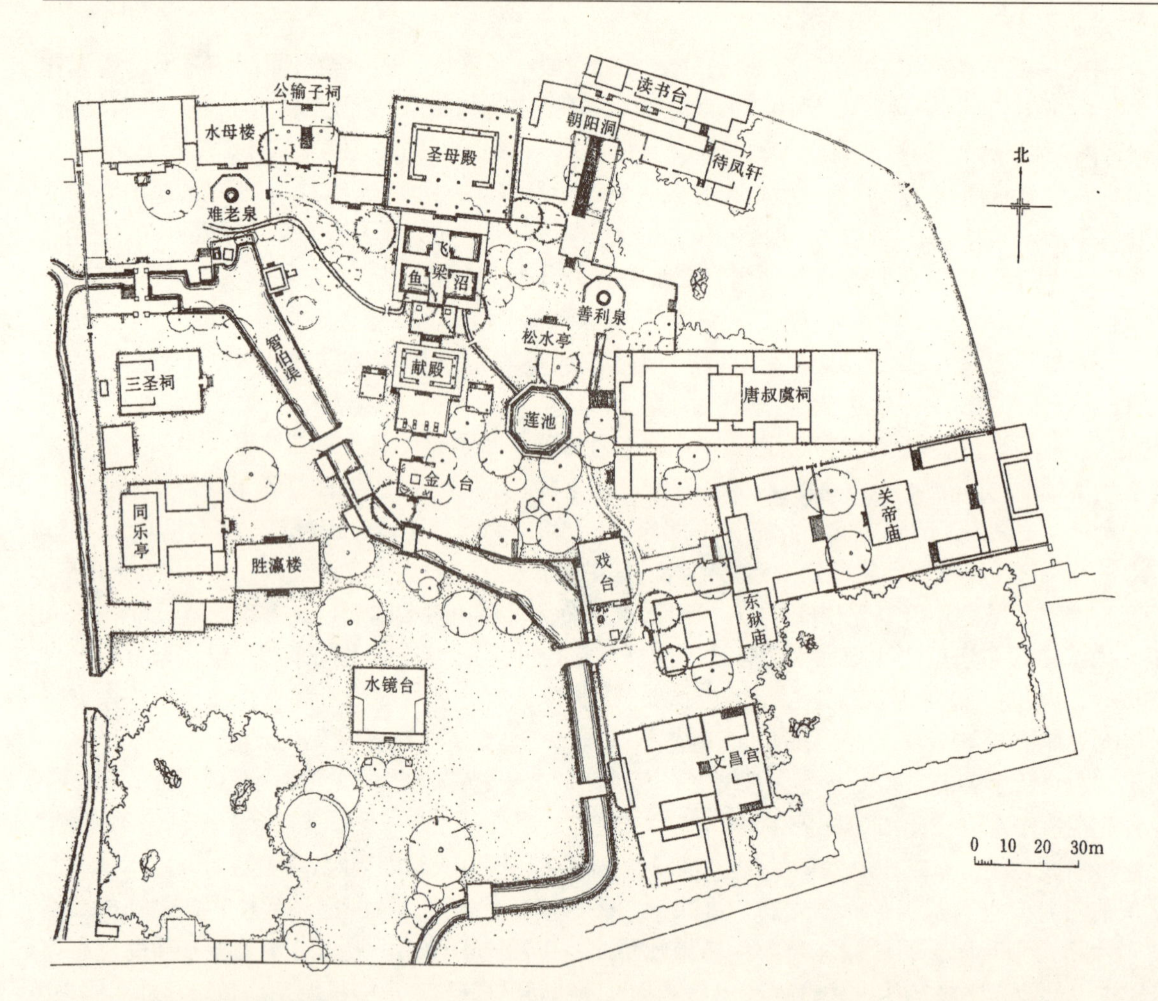

图 101 山西太原晋祠总平面图

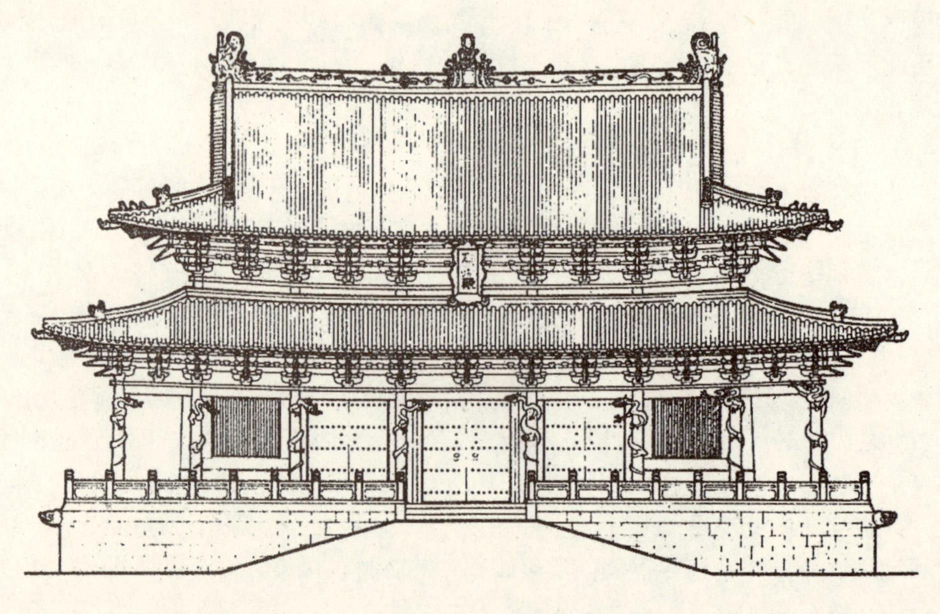

图 102 晋祠圣母殿立面

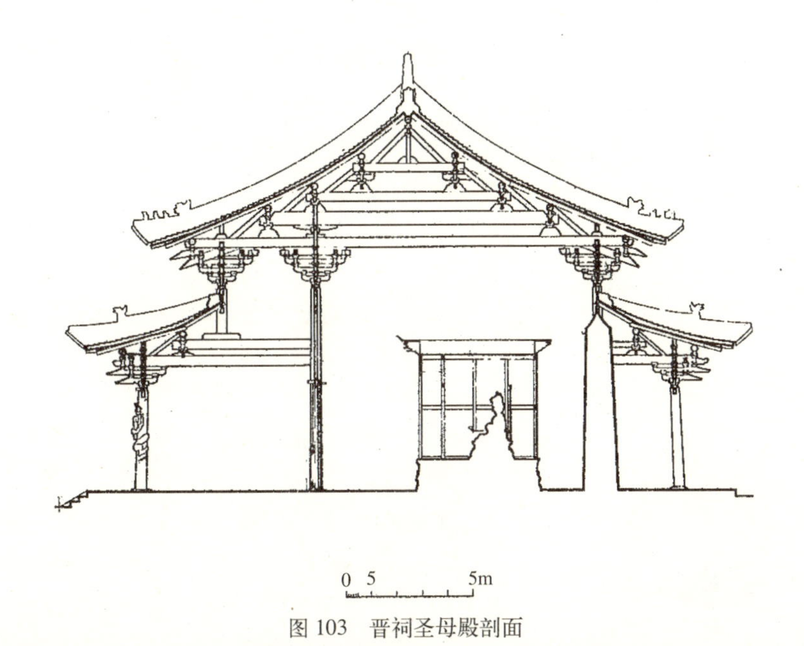

图 103　晋祠圣母殿剖面

南另有建于金代之献殿三间，及四隅置宋铸铁力神之“金人台”，皆为有价值之建筑历史文物。

汾阴后土祠图碑

后土祠在山西万荣县，建于北宋真宗景德三年（公元 1006 年），后于明季毁于水患。现遗有金熙宗天会十五年（公元 1137 年）所刻图碑，使今日得以对当时全貌有所了解。总平面依中轴线基本作对称式布置。入棂星门后，越门、殿四重即达祠中主殿坤柔殿，殿九间，重檐四坡顶，前置双阶。又以过殿与其后之寝殿相联，形成宋、金之际重要建筑采用所谓“工字殿”的形式。此主体部分周以庑廊，并以朵廊与大殿相接。祠环以高墙，并于四隅建角楼。

以上制式，并见于河南登封之《大金承安重修中岳庙图》碑（章宗承安五年，公元 1200 年刻）及河南济源之济渎庙，均为祭祀国内岳、渎之最高等级建筑，亟可供今后之研究与参考。

孔庙

位于山东曲阜县，于宋、金两代曾予屡修，惜再毁于明季。现庙中建筑仅少量建于明，其余大部皆为清构。惟其八座碑亭中，除明代四座以外，尚有金代及元代者各二座。

（六）陵墓

北宋除徽、钦二宗为金人所掳外，其余七帝八陵俱葬于河南巩县之嵩山北麓，并共成一区。其山陵之制大体仍袭汉、唐旧法。如永昭陵平面所示（图 104）：沿南神道向北，于两侧先置双阙二重，前阙称“鹊台”，后阙称“乳台”；再立华表柱；以后为石象生，有象、马、羊、虎、狮、瑞禽、文臣、武将、内侍、外国使节等。陵之神墙仍为方形，四面中央辟神门，四隅置角楼。南神门内有献殿，为祭祀之所。其后建陵台（或称灵台），居神墙内之中央，外观亦作覆斗形。而置棺椁之墓室——“皇堂”，即位于其下。

北宋帝陵与前代相较，其区别有：

1．山陵之营建始于皇帝驾崩之后，而非若汉、唐于即位之初，且入葬限于七阅月。以时间仓促，故规模亦小。

2．基于风水“五音姓利”之说，赵氏墓区必须南高北低。致使宋陵地面标高，由鹊台起至陵台逐渐下降。此种将陵墓主体之陵台置于最低位置之手法，与前代帝陵迥然相违。

3．自鹊台至北神墙间，是为陵之主体，称作“上宫”。另于其西北，置影殿、斋殿、庖厨、御库及有司、

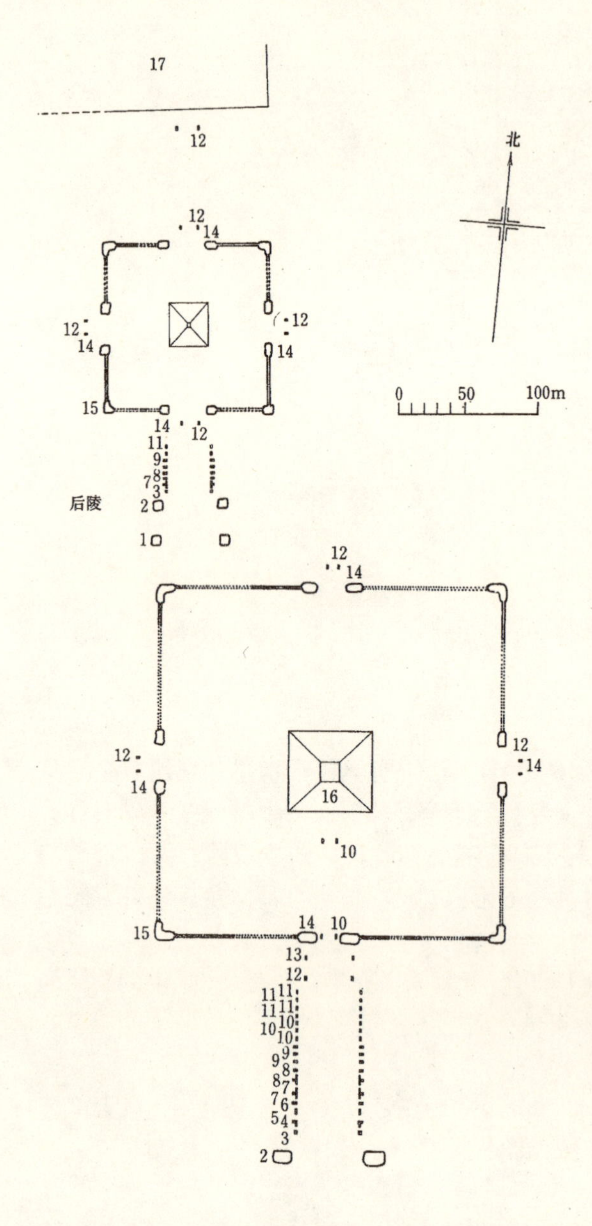

1. 鹊台　10. 侍臣
2. 乳台　11. 文臣
3. 石柱　12. 石狮
4. 石象　13. 武士
5. 飞马负图　14. 神门
6. 貌　15. 角阙
7. 石马　16. 陵台
8. 石虎　17. 建筑遗址
9. 石羊

图 104　河南巩县宋永昭陵平面

侍卫、宫人治事、起居房舍，合为“下宫”（因其位于“上宫”之下，故有斯名）。

4. 后陵位于帝陵之西北或北，形制雷同，但规模尺度差小。

南宋诸帝、后欲日后归葬中原，故皆暂厝于会稽（今浙江绍兴）。其陵形制甚为简单，前仅设献殿供祭祀，后建称“攒宫”之龟头屋以奉梓棺。恭帝德祐二年（公元1276年）元军入临安，帝降。尔后会稽诸陵均遭破坏，毁屋剖棺，遂至荡然无遗孑者。

一般之宋墓多系砖砌，平面以一室最常见，二室已属大墓，附耳室者绝少。墓室形状早期用方、圆，以后多边形甚流行。外观上极力模仿木建筑，尤以北宋中期以后为盛。此中之典型，可推河南禹县白沙镇之赵大翁墓[47]（图 108）。其入口之墓门以砖筑砌为门楼，隐出附门钉之版门、门框、五铺作斗栱、枋、椽及门檐等。前室呈矩形，壁面隐出八角形倚柱、阑额、普拍枋、斗栱、枋、直棂窗等，并绘有彩色壁画。后室平面六边形，其壁面处理亦大体同前，惟于后壁刻一半启槅扇门，有妇人自内引身作探首状（此式最早曾见于汉代墓中）。墓顶逐层上收如穹窿状。室内置凹形平面棺床，据遗骨知为夫妇合葬。此墓时间定为北宋晚季。

抗日战争时期于四川宜宾旧州坝发现之宋墓，则全为石构者[48]。此墓入口在北侧，平面为矩形单室。内部作厅堂式布置，除壁面隐出倚柱外，室内另置八角柱二列，每列二柱，柱间置曲梁、驼峰与绰幕枋等；柱头上仅施栌斗一枚。南壁凹入为龛，亦镌刻枋、柱如上述，另有半启门扉及探身妇人，一若白沙墓中所见者。

辽代帝王陵墓在今日内蒙古自治区巴林左、右旗及辽宁北镇一带。当时因陵而建奉陵邑，如太祖祖陵设祖州；太宗怀陵设怀州；世宗显陵置显州等等。陵又置守陵户，如圣宗之庆州永庆陵，有“蕃、汉守陵三千户”。世宗显陵在显州，“穆宗割渤海永丰县民为陵户，隶积庆宫”[49]。

诸陵依山而建，其形制史料记载甚少，仅述及若干殿堂。所云祖陵者有：“太祖陵凿山为殿，曰：明殿。殿南岭有膳堂，以备时祭。门曰：黑龙；东偏有圣踪殿，立碑述太祖游猎之事；殿东有楼，立碑以纪太祖创业之功。皆在州西五里”。而圣宗永庆陵有望仙殿、御容殿。穆宗祔葬于怀陵，建有凤凰殿。景宗之乾陵则有凝神殿及御容殿（后改玉殿）。抗日战争期间，日人曾对永庆陵进行发掘，得知部分情况。其前列双阁，进而为门殿，由此以庑廊绕为大庭，后为附月台之方形享殿。地宫分前、中、后三室。前、中室左、右各附耳室一，平面均作圆形，壁面隐出仿木建筑构件，并施有彩画。其中室四幅山水图，表现了春、夏、秋、冬四时“捺钵”之形象，甚为罕见。

就墓室数量与平面之变化而言，辽代之贵族及一般墓葬（图 105 ~ 107）大体与赵宋相若，但亦有其本身特点。

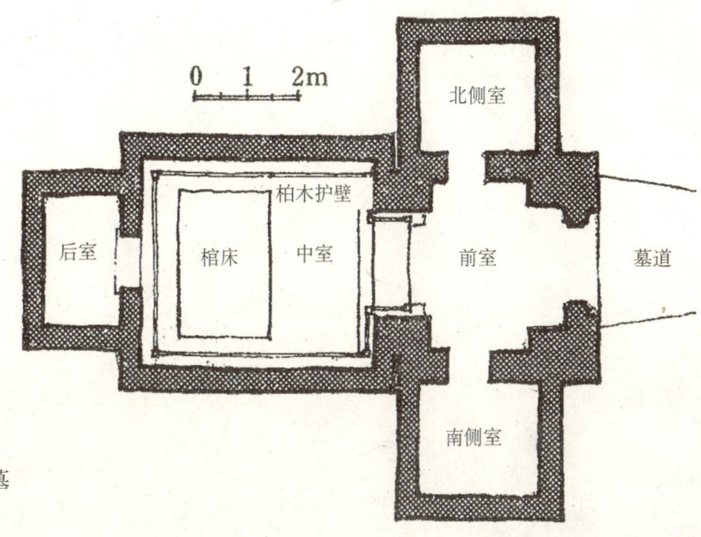

图 105　内蒙古赤峰大营子 1 号辽驸马墓
（《考古学报》1956 年第 3 期）

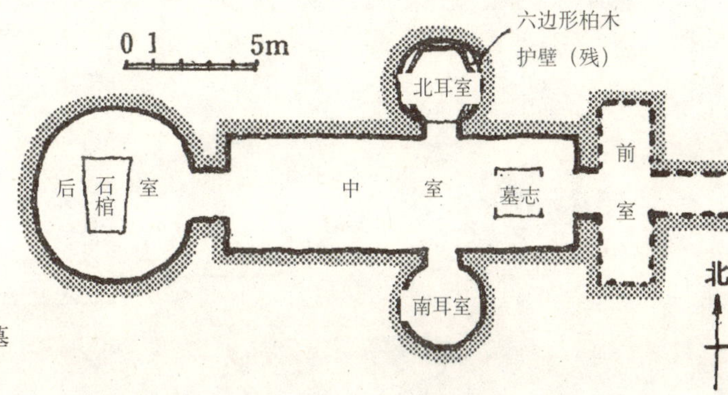

图 106　河北平泉县八王沟辽大长公主墓
（1045）（《考古》1962 年第 8 期）

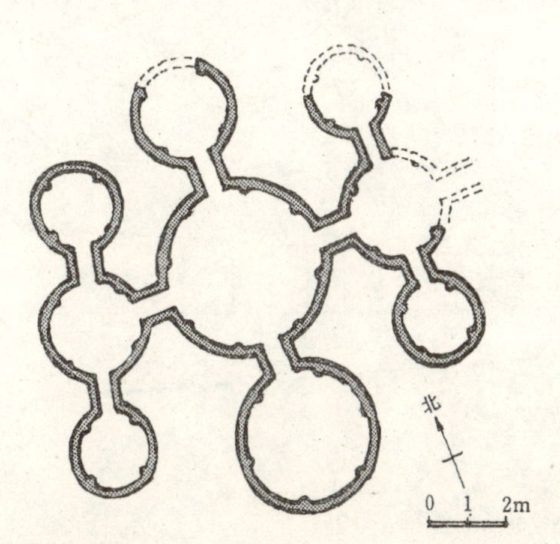

图 107　北京南郊辽赵德钧墓
（《考古》1962 年第 5 期）

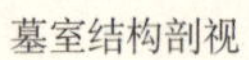
墓室结构剖视

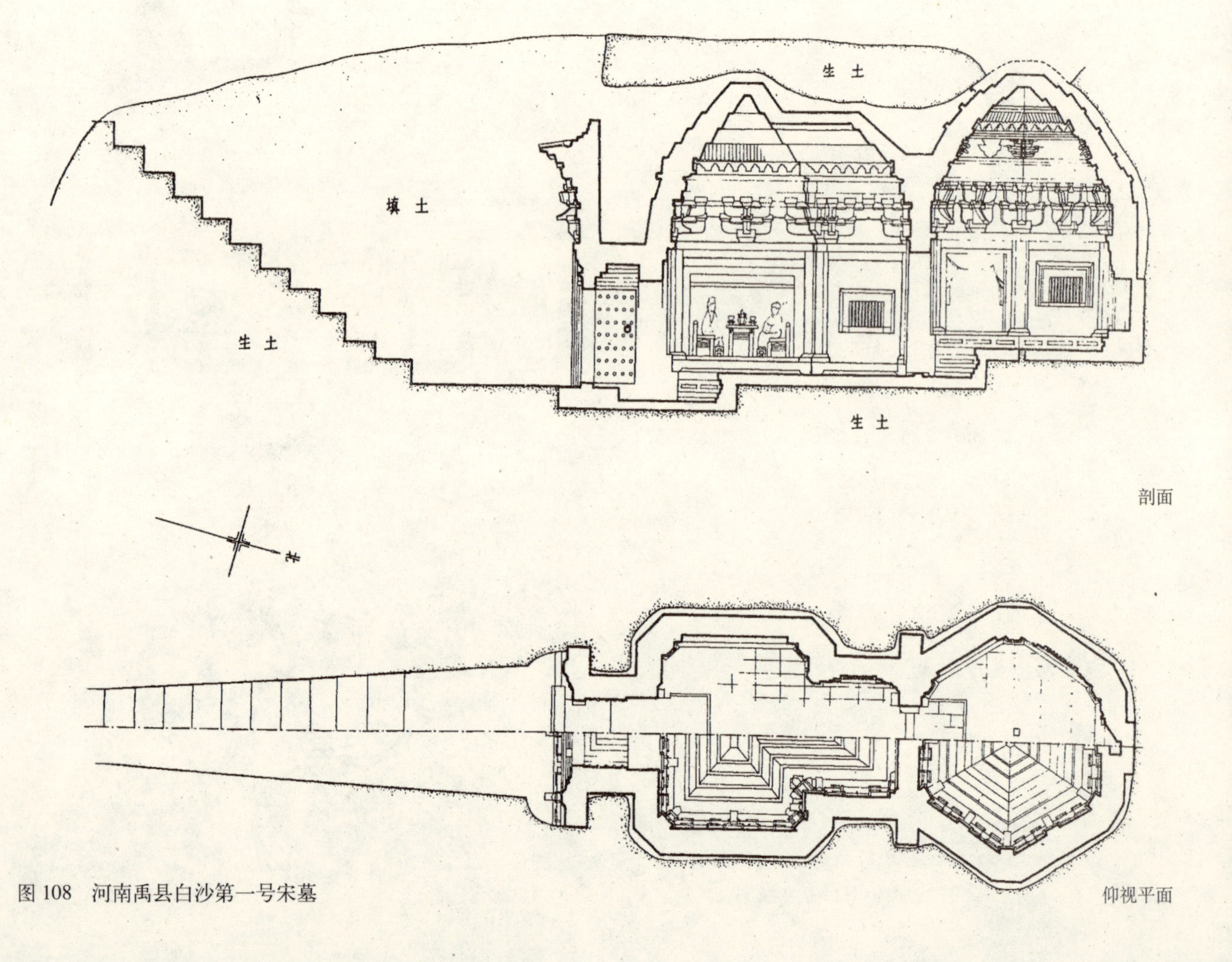

剖面

仰视平面

图 108 河南禹县白沙第一号宋墓

(1) 辽人崇日，故墓门多面东。

(2) 墓室内常以柏木为护壁。

史料有关金代陵寝之记载极少，太祖阿骨打葬上京（今黑龙江省阿城县白城子）宫城西南宁神殿。熙宗天会十三年（公元1135年）改葬和陵，皇统四年易名睿陵。海陵王贞元三年（公元1155年）迁葬于中都附近之大房山，陵名不改。太宗亦天会十三年葬和陵，皇统四年改称恭陵，贞元三年迁大房山，陵名仍旧。其后世宗葬兴陵。章宗葬道陵。宣宗葬德陵。均寥寥数语，不得其详。但由太祖崩后次月即入葬，以及其他诸帝之葬期未超过四阅月者，可知陵之规模及工程都不甚大。而太祖、太宗等陵一再迁移，亦表明当时陵制似未尽善也。

金代之一般墓葬，似受两宋影响甚多，规模制式，大致相仿。惟内部之饰刻更为华丽。如山西侯马牛村之董氏1号墓，建于卫绍王大安二年（公元1210年）。墓平面方形，单室，上收为八角藻井。虽规模不大，但内部以砖隐出或琢刻各种构件与细部，如须弥座、槅扇门、垂莲柱、华板、斗栱及天花、藻井等，无不异常精丽。其所使用之多类几何纹样及花木、人物形象，构图优美，比例匀称，俱被誉为一时之最。

（七）建筑技术及其他

1．木结构

作为中国传统建筑主要结构形式的抬梁式架构，此时期又得到若干发展。在高层建筑中使用“金厢斗底槽”式平面和在各楼层间增加暗层并施斜撑的措施，有效地提高了建筑结构的整体性能并克服了包括地震在内的水平外力的破坏，辽建之独乐寺观音阁与佛宫寺释迦塔均为明证。然此种结构形式是否即创于宋、辽，抑或于唐中叶以后，尚有待今后考证。但无论如何，此种“双套筒”式柱网究竟较之“中心柱”式结构要进步得多。此外，“减柱”和“移柱”的广泛使用，也促进了结构的进步和变化，即使有些不够成功的例子，但作为探索的经验还是难能可贵的。

木建筑的设计定型与构件标准化此时也得到确定，并以系统的法规形式，反映在北宋崇宁二年（公元1103年）颁布的《营造法式》中。但根据现有宋代木构遗物调查，其施行范围似未超越汴京的周围一带，而且也限于官式建筑。

2．砖石结构

由于砖石材料之结构特点日益为人们所认识，以及取材与加工技术的改进，此等建筑材料及其相应之结构已逐渐扩大到社会应用中来。以砖为例，除此时之墓室已大多采用砖砌体外，他若城墙、台基、佛塔亦复如此。其中尤以佛塔最为突出，无论长城内外，抑或大江南北，凡属两宋、辽、金之该类建筑，俱以砖砌为主。而应州佛宫寺释迦塔犹以木材构作叠柱重梁者，实属凤毛麟角。

石料之于建筑，如基台、踏跺、勾阑、楹柱等局部，乃至经幢、佛塔之整体，运用亦多。然工程繁浩与规模宏巨者，则莫过于津梁。其著名代表作，有北宋仁宗嘉祐四年（公元1059年）成于福建泉州之万安桥（亦名洛阳桥）。全桥架梁共四十七孔，“长三百六十五丈七尺，广一丈五尺，上为南、北、中三亭”[50]。另如金章宗明昌三年（公元1192年）于中都（今北京西南）所构之芦沟桥（原名广利桥），列券凡十一，全长266.5米，宽7.5米。其桥栏望柱一百四十，上刻形态各异之石狮四百余尊，尤蔚为壮观。

3．建筑著作

中国古代建筑历史悠久，其间名师迭出，杰作纷呈。然诸多章法巧思，尚未有总其成而传后世者。及北宋徽宗崇宁二年（公元1103年），将作少监李明仲所编之《营造法式》问世，乃有改观。此书共三十四卷，就释名、各作制度、功限、料例等予以说明，并附图以示各类大木架、大木构件、小木装修以及石刻与彩画形象。其中以“材”（即素枋）高作为衡量大木架各构件尺度之标准，尤为重要，故有“以材为祖”之语。此外，对若干当时流行的标准做法，如“举折”、“生起”、“侧脚”、“卷杀”、“收山”、“推山”

等，均有明确之规定。察其所述内容，系以官式建筑为出发，故言及建筑之制式、结构、装修等，莫不如是。而于施工、备料及工限方面，亦自大规模之工程着眼。是以该书实属皇家建筑之规范，核以调查实例，契合者仅汴京周围一带而已。虽此书有其局限性，然其编辑之成功，乃竟前人之所未为，复使后人得以系统了解当时官式建筑之梗概，是创不可磨灭之功绩。其于今日建筑史之研究，自具有重大之意义。

此外，北宋初年之名匠喻皓，著有《木经》一部，惜现已失传，仅存片段散见宋人笔记，若沈括《梦溪笔谈》然。

庚、元、明、清建筑

（一）社会概况

蒙古族居我国北部草原，以游牧为生。至其太祖铁木真（即成吉思汗）势力强盛，兵锋及于中亚。太宗窝阔台灭金攻宋，掩有淮河以北之地。宪宗蒙哥复大举南侵，后率兵攻四川合川钓鱼城，殁于城下。世祖忽必烈继其未竟之业，于至元八年（公元1271年）建国号大元。十三年陷临安，十六年最终灭宋，遂奄有中国。

蒙古统治者知统治中国，必须利用中国旧有制度。因此自太祖、太宗至世祖，用耶律楚材、姚枢、许衡、刘秉忠等谋策，建国号，制文字，倡佛道，尊孔子，又厘定各种制度律令。在社会经济方面，由于蒙古人不谙农业、手工业生产，又大量圈占耕地，横征赋税，以及实行残酷的民族压迫，致使社会生产遭受巨大破坏，经济长期处于停滞低潮。人民不堪在政治上和经济上的多重压迫，最后爆发了全国农民的大起义，遂导致元朝之覆灭。

元顺帝至正十六年（公元1356年），濠州人朱元璋据集庆路（今南京）称吴国公。后次第兼并陈友谅、张士诚，统一江淮、湖广之地。二十七年举兵北伐，并于次年（公元1368年）即帝位，国号大明，改元洪武。洪武二年八月，徐达统军破元大都，元帝率残部遁入沙漠，元亡。

朱元璋以“驱逐胡元，光复汉统”为口号取得政权，但为巩固其统治，无端大兴党祸，尤以蓝玉、胡惟庸二役最为惨烈。及至燕王举兵，对助惠帝者，亦予大肆杀戳斥贬，开国勋臣，至此殆尽。自永乐以降，始重用宦官，或置外为监军，或居内掌厂（东厂、西厂）、卫（锦衣卫），权势并倾重一时。其若刘瑾、王振、魏忠贤者，皆内中之巨佞。

明季农业及手工业生产，俱有所恢复与发展。对外交往亦因郑和等多次越海南下，增进了与南洋诸国的联系。终明之世，贡使与商贾往返不绝，同时也引起沿海广、闽工商业者大规模向国外移植。此外，与欧洲的贸易以及天主教士的来华，也引进了西洋的历法、艺术和科学，其中利玛窦、毕方济、汤若望等出力尤多。

当局政治腐败，人民役重税繁，天灾人祸频频，至明末愈加不可收拾。各地群雄举义，此起彼伏，其中尤以李自成、张献忠为最强大。及至崇祯十七年（公元1644年）三月，李自成入北京，思宗朱由检自缢煤山，明祚遂绝。

散居于白山黑水间之女真族，初以渔猎为主，其首领努尔哈赤，于明万历间逐渐统一各部。万历四十四年（公元1616年）建国号金。定年号：天命。以后不断与明朝发生战争，屡挫明师。天命十六年（公元1626年，明熹宗天启六年），努尔哈赤攻宁远受创死，尊号太祖。子皇太极嗣位，是为太宗。崇德元年（公元1636年）改国号为清。世祖顺治元年（公元1644年，明崇祯十七年）李自成义军入北京。明山海关守将吴三桂迎清兵入关，在降臣洪承畴、孔有道等导引下，很快击溃起义军，并消灭南明反抗，建立全国统治政权。

满清入关后，对内地统治阶级施行笼络。又沿袭若干明代制度、冠服，尊孔教，开科举，薄赋税。至康熙、乾隆二帝时国势尤昌，史称盛世。

宣宗道光二十年（公元 1840 年），爆发了与帝国主义间的第一次战争——鸦片战争。以后接踵而至的中法战争、八国联军与甲午战争，均迫使清廷签订不平等条约，丧权辱国，割地赔款，中国逐渐沦入半封建半殖民地地位，成为帝国主义列强瓜分目标。

中国封建社会的长期存在，使社会生产始终停滞在个体农业与手工工业水平，从而大大落后于当时的世界形势，而满清王朝犹昏瞶自大不思变革，更加激起国内民众义愤。宣统三年（公元 1911 年），革命党人在武昌起义，全国纷纷响应，迫使清帝退位。同时，也结束了长达两千四百余年的封建社会在中国的统治。

（二）城市

元宪宗蒙哥五年（公元 1255 年）命皇弟忽必烈居桓州东滦水北之龙岗（今内蒙古自治区正蓝旗闪电河北岸）。次年由刘秉忠相地筑城，三年乃就[51]。世祖即位，于中统元年（公元 1260 年）置为开平府。四年，升曰："上都"[52]。经解放前、后之发掘，知此城分为都城、皇城与宫城三部，平面均大体呈方形。皇城位于都城内之东南隅，并共其东墙及南墙之各一段；宫城则置于皇城中部偏北。都、皇城门均筑瓮城，皇城且施马面。城内道路皆走向南北与东西，布置井然有序，显经事先规划者。自京师南迁后，此城因系旧日皇都，故为元代诸帝常年屡幸，其中成宗、武宗且即位于此。顺帝至正十八年（公元 1358 年），刘福通起义军偏师陷上都，焚其宫阙、府署，城池残破，后遂无复再修。

世祖至元元年（公元 1264 年），改旧金燕京为中都。四年，又命刘秉忠于城之东北另建宫阙、城郭。九年，改称"大都"（图 109）。都城"方六十里，十一门。正南曰：丽正，正南之右曰：顺承，南之左曰：文明；北之东曰：安贞，北之西曰：健德；正东曰：崇仁，东之右曰：齐化，东之左曰：光熙；正西曰：和义，西之右曰：肃清，西之左曰：平则。海子在皇城之北，万寿山之阴，旧名积水潭，聚西北诸泉之

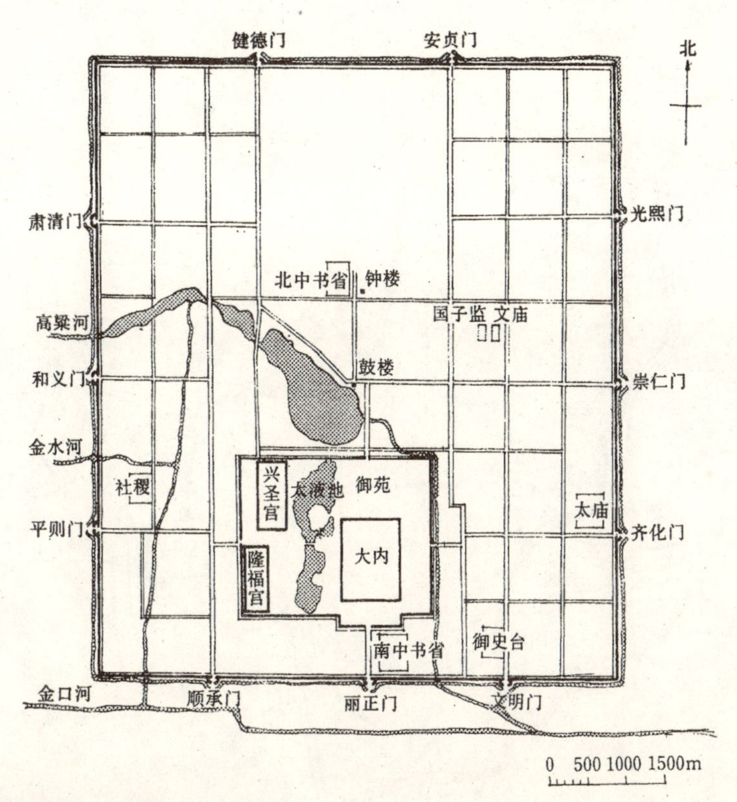

图 109　元大都复原平面图

水，流入都城，而汇于此，汪洋如海，都人因名焉”[53]。依解放前、后对大都之发掘调查，知都城平面呈南北稍长之矩形。而皇城则为东西较广之矩形，位于都城近南墙处，四面各辟一门。太庙与社稷分置于东、西都墙下，而非若传统之于皇城前。城内道路亦呈方格网状。又建钟楼及鼓楼于皇城之北，为前代帝都所未曾见者。后为明、清所沿袭。

朱元璋于元顺帝至正十六年下集庆路后，不久即改称应天府。至正二十六年（公元1366年）八月，因旧城市廛密集，“乃命刘基卜地，定作新宫于钟山之阳。在旧城东白下门之外二里，增筑新城。东北尽钟山之趾，延亘周围凡五十余里，尽据山川之胜焉”[54]。至正二十八年正月，朱元璋称帝，国号明，建元洪武。同年八月，以应天府为南京，开封为北京。洪武三年（公元1370年）正式建筑南京新墙，至六年六月城成，“周九十六里，门十有三”[55]。据现存明代城墙遗址，知平面为不规则形（图110），北临玄武湖，西面长江，南跨秦淮河，东接钟山。城门以南侧之聚宝门为京师正门，内设瓮城三重。往西依次为三山门、石城门、清凉门与定淮门。西北则有仪凤门、钟阜门及金川门。城北置神策门。东北辟太平门。东墙有朝阳门。至洪武二十三年（公元1390年），又建“京师外郭，周一百八十里，门十有六。曰：麒麟、仙鹤、桃坊、高桥、沧波、双桥、夹岗、上方、凤台、大驯象、大安德、小安德、江东、佛宁、上元、观音”[56]。

皇城平面方形，位于都城内东侧，辟门六：南门名洪武，有大道直达正阳门，其东有门称长安左，西称长安右；东门曰东华；西门曰西华；北门称玄武。宫城又在皇城内东偏，南正门为午门，左、右各有掖门；其他三面各置一门，称东安、西安、北安[57]。

都城中、南部为旧市区所在，街巷综错，人烟稠密。城西为丘陵，城北则置兵营。

洪武二年，徐达克元大都，以城北地旷人稀，不便防守，乃将原有北垣南移五华里。又改大都为北

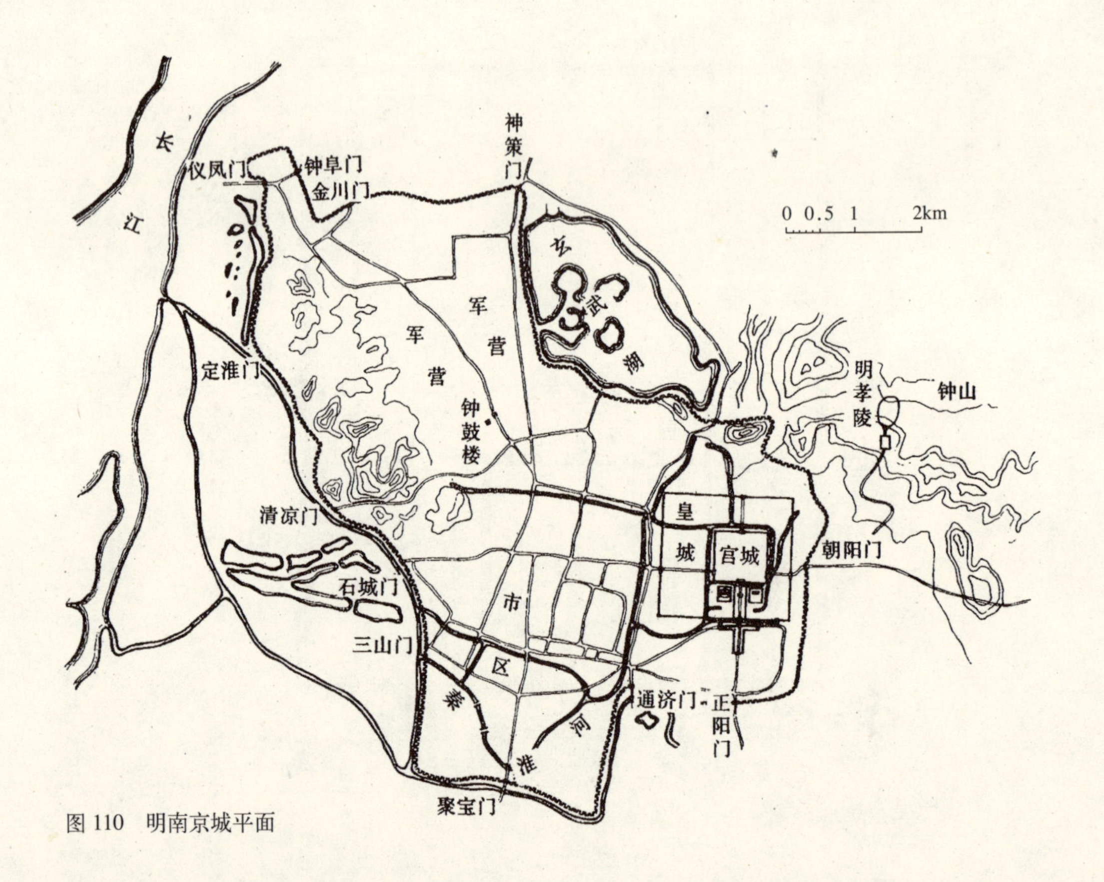

图110　明南京城平面

平府。时成祖为皇子，受命统兵屯此，及后践祚，遂有迁都之意。永乐元年（公元1403年）更名为北京。于十五年始修宫殿、坛庙，至十八年落成（1420年），同年冬正式北迁，改京师为南京，以北京为京师。其间为扩展皇城以南面积，又将都城南墙南移一里许。该城平面略呈扁方形，经解放后测量，东西6650米，南北5350米。南垣正门名正阳，左崇文门，右宣武门。东墙北为东直门（元崇仁门），南朝阳门（元齐化门）。西墙北为西直门（元和义门），南阜成门（元平则门）。北城东门称安定门，西称德胜门。皇城在京师中央略南，"周一十八里，有门六。正南曰：大明；东曰：东安，西曰：西安，北曰：北安；大明门东转曰：长安左，西转曰：长安右"[58]。宫城亦称紫禁城，周围六里一十六步。正门称承天门，东门东华，西门西华，北门玄武。

明中叶以后，都城正阳门外日趋繁荣，并有天坛、先农坛等皇家祭祀建筑。世宗嘉靖二十三年（公元1524年）又于京师南筑新城，"长二十八里，门七。正南曰：永定，南之左为左安，南之右为右安；东曰：广渠，东之北曰：东便；西曰：广宁（清代改称广安），西之北曰：西便"[59]。此种凸字形平面格局至清代犹因循未变（图111）。

各城门均置瓮城，沿城墙外壁施马面及护城河。城内并依元制设钟、鼓楼。

朱元璋祖籍金陵句容（今江苏句容县），其父母迁居濠州钟离（今安徽凤阳）。即位后屡思建都故土，而置诸地理、经济、军事条件于不顾。洪武二年（公元1369年）诏天下，"定临濠为中都，设留守司营城郭、宫殿如京师制"。四年建"圜丘、方丘、日月、社稷、山川坛及太庙"。次年又"定中都城基址，周围四十五里*。街二，南曰：顺城，北曰：子民。坊十六，在南街者八……在北街者亦八……"[60]。洪武六年，皇城砖垣成，周九里三十步。其午门，东、西华门，玄武门与角楼俱竣工。又建城濠及河桥。然凤阳地瘠人贫，虽竭天下人力物力予以经营，仍有不可逾越之困难。洪武八年四月，朱元璋亲临中都视察后，才不得不下诏停建。

明代地方城市及边关卫所经修建扩廓者，为数亦甚众多。其于我国北方平原一带之县级城市，平面常采用矩形，周以砖砌城墙，四面各辟一门。城内主干道即经此四门作十字形布置，并于城中之交会处建市楼一区。例如山西平遥、甘肃酒泉均如是。随着商业发展及居民衍繁，又有在城门之外另成新区者。至于我国南方城市，因地形及水面等限制，常采用带状或不规则形平面，如四川万县、浙江绍兴等。为防御倭寇侵扰，明季又在沿海建造若干海防城市，山东蓬莱即其中之一。该城于县治以北另建小城，中辟水面以停泊船只，并有水道可通大海。在边防要隘，又筑关城，其中最著名者如河北秦皇岛附近之山海关城及甘肃酒泉之嘉峪关城，皆以军事守备为主 。

清朝自顺治入关后，即沿明北京以为帝都，其皇城、宫城等均未予变更，仅稍加修整而已。

至于入关以前之都城盛京，原建于辽初，称沈州。后经金、元、明历朝屡修。清太祖努尔哈赤天命十年（公元1625年），自辽阳迁都于此，并加以改建。将原有四城门及十字形干道，改为八城门（每面二门）及井字形干道。依《大清一统志》及《盛京城阙图》，知南墙东门名德盛，西门名天祐；西墙南门曰：怀远，北门曰：外攘；北墙东门称福盛，西门称地载；东墙南门为抚近，北门为内治。太宗皇太极天聪间，又增扩城池，建女墙、垛口、城楼、角楼等。而盛京之名亦始于此。至康熙十九年（公元1680年），更建称为"关墙"的外城，并辟相应之关门八处。此种于都城每面置二门，内部干道呈井字形的布置手法，在我国历代都城中尚属罕见，亦为此城之最大特点。

*[整理者注]：《明史》卷四十 · 地理志 · 凤阳府载："周五十里四百四十三步。立门九，正南曰：洪武，南之左曰：南左甲第，右曰：前右甲第；北之东曰：北左甲第，西曰：后右甲第；正东曰：独山，东之左曰：长春，右曰：朝阳；正西曰：涂山"。

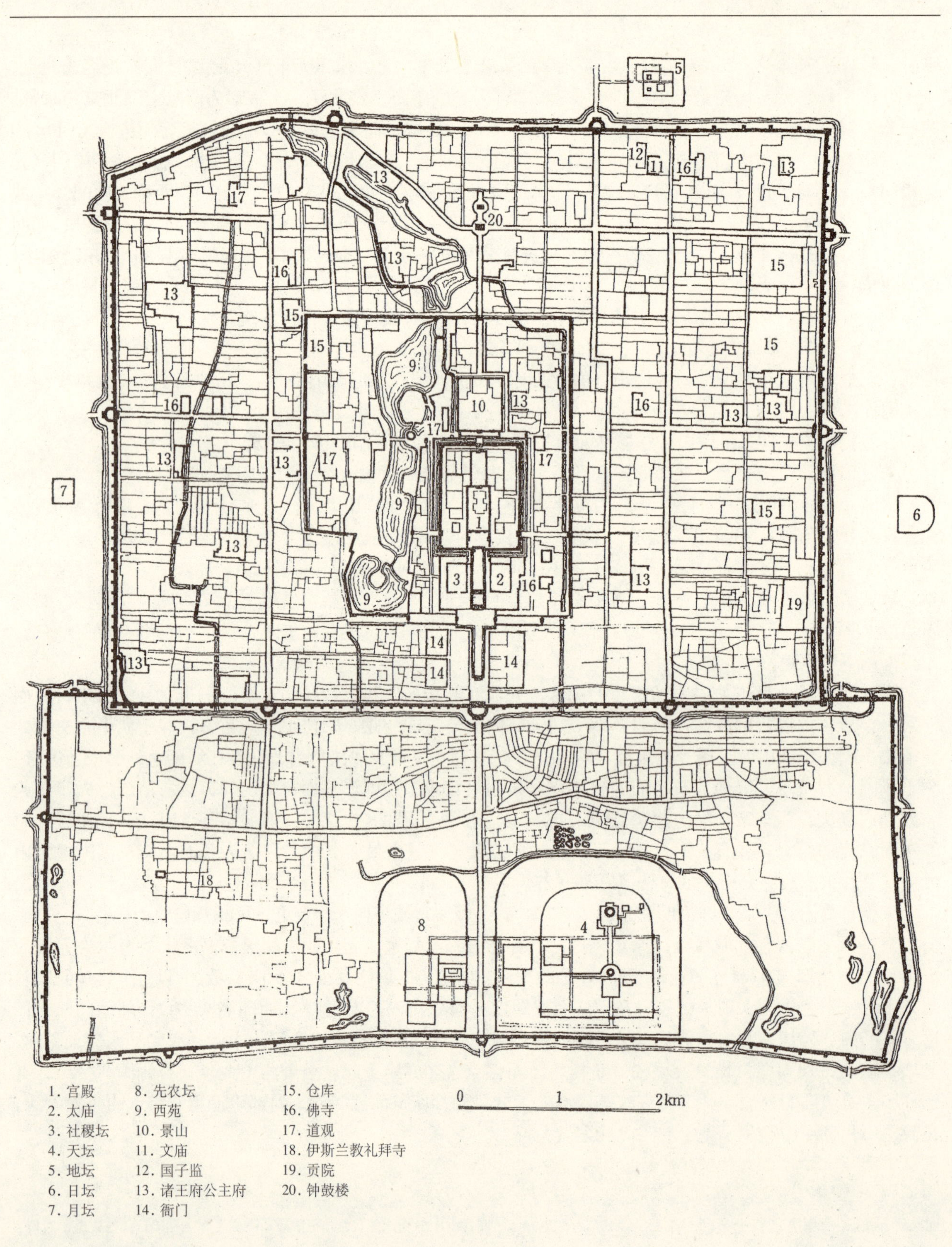

图 111 明、清北京平面图

（三）宫殿、苑囿

元代宫室可以大都为例。其皇城内布置有相对独立之宫殿三区，平面均为矩形，各筑宫垣环绕。东侧一区称大内，为元帝、后所居，周匝九里三十步，建于世祖忽必烈至元九年（公元1272年）。南垣三门，正门为崇天门，平面作冂形；其左有星拱门，右有云从门。东、西、北垣各辟一门，名曰：东华、西华、厚载。沿大内之南北中轴线，列有宫室二组。南组主要建筑有大明门、大明殿、文思殿、紫檀殿、宝云殿等。其中大明殿为朝廷正衙，凡登基、上尊号、元旦、祝寿、朝会皆典仪于此。殿面阔十一间，后有寝殿及香阁。北组主要建筑有延春门、延春阁、慈福殿、明仁殿等。延春阁面阔九间，为三檐之重屋，显系此组建筑中之主体，后亦附寝殿及香阁，当为后宫之正寝所在。大内之西有隆福宫，有光天门、光天殿、寿昌殿、嘉禧殿、文德殿、翥凤楼等，均用以居太后者。兴圣宫在皇城西北隅，隆福宫之后，即太子宫。有兴圣门、兴圣殿、凝晖楼、延颢楼、嘉德殿、宝慈殿等。其北另有妃嫔院四。此外，史文中又有棕毛殿、鹿（盝）顶殿、维吾儿殿等建筑，当系蒙古固有或传自西域、中亚者。

苑囿之于大都皇城中者有三处：一在大内之北，称御苑。一在隆福宫西，称西御苑。另一在大内与隆福、兴圣宫间，以大面积之太液池水面为主，间以岛屿及津梁。此地原为金代离宫，元时予以扩郭，建有白玉石桥、仪天殿、广寒殿、玉殿、仁智殿及亭轩多座。其见于《元史》记载者，如至元元年修琼华岛，二年建广寒殿，四年作玉殿，均早于十一年建成之大内宫阙。此外，元帝屡命帝师及西僧举行大型佛事，亦多有在万寿山者。可见此时元代宫苑之功能，已不仅局限于宴饮、游息。

明代南京宫殿。早年仅依旧元衙署。及至正二十六年（公元1366年）拓建城池时，乃作新宫于钟山之西南。时太祖颇尚简朴，“典营缮者以宫室图来进，上见其有雕琢奇丽者，即去之……”[61]。次年（即吴元年，或至正二十七年）九月，新宫落成。宫在皇城内，前有奉天门，门内为正殿奉天殿，左、右建文楼、武楼；殿后再建华盖、谨身二殿，均绕以廊庑。谨身殿北为后宫，有乾清、坤宁等六宫，供帝后、嫔妃所居。洪武八年九月，诏“改建大内宫殿”，至十年十月工成。其“制度皆如旧而稍加增益，规模益宏壮矣”[62]。而太祖亦以“宫殿新成，制度不侈，甚喜”。然经永乐靖难以至清末近六百年之变乱，明南京宫殿除午门基台大部尚存以外，其余俱已夷为白地，无复睹其昔日壮丽矣。

明季北京之宫殿，始建于成祖永乐五年（公元1407年），成于十八年冬（1420年），其规制悉如南京而瑰伟有加。以后虽局部有所增补，但未予大改。惟奉天、华盖、谨身三大殿曾于永乐十九年（公元1421年），嘉靖二十六年（公元1547年）及万历二十五年（公元1597年）不慎于火。而乾清、清宁、坤宁、慈宁、仁寿等宫与大内其他门殿之被焚者，亦屡见于史载。由此可知，终明之季，北京大内诸多殿阁门庑已非原构，其于结构与外观上形成若干差异，自在意中耳。

元末天下纷扰，民不堪命。明太祖与马后皆出于乱世，故国初力倡撙节。宫殿无取华奢，亦未闻有大起苑囿者。成祖北迁，拆蒙元旧殿更建新宫，而于太液池、琼华岛之御苑，则仍予保留，是为日后之北、中、南三海，时称西苑。宣宗宣德时，曾修琼华岛及广寒、清暑二殿，并命臣下选录书籍，置其中以备御览[63]。英宗天顺初，复于苑内新起若干殿亭、轩馆，其临太液池之滨者，有行殿三所：池东殿曰：凝和，池西曰：迎翠；池西南曰：太素，其与众不同者，为缮草而涂垩。并皆置殿门，各如其名。另建亭六，曰：飞香、拥翠、澄波、岁寒、会景、映晖。轩一，曰：远辄。馆一，曰：保和[64]。是为明季大规模修治此苑之最早纪录。世宗嘉靖十三年（公元1534年）又大建西苑河东亭榭，帝且亲为定额，“天鹅房北曰：飞靄亭，迎翠殿前曰：浮香亭，宝月亭前曰：秋晖亭，昭和殿前曰：澄渊亭，后曰：趯台坡，临漪亭前曰：水云榭。西苑门外二亭曰：左临海亭，右临海亭。北闸口曰：涌玉亭。河之东曰：聚景亭，改吕梁洪之亭曰：吕梁，前曰：金亭。翠玉馆前曰：撷秀亭”[65]。此外，苑中尚有成祖之旧居永寿宫，系改自故元宫殿者。后易称万寿宫，世宗自嘉靖二十一年（公元1542年）起，即由大内移居于此。再依诸帝之《实录》，载宪宗成化间曾屡阅武臣骑射于苑中，武宗又建土谷祇、先农坛，以及世宗张皇后亲蚕西苑等史实，可知该苑之应用范围甚为广泛也。

距北京城南二十里南海子，内有按鹰台等胜景，明时亦置为御苑。成祖永乐十二年（公元 1414 年），即曾予以增扩，“周围凡一万八千六百六十丈”[66]。宣德以来，屡诏谕修其行殿、墙垣，与夫行道、津梁。武宗正德间，帝于岁首大祀天地后，数御幸攸猎于此苑中，亦为一时之盛事。

清太祖努尔哈赤迁都盛京（今沈阳），依东京（辽阳）宫八角殿制式，建大政殿于斯，而规模稍巨，并置十王亭分列于殿南两侧。此乃目前沈阳清故宫东区之建筑，惟经太宗以下屡修。太宗皇太极即位，于大政殿西另建宫殿一区，亦沿中轴线作对称布置。宫门称大清门，外临照壁，左、右建朝房、乐亭、牌坊等。宫内主殿称崇政殿，两侧附挟殿，又有东、西侧殿等。往北为后宫，建于高台之上，入口建筑名凤凰楼。寝宫称清宁宫。左、右各有次要宫室两座。乾隆年间更于其外再建称为东宫、西宫之建筑二组。位于西宫以西之文溯阁，建于乾隆四十六年（公元 1781 年），以藏《四库全书》。阁南有嘉乐堂，是为御用舞台。

清室入关后，即沿用明代北京之宫殿，前后凡二百余年，直至祚绝而终无大改。宫城称紫禁城，平面为东西宽 750 米，南北长 960 米之矩形（图 112）。周以高约 10 米之砖垣，四隅建曲尺形平面角楼，墙外更置宽 52 米之护城河。宫城内大致可分为朝廷与后宫两大区。主要建筑均布置在中轴线上，如午门、前三殿（太和、中和、保和）（图 113），后三殿（乾清、交泰、坤宁）、御花园及神武门等。其余若东、西六宫，供太后 、皇子起居宫室，以及文华殿、武英殿与内府署、库、房舍等，均配置于两侧及后部。全部建筑面积约十五万平方米，殿、门、厅、舍大小近万间，为我国现存最大的建筑群体，于世界而言，亦称独步。然此伟大建筑，仅于清帝逊位离宫后方渐为世人所知。现仅就最具代表性之建筑实例，予以介绍。

午门

为宫城南墙正门，平面呈凹形，显然继承唐长安大明宫含元殿及北宋汴京大内宣德楼风范。高 35 米，下为砖砌城台，辟门洞五孔以为交通。上建九开间重檐庑殿门楼，两翼各建每面五间重檐攒尖方阁二座及相联之廊屋十三间，均以黄琉璃覆顶，衬以红墙及白玉石栏杆，外观甚为壮伟华丽。

太和门

由午门北经置有内五龙桥之广庭，即达此面阔九间、重檐歇山之门殿。殿下白石须弥座一层，前、后踏跺各三道。门之左、右，均有掖门五间，东曰：昭德，西曰：贞度。太和门就其形制规模，国内现存门殿未有出其右者。

太和殿

与太和门隔广庭相对，为宫中最庞巨建筑。矗立于高八米之三层白石须弥座上，前附广阔月台。殿面阔十一间，进深五间，重檐庑殿顶（图 114）。东西展延约 74 米，南北 37 米，高 27 米，面积达两千七百余平方米，居国内诸殿之首。此殿始建于明永乐十八年（公元 1420 年），原面阔九间，后多次毁于火。明初称奉天殿，后改称皇极，太和之名乃肇于清顺治二年（公元 1645 年）。康熙三十一年（公元 1692 年）将此殿面阔扩为十一间。殿内华柱林立，其中央六柱尤为宏巨，直径达一米，傅以沥粉贴金之盘龙图案。而清帝御座即置此六柱之间。座上藻井饰以二龙戏珠，益增堂皇富丽。其所施斗栱，上檐为单翘三昂九踩，下檐为单翘重昂七踩。枋、梁彩画俱用金龙和玺。屋面铺黄琉璃瓦，屋角戗兽施十有一枚。凡此种种，皆属当时建筑之最高等级者。有清一代，凡皇帝登基、元旦朝会及诸多大典均在此举行，是为大朝之所在。

中和殿

在太和殿后，为每面五间之方形建筑，单檐攒尖顶。斗栱单翘重昂七踩。清帝于大朝会前，常接见近臣于此。就规制而言，此殿乃居前三殿中之末位，然其建造于顺治三年后未有大改，又为三殿中留存清初旧貌最多者。

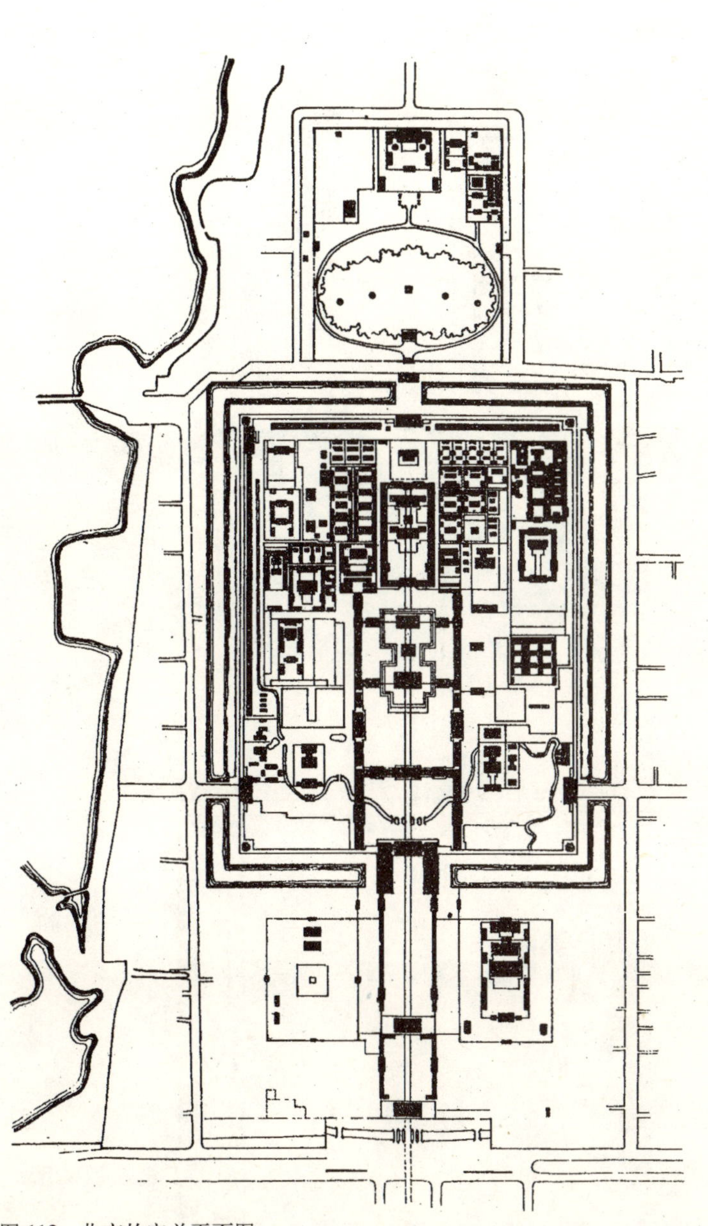
图 112　北京故宫总平面图

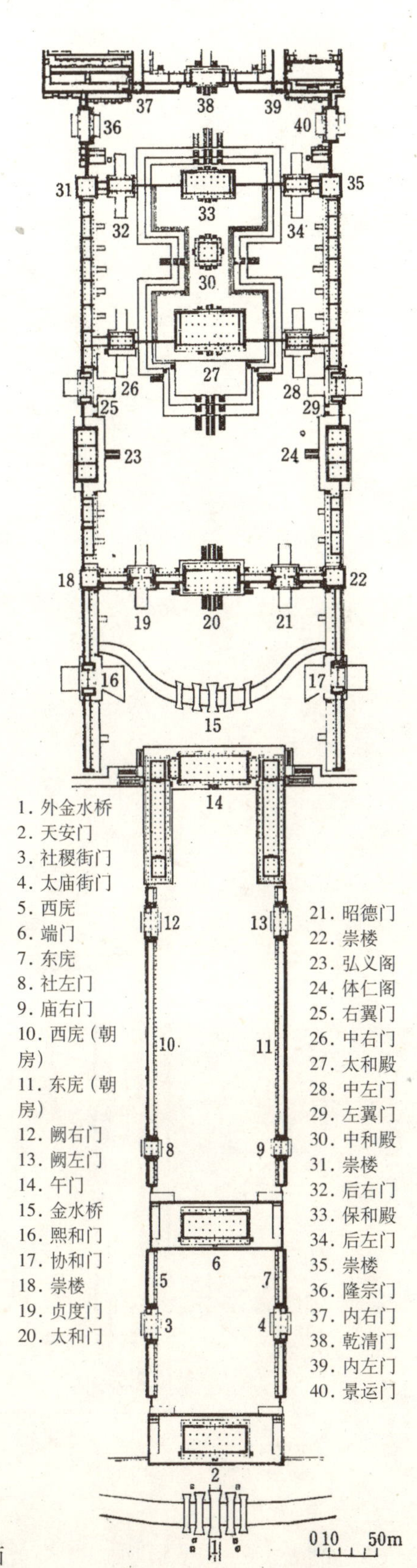

图 113　北京故宫外三殿平面

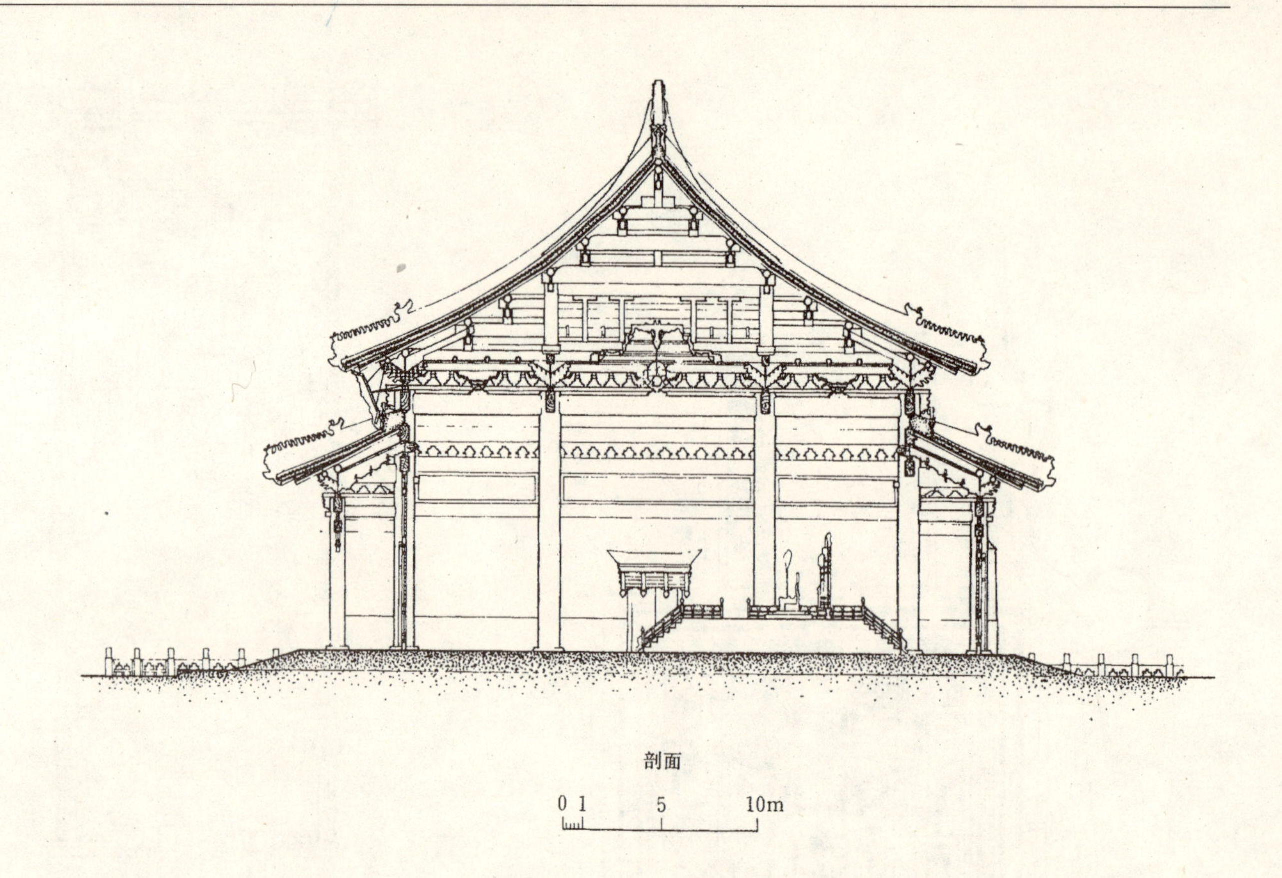

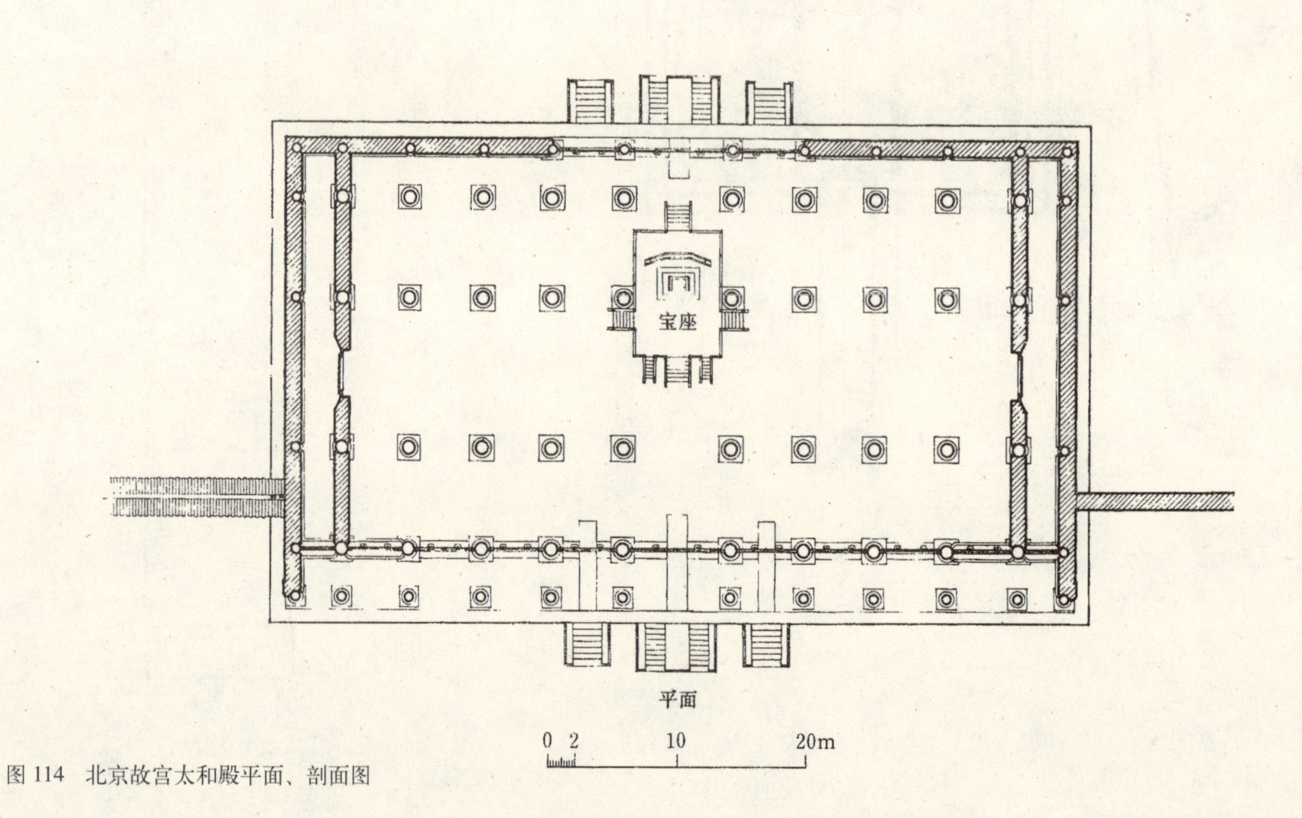

图 114 北京故宫太和殿平面、剖面图

保和殿

位于中和殿北，面阔九间，进深五间，重檐歇山顶。斗栱上檐单翘重昂七踩，下檐重昂五踩。现殿重修于乾隆间，但仍保留若干明以来之木架构。此殿常用于宫廷宴饮及殿试进士。其北即后宫正门乾清门。

乾清宫

在后三殿之最南，实为面阔九间，进深五间之大殿，重檐庑殿顶，为清帝之寝宫。始建于顺治十二年（公元1655年），后毁，重建于嘉庆二年（公元1797年）。该殿又为清帝处理日常政务之地。清末并在此接见外国使节。

交泰殿

位于乾清宫后，为一面阔仅三间之方形小殿，单檐攒尖顶。清季作为内廷之小礼堂。乾隆时置玉玺二十五方于此。殿中又有计时铜漏及大自鸣钟等。

坤宁宫

居后三殿之末，其开间、进深与屋盖形式俱与乾清宫同，是为清后之寝宫。殿之西偏有室，供帝后大婚用。另有祭神之所。宫后之坤宁门可通御花囿。

养心殿

在乾清宫西庑外，以殿堂数所自成一区，为清雍正以后诸帝日常起居及处理政务之地。而重臣所领之军机处，即在其左近。

文渊阁

为乾隆帝所建以度《四库全书》之七阁之一。位于太和殿东庑外东南隅，亦即文华殿之北端。建筑制式大体仿浙江宁波之天一阁，外观二层，面阔六间，盖依《易经》："天一生水，地六成之"之义。惟屋面用歇山而非硬山。在构造上，于底层与楼层间增加一暗层，故内部实为三层。

宫中其他可介绍之建筑尚多，因篇幅有限，故未能详述。

北京宫殿之宏伟壮丽，殆已举世闻名而无疑义矣。然其中之策划实施，亦有数端甚可注意者。如宫城之中轴线，适与都城之中轴线相叠，并成为后者不可分割之一部分。其与汉、唐迄元诸朝帝都相较，未有整齐划一与端庄突出若此例者。再就宫殿本身而言，不但分区明确，且能突出以前三殿为中心之一组建筑，以作为整个建筑群体之重心。而在此三殿中，又侧重于太和一殿。无论自其位置、体量、建筑技术或建筑艺术之处理，都达到了当时宣扬皇权至上的物质与精神要求。而宫中之建筑，究其单体与单体、单体与群体、群体与群体间，在空间、形体、色彩等方面，均能形成良好对比与和谐统一，对于体量至为庞巨之建筑群，能取得如此效果，尤为难得。其余之具体手法，如各建筑群体间夹道之运用（一若江南民居大宅之"备弄"），以及整个宫殿下水道之处理，皆可称别具慧心之善举。

清代之皇家苑囿，于康熙、乾隆时又兴起一个高潮。宫中小型园林，若坤宁宫后之御花园，虽堆砌假山，植以花木，然建筑较密，又少水面，缺乏自然气息。宫北之景山（明时称煤山），与后廷仅一街之隔，虽有若干土石丘岗与林木、亭榭之属，然其建筑布署多采用对称式样，颇欠活泼生动。又因面积有限，未能形成特殊景观，极目所观，惟周旁宫阙与市廛而已。

西苑在紫禁城西，金、元时已大有兴筑，明、清仍为御苑。此苑以水面为主，有北、中、南海，故称"三海"。其中尤以北海（图115）一区之景物最佳。苑中高处为在北海中之琼华岛，上积土为山，高可三十余米。清初于山巅建白喇嘛塔，山腰建永安寺。岛南置拱桥直抵团城，岛西亦有平桥与岸相通。沿岛之北岸临水为廊殿，逶延近300米，手法与颐和园万寿山下长廊颇类。北海之西北隅，有佛教建筑若干，如万佛楼、小西天等。稍东砌琉璃九龙壁，色彩鲜丽，颇为壮观。滨湖跨水为方亭五座，缀以曲桥，名曰：五龙亭。南岸之团城，平面作圆形，又周以砖垣，故有是名。主建筑承光殿位于中央，平面方形而四面出抱厦，

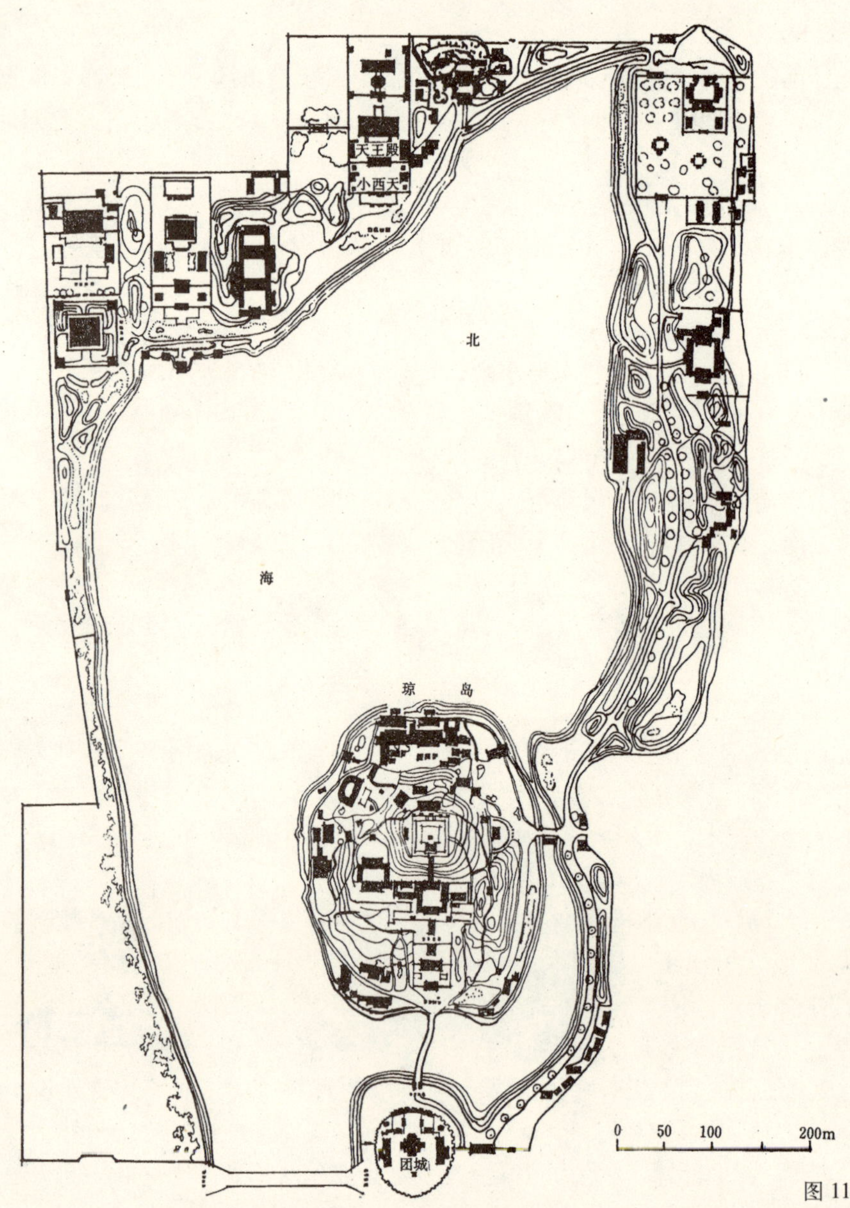

图 115 北京北海平面图

较为特殊。殿中供有玉佛。中海及南海沿岸地势较平坦，景物以建筑及树木为主。其可述者惟南海之瀛台，亦为此区中心。本身为一小岛，四面环水，境地极为幽静。清末慈禧太后曾一度幽禁光绪帝于此。

清代皇家苑囿之最著名者，当推位于北京西北郊之圆明、长春、万春三园，三者毗邻而联为一体，其中以圆明园为最大，面积较其他二园之和犹有过之，而园中景物亦盛，正式命名者，有四十处之多。依现知苑中建筑单体与组群之数，于圆明园者达九十处，长春园二十八处，万春园二十七处。此苑始建于雍正之初，然大成于乾隆之世。除中国传统园林建筑外，复延西洋建筑师仿建欧洲巴洛克式建筑于园中。后乾隆数度南巡，见天下名园胜景中式者，咸仿写图形，移建园内。如圆明园中安澜园，系仿海宁陈氏隅园；文源阁则依宁波范氏天一阁；三潭印月、雷峰夕照、平湖秋月诸景，均得自西湖。长春园中如园，蓝本出于江宁藩署之瞻园，亦明中山王徐氏旧园也；狮子林乃方之苏州黄氏涉园等等，可谓不胜枚举。苑中无大丘壑，仅若干土岗野坂。然水面几占三分之一，或分或聚，迂曲潆绕，若江南之水乡然。

其中尤以圆明园东区福海之水面辽阔开旷，居诸景之冠。海中聚土成小岛，称“蓬岛瑶台”，亦为园中佳处。建筑于苑中所占比例甚大，为避免单调，力求平面与立面之变化，如“万方安和”平面为卍形，“清夏斋”工字形，“湛翠轩”曲尺形，“天临海镜亭”十字形，“澹泊宁静”田字形等等。屋盖则多用单檐之卷棚式样，俾与正规之宫室建筑有所区别。此苑历盛清数十年之兴筑，其规模宏阔与建置华丽，于当时举世无俦，故被外人誉为“万园之园”。咸丰十年（公元 1860 年）英、法联军陷北京，此苑经劫焚后部分被毁，后虽有意恢复，然终清之时未能再举。尔后园中建筑及设施与残余砖木、瓦石陆续为人所盗取，以致大部遗址亦不可复辨矣。

北京附近保存较完好之大型清代园苑，现仅余颐和园（图 117）一处。此园在城之西北郊，距城约十公里。于元代称“瓮山泊”，水北有高约 60 米之瓮山，均为当时风景胜地。明代名“西湖”，周旁建有寺院及诸阉臣宅第。清乾隆十五年（公元 1750 年）建为清漪园，浚湖筑堤。又为庆太后六十寿诞，起大报恩延寿寺于山巅，改山曰：万寿山，湖曰：昆明湖，园乃大具规模。及圆明三园毁于侵略军而恢复不易，太后慈禧乃于光绪十四年（公元 1888 年）挪建海军款白银 60 万两，大肆兴构增筑，至二十二年落成，并改名“颐和”。园中大致可划为二区：北区依万寿山为中心（图 116），南区则以占全园面积约 3/4 之昆明湖为主体。苑之主要入口在东北隅，称东宫门。自此西至仁寿殿，为清帝听政之宫廷所在，建筑均依中轴线作四合院布置。以北有德和园，为皇室观剧舞台。再西缘岸构作行廊，凡二百七十三间，长 728 米。廊北居中有排云殿，为此处重点建筑。其北之佛香阁位于山巅，八角四层，高 38 米，居全园之最高处。据此可俯览远近风景。山北坡有喇嘛寺院——须弥灵境庙一区，现毁。山下引长河如带，称后湖。原临水建有街道与市廛，系仿苏州至虎丘之十里长街者，现均不存。山西水畔置有石舫及船坞。东北则

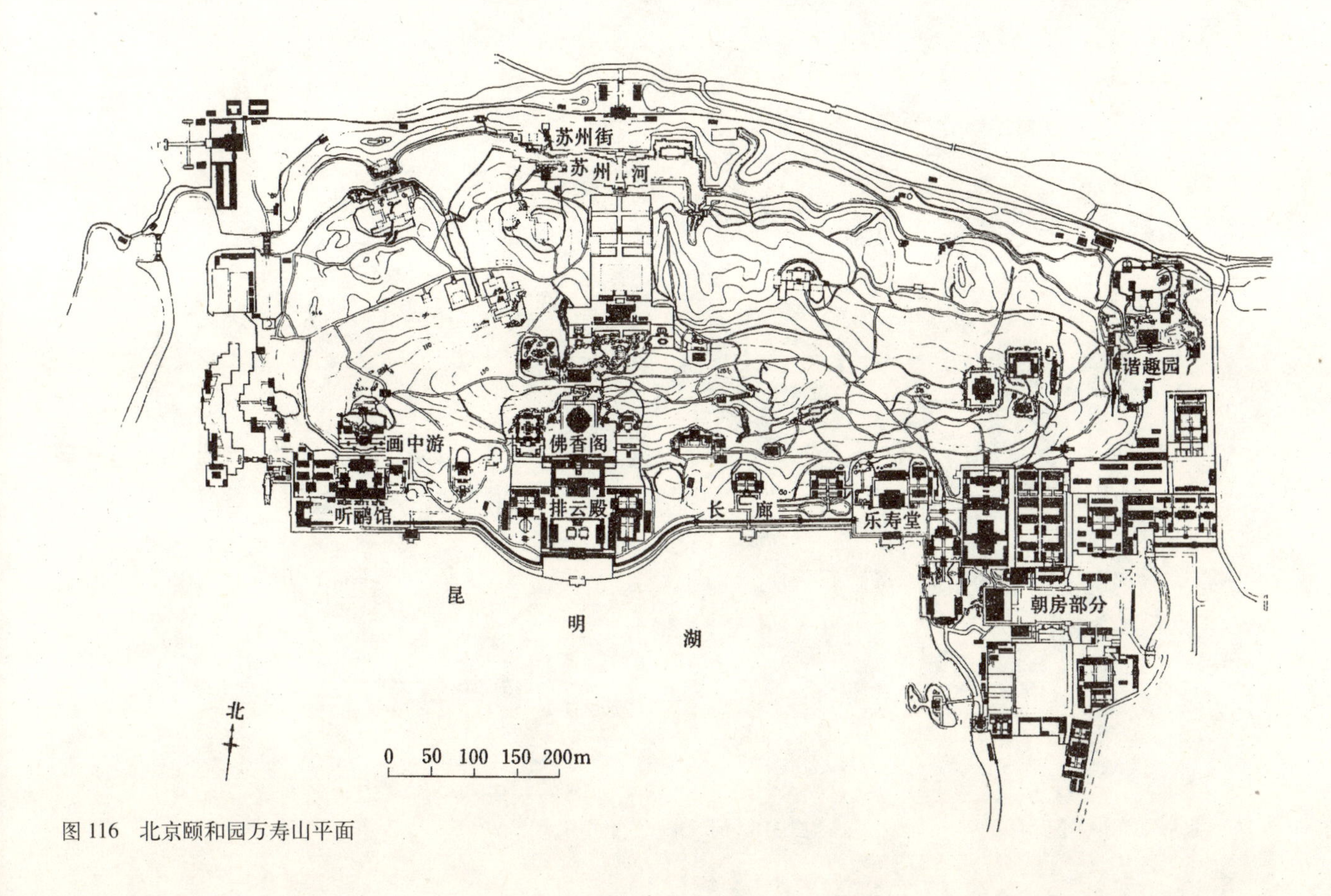

图 116　北京颐和园万寿山平面

另建小园一区，名谐趣园，其中山池、建筑，玲珑剔透，系仿无锡寄畅园手法。昆明湖中小岛名龙王岛，上建殿宇若干，与万寿山适为对景。又以十七孔白石拱桥联络东岸，桥长150米，宽8米，造型亦甚优美。自湖西筑长堤逶延穿波，上建不同形状桥梁六座，并沿堤植柳。此为模仿杭州西湖之苏堤者，且位置在坤，故名：西堤（图117）。

位于前热河省（今河北省一部）承德之避暑山庄（图118），为清室建于关外之著名苑囿。该处于清初已建行宫，康熙四十年（公元1701年）始大加扩廓。石垣周围二十华里，苑内4/5为山地，仅1/5为平地与水面。行宫置于南端，正门曰：丽正。入内为朝廷所在，正殿匾曰："澹泊敬诚"，殿面阔九间，单檐卷棚歇山顶。全部木结构采用楠木，故又称楠木殿。另有殿堂如"烟波致爽"与"万壑松风"，为帝寝所在。"松鹤斋"以居太后、嫔妃。"纪恩堂"及"鉴始斋"系皇帝治事、读书之处。又有"清音阁"专供观剧。原东侧尚有东宫，现久毁无存。苑之东南一区，地势低平而多池沼水道，故亦为景点集中之处。建有水心榭、流杯亭、如意洲、金山亭（仿镇江金山寺意）、烟雨楼（仿嘉兴南湖）等景物。大多皆滨临水际，或矗立于秀峰叠石之间，或掩映于繁花垂柳之后，湖光掠影，绿意盎然，与置身江南无异。湖西有文津阁，亦乾隆时建造，用以存《四库全书》者。又有广原称"试马埭"，为昔日供骑射驰驱之地。山庄之西、北皆为山地，遍植松柏，山溪小道穿绕其间，极富自然景色。襄日曾建有佛寺多所，如碧峰寺、珠源寺、水月庵等，又置亭榭等棋布其间，现大多损毁。

康熙帝建此行宫，除为避暑，又作为安抚蒙古等少数民族上层统治阶级之政治场所。为此经常举行射猎、宴集、召见与宗教等活动。而先后建于行宫东、北侧之"外八庙"，即属上述活动之一部分内容。

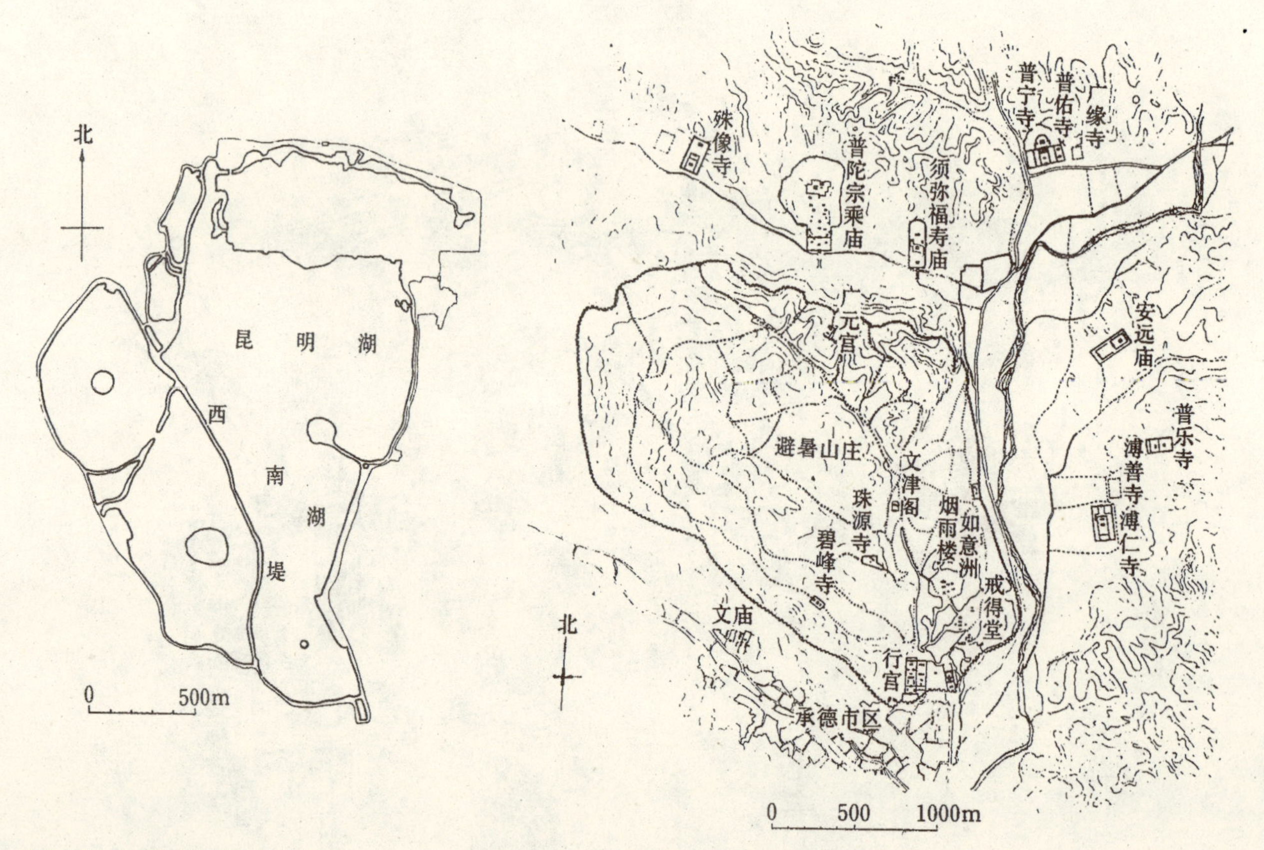

图117 北京颐和园总平面示意

图118 河北承德避暑山庄总平面

（四）坛庙

元大都因皇城与都南墙相近，其间地域狭仄，故将太庙置于皇城以东之齐化门内，而社稷置于西侧之平则门内。明北京迁移南墙，恐与复置太庙、社稷于皇城南端有关。清代则基本依明之旧址未改。

太庙

在紫禁城前东侧，为皇室祀祖之地，现址现建于明永乐八年（公元1410年）。主要入口在南，建有琉璃门三座。入门有金水河，上建小桥七道。再前为戟门五间，单檐庑殿顶。中三间辟门，过去门内、外置有铁戟120根，故有是名。越广庭而北，即为太庙正殿，屹立于三层白石须弥座上，此殿于明代为九间，至清改为十一间，重檐庑殿顶，形制与太和殿相仿而尺度略小。结构均施楠木，外观甚为雄伟。内置诸帝牌位，依东、西分列昭、穆。其后寝殿，面阔九间。寝殿北又建后殿，其间隔以红墙，殿内置帝室远祖牌位，称为“祧庙”。大殿东、西并置廊庑十五间，列功臣牌位以作陪祀。庙周围砌以高大砖垣，外植松柏，以形成肃穆气氛。

社稷坛

在紫禁城前西侧，为祀土地神祇所在，始建于明初。其布置亦依中轴对称，但入口及祭殿均在北端，与一般之宗庙、坛祠有别。其祭祀地筑为方坛二层，坛上之东、南、西、北、中各置青、赤、白、黑、黄色土壤，以象征国土。坛外置方形壝墙，其四面并施同方位之土色，各墙中央建棂星门。北侧之享殿五间，进深三间，单檐歇山顶，为明代遗构。

天坛

在北京永定门内东侧，亦始肇于明初。原在都城南郊，嘉靖时筑外城，乃纳入城内。其平面（图119）较为特殊，有墙垣二重，北墙两隅皆砌作圆弧形，以符“天圆地方”之说。正门辟于西侧，入门后，大道南置神乐署及牺牲所等附属建筑。内垣之道南，则建斋宫一区，供皇帝祭天前斋沐、起居之用。

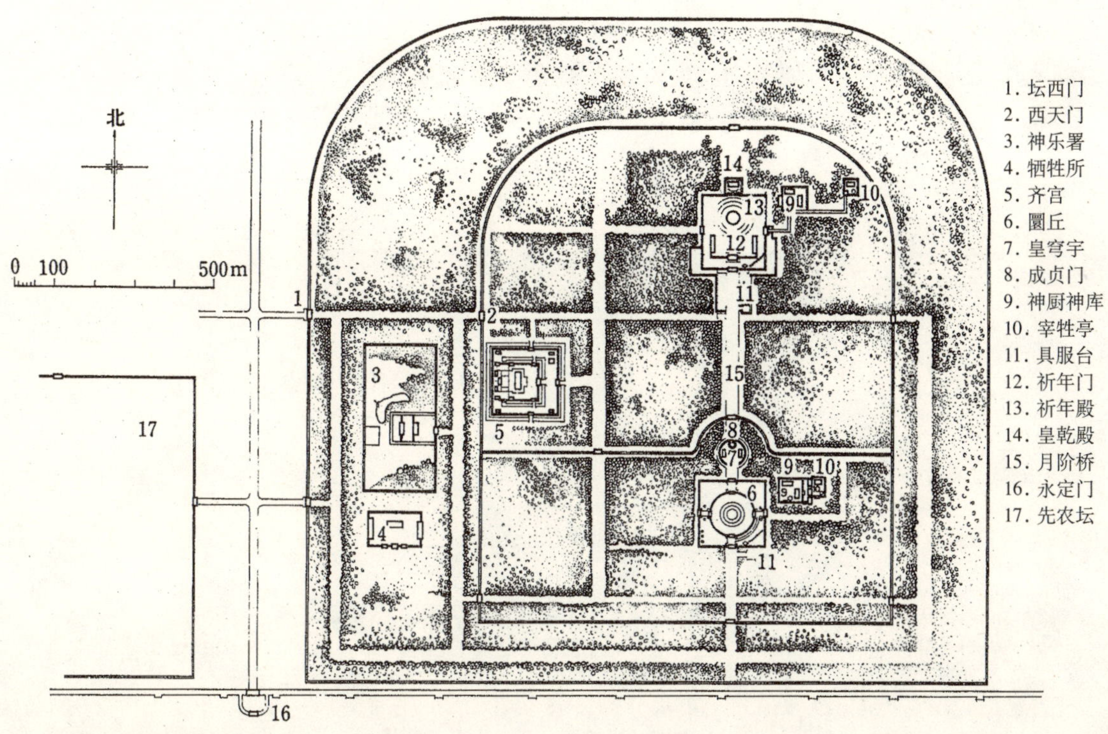

图119 北京天坛总平面

主体建筑有祈年殿及圜丘二组，依南北轴线排列于内垣之东偏。二者之间，联以高 2.5 米，宽 28 米，长 360 米之月陛桥（实为砖砌台道）。闻名中外之祈年殿（图 120），即位于其北之尽端。殿身圆形，下建高六米余之白石须弥座三层，上覆三重檐圆攒尖顶，全高约 45 米。此殿直径达 32 米有余，其中央置高 19 米内柱四根，以象一年之四季；另金柱十二根，用表十二阅月；而外檐柱十二，则示十二时辰。其内柱上之沥粉贴金蟠龙及五彩缤纷之梁枋、藻井，并增加崇高与华丽气氛。此殿矗立于白色高台之上，殿身金碧辉煌，上部覆蓝琉璃盖瓦与金色宝顶，无论就其外形轮廓、各部比例与色彩对比，均可称为我国古建筑中之佳作。殿前广庭以南及两侧另有门殿数座。

尽陛道之南，建有祭天之圜丘。此系露天之圆形祭坛，共为三层。下层直径二十一丈（合 61 米），中层径十五丈（43 米），上层径九丈（26 米）。周以石栏，覆以石版，用石均取奇数。现坛扩建于清乾隆之时，而明代旧构之尺度仅及其半。坛外亦建方形平面之壝墙，四面墙中央设棂星门。墙北另有圆形平面之小殿皇穹宇，下白石阶一层，上蓝琉璃单檐攒尖顶，通高约 20 米，为平日贮放“昊天上帝”牌位之所。两侧各置配殿一座。其外砌环形外墙，可折射声波，故俗称“回音壁”。此区建筑小巧玲珑，造型与布置均属别具心裁之作。

孔庙

自汉、唐以来，儒学即为历代帝王所重视。除着意宣扬外，并诏封孔子，荫其子孙。又建孔庙于全国，而山东曲阜为孔子旧里，故规模最隆，埒于王制。

曲阜孔庙（图 121）现存建筑大半建于明季，自入口最南之“金声玉振”坊（图 122）至北端之神厨、神庖后墙，全长达六百余米，而东西仅不足一百五十米，故总平面呈狭长矩形。依纵深可分为殿庭八进，其主要部分在第四进之大中门以北。以南仅置牌坊、棂星门及门殿多座而已。又自大中门两侧之墙隅建有角楼，亦可证此庙之规式已侔王制。奎文阁面阔七间，外观二层，重檐歇山顶，建于明弘治十七年（公元 1504 年），为孔庙中仅次于大成殿之最大建筑。楼上曾用以藏书，惜现已无片纸存留。底层陈碑碣若干，亦似为后人所移庋者。阁后雁列碑亭十三座，均为面阔三间之方形平面，重檐歇山顶，形制大体雷同。除二座建于金代，二座建于元代外，尽属清构。其后之大成门，为核心建筑大成殿一组之门殿。面阔五间，进深六椽，单檐歇山顶。殿北广庭中有杏坛（图 123），为方形平面三开间亭式建筑，重檐歇山顶，相传宋时大成殿即建于此。主殿大成殿（图 124）面阔九间，重檐歇山顶。下为须弥座二层，殿南置广阔月台。

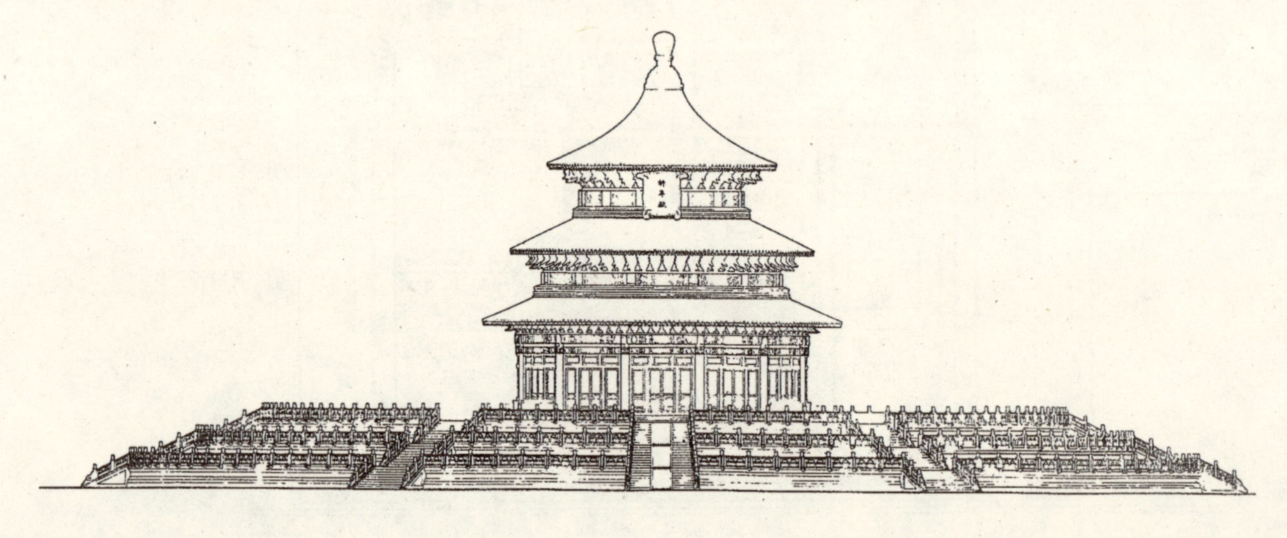

图 120 北京天坛祈年殿立面

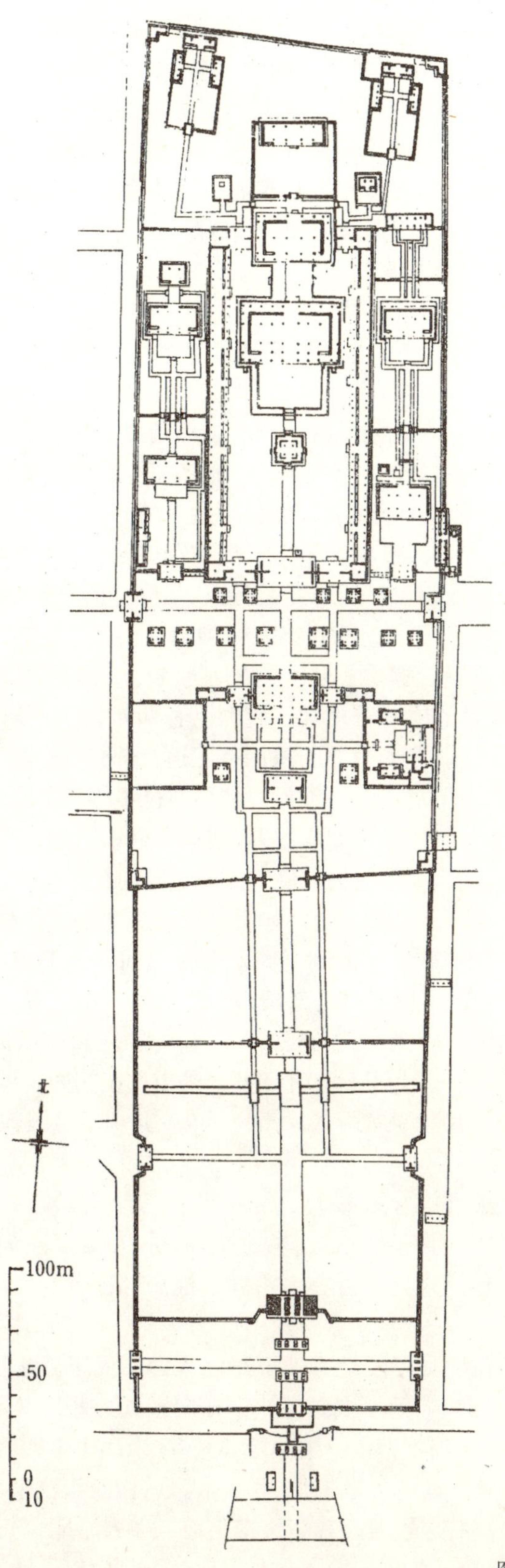

图 122　曲阜孔庙金声玉振坊

图 123　曲阜孔庙杏坛

图 124　曲阜孔庙大成殿

图 121　山东曲阜孔庙总平面

其前檐施雕龙石柱，采高浮雕技法。下檐斗栱七踩，单翘双平昂；上檐斗栱九踩，单翘三平昂。室内并构天花藻井，又于明间设坛帐，内供孔子冕服坐像。殿北置寝殿，面阔七间，亦重檐歇山顶。斗栱于下檐为五踩，出双平昂；上檐七踩，单翘双平昂。室内树中柱一列，均分空间为二，颇似门殿之“分心”制式，较为少见。自大成门至寝殿间，于东、西置两庑各四十楹。其外则东建礼器库、诗礼堂、崇圣祠、孔子宗庙等。西构乐器库、金丝堂、启圣殿等，俱组为院落多重。寝殿北另成小院，院北建圣迹殿，为专祀孔子生父叔梁纥者。殿面阔五间，进深六椽，单檐歇山顶。所施斗栱五踩，单翘单昂。其东建神庖，西建神厨，各置周垣院落。紧邻孔庙之后墙与东北、西北角楼。

（五）陵墓

元代诸帝均葬起辇谷，陵址已不可寻。以世祖以下，崩后同月即葬之事实，可知其陵土木之功非钜。或言其无所封树，但瘗于沙漠之中，亦似可信。

明季早期帝陵，如泗州（江苏泗洪）祖陵与安徽凤阳皇陵，均久毁而遗物无多。其皇陵之石仲翁目前尚较完整，内中之石马且有控马人，似受宋陵之濡染，而孝陵以下则不复见。然于帝陵之制式，孝陵已一改旧日汉、唐以来作风，而另辟蹊径，于是我国帝室陵寝，面目为之一新。

孝陵位于南京东郊紫金山西南麓玩珠峰下，为朱元璋与马后葬所。兴建于洪武九年至十六年间（公元 1376 ～ 1383 年）。其正门称大金门，于石须弥座上建砖城及券门三道。北行有正方形平面之大碑楼（俗称“四方城”），中龟趺上立永乐十一年（公元 1413 年）之太祖高皇帝神功圣德碑，石高约九米，为我国著名巨碑之一。越北端小桥折西，即见石兽，有狮、獬豸、骆驼、象、麒麟、马各二对，一跪一立，共十二对，分列路侧。然后神道转为北向，道旁置望柱一对，文、武勋臣各两对。其末建棂星门，现柱、墙皆佚，仅存石础数具。神道由北再折东北，达五龙桥。目下石桥尚存三道，部分已经修改。踰桥北上约百余米抵陵门（又称“文武方门”），越庭有前殿五间已毁，二侧原建挟殿亦已不存。再前为位于三层须弥座上之享殿，殿面阔九间，进深五间，闻建筑毁于清末太平天国之役，现仅余鼓镜石础。其两侧亦有挟殿，解放后于积土中掘得龙、凤、云纹望柱及石栏版若干，当系原物无疑。大殿后有内红门三孔，门外夹道植柏。道北有单孔大石桥跨内金水河，桥畔尚余云纹抱鼓石一，与大金门外下马坊所施者格调一律。桥北为方城、明楼，有券道贯方城后，左、右行皆可登临。明楼砖砌，面阔五间，进深三间，其上屋顶早毁，故不知其为砖券或木构也。方城、明楼以北，即为覆有近圆形土顶之墓丘，上密植松、柏之属。除上述建筑外，陵门内东、西原有六边形井亭，现井栏及地面铺石尚在。又大殿两侧曾建庑廊，50 年代时仍留有若干残基及柱础，现已平复难辨。明时孝陵范围甚为广阔，周垣长达四十五里，钟山均在其内。据崇祯《禁约碑》及其他文献，知陵中植松十万余株，严禁人众于山中樵采伐掘。又畜鹿千头，其项下悬银牌，称“常生鹿”，亦不得伤捕。

永乐北迁后，其以下诸帝山陵均在昌平之天寿山（图 125），统称明十三陵。其陵门、大碑亭、神道石仲翁及棂星门等布置，基本与孝陵一致。仅最前增建五间十一楼之大石坊一座，又改大金门为大红门。而诸陵合用一神道，则为前代所未有。各陵主体建筑之配置亦多雷同，惟局部稍有变化或益减。又其陵门均称祾恩门，祭殿称祾恩殿。

70 年代对万历帝定陵（图 126）之发掘，使明代帝陵地宫情况得以大白于天下。此陵地下部分系以石砌之筒券为其主要结构形式。于中轴线上排列纵向筒券殿堂二座、横向殿堂一座。其前殿由地面至券顶高 7.2 米，室宽 6 米，中殿高、宽同前，仅长度略增。前、中两殿共长 58 米。于中殿后端置白石宝座、石五供、长明灯等。后殿东西向横置，高 9.5 米，宽 9.1 米，长 30.1 米。后构条状棺床，神宗及二后棺椁即置其上。中殿侧墙中央另辟甬道，通向左、右之配殿。其高、宽与前、中殿略同，长度为 26 米，均构有棺床（或台座），惟殿中未发现任何随葬遗物。各殿前均置白石门扉，上刻门钉、铺首等一如木构板

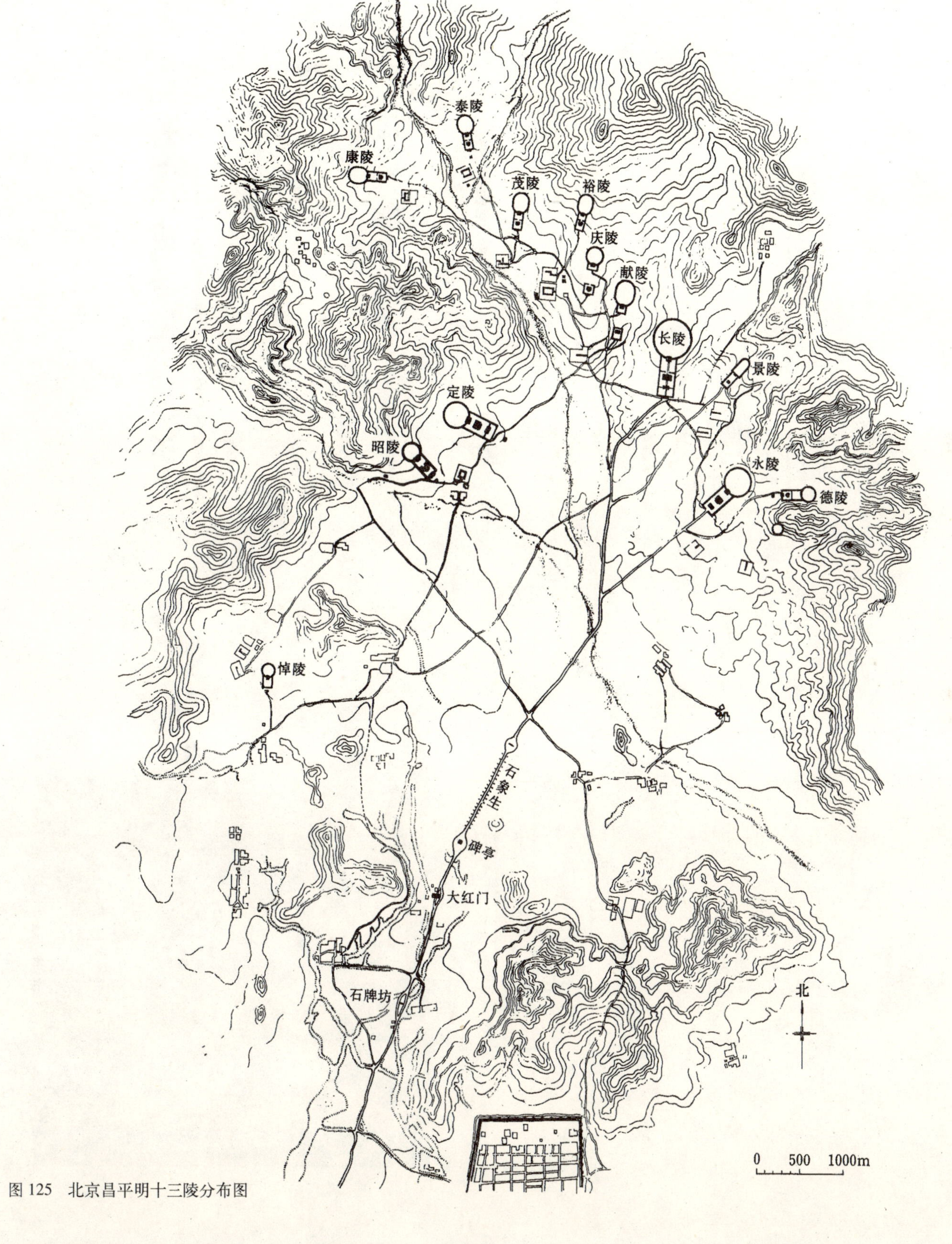

图 125 北京昌平明十三陵分布图

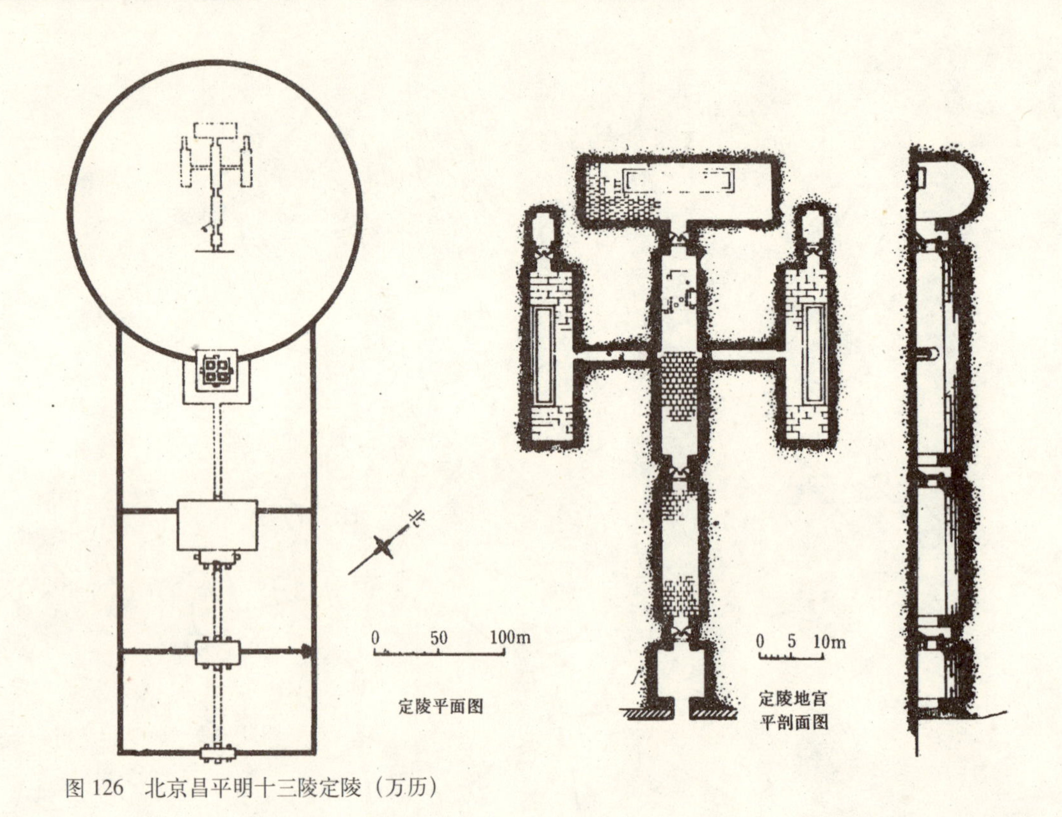

图 126 北京昌平明十三陵定陵（万历）

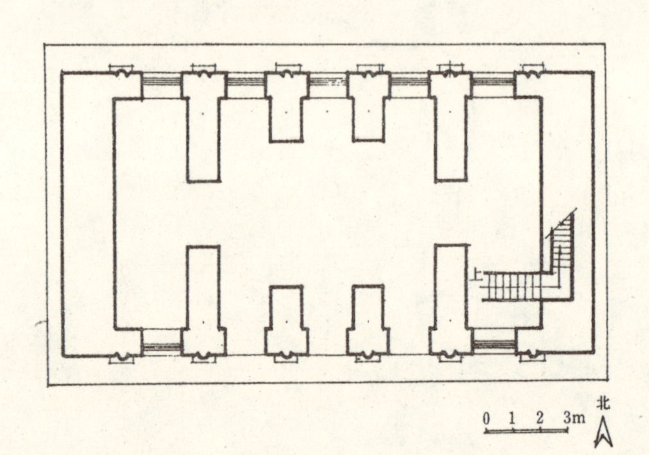

图 127 吴县开元寺无梁殿平面

图 128 开元寺无梁殿外观

门形式，甚为精致。又各殿顶石券，经四百余年地层之压迫，尚未有损坏，可知当时石工技术之高湛。

清代入关后之帝、后陵寝，分葬于河北遵化者，称东陵。而葬于易县者，称西陵。东陵葬顺治、康熙、乾隆、咸丰、同治五帝及其后、妃等，计十五处。西陵葬雍正、嘉庆、道光、光绪四帝，又有后、妃墓五十余处，外及亲王、公主等。

清帝陵之制度大体仍沿袭明代，但局部有所变化。如各陵均设神道，而非若昌平明十三陵之共用者。然其中繁简不一，以世祖（顺治）孝陵为例，其石象生有狮、狻猊、骆驼、象、麒麟、马六种，立、卧各二；文、武臣立像六，似依明太祖孝陵之制。圣祖（康熙）景陵减为狮、象、马立像二，文、武臣像四。高宗（乾隆）裕陵石象生动物复为六种，但仅有立像各二，文、武臣像亦仅为四躯。而德宗（光绪）崇陵全部不用。又神道后之棂星门（清名龙凤门），于德宗崇陵则易为牌楼，亦是一例。[本书责任编辑注：文宗（咸丰）定陵、穆宗（同治）惠陵亦无龙凤门，只设四柱冲天牌楼] 至于陵之本体，常于前端立碑亭，陵门（称隆恩门）外二侧建朝房。门内主殿称隆恩殿，两侧亦置配殿。隆恩殿后建三道之琉璃花门，再经二柱门及石祭台，即达方城、明楼之下。清陵多于方城与宝顶间辟小院名月牙城（俗称“哑吧院”）。两旁置踏跺以登城。宝顶形状有圆形及长圆形两种，其下即为地宫。地宫结构仍用砖石券顶，除置棺椁之墓室稍大，其他尺度皆逊于明代远甚。其排列仅为沿中轴之一路（大者如嘉庆之昌陵，有隧道、罩门、明堂、穿堂、金券等七重），而未见有附侧室若明万历之定陵者。此制亦影响清帝后之葬式。依清制凡皇后先帝而崩，或稍后而大行未瘗者，皆予合葬。其余则于帝陵附近，另营后陵，除规制差小，又无碑亭、二柱门，而方城、明楼亦有裁省者，若仁宗孝和皇后之昌西陵、宣宗孝静皇后之慕东陵。至于妃、嫔墓葬，皆数人或十数人合一园寝，其规格又等而下之矣。

（六）宗教建筑

元代佛教仍甚昌盛，尤崇喇嘛教。世祖忽必烈延西藏高僧八思巴东来，赐封国师，命掌天下释教。以后诸帝皆因以为制。至元二十八年（公元 1291 年），“天下寺宇四万二千三百一十八区，僧尼二十一万三千一百四十八人”[67]。后成、武、仁宗诸世，太后及皇太子建寺于五台之记载屡见。御赐佛寺田地、金帛及敕修佛事与饭僧等，亦时有所闻。而诏建之巨刹如大护国仁王寺、大圣寿万安寺、大崇恩福元寺、大永福寺、八思巴寺、寿安山寺等，为数亦多，足见其对佛教之重视。元帝对于道教，亦不歧视。世祖中统初，即下诏修道观，又遣道士代祀东海[68]。后屡召汉天师四十代嗣张宗演至京师修醮，并命领江南诸路道教。成宗贞元间，又为建法宫等，然际遇终不及释教之隆。现将元时佛、道建筑有代表性者，择数例介绍于下。

永乐宫

原位于山西永济县，现迁芮城。此宫建于世祖中统三年（公元 1262 年），遗存之无极门（又称“龙虎殿”）、三清殿、纯阳殿（或曰：“混成殿”）、重阳殿（亦名“七真殿”）均为原构，是目前所存最早与最完整之一组元代道教建筑。总体平面（图 129）沿南北向作纵轴排列，其三殿均前建月台，殿间且以甬道相接。三清殿为宫中主殿（图 130），面阔七间（34 米），进深八椽（21 米），单檐四阿顶。平面中减去前列内柱及中、后列梢间缝内柱共十根，仅余中部内柱八根。外檐斗栱六铺作单杪双假下昂，内转三杪。内柱上五铺作出双杪承楷头。梁架均为草栿，置于天花之上。因屋架升高，梁间多用矮柱而不见驼峰。又仅施叉手，无设托脚（图 131）。其后之纯阳殿面阔五间（25 米），进深六椽（20 米），单檐九脊殿顶。殿内柱减去次间缝者，仅余中央四内柱。又其进深之各间尺度由南向北递减，亦为其他建筑中少见。此宫建筑内所绘壁画，面积共达 960 平方米，均为元代作品。其于三清殿中者尤为壮观，凡天尊、玉女及众值日神像，共三百余躯，神态举止，生动妙俏，衣袂飘扬，线条流畅，可称元代壁绘之代表作。纯阳殿中所绘之吕洞宾事迹，共五十二幅，图中所表现之城池、宫阙、商店、住宅、桥梁、舟车、人物等，均为研究元代社会生活之极宝贵资料。

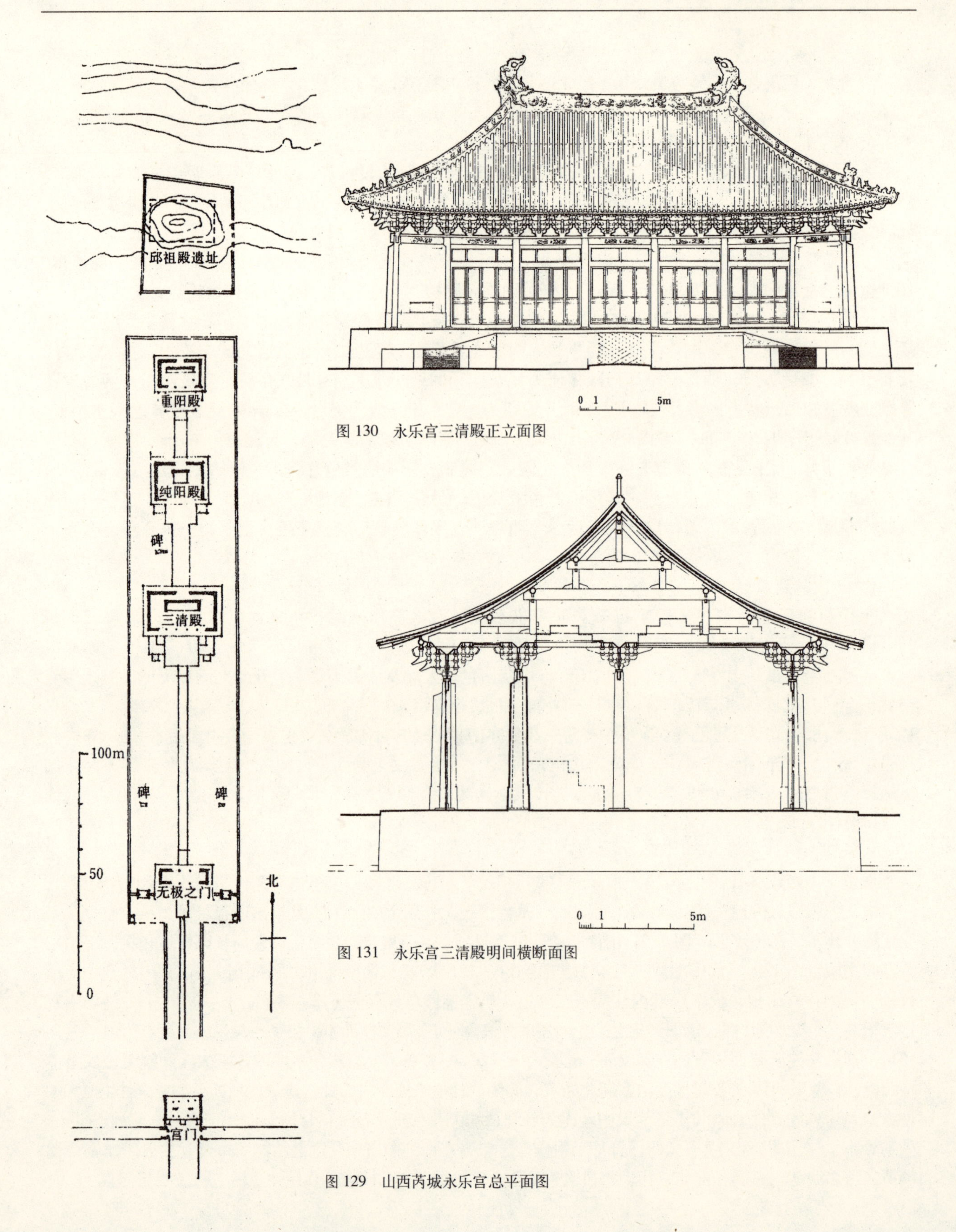

图 130 永乐宫三清殿正立面图

图 131 永乐宫三清殿明间横断面图

图 129 山西芮城永乐宫总平面图

广胜下寺

在山西赵城（亦名洪洞县）霍山下，其山门、前殿及后殿皆建于元。前殿面阔五间，进深六椽，屋顶为单檐不厦两头造（即明、清所称悬山）。平面施减、移柱方式，即减去次间缝上左、右柱，但另移二柱于其间。后殿七间，面阔29米，进深八椽，约18米，单檐九脊殿顶。平面减、移柱形式亦大体同前，即仅保留当心间缝四内柱，另于梢间各置二移柱。又其第二间进深特宽，前、后檐进深亦不相等。且此二处之乳栿及搭牵，均使用天然曲材所成之斜栿，亦极特殊。

明应王殿

在广胜上寺西南紧邻，为一祀水神之庙。山门南有三楹之戏台。门北有广庭，三面设廊屋，直北即明应王殿。殿前附月台，殿身三间，再周以回廊，故外观五间。平面呈方形，殿身斗栱五铺作出双昂，上建重檐九脊之屋盖。殿中有壁画，其中一幅为“太行散乐忠都秀在此作场（“作场”即表演）”之戏剧场面，题年系元末泰定帝泰定元年（公元1324年），可知该殿建造当在此年以前。

云岩寺二山门

在江苏苏州虎丘。门殿三间，进深六椽，分心用三柱，单檐九脊殿顶。斗栱四铺作，圆栌斗外出单昂。补间铺作之后尾完全截去，此种做法极为少见。在立面上，因角柱有侧脚与生起，故屋檐仍呈一翘起曲线。但屋面及屋脊已为清代改建。

轩辕宫大殿

在江苏吴县洞庭东山。平面面阔与进深俱三间，东西13.77米，南北11.42米，单檐九脊殿顶。斗栱五铺作出双昂，其补间上为真昂，下为平昂，且置华头子。普拍枋与阑额均甚狭长，均保留宋式木构若干特点。次间柱下之勒脚，作成须弥座式样。

妙应寺白塔

位于北京西城区，现寺已毁，仅余塔存。塔建于元世祖至元八年（公元1271年），属大都之圣寿万安寺，为当时尼泊尔名匠阿尼哥之杰作。系喇嘛塔式样（图132、133），下建亚字形之须弥座二层，座上置宽厚之覆莲瓣与粗壮之覆钵，再上为宝匣及相轮，最后覆以垂流苏之青铜宝盖，并以另一铜制小塔结顶。此塔须弥座以下高13米，以上塔身至顶高50米有余。塔之通体作白色，于阳光下莹洁耀目，与其上宝盖之灿烂辉煌，适成强烈对比。

天宁寺塔

在河南安阳城内，塔为八角形平面，须弥座上之塔身甚高，角隅砌圆倚柱，柱间为圆拱券及直棂窗，门、窗上琢刻神人、力士。柱额上施斗栱，出跳于第一层为六铺作三杪，以上均五铺作双杪。密檐共五层，每层壁间开小窗四，逐层错位。至顶建小喇嘛塔一。此塔均系砖建，其装饰与辽、金密檐塔颇似。而明季以后，遂成绝响。

明代中央政权以蒙元提倡之喇嘛教非释教正宗，故力扬内地佛教之禅、律、净土、天台诸派，而喇嘛教派除仍盛行于蒙、藏以外，于内地遂逐渐衰微。就佛教建筑而言，虽各地兴建之数量众多，但规模宏大者，若明初南京之灵谷、报恩、天界，凤阳之龙兴，及其后北京之护国、隆福等寺，则尚罕见。以扩建于永乐之大报恩寺为例，其殿堂、楼阁、廊庑、亭馆及寮库等达五十余处，在册僧徒五百人。寺中之八面九层琉璃塔高二十余丈，其门牖、勾阑与梁枋、斗栱皆仿木为之。壁面所饰天王、金刚及狮、象、法器等，形象生动，光彩璀璨。白昼铃铎交鸣，夜间篝灯腾焰。登塔远眺，四野江川、丘阜尽收，都内宫观、市廛毕现，而此塔亦可于百里之外见之。是为元魏胡灵太后于洛邑构永宁寺塔后，我国兴建浮图之另一壮举，从而被誉为世界中世纪七大建筑奇迹之一。后毁于清末太平天国杨秀清与石达开之内讧，良可痛惜！

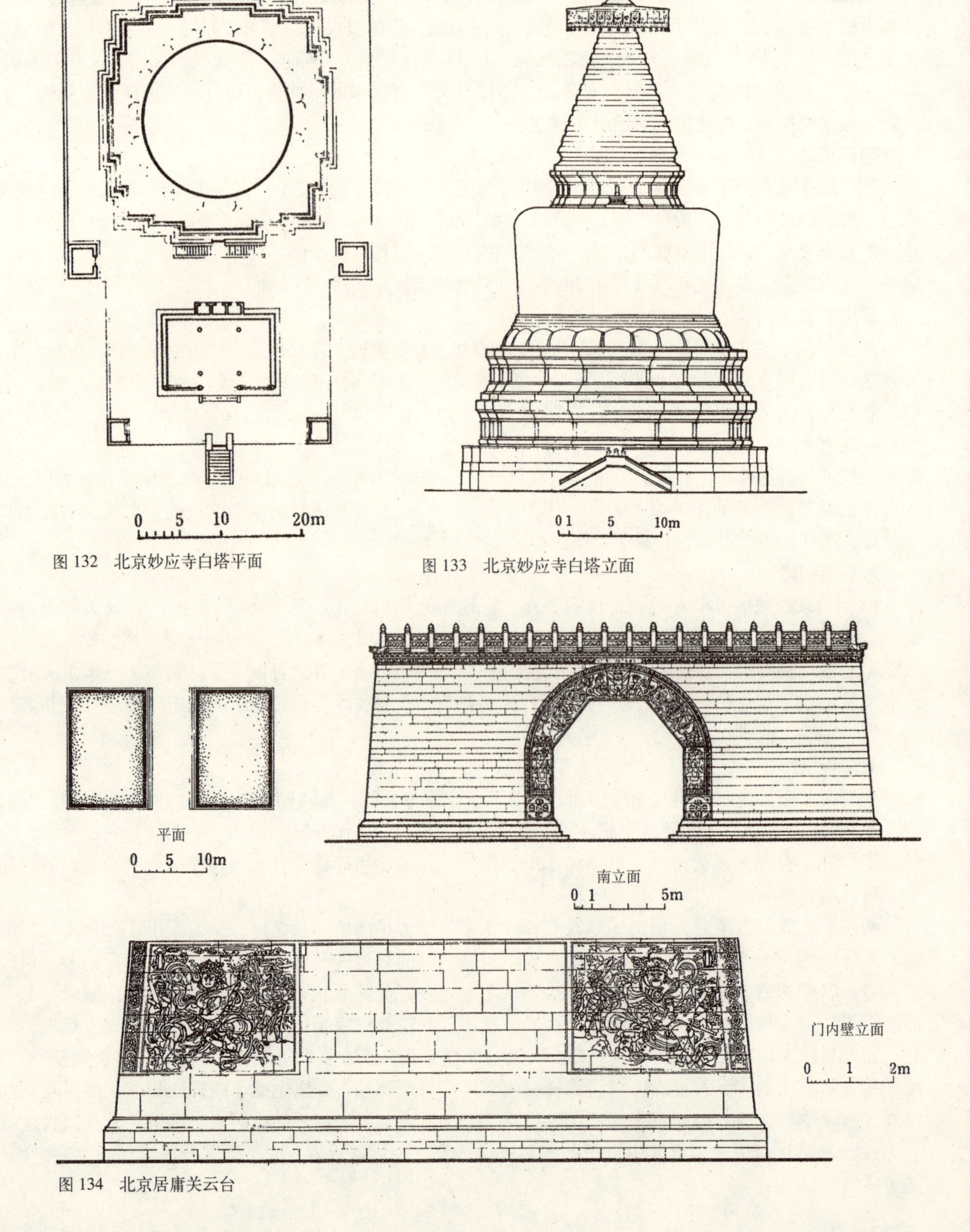

图 132 北京妙应寺白塔平面

图 133 北京妙应寺白塔立面

图 134 北京居庸关云台

大真觉寺金刚宝塔

位于北京西直门外稍北。塔建于明宪宗成化九年（公元1473年）。而寺则创于永乐初。据文献："成祖皇帝时，西番班迪达来贡金佛……建寺居之，寺赐名：真觉。成化九年，诏寺准中印度式建宝座，累石台五丈，藏级于壁，左、右蜗旋而上，顶平为台，列塔五各二丈"[69]。此台下置低平台基，上建须弥座及附佛龛五层之石座，通高八米有余。南面中央辟券门，缘两侧梯级可登。台上中央置八米高方密檐塔一，四隅各置七米高同式塔一座。此种制式，于我国佛教遗物中尚称首见，纯系印度佛陀伽耶塔之影响，而非出自我国传统者。

明代制砖发达，其应用于建筑亦广，而无梁殿即其突出成就之一。除使用于皇家之斋宫及皇史宬外，亦多有施之于佛寺者。现存明代佛寺中之无梁殿尚有十余处之多，其中年代较早与规模较大之例，当推南京灵谷寺所建。此殿依明 · 葛寅亮《金陵梵刹志》所附寺图，原称无量殿，位于寺中轴之金刚、天王二殿之后，五方殿之前，应属寺中之主殿。由现存遗物，知其面阔五间（53.8米），进深三间（37.85米），高22米，重檐歇山顶。殿身由三道沿纵轴方向并列之砖券组成，中券跨度11.25米，高14米；前、后券跨度皆为5米，高7.4米。周以厚达4米之外垣，内部隔墙厚2.5米，以承受诸砖券荷载。殿南、北二面于中央三间辟券门，两山则施券窗。檐下斗栱亦砖制，下檐三踩，出一平昂；上檐五踩，出一平昂一翘。其翘在昂上，与常制相违，是为后代重修时所致。现室内仅余砖台一座，未见有佛像及其他陈设。而曾为朱元璋赐额"第一丛林"之灵谷寺，于今惟此殿与放生池尚存，与其结构纯系砖建不无关系。明代中、晚期所建之无梁殿，以苏州开元寺为例（图127、128），此殿面阔五间，二层，上覆歇山顶。其结构已采用并列之横向拱券，且雕刻装饰已转为繁琐。

明代佛、道建筑又有全以铜铸构件为之者，名曰："金殿"。实物见于湖北均县武当山天柱峰、云南宾川金顶寺、山西五台显通寺等处。其中以武当山者历史最早，始建于永乐十四年（公元1416年）。殿平面作矩形，面阔三间，计5.8米；进深亦三间，共4.2米；重檐庑殿顶，建筑通高5.5米。全系仿木构形式，其柱枋、梁额、斗栱、椽櫚、门窗悉备。斗栱上檐九踩，双翘双昂；下檐七踩，单翘双昂。一切构件皆范铜鎏金，既坚而弥久，又灿烂夺目。其于梁枋、藻井表面并施花纹，以为装饰。

伊斯兰教于明代亦有相当发展，故礼拜寺之遗迹今日颇有留存者。北京牛街清真寺即为著名之一例。此寺位于北京外城内西南，居回民最集中之地。寺始建于元，明代复予大修。其总平面布置亦较特殊，入口在西，位于礼拜殿之背侧，与正常布置相悖。门屋呈六边形，实为一两层之楼阁，名"望月楼"。楼后有狭庭，以高墙与礼拜殿相隔，左、右辟门，由此通大殿之南、北庭院。殿坐西面东，面阔五间，进深七间。其入口在东，西端别为小龛，内书可兰经文，朝向信徒所膜拜之圣地麦加。礼拜殿东为宣礼楼（又称"邦克楼"），平面方形，供礼拜前召唤教民之用。楼东建对厅，面阔五楹，平面划分为东、西二部，其西部于建筑南、北端各附小室，用作贮藏。宣礼楼南、北各建五开间讲堂一所，供传习经典。回民于礼拜前须沐浴净身，故浴室设施为诸礼拜寺所必备。本寺之浴室，置于大殿南院之阳，面积甚为宏敞。对厅以东，别为庭院数区，置阿訇住所及其他附属建筑。此寺经清代及以后多次修增，惟规模尚属明季，故列此以为介绍。西安华觉巷清真寺亦为内地规模较大之伊斯兰教礼拜寺，已采用中国传统建筑中轴对称及庭院式布置。建筑外观亦属中土式样。惟室内装饰等仍多保留外来影响（图135～137）。

清室于诸宗教并无所歧重。唯此时之佛寺、道观形制，仍因循明以来旧法。而内地伊斯兰礼拜寺，亦多受中国传统文化之影响，逐渐丧失其原来之建筑特点。康熙、乾隆之际，若干佛教寺院采取汉式建筑与蒙、藏等建筑形式相结合的手法，取得了很好效果，例如热河承德之外八庙即是。这对发扬与研究各民族的建筑文化，并进一步推动整个中华建筑文化的发展，都是极有意义的。

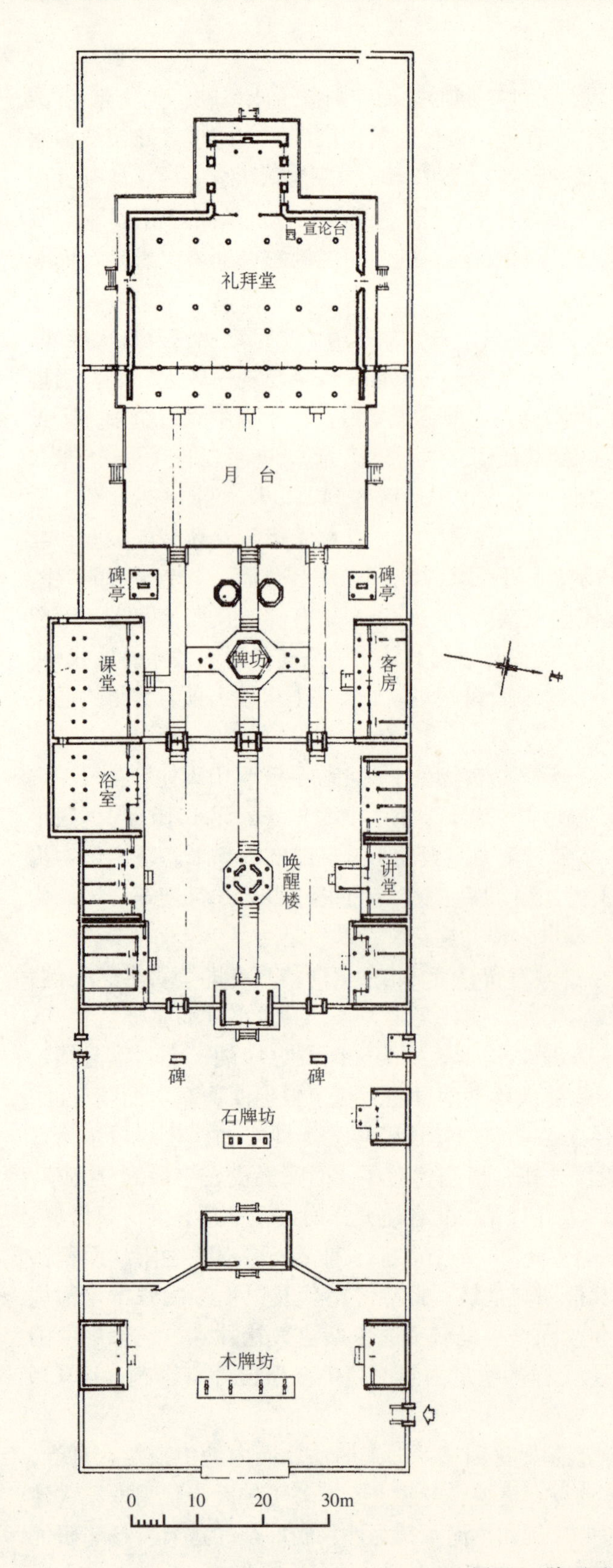

图 135 陕西西安华觉巷清真寺平面

图 136 西安华觉巷清真寺礼拜殿

图 137 西安华觉巷清真寺礼拜殿讲经台

西藏拉萨布达拉宫

位于拉萨市西约 2.5 公里之布达拉（即“普陀”之意）山上。始创于 8 世纪，现建筑为清顺治二年（公元 1645 年）由五世达赖喇嘛重构（图 138）。此宫依山之南坡建造，高达二百余米，外观异常雄伟。下砌边墙呈阶梯形之大踏道，中为依崖壁砌造之大面积墙体，最上为金色辉耀之屋盖、灵塔与经幢。墙壁色彩以大面积之白色与朱红为主，形成气势雄浩与对比强烈的效果。整个建筑外观 13 层，实际 9 层，其

图 138　西藏拉萨布达拉宫外观

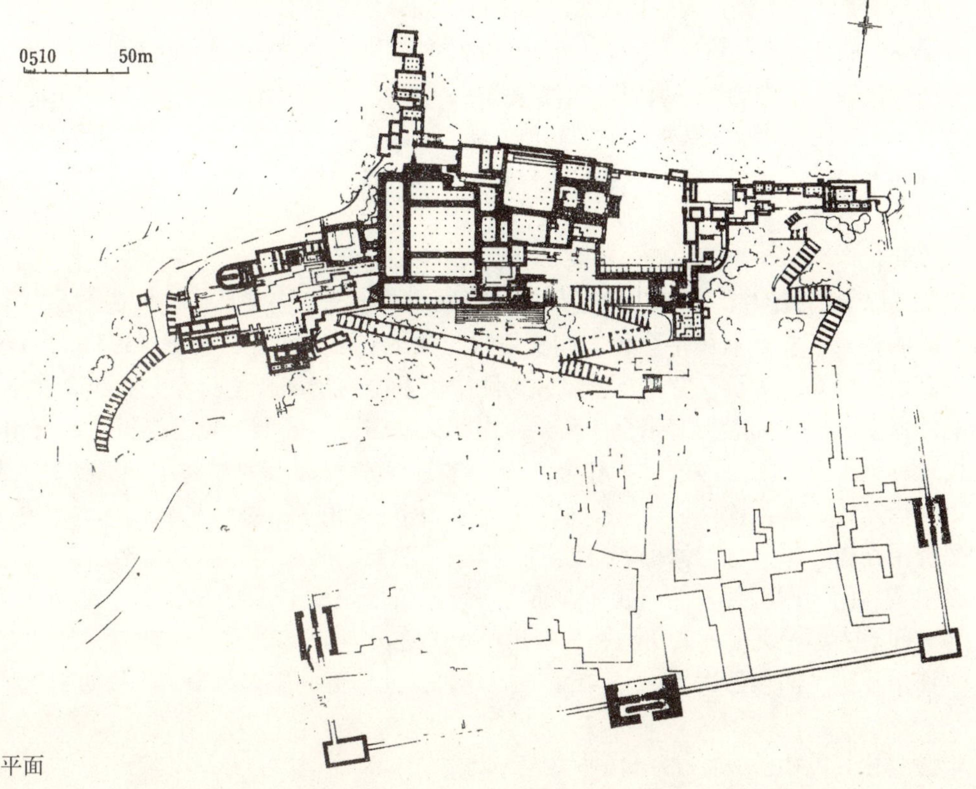

图 139　西藏拉萨布达拉宫总平面

余于壁面构盲窗以求立面之统一。建筑大部施平顶，仅上部少数殿宇采用汉式歇山屋盖。因就地形建造，故宫之平面呈不规则形（图 139）。中央之红宫为建筑群主体，有佛殿、经堂、政厅、仓库及历代喇嘛灵塔等，为达赖喇嘛施行政教所在。以东之白宫，则系达赖喇嘛之住所。此外，周围另有印经院、佛像及佛具制作所及其他人员起居用房屋等。此宫基本采用西藏当地的传统建筑形式，但糅合了若干汉式做法，其构思与手法均值得推尚。

普陀宗乘庙

在河北承德市北郊，与清离宫避暑山庄隔狮子沟相望。建于乾隆三十二年至三十六年间（公元 1767 ~ 1771 年），占地二十二万平方米，为外八庙中规模最宏巨者。全庙大致可分为南、中、北三区（图 140）。山门位于南墙正中，为辟三券洞之门楼，左、右另置侧门各一，又建角楼于墙隅。中庭有一碑亭，平面方形，重檐歇山造。其北有门台，上置喇嘛塔五座，称“五塔门”。再北稍东，建四柱三门七楼之琉璃坊。自山门达此，主体建筑均沿南北中轴线布置，基本依汉式建筑方式。两侧则不规则建一至三层之平顶建筑多座，墙面刷白，并作盲窗，称“白台”，依残迹观之，系小型之佛殿。琉璃坊以北即缘踏道登山，是为中区。此区建筑规模不大，均系平顶之“白台”、塔台或僧人之住所。北区建筑矗立于高台之上，中央之主体建筑为广 60 余米、高 25 米七层之大红台（图 141）。内为大院，中建方殿“万法归一”，其屋顶与两侧台上之诸阁，均施镏金铜瓦，故益显光彩夺目。台西南建千佛殿，东建大戏台，形体稍小，均为此区之重要建筑。此庙系乾隆帝为尊崇达赖喇嘛所建者，故主体建筑模仿拉萨之布达拉宫。其余部分则为藏、汉相结合，在布局与造型上，都达到推陈出新的效果。

席里图召

在内蒙古自治区呼和浩特市。“召”为蒙语“庙宇”之意。现建筑重建于康熙三十五年（公元 1696 年），并经后代多次修补。主要建筑均位于中轴线上，有牌坊、山门、佛殿、大经堂等。东、西两侧另建佛殿、塔、活佛与喇嘛住所多处。大经堂为召内面积最大与最重要之建筑，建于砖台上，前列门廊七间。经堂面阔九间，进深亦九间，平面大体呈方形。内部采“满堂柱式”，故立柱如林，柱上包以红、黄刺绣纹样之毡毯，室内又多悬幡幔。采光则来自天窗，故光线甚为昏暗，形成宗教神秘气氛。佛堂在最后，现毁。此建筑外观甚为华丽，檐柱髹朱漆，其上雀替、额枋为褐、黄二色，而侧面之墙砌蓝色琉璃砖，配以褐、黄、白色图案。屋顶施黄、绿琉璃瓦，并益以法轮、祥鹿、经幢等镀金铜饰。建筑风格仍为藏、汉混合式样，颇具特色。

（七）住宅

元代住宅至今尚无实物发现*，依永乐宫壁画可略知一二，其所表现者有门屋、亭、前 屋、侧屋与后室等。以大门置门钉，建筑檐下施斗栱，脊端用兽吻及室内家具等迹象观之，应属中、高级住宅。

明初对百官及居民宅舍已有明文规定。如洪武二十六年（公元 1393 年）定制“官员营造房屋，不许歇山、转角、重檐、重栱及绘藻井，惟楼居重檐不禁。公侯前厅七间两厦九架，中堂七间九架，后堂七间七架。门三间五架，用金漆及兽面锡环。家庙三间五架，覆以黑板瓦，脊用花样瓦兽。梁、栋、斗栱、檐桷彩绘饰，门、窗、枋、柱金漆饰。廊庑、庖库、从屋不得过七间五架。一品、二品厅堂五间九架，屋脊用瓦兽，梁、栋、斗栱、檐桷青碧绘饰。门三间五架，绿油兽面锡环。三品至五品，厅堂五间七架，屋脊用瓦兽。梁、栋、檐桷青碧绘饰。门三间三架，黑油锡环。六品至九品，厅堂三间七架，梁、栋饰以土黄。门一间三架，黑门铁环。品官房舍门窗、户牖不得用丹漆”。三十五年又申：“一品至三品厅堂各七间。六品至九品厅堂梁、栋，祗用粉青饰之”。其于庶民庐舍，洪武二十六年定制：“不过三间五架，不许用斗栱，饰彩色。”三十五年复令：“不许造九、五间数房屋”[70]。明初制令严厉，但后来稍弛。故正

*[整理者注]：此时元大都和义门瓮城及近旁住宅尚未发掘。

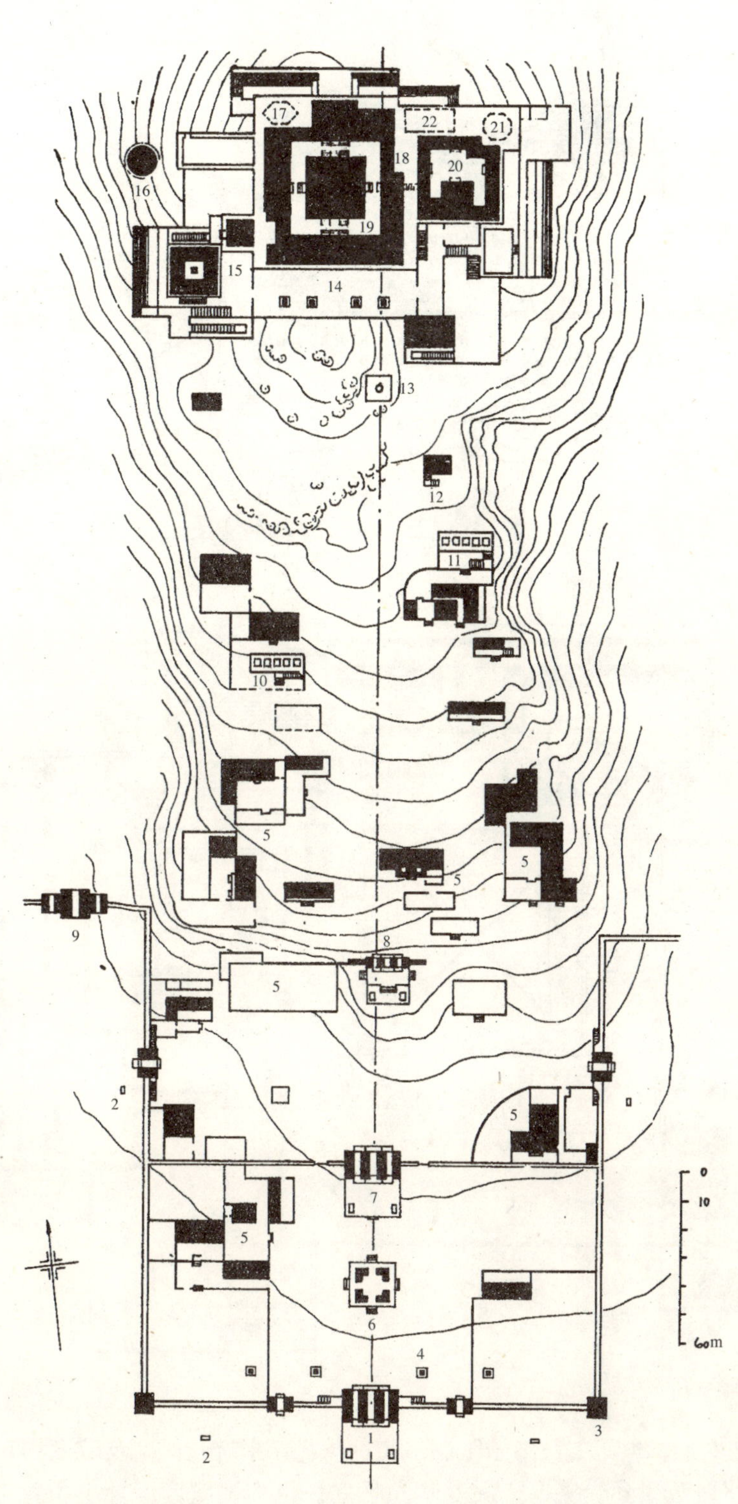

1. 山门
2. 制碑
3. 隅阁
4. 幢竿
5. 白台
6. 碑阁
7. 五塔门
8. 琉璃牌楼
9. 三塔水口门
10. 白台西方五塔
11. 白台东方五塔
12. 白台钟楼
13. 白台单塔
14. 大红台
15. 千佛阁
16. 圆台
17. 六方亭
18. 大红台群楼
19. 万法归一殿
20. 戏台
21. 八方亭
22. 洛伽胜境殿

图 140　河北承德普陀宗乘庙总平面

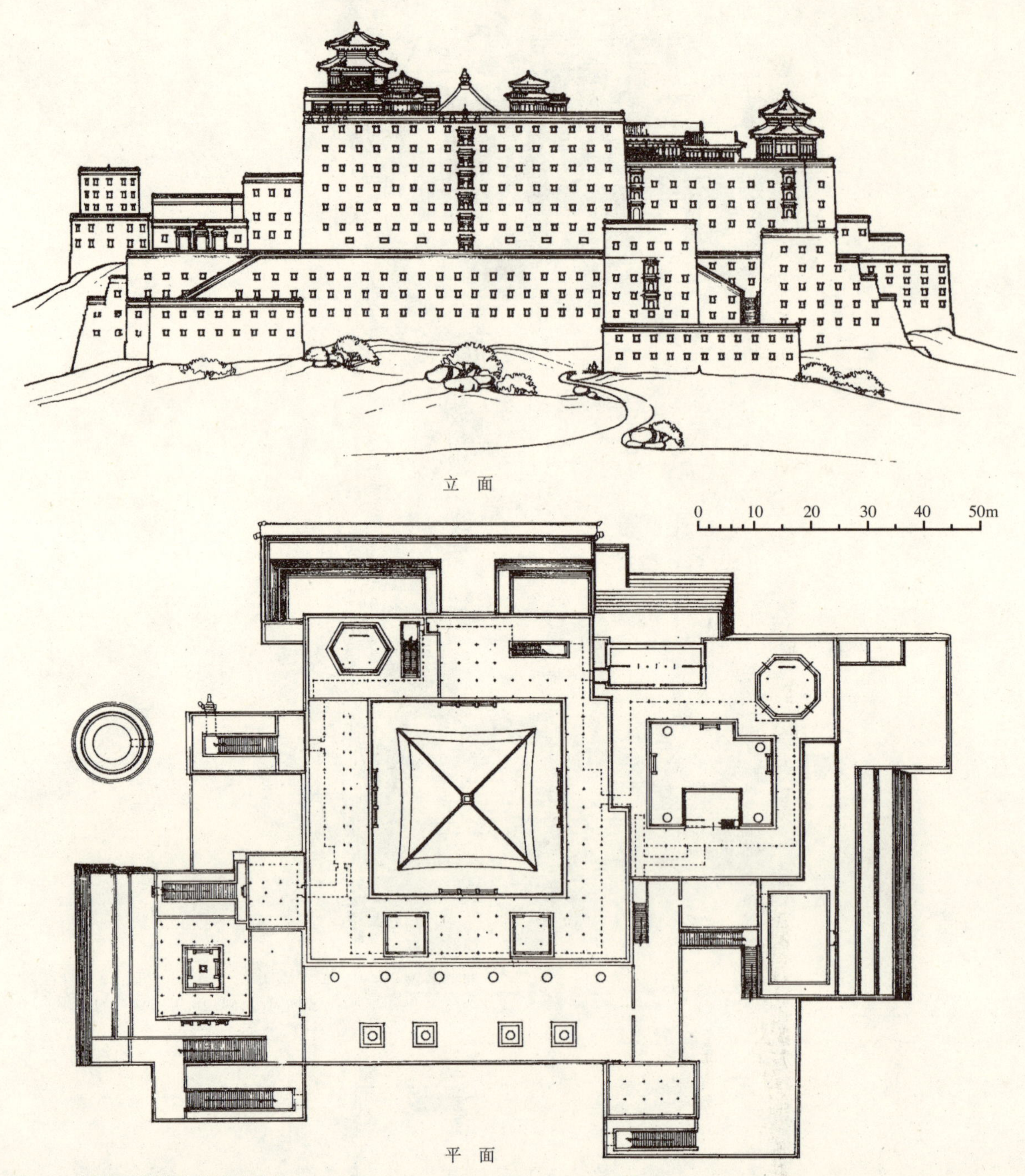

图 141 河北承德普陀宗乘庙大红台

统时变通为开间数不许增加，但屋架数不予限制。此种情况，于杭州民宅及皖南均有见之。

皖南徽州一带经济较为发达，茶叶、文具均负盛名。但当地富商、地主所营宅第，一般规模不大，然甚为华丽。住宅平面多呈南北稍长之矩形（图 142），外施高墙，内为二层之木构建筑。大门辟于南墙正中，入内为门屋，进而为庭院，两侧建厢房。正房在院北，一般为三间，中作堂屋，两侧置卧室。登楼之梯置于堂屋之木板屏后或厢房内。楼上各室采光基本经由天井，故朝内开窗。窗下常置鹅颈椅，此部之木雕甚为华美精细，是全宅装饰重点所在。上层木架露明，梁栿用月梁形式，但断面较肥，其支承处常施驼峰、斗栱。楼上之柱，又常不落于下层柱上，而肩之以梁，亦此地明代住宅之特点也。而类似此种平面及结构之民居，如云南之“一颗印”式住宅（图 147），及江西……诸地皆可见到。

我国现存古代民居，大多属于明、清二季，而尤以后者为多。其种类甚伙，分布亦广，现择若干作为传统民居之代表，分别介绍于后：

北京四合院

亦为我国北方常见于民居形式，其应用地点自不限于北京一地。较典例之平面，仍作南北较长之矩形（图 143）。大门常南向而辟于南墙之东偏，迎门有照壁一方。门右为附小院之门房。左转即至前院，

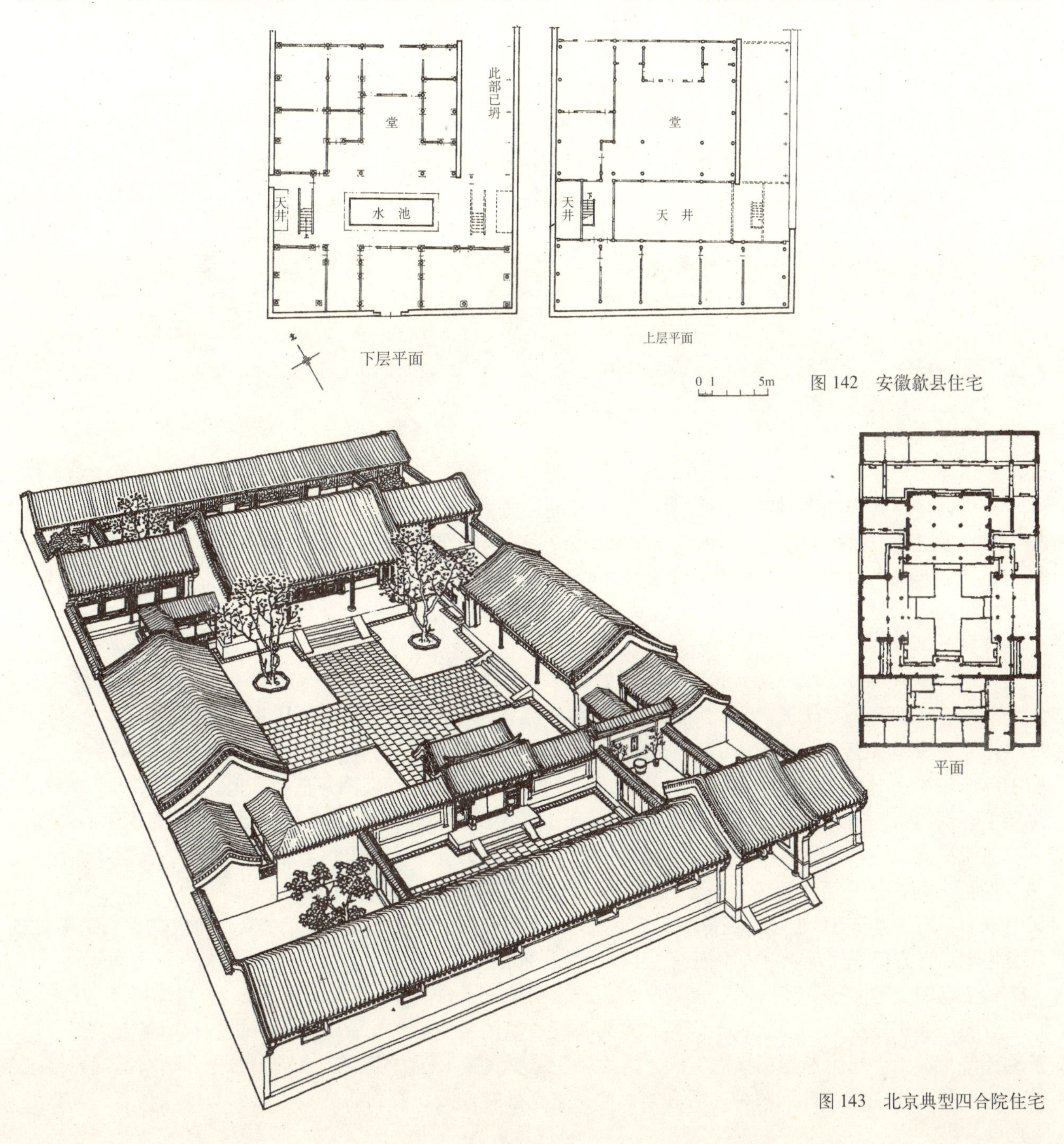

图 142　安徽歙县住宅

图 143　北京典型四合院住宅

院南建屋一列，称“倒座”，外客厅即置于此。其西另为小院，置杂屋、厕所等。前院北墙居中构垂花门，门内为主人及内眷所居，一般外人不得擅入。垂花门北有广庭，铺甬道，植花木。庭北建主人起居正屋三间，其东、西或有挟屋，为书房、静室等。院东、西侧各建厢房三间，供主人子女、亲属居住。正房后再置小院，其北端之房舍为储藏、厨房、厕所及仆役住房等。一般四合院中均为平屋而无楼房，四面周以砖垣而绝少对外开窗，是以内部既少风沙又颇安静，且阳光与空气充足，为旧时甚为理想之居所。

江南大型住宅

常见于苏南、浙北一带，为旧时地主、官僚之宅邸。常以若干庭院沿南北中轴依次排列，大宅或设平行之轴线数条（图 144）。有些住宅还附有庭园。

住宅之主要部分，常依中轴线作南北排列。大门对面，有时建有砖砌照壁。大门外观较简单，以青石为门框及门楣，其上或加门罩。门内隔小院设轿厅，为旧日停放轿舆之地。其后再置庭院一区。院北之大厅，即主人宴集、接待宾客所在。该厅为宅中主要建筑，宽大敞宏，装修精丽，所置家具多紫檀、花梨之属。大厅北建门楼，其作用相当北京四合院住宅中之垂花门。门内另有庭院、楼屋，供主人家属起居。主轴线之侧旁，或置主人之书室、内客厅（称花厅）及附属用房与庭园等，多作不规则之布置。住宅外垣，率于下部叠砌青石，而以上施砖构为空斗。墙头随建筑之起伏，砌作阶梯状之“马头墙”或曲线之“观音兜”式样，既可防止火灾蔓延，又丰富了建筑外观，可谓一举两得。大厅面阔三间，为扩大使用面积，遂采用延伸进深方式，故此类 住宅之厅堂，常进深大于面阔。又于各纵列建筑间，置称为“备弄”之夹道，供平时服务人员往来及消防或运输之用。庭院之入口常建砖门楼，其朝内之一面，施各种精细砖雕，或为斗栱、挂落、垂莲柱等建筑构件，或为几何花纹、动植物图像以及历史故事、神话传说，内容极为丰富，形象与构图亦多佳作，实为建筑艺术中一枝奇葩。

南方穿斗式住宅

多建于山地及丘陵地带，尤以川、滇、黔、湘、闽、赣诸省为多。特点为结构上采用断面较小、排列较密之柱体，其间施多层短小之枋木穿联，从而组成整体性较强之排架，可节约抬梁式木结构中不可缺少的长梁粗柱。因结构自重甚轻，取材与施工皆甚简易，又能适应各种复杂地形，故为山区所习用（图 145、146）。南方气候较暖，其屋盖常仅于竹、木椽上敷瓦一层，墙体则用竹笆泥墙，内、外表面涂以白垩，外观甚为简洁明快。也有以夯土、土坯或竹木、石料作外围护结构的。

客家土楼建筑

存在于闽西南及粤北一带，其居民之祖先系自他处迁来，为安全计乃聚族而居，此项土楼即族人共居之所。建筑平面大致有圆、方及混合式数种，各自层叠相套，周以高厚之夯土墙垣，外观甚为雄浑朴实。现以福建省永定县之承启楼（图 148）为例。该楼建于明末清初，底层土围直径 65 米，墙厚 1.5 米。平面由环形房屋三组相套而成。外环建筑高 15 米，划为四层，底层于南侧开正门，东、西各辟侧门。此层房屋主要供牲畜饲养及堆放农具、柴草之用。二层储藏粮食。三、四层住人。二层以上临院置环形走廊，兼交通及采光、通风之用。第二、三环建筑俱一层。中央另有建筑一组，系族人会议及婚丧之所。全楼房舍三百余间，住户达一百左右，居民约五百人。该建筑因环以厚墙，故冬暖夏凉。其夯土内含胶质，又混以少量石灰、碎石，加以夯筑得法，遂能弥久而不摧不裂。即此一端，亦足为今后研究之重要课题矣。此类住宅尚有方形平面及混合式平面（图 149）等多种形式。

黄土窑洞住宅

分布于我国华北与西北之黄土高原，亦为我国最原始居住形式发源地之一。此乃利用黄土之直立性及易于开掘特性，于土壁掘出横向窑洞，以为居住之所（图 150）。其形式有于山腰径开横穴与就平地挖一矩形坑院，再在坑壁开穴两种，后者亦如常见之三合院或四合院式布置。土穴部呈拱券状，于入口处

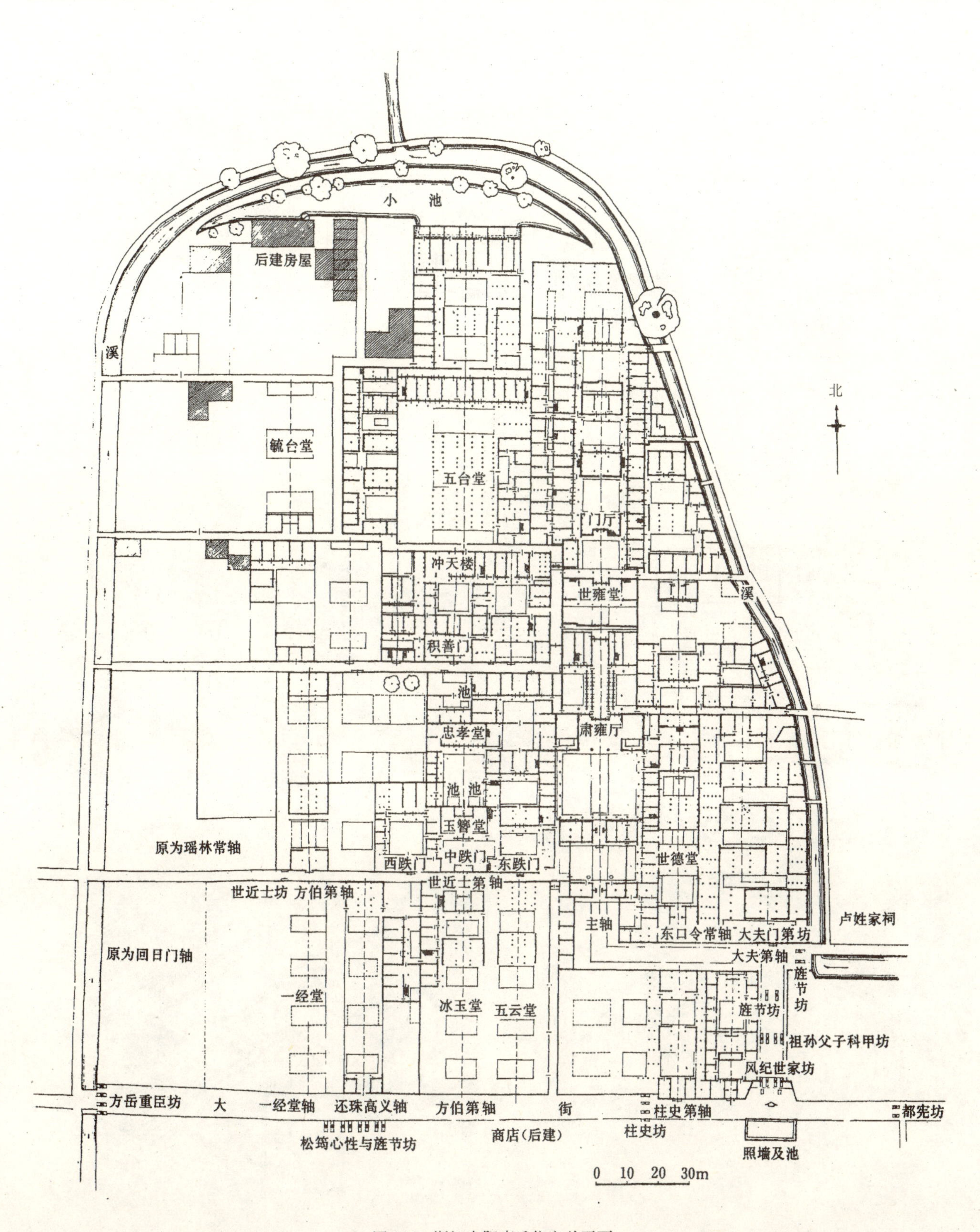

图 144　浙江东阳卢氏住宅总平面

图 145 四川重庆沙坪坝秦家岗周家院住宅剖面

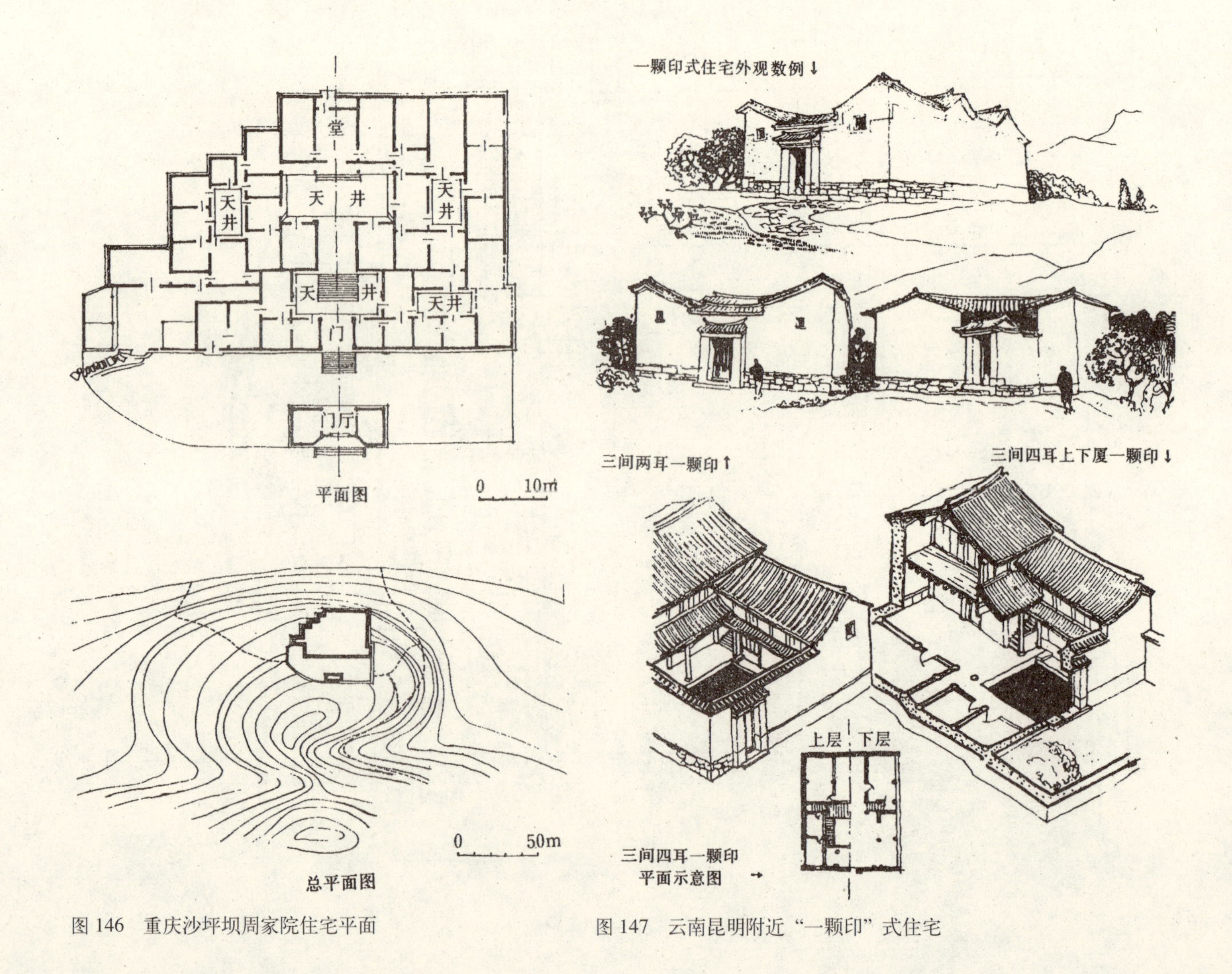

图 146 重庆沙坪坝周家院住宅平面

图 147 云南昆明附近“一颗印”式住宅

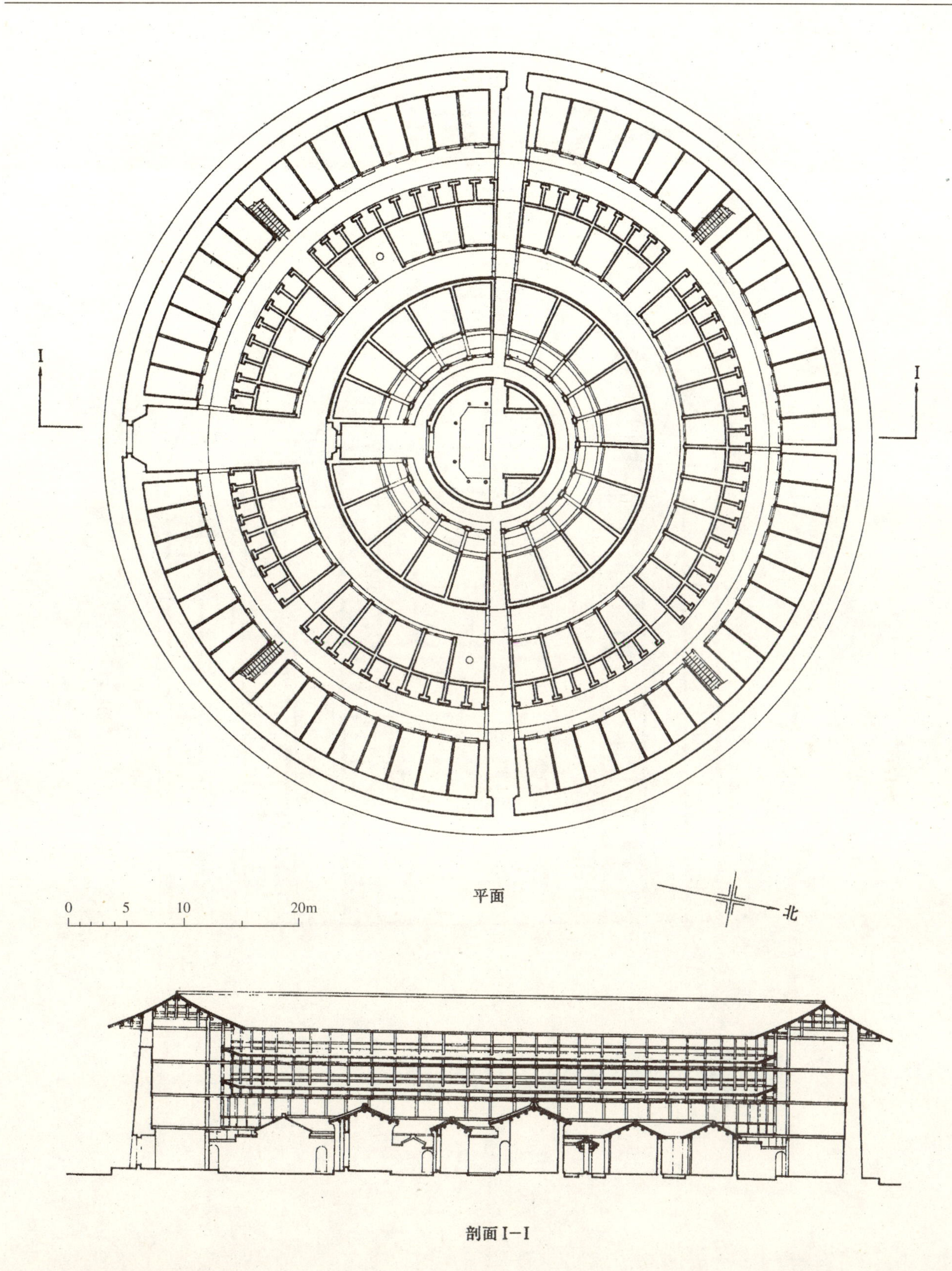

图 148　福建永定客家住宅承启楼

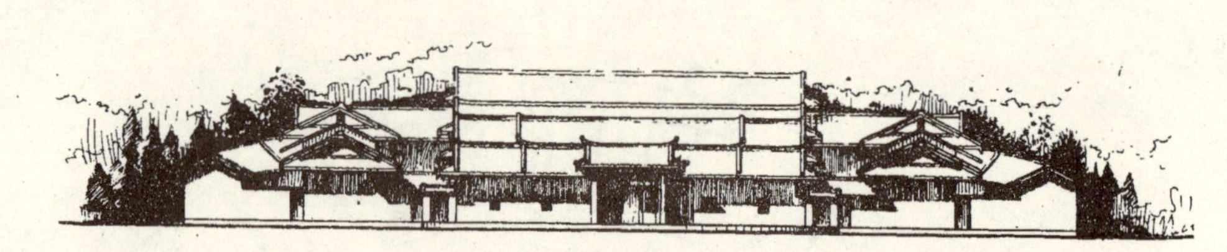

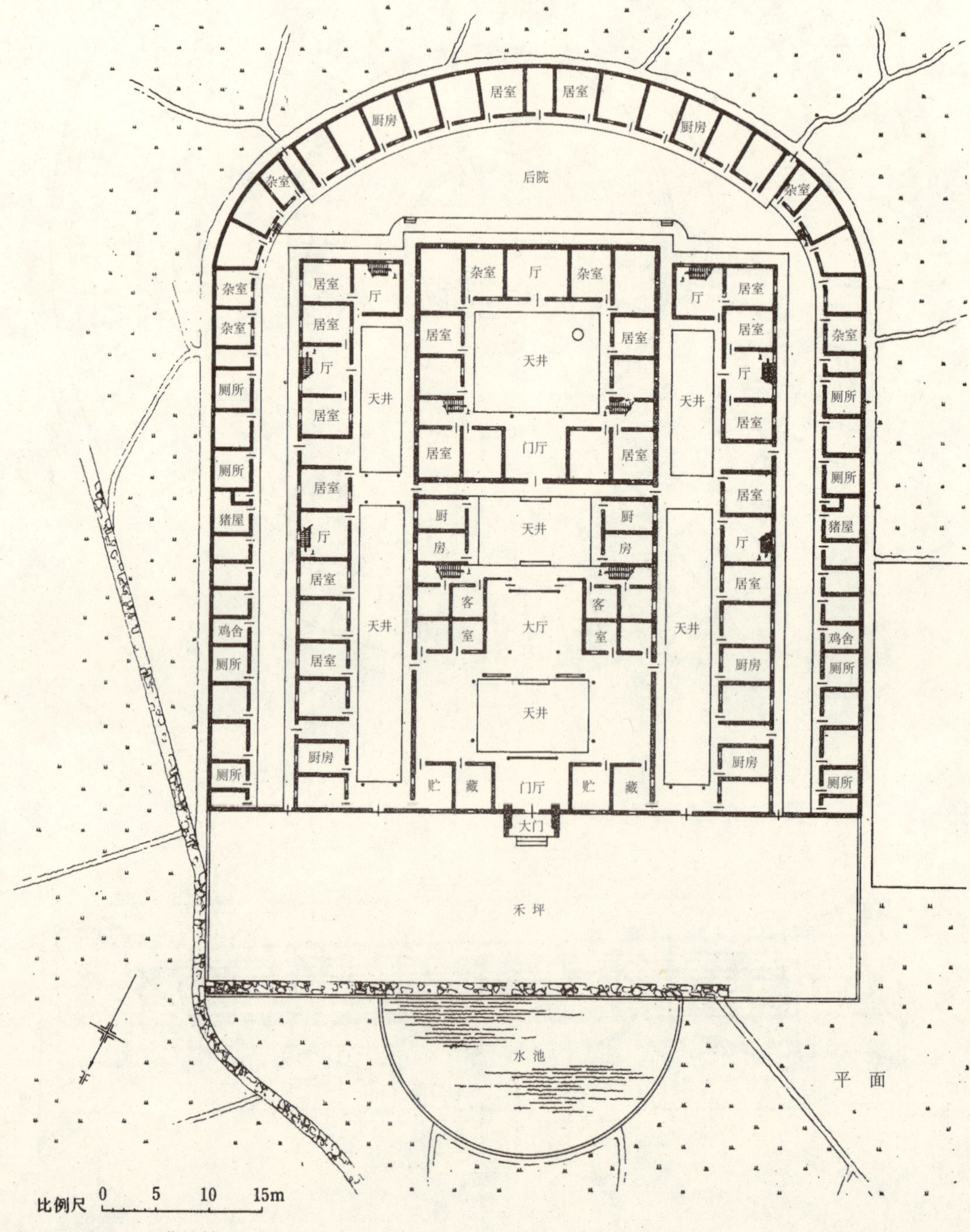

图 149 福建永定客家住宅艺槐第

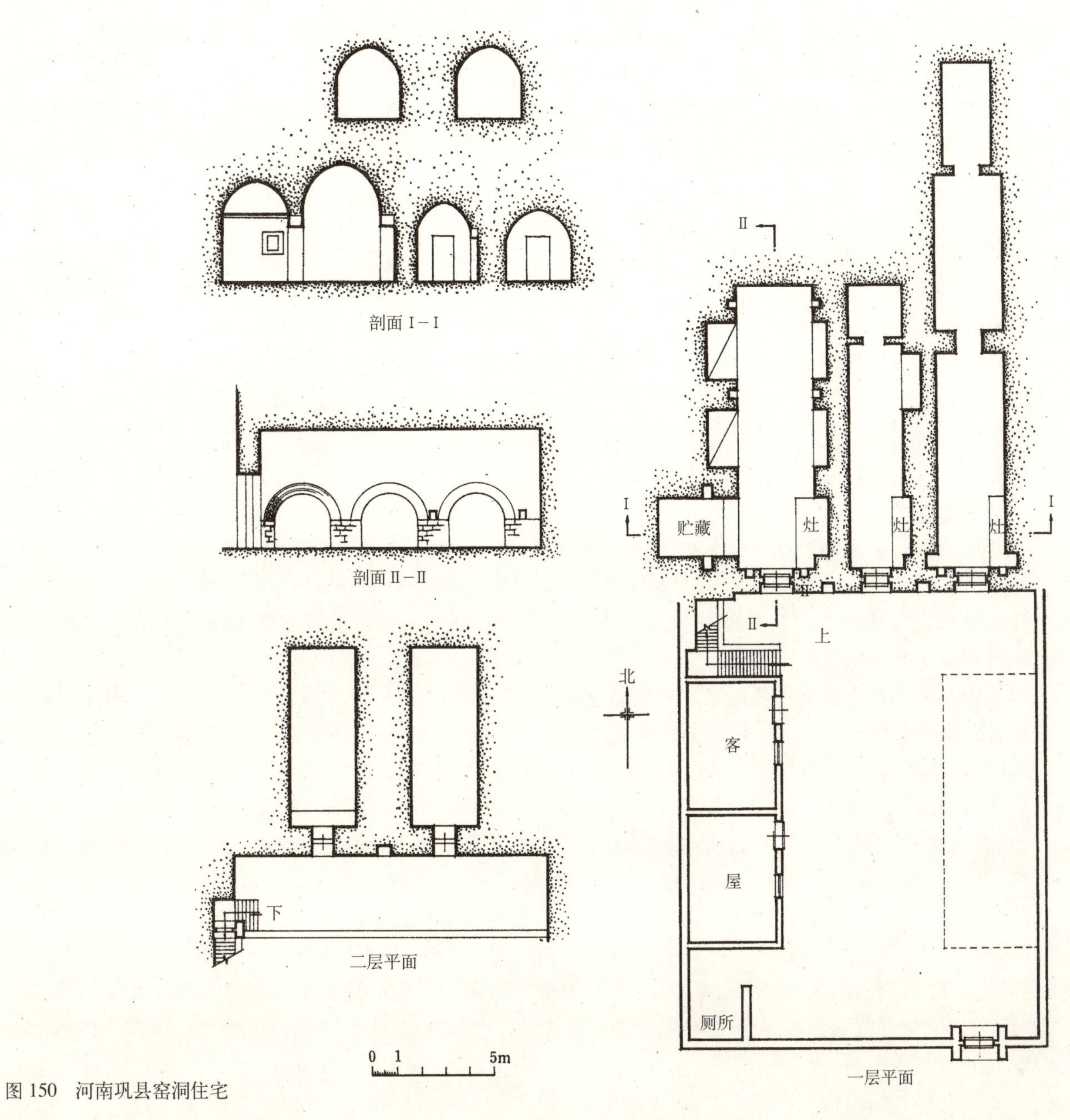

图 150　河南巩县窑洞住宅

置木门窗，穴宽一般不超过 3 米，常于侧壁开小龛。一般为单穴式，也有将前、后数穴联为套间者。黄土构成之窟洞，具冬暖夏凉之功。惟室内通风不甚良好，易滋生细菌；又为水浸时易于崩坏，是为其不足。

干阑住宅

使用于华南及西南之林区及丘陵地带。如海南岛、云南、贵州等地。此类建筑以木材或竹材构为框架，下层架空，上层建屋，再覆以茅草或陶瓦之屋盖。例如云南省景洪之傣族住所，即为此种形式。一般以 30 厘米左右见方之木柱下端埋入地中，或置于平铺地面之石础上，柱之上端联以梁、枋，再铺木板，于上另立柱建屋。下层用作畜栏及库藏，并设木梯直达上层。上层居室之外置一前廊，有坐栏供日常休息或家务劳动用。其侧另有晒台。居室大体分为堂屋与卧室二部。堂屋中前部于楼面铺石板若干，上置火灶，为全家举炊、采暖及主人待客之处。卧室在堂一侧，外人皆不得窥探或入内。居室之外壁施木板或竹片，基本不辟窗户。屋顶大多为坡度甚高之歇山式，其陶瓦一侧有小钩，可悬挂于屋面之挂瓦条上。

密肋梁平顶住宅

使用于我国华北及西藏、青海、甘肃等地，均属少雨地区。其形式为于夯土或块石所建之围护墙体上，密置断面不甚大之木条，再于其上铺木板、土坯等构成平顶，此处亦可用作粮食之晒场。藏胞所居之固定房屋，大多即属此式。其平面计三层，底层为马、牦牛等家畜之饲所；中层为卧室与贮藏；上层则置经堂、晒台与厕所。因地多产石，故外墙均以石砌。山东、河北农村中，亦有采用此式住宅者，外墙有夯土及条石二种，惟建筑多系单层，亦有局部二层者，俱用作居住或贮粮，其余畜圈与柴草，则于院侧另建小屋。

帐幕住宅

多见于西藏、甘肃、青海、新疆及内蒙古，为从事畜牧业之兄弟民族所用。以蒙族常用之“蒙古包”为例，其平面作圆形，直径4～6米，高2米有余。以活轴穿木条编为框架，外覆以毛毡。顶部留有圆形天窗以采光或排烟，当雨雪过大时，亦可予以覆盖。此项帐幕易于装拆及携带，故目前尚广泛使用于牧民中。

井干式住宅

系以原木（或表面稍加工之木材）开榫交接成框状，再相叠以为建筑之墙壁者。多使用于盛产木材之林区，如东北之大兴安岭一带。因木材长度有限，故建筑面积不能过大。而材料之使用量大及其形成之外观简单，遂使此类建筑难于获得进一步之发展。特别在木材日益匮乏情况下，非林区之其他地域，绝无可能采此种结构形式。

其他各地民居之具特色者尚多，如新疆之土坯建筑、云南昆明“一颗印”（图147）及丽江白族民居、东北大兴安岭之地穴与中南一带水上船民之舟居等等，因篇幅有限，未能一一予以介绍。

（八）私家园林

此私家园林之范围，乃包罗皇家苑囿以外之一切附属于第宅、寺观、祠庙者，即应作广义之理解。

元代此类园林罕存有实物。前述永乐宫纯阳殿中之壁画，则有间接之描绘。图中有绰楔、桥梁、殿阁、亭榭、树木、流水之属，其组合甚为自由。远处又有山崖、悬瀑，其为风景建筑至为明显。现知元代园林遗构最著名者，为位于江南水乡苏州之狮子林。园在城内东北，元末顺帝至正二年（公元1342年）僧惟则驻锡之寺园也，“有竹万个，竹下多怪石，有状如狻猊者，故名狮子林”[71]。再依元至正七年郑元祐《立雪堂记》与明初洪武五年（公元1372年）王彝《游狮子林记》等文献，知园内建筑绝少，“其为室不满二十楹，而挺然修竹则数万个”。则其中景色，自以自然风物为主。今日所见之刀山、剑峰与蚁穴、迂径，均系后世所加者。

元代大都之私园载于典籍文记者，有都南之祖园、玉渊潭丁园及廉氏万柳堂。

明、清之季，私人造园盛极一时，非但文人画家参与其事，又出现若干专司造园之专业人士。若明之计成、陆叠山，清之张琏、张然、仇好石、戈裕良等，皆名噪一时之巨匠。此时私园之竞筑，虽已遍于全国，然就其精萃与集中而言，当推京师与经济、文化繁荣之大、中城市为最突出。如南京、北京为二代帝都，贵胄、达官之第宅每构私园池山，明季南京中山王徐达子孙于城南所置之瞻园、太傅园、凤台园、万竹园等，均已数见于文记[72]。又袁枚之半山园，与龚贤半亩园中之扫叶楼，俱属清时私园之佳构。北京则以明米万钟之漫园、勺园与湛园，武清侯李伟之清华园（或称李园），严嵩之怡园及其子世蕃之听雨楼，宣武门外之四屏园诸地最负盛名。清代北京名园如恭王府花园、礼王园（又称大观园）、和珅之淑春园等，亦皆一时之极。南方私家园林之高湛水平与众多实例，均居全国之冠，其中苏、扬、杭等地更为突出。例如姑苏一带，自东晋南渡以来，已成为我国农业与手工业最繁昌地区之一。加以水、陆交通便利，科甲、文风盛鼎，故当地造园活动得以久茂而弗衰。较早之例有创于五代十国之沧浪亭及元代之狮子林。而明、清所遗园林实物尤伙。据作者调查，除久为人晓之拙政园、留园（东园）、西园、网师园、环秀山庄、怡园、艺圃（图151）、耦园等以外，其他现存大、小园林、庭圃，为数尚有百处以上，可谓研究我国传统园林之最稀珍宝

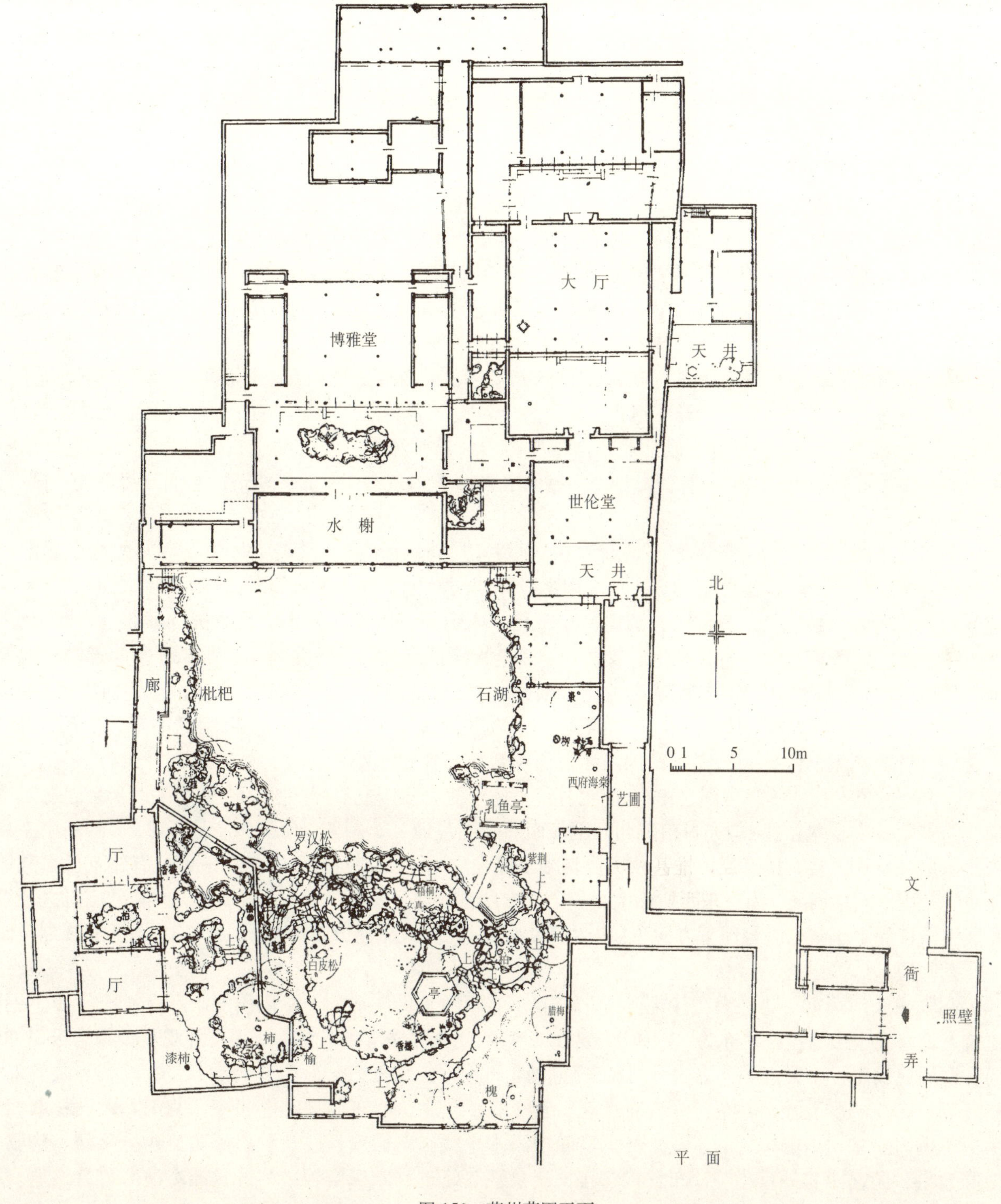

图151 苏州艺圃平面

库。又如滨临大运河之扬州，久居南北航运交通要冲，又为清代江、淮盐业集散重镇，颇具地方经济实力。复以康熙、乾隆屡经巡幸，故所在官绅、商贾于山池、楼台之营建，莫不尽心竭力，冀希荷蒙恩宠。虽旧时亭馆于今已百不存一，然依现有之何园（寄啸山庄）、个园、平山堂、徐园等实物，可窥其原来规模与风范之非同一般。但就其园林遗物数量与造园技艺而言，则与苏州犹有若干距离。

现就若干著名园林实例，分别叙述于后：

拙政园

在苏州城内东北。始为明正德间御史王献臣别业，现规模成于清末，占地六十二亩，为目前苏州诸园之最宏扩者。全园大致可分为三区：东侧称归田园居，久已荒废。中部称拙政园，面积最大，保存亦最完好，为全园精华所在。此园位于旧时住宅之北，有小门可通。入门越黄石山，即达园之主厅远香堂。此建筑面阔三间，进深七架，周以回廊，门窗皆落地槅扇，可览四周景物，故又称“四面厅”。堂北有平台临水，越池有岛山二座，林木葱郁，鸟语蝉鸣，极富江南水乡自然景色。堂西南置廊桥“小飞虹”，辟为水院一区，有临跨水际之亭榭小沧浪、得真亭、招风亭等，甚为幽静曲奥。水院西北，有旱船香洲，为仿舟形之临水建筑，尾端有楼可攀。再西北有二层之见山楼，四面环水，通以桥廊，旧日登此可远眺郊外虎丘，现此景已为市内群楼所掩矣。远香堂之东有广庭及曲折起伏之云墙，其后另成小院数区，缀以亭馆，系以长廊，植枇杷、海棠之属，故有枇杷园之名。西区称补园，地狭而水面亦不开阔，主厅在南侧，系由南、北二厅组合之鸳鸯厅形式。南称“十八曼陀罗花馆”，盖南庭中植有山茶十八株，可供冬季欣赏。北名“三十六鸳鸯馆”，以厅北水池中原蓄养此种水禽也。池北叠土石山，上建二层之浮翠阁，为全园最高观赏风景处。沿池另有倒影楼、与谁同坐轩、塔影亭、留听阁等建筑。再西，尽辟为花圃。

留园

在苏州市阊门外之西北郊。明嘉靖间太仆徐时泰建，时称东园。清嘉庆时为观察刘恕之寒碧山庄，以拥有太湖奇石十二峰而斐声江左。太平天国之役，此园幸免于难，故光绪时改称留园。总面积三十亩，为苏州现存四大名园之一。全园可分为中、东、北、西四区。由入口经小院及曲折行廊北上，即可至园之中区。此区面积约十亩，为各区中之最大者，依景物建筑布置，又可分为东、西二部。西部中凿大池，水西、北二面叠黄石山，其外再置沿墙之曲廊。南侧建明瑟楼、涵碧山房、绿荫轩临水。东为曲溪楼、西楼，楼外水滨有巨大枫杨数株，状极古朴。东部以建筑与庭院为主，主厅五峰仙馆，以南庭中矗石峰五座得名。厅之结构皆施楠木，内中装修亦颇精丽。厅西深院数重，曲廊、小轩之间，散置秀木、佳石，甚富幽情雅致。再东有鸳鸯厅“林泉耆硕之馆”。馆北月台下凿小池，隔水立石峰三座，中央为高6米余之冠云峰，相传为宋徽宗花石纲之遗孑，亦目前苏州乃至江南石峰之最佳者。两侧之岫云、朵云二峰，亦属石中上品。峰北有庭院及冠云楼，楼二层，惟甚狭仄。自岫云峰左之半亭循廊西行，即为北区，原有建筑已多破坏，现暂作花圃。园之西端，为一东西狭而南北长之土岗所据，岗上密植枫林，杂以银杏，亦为秋高时之胜景。此区建筑仅岗上小亭二座与岗下方榭（名“活泼泼地”）一所，故景色以自然与主，适与中、东区成强烈对比。

网师园

在苏州城南阔家头巷，园在住宅西、北二侧，平面约呈T字形。于中部凿池，环以湖石矶岸。主要建筑有池南之小山丛桂轩，亦为“四面厅”形式。其西北有濯缨水阁，低临池面，外观及装修均极匀称精丽。西墙建长廊，中置六角亭名“月到风来”。直北可至看松读画轩。轩东有集虚斋、五峰书屋及竹外一枝轩等，自成一区天地。其前、后各有小院，置峰石、花木。池东为住宅之西墙。为消除大面积墙面之呆板单调，除采用山墙外轮廓多变，又于墙面增添水平线脚与假窗，以及种植藤蔓植物等手法，均收到很好效果。园之西北另有小院，布置殿春簃、冷泉亭等建筑，幽深僻静，为昔日园主净心养性之所。此园面积虽仅十亩，但布局紧凑，建筑精巧秀丽，是苏州中型园林之代表作。

个园

在扬州市内西北之东关街，清初为寿芝园，嘉庆间盐业巨商黄应泰改筑，以园中多竹，故名个园。平面作横长方形，入口在南，除植竹林，又间置石笋若干，以象征春日嫩竹之破土。门内有三间之桂花厅，为主人宴饮接待宾客之处。厅北聚水为二池，池东施曲折石桥一道。池西北以湖石构有洞穴之假山，引流水如帘垂落石洞前，遂有"水帘洞"之称。洞内凉爽清谧，且垂有钟乳石，主人以此区表示夏景。池之东北，以黄石另叠一山，有石磴可登临，迂回曲折，颇具匠心，至巅建小亭供休憩眺望，亦全园之最高处。此山叠石之轮廓刚挺，其色泽黄赤，石间又少木植，故以影射金秋之肃杀。园之东南隅，于墙上凿孔若干，空气经窄巷流动，穿孔发声若北风之呼啸。又于庭院地面置白石，如示积雪之未消。凡此等等，均寓意于严冬腊八之景象。此种以"四季假山"为园景主题之构思，以及其处理之具体手法，于国内现存园林中尚属首见，故堪令人注目。

其他如岭南园林，为数不多，风格与前述者亦颇有差异，因其特点不甚突出，故暂不予以阐叙。

（九）建筑技术与建筑艺术

明代诸营建工程之最宏巨者，莫若长城之修筑（但此长城非秦、汉时所构者）。此城东起鸭绿江口西岸，西止甘肃酒泉嘉峪关，逶迤辽宁、内蒙古、河北、山西、陕西、宁夏、甘肃诸省间，全长5600公里（内中河北、山西之复线尚未计入）。沿途所经，大多系地形复杂与气候严酷之地，或腾越山岭，或凌跨沙漠，故施工、运输条件甚为不利。然终能摈除万难，成功竟此举世瞩目工程，其策划决心与艰辛劳动实令人钦佩。所建墙垣位置，常依山脉之分水岭，或利用天然之断崖绝壁。墙体之构成则施用石、砖与夯土，视地域与防卫要求而有所区别。如近京师者，均以砖石包砌内、外壁面，其中实以夯土或三合土。而山西大同一带，则皆以土筑。城高亦因所处地形而异，一般高3～8米。顶部宽度则在4～6米之间。城上构女墙、雉堞。间隔百米左右建高于城面之敌台。台有单层及二层者，可供士卒料敌、射击与休息之用。另每约1.5公里设烽火台，多置于山岭可远眺处，如遇来侵，即举烽烟示警。此外，又建炮台以置火铳，俾形成交叉射击。复设外附围垣之总台，以为地区指挥中心。而于交通孔道及险要之地，为加强防卫，就地特设关隘，如山海关、居庸关、紫荆关、倒马关、雁门关、娘子关等。其附近墩台、烽燧林立，并增建营堡、关城，俨然军事重镇。

明代长城之建设固出于防御需要，然与当时制砖业之发展亦大有关系。明季陶甓生产之数量与质量，均已超过前朝水准。如洪武初建南京城所烧制之大城砖，长度为40～45厘米，宽20厘米，厚10厘米，重量10～20余公斤，其受力强度及烧制火候皆属上乘。以后各地州、县修筑城池，均相继甃以砖壁，此项兴造活动，尤以中叶诸朝为盛。而明长城之大举兴建，亦在此时。其他砖构建筑如佛塔（大多为仿木构之楼阁式塔）、无梁殿等，为数亦复不少。

至于琉璃砖、瓦之生产，明、清均有长足进步，应用也更为广泛。知名之建筑若明南京大报恩寺塔、山西洪洞（原赵城县）广胜上寺飞虹塔、山西大同晋王府九龙壁，清北京紫禁城宫殿、颐和园诸建筑、北海九龙壁等，皆为极有代表性之作品。此时琉璃之色彩，除习用之黄、绿、蓝色外，尚有黑、紫、褐、白、桃红等多种。用于官式琉璃之构件亦逐渐定型（包括构造及外观、尺度），有利于大量建筑之设计与施工。

清雍正十二年（公元1734年）颁布之《工部工程做法则例》，是继北宋元符三年（公元1100年）编成《营造法式》后，另一部系统阐叙官式建筑各作做法以及估算工料的专门著作。全书共七十四卷，分述大木（1–27卷）、斗栱（28–40卷）、装修、石作、瓦作、发券、土作（41–47卷）、用料（48–60卷）及用工（61–74卷）。又依木架将大、小各类建筑划分为二十七种，并分别厘定其总体与局部之尺寸及做法。它进一步推动了建筑的标准化和定型化，但同时也使建筑结构的发展，受到更多的限制和束缚。此书成于清初，其内容无疑地包纳了许多迟至明末的建筑手法，这对我们了解明代建筑的发展及其具体制式，是极有帮助的。

由于大木中采用斗口为计量标准单位，结构件断面较宋《营造法式》中者大为减小。又梁之高、宽比例亦由3∶2改为5∶4，使原木出材率增加，大大节约了木材的用量。足材高度由宋制二十一分°改为二十分°，亦有利于加速设计与施工的进程。此外，还简化了若干构件的具体做法，如改月梁为直梁，取消柱之侧脚与生起，斗底不皿顱、椽头不杀等等皆可省时省工。

由于结构与做法上的变化，使建筑的外观亦与唐、宋有较大区别。建筑轮廓中曲线少而直线多，如缓和起翘的屋脊与檐口俱已不见；柱的细长比增加到1/10或以上，开间的空间形状亦由方形变为扁方形；斗栱尺度减小，攒数增加；彩画色调由以金、红为主的暖调，转为以蓝、绿为主的冷调等等。

明、清建筑中使用石质大型浮雕、壁塑及壁画者甚为少见。偶见之壁画，亦多施于佛寺。明代壁画如绘于山西应县净土寺大殿（金）、四川蓬溪宝梵寺大殿者，其风貌形象，较之元永乐宫则远不逮矣。而清代所绘者，尤等而下之。然砖、木雕刻之艺术，则于此期有较大发展。特别在江南一带，其民间住宅稍有余赀者，多于大门前后之上端，施简繁不等之砖刻；或在大木之垂莲柱、斜撑，门窗之裙板处施木刻；手法大多为浅或深之浮雕。其所示内容有山川、植被、建筑、人物、禽兽及几何纹样等，或表现历史故事、或征兆喜庆吉祥，甚为丰富多彩。

明、清彩画类型已逐渐定型，且等级及构图纹式亦与前代有较大区别。如梁、枋彩画之箍头与枋心比例，渐趋向各占总长之1/3。又色彩之由暖色转向冷色，已见前述，并且还采取青、绿二色上下、左右相间的手法。此外，沥粉贴金和披麻捉灰的运用，也对彩画的表现和施工带来很大的变革。在装饰纹样方面，明代尚继承的以往形式如西蕃莲，至清代已完全由旋子来代替。又出现了广泛运用于园林、住宅的苏式彩画，其主要装饰所在之“包袱”，系以历史故事、风景名胜、博古宝器等为内容，与历来彩画一贯施几何纹样者大相径庭。

家具为建筑中不可缺少的组成之一。明代因对海外贸易的开展，输入了盛产于东南亚的热带优质木材，如紫檀、红木、花梨木等，具有质地细密、坚硬光滑、纹理优美、色泽绚丽特点，为制造构件断面小与榫卯精密的高级家具创造了条件。明代家具的特征是它的功能、结构和外观的高水平统一，在保证其使用功能条件下，将结构构件的断面减至最小程度。在外观上，则充分利用各组成构件之原有尺度，仅稍加处理，如桌、凳、几等腿柱之略予收杀；其间横撑则做成中间稍凸之“月梁”式样；所用少量雕饰，则集中于辅助构件上。是以明代家具以比例匀称、结构简洁、造型明快著称。清式家具继承明之传统，但装修渐趋华丽、繁琐，造型亦较复杂。又镶嵌以贝壳、陶瓷、大理石等，至清代末季，更受若干外来影响，虽工料精致，但外观已与传统风格相去甚远。

注释

[1] 《三国志·魏书》卷二·文帝纪引《魏略》。

[2] 《三国志·魏书》卷三·明帝纪引《魏略》。

[3] 同上。

[4] 《三国志·吴书》卷四十八·孙皓传引《江表传》。

[5] 《魏书》卷九一·蒋少游传。

[6] 《魏书》卷八·世宗纪。

[7] 北魏·杨衒之《洛阳伽蓝记》卷五。

[8] 同上，卷二。

[9] 同上，卷五。

[10] 《魏书》卷一一四·释老志。

[11]《南史》卷七十·郭祖深传。
[12] 北魏·杨衒之《洛阳伽蓝记》卷一。
[13] 同上。
[14] 同上。
[15]《隋书》卷二·高祖纪。
[16]《旧唐书》卷十八（上）·武宗纪。
[17]《隋书》卷四·炀帝纪（下）。
[18]《旧唐书》卷四·高宗纪（上）。
[19]《旧唐书》卷三十八·地理志（一）。
[20] 同上。
[21]《隋书》卷三·炀帝纪（上）。
[22] 宋·晁载之《续谈助》卷四引《大业杂记》。
[23]《旧唐书》卷二十二·礼仪志（二）。
[24] 唐·张鷟《朝野佥载》卷五。
[25]《旧唐书》卷九·玄宗纪（下）。
[26]《旧唐书》卷三十八·地理志（一）。
[27]《新唐书》卷三十七·地理志（一）。
[28] 尉迟偓《中朝故事》。
[29] 宋·李清臣《重修都城记》。
[30] 宋·王瓘《北道刊误志》。
[31]《宋史》卷八十五·地理志。
[32]《九域志》。
[33]《资治通鉴》。
[34]《考古学报》1958年第2期。
[35]《宋史》卷八十五·地理志。
[36] 同上。
[37] 同上。
[38] 明·毕沅《续资治通鉴》卷九。
[39]《宋史》卷八十五·地理志。
[40] 同上。
[41] 同上。
[42] 南宋·李心传《建炎以来朝野杂记》乙集·卷三。
[43] 南宋·周密《齐东野语》卷十九。
[44] 南宋·叶绍翁《四朝闻见录》戊集。
[45]《金史》卷五·海陵纪。
[46] 宋·孟元老《东京梦华录》卷三。
《宋朝会要》。
明·李濂《汴京遗迹志》十。
[47]《白沙宋墓》。

[48]《中国营造学社汇刊》七卷一期。
[49]《辽史》卷三十八·地理志。
[50]《泉州府志》。
[51]《元史》卷一五七·刘秉忠传。
[52]《元史》卷五·世祖纪（二）。
[53]《元史》卷五十八·地理志。
[54] 谷应泰《明史纪事本末》卷二。
[55]《明纪》卷二。
[56]《明纪》卷五。
[57]《明史》卷四十·地理志。
[58] 同上。
[59] 同上。
[60]《明太祖实录》卷四十五。
[61]《明太祖实录》卷二十一。
[62]《明太祖实录》卷一百十五。
[63]《明宣宗实录》。
[64]《明英宗实录》。
[65]《明史》卷八·舆服志（四）。
[66]《大明统一志》。
[67]《元史》卷十七·世祖纪（十四）。
[68]《元史》卷四·世祖纪（一）。
[69]《帝京景物略》。
[70]《明史》卷六十八·舆服志（四）。
[71] 元·欧阳玄《狮子林菩提正宗寺记》（至正十四年）。
[72] 明·王世贞《游金陵诸园记》。
明·顾起元《客座赘语》。

附录一　学习《中国古代建筑史》的课程说明(1953 年 2 月)

1．课程目的

为配合建筑学专业培养社会主义现实主义建筑师的任务，本课程的目的如下：

（甲）通过建筑史认识劳动人民是创造中国历史的原动力，进而明确建筑与社会的关系，树立正确的建筑创作思想。

（乙）发扬爱国主义精神，学习中国古典建筑的优良传统，为今后发展社会主义现实主义的建筑，打下必要的基础。

2．课程内容

本课程自一年级下学期开始，两学期学完。第一学期讲述历史部分，以社会发展规律说明中国建筑的形成发展与演变，及其对人类文化的伟大成就与贡献。第二学期讲述结构部分，以北京建筑为中心，解释中国建筑的结构、比例。历史部分因时间关系，采取断代法与分类法的综合方式，内容如下：

第一章 序论

中国建筑的自然条件 中国建筑的发展概况 中国建筑的基本特征

第二章 各种建筑的演变与特征

住宅园林 都城知衙署 园苑 陵墓 坛庙 佛寺 塔幢 石窟 牌坊 桥梁

第三章 结构与装饰的演变与特征

概说 台基 木架及斗栱 屋顶与瓦饰 墙壁 装修 彩画 附属艺术

3．时间支配

本学期十七周，每周讲课四学时，共 68 学时。除去春假外，实际讲课 64 学时，测验 2 学时，共计 66 学时。具体分配如下：

第一章 讲课 15 学时　测验 1 学时

第二章 讲课 18 学时　测验 1 学时

第三章 讲课 31 学时

4．讲课方式

建筑系造型艺术，必须使同学们掌握各时代各种建筑的形象比例，故采取口授与抄笔记方法，俾同学们印象较深，记忆较快。此外，随讲课进度，发给蓝图，并放映幻灯，帮助同学们得到形象上的具体了解。

5．自修

本学期每周自修二学时，除答疑外，主要用于抄绘教师指定的图样，俾同学们通过绘图能掌握各种建筑的形象特征，供设计创作的参考。

6．检查成绩

本学期第三、第八、第十三、第十七周，各检查笔记一次。

第四、第十周各测验一次。

最后经过考查，参加学期考试。考试采用口试。

附录二　中国古代建筑史参考书目*（1964 年）

综合类

一、通史

书名	作者	出版
《资治通鉴》（四册）	[宋] 司马光等撰 [元] 胡三省注	古籍出版社（1957 年）
《续资治通鉴》	[清] 毕沅撰	[备要]41.42.
《通鉴辑览》	[清]	
《中国史稿》（第一、二册）	郭沫若等编	人民出版社（1963 年）
《中国通史简编》	范文澜	人民出版社
《中国史纲》	剪伯赞	
《中国史论集》	剪伯赞	
《中国历史参考图谱》	郑振铎	
《中国通史资料选辑》	河南大学	
《中国历史研究论文集》	宁夏师范学院	
《北京大学人文科学学报》	（期刊）	
《历史研究》	（期刊）	
《史学月刊》	（期刊）	
《史学集刊》	（期刊）	
《历代小史》		
《李朝 500 年史》		
《桑原博士东洋史论丛》	[日]	
《市村博士东洋史论丛》	[日]	
《白鸟博士东洋史论丛》	[日]	
《国华月刊》	[日]	
《通报》	[法]	
《世界历史大系》	[日] 三岛一等编	平凡社（昭和十年）

二、专史

书名	作者	出版
《中国民族简史》	吕振玉	
《中国交通史》	白寿彝	商务印书馆（民国 26 年）
《中西交通史》	向　达	
《中日交通史》	王辑五	
《中国民族史》	蔡元培	
《中国古代社会史》	侯外庐	
《中国商业史》	王孝通	
《宋、元经济史》	王志端	商务印书馆
《浙东史学探源》		
《西域史研究》		
《支那文明史》	[日]	

* [整理者注]：原稿由刘敦桢先生亲笔拟就，后经刘致平、傅熹年、张驭寰、郭湖生等补充、组编。约成于 1964 年。此稿由喻维国提供，再经整理者依原稿修订。

《中国阿拉伯海上交通史》	[日]桑原隲藏　冯攸译	商务印书馆
《中国经济史论证》	[日]加藤繁　吴杰译	商务印书馆
《支那常平仓沿革考》		
《东洋史杂论》		

三、地理、地志

《大唐西域记》	[唐]释·玄奘	
《雍录》	[宋]程大昌	
《顺天府志》	[清]乾隆时官修	
《天下郡国利病书》	[清]顾炎武	
《历代帝王宅京记》	[清]顾炎武	
《历代陵寝备考》	[清]朱孔阳	
《关中胜迹志》	[清]毕　沅	
《读史方舆纪要》	[清]顾祖禹	
《中国长城沿革考》	王国良	商务印书馆
《长安史迹考》	[日]足立喜六　杨炼译	
《五台山》	[日]小野胜年	

四、类书

《通典》	[唐]杜　祐
《太平御览》	[宋]李昉等
《太平广记》	[宋]李昉等
《文苑英华》	[宋]李昉等
《册府元龟》	[宋]王钦若等
《事物纪原》	[宋]高　承
《事林广记》	[宋]陈元靓
《玉海》	[宋]王应麟
《事文类聚》	[宋]祝　穆
《文献通考》	[元]马端临
《永乐大典》	[明]解缙等
《古今图书集成》	[清]康熙时官修
《五礼通考》	[清]秦惠田
《三才图会》	[明]王　圻
《倭名类聚抄》	[日]源　顺

五、哲学、宗教、社会经济文化

《宏明集》	[梁]释·僧佑
《广宏明集》	[唐]释·道宣
《法范珠林》	[唐]释·道世

《高僧传》	[唐]释·道宣	
《续高僧传》	[宋]释·赞宁	
《中国佛教史》	黄忏华	
《佛教研究法》	吕　澄	
《汉魏·两晋·南北朝佛教史》	汤用彤	
《中国道教史》	傅勤家	
《中国书院制度》	盛朗西	中华书局（民国23年）
《印度佛教史略》	吕　澄	
《景教碑论》	冯承钧	商务印书馆
《灵谷寺禅林志》	谢之福	
《自然辩证法》	[德]恩格斯	
《东洋文化史大系》	[日]	
《支那佛教史迹》	[日]常盘大定、关野贞	
《支那佛教史迹踏查记》	[日]常盘大定	
《满州宗教志》	[日]满铁弘报处	
《洛阳大福先寺考》	[日]安藤更生	
《蒙古喇嘛教史》	[日]	
《彳ラニと支那文化》	[日]	

六、艺术

《东洋美术史》	史　岩	商务印书馆（民国25年）
《中国艺术史》		
《中国古代雕塑集》	刘开渠	
《唐·五代·宋·元名迹》	谢稚柳	
《中国壁画艺术》	秦嶺云	
《敦煌壁画》	敦煌文物研究所	
《敦煌壁画》	中央美术学院	
《敦煌壁画》	朝花美术出版社	
《敦煌藻井图案》	中央美术学院	
《敦煌图案》	东北美术专科学校	
《古代建筑装饰花纹选集》	西北历史博物馆	
《中国历代名画记》		
《世界美术全集》	[日]	
《西方美术东渐史》	[日]关衛熊　得山译	商务印书馆
《极东三大艺术》	[日]小田玄妙	
《敦煌壁画之研究》	[日]松本荣一	
《印度美术史》	[日]逸见梅荣	
《朝鲜美术史》	[日]关野贞	
《中国古文样史》	[日]关野雄	

《造像度量经》 [清]工布查布
《The Art of Indian through the Ages》：Stellar Kramrisch(India)
《Chinese Pottory and Porcelain》：Hopson.A.C.(England)

七、建筑

《中国营造学社汇刊》 中国营造学社 北平京城印书局
《中国建筑史》 乐嘉藻
《中国建筑史》 梁思成
《中国建筑史讲义》 清华大学、天津大学、重庆土建学院
《中国建筑简史》 建筑科学研究院
《中国建筑史图录》 清华大学
《中国建筑营造图录》 清华大学
《中国建筑史参考图》 刘敦桢
《中国建筑类型及结构》 刘致平 建筑工程出版社
《中国建筑设计参考图集》 刘致平
《中国建筑》 清华大学、中国科学院
《宋、辽、金、元、明、清建筑论文稿》 胡思永、章明、邵俊仪、乐卫忠 （未刊稿）
《中国住宅概说》 刘敦桢 建筑工程出版社
《上党古建筑》 山西文化局
《历史建筑》 古建修整所
《经幢》 杜修均稿
《中国古代桥梁》 唐寰澄
《中国石桥》 罗 英
《哲匠录》 梁启雄、朱启钤、刘敦桢等 《中国营造学社汇刊》
《建筑理论及历史资料汇编》 建筑科学研究院 未刊稿
《中国建筑史》 [日]伊东忠太
《支那建筑及装饰》（三册） [日]伊东忠太
《支那之建筑与艺术》 [日]关野贞
《日本之建筑与艺术》 [日]关野贞
《支那建筑》 [日]伊东忠太、关野贞、塚本清
《伊东忠太全集》 [日]伊东忠太
《支那建筑》 [日]伊藤清造
《支那住宅志》 [日]八木玄奘
《支那庭园论》 [日]冈大路
《瓦》 [日]关野贞
《支那之佛塔》 [日]村田治郎
《日本建筑史》 [日]天沼俊一
《日本建筑史图录》 [日]天沼俊一
《日本建筑细部变迁小图录》 [日]天沼俊一

《中国建筑之日本建及其影响》 [日]饭田须贺斯
《琉球建筑》 [日]田边泰
《朝鲜上代建筑》 [日]米田美代治
《国宝重要建筑名录》 [日]
《日本古代建筑》 [日]
《佛塔的起源》 [日]
《A Brief History of Chinese Architecture》：D. G.. Mirans
《Chinese Architecture》：E. Eoc
《Chines-che Bankeramik》: E. Boerschmann
《Tomb Tile Picture of Ancient China》: W. C. White
《The Evelution of Buddhist Architecture in Japan》: A. C. Seper
《History of Indian and Eastern Architecture》: (?)
《Indian Architecture, Buddhist and Hinda》: Perey Brown
《Indian Architecture, Islamic Period》: Perey Brown
《Indian Paintings, Islamic Period》: Perey Brown
《Chinese Bridges》: H. Fugh-Meyer

八、文物、考古

《金石索》 [清]冯云鹏 上海·千顷堂
《金石萃编》 [清]王 昶 上海·醉六堂
《语石》 [清]叶昌炽
《新中国的考古收获》 考古研究所
《考古学报》 考古研究所 文物出版社
《考古》 (期刊) 文物出版社
《文物》(原名《文物参考资料》) (期刊) 文物出版社
《雁北文物考察团报告》 文化部文物局
《世界考古大系》 [日]
《支那文化史迹》 [日]关野贞、常盘大定
《朝鲜古迹图谱》 [日]
《新西域记》 [日]通瑞超
《东亚考古学》 [日]江上波夫
《中国考古学研究》 [日]关野雄
《山西古迹志》 [日]水野清一
《满洲之古迹》 [日]三宅俊成
《斯坦因西域考古记》 [英]A. Stain 向达译
《The Thousand Buddhas Ruins of Desert Cathay》：A. Stein
《Les Crottes de Touen-Houang》：Pelliot
《Tomb of Old Le-Yang》：W.C.White
《Bilderatles Zus Kunstmid Kulturgeschichte Mittle-Asions》：A.von Le Coq

《Die Buddhestische Spantantike in Mittel−Asien》：A.von Le Coq
《Mission Archeohigeque dons la Chine Septentionale》：Chavannes

九、工具书

《说文》	[汉]许　慎	
《玉篇》	[梁]顾野王	
《康熙字典》	[清]张玉书等	
《中国历代帝王年表》	[清]齐台南	
《辞海》	中华书局	
《中、西回史日历》	陈　垣	
《中国历代尺度考》	杨　宽	
《中国历史年表》	万国鼎	

分期类

一、原始社会及奴隶社会

《左传》	[战国]左丘明	[备要5]
《管子》	[战国]（题）管仲	[备要52]
《墨子》	[战国]（题）墨翟	[备要53]
《周礼》	[汉]郑玄注	[备要8]
《礼记》	[汉]郑玄注	[备要9]
《仪礼》	[汉]郑玄注	[备要9]
《仪礼释宫》	[宋]李如圭	《古今图书集成》
《仪礼图》	[宋]杨　复	《通志堂经介》
《三礼图》	[五代]聂崇义	《四部丛刊》
《六经图》	[宋]杨　申	
《考工记图》	[清]戴　震	《皇清经介》
《群经宫室图》	[清]焦　循	《皇清经介》
《寝庙宫制度考》	[清]金　鹗	
《揅经室集》	[清]阮　元	《古今图书集成》
《皇清经介》	[清]阮　元	
《续皇清经介》	[清]瞿鸣玑	
《殷墟书契考释》	罗振玉	
《观堂集林》	王国维	中华书局
《宫室考》	[清]任启连	
《中国史前时期之研究》	裴文中	
《中国石器时代的文化》	裴文中	中国青年出版社（1945年）
《中国石器时代》	裴文中	
《中国新石器时代》	尹　达	三联书局（1955年）
《中国猿人》	贾兰坡	龙门联合书局（1954年）

《河套人》	贾兰坡	龙门联合书局（1953 年）
《山顶洞人》	贾兰坡	龙门联合书局（1953 年）
《西安半坡》	考古研究所	文物出版社（1963 年）
《庙底沟与三里桥》	考古研究所	科学出版社（1959 年）
《郑州二里岗》	考古研究所	科学出版社（1959 年）
《澧西发掘报告》	考古研究所	文物出版社（1963 年）
《洛阳中州路》	考古研究所	科学出版社（1959 年）
《寿县蔡侯墓出土遗物》	考古研究所	科学出版社（1956 年）
《城子崖》	梁思永	中央研究院（民国 23 年）
《安阳发掘报告》	中央研究院历史语言研究所	同上
《六同别录》	中央研究院历史语言研究所	同上
《殷墟发掘》	胡厚宣	上海学习生活出版社（1955 年）
《小屯》（第二册殷墟建筑遗存）	石璋如	台湾中央研究院
《中国青铜器时代》	郭沫若	文治出版社（民国 34 年）
《十批判书》	郭沫若	群益出版社（民国 34 年）
《欣然斋史论集》	李亚农	上海人民出版社（1962 年）
《陕西考古发掘报告》	苏秉琦	北平研究院史学所(民国 37 年)
《古代社会》	[美]	
《南满洲のトルソニとその方位》	[日]	《满洲历史与地理》(昭和 6 年)
《内蒙古になけるっ抹考古学者の调查》	[日]	

二、战国、秦汉、三国

《战国策》	[汉]刘向编校	[备要 44]
《国语》	[战国]左丘明[三国]章昭注	[备要 44]
《荀子》	[战国]荀　况	[备要 52]
《韩非子》	[战国]韩　非	[备要 52]
《淮南子》	[汉]刘　安	[备要 54]
《竹书纪年》	[战国时书]	[备要 44]
《吴越春秋》	[汉]赵　晔	[备要 44]
《史记》	[汉]司马迁	[备要 15]
《前汉书》	[汉]班　固	[备要 16]
《后汉书》	[晋]范　晔	[备要 17]
《三国志》	[晋]陈　寿	[备要 18]
《东观汉纪》	[汉]刘　珍	[备要 45]
《三辅黄图》	[晋]葛　洪	《古今图书集成》
《西京杂记》	[梁]吴　均	[备要 91]
《两京赋》	[汉]张　衡	[备要 91]
《两都赋》	[汉]班　固	[备要 91]
《三都赋》	[三国]左　思	[备要 91]

《灵光殿赋》	[汉]王延寿	[备要91]
《七国考》	[明]董　说	《古今图书集成》
《西汉会要》	[清]徐天麟	《古今图书集成》
《东汉会要》	[清]徐天麟	
《秦会要订补》	徐　复	上海群联出版社（1955年）
《辉县发掘报告》	考古研究所	科学出版社（1956年）
《长沙发掘报告》	考古研究所	科学出版社（1957年）
《洛阳烧沟汉墓》	考古研究所	科学出版社（1959年）
《河南信阳楚墓出土文物图录》	河南文物工作队	河南人民出版社（1959年）
《战国绘画资料》	杨宗荣	
《望都汉墓二号》	河北省文化局	文物出版社
《沂南古画像墓发掘报告》	南京博物院	文化部文物局出版社（1956年）
《秦、汉瓦当文》（五卷）	罗振玉	《永慕园丛书》
《瓦当文》	黄仲慧	
《汉代艺术研究》	常任侠	
《南阳汉画像石集》	关百益	
《汉代绘画选集》	常任侠	朝花出版社（1955年）
《四川汉代画像砖选集》	闻宥	上海群联出版社（1955年）
《四川汉画像砖艺术》	刘志远	中国古典学术出版社（1958年）
《江苏徐州汉画像石》	江苏省文管会	科学出版社（1959年）
《广州出土汉代陶屋》	广州市文管会	文物出版社（1958年）
《云南晋宁石寨小石墓群发掘报告》	云南省博物馆	文物出版社（1959年）
《邯郸》	[日]关野雄	
《乐浪王先墓》	[日]	
《南山裡》	[日]	
《牧羊城》	[日]原田淑人	东亚考古学会（昭和6年）
《营城子》	[日]	
《中国西部考古记》	[法]色迦兰著 冯承译	

三、两晋、南北朝

《晋书》	[唐]房　乔	[备要19]
《宋书》	[梁]沈　约	[备要20]
《南齐书》	[梁]萧子显	[备要20]
《梁书》	[唐]姚思廉	[备要20]
《陈书》	[唐]姚思廉	[备要20]
《南史》	[唐]李延寿	[备要23]
《北史》	[唐]李延寿	[备要23]
《魏书》	[北齐]魏　收	[备要21]
《北齐书》	[唐]李百药	[备要22]

《周书》	[唐]令狐德棻	[备要22]
《晋略》	[清]周　济	[备要45]
《十六国春秋》	[魏]崔　鸣	[备要45]
《华阳国志》	[晋]常　璩	[备要45]
《世说》	[宋]刘义庆	[备要55]
《昭明太子文选》	[梁]萧　统	[备要19]
《颜子家训》	[北齐]颜子推	[备要55]
《水经注》	[北魏]郦道元	[备要47]
《水经注图》	[清]杨守敬	
《邺中记》	[晋]陆　翙	《古今图书集成》、《说郛》
《洛阳伽蓝记》	[北齐]杨衒之	[备要47]
《佛国记》	[晋]释·法显	商务印书局（民国26年）
《建康实录》	[唐]许　嵩	
《六朝事迹类编》	[宋]张敦颐	《古今图书集成》
《金陵古今图考》	[明]陈　沂	《南京文献》
《金陵古迹图考》	朱　偰	商务印书局
《六朝陵墓调查报告》	朱　偰	商务印书局
《云岗石窟》	山西云冈古迹保管所	文物出版社（1957年）
《龙门石窟》	龙门保管所	文物出版社（1958年）
《巩县石窟寺》	河南省文物工作队	文物出版社（1963年）
《麦积山石窟》	文化部文化局	文物出版社（1959年）
《炳灵寺石窟》	文化部文化局	文物出版社（1953年）
《敦煌莫高窟》	李贞伯	甘肃人民出版社
《北朝石窟艺术》	罗　子	上海人民出版社（1955年）
《吐鲁番考古记》	黄文弼	科学出版社
《邓县彩色画像砖墓》	河南文物工作队	文物出版社（1958年）
《千甓亭砖录》	[清]陆心源	《潜园总集》
《大同石佛寺》	[日]木下杢太郎	《座右宝刊》（昭和十三年）
《高句丽遗蹟》	[日]池内宏	《座右宝刊》（昭和十一年）
《通沟》（二册）	[日]池内宏、滨田耕作	《座右宝刊》（昭和十四年）
《响堂山石窟》	[日]水野清一	
《龙门石窟研究》	[日]水野清一、长广敏雄	《座右宝刊》（昭和十四年）
《高句丽王朝古迹》	[日]朝鲜总督府	
《高句丽观音像》	[日]驹井和爱	

四、隋、唐、五代

《隋书》	[唐]魏　征等撰	[备要22]
《旧唐书》	[后晋]刘　珣	[备要24.25]
《新唐书》	[宋]欧阳修、宋　祁	[备要26.27]

《旧五代史》	[宋]薛居正	[备要28]
《新五代史》	[宋]欧阳修	[备要28]
《唐会要》	[宋]王　溥	《古今图书集成》
《五代会要》	[宋]王　溥	《古今图书集成》
《唐六典》	[唐]李林甫	
《唐大诏令集》	[唐]宋敏求编	《适园丛书》商务印书馆（1959年）
《唐律疏义》	[唐]长孙无忌	《古今图书集成》
《大唐开元札》	[唐]萧　嵩	《四库全书》洪氏唐石经馆
《酉阳杂俎》	[唐]段成式	
《两京新记》	[唐]韦　述	《古今图书集成》
《大业杂记》	[唐]杜　宝	《古今图书集成》、《说郛》
《国史补》	[唐]李　肇	中华书局
《剧谈录》	[唐]康　骈	中华书局
《北里志》	[唐]孙　棨	中华书局
《陆宣公文集》	[唐]陆　贽	《中华国学基本丛书》
《白香山集》	[唐]白居易	[备要]、《中华国学基本丛书》
《会昌一品集》	[唐]李德裕	《中华国学基本丛书》
《唐世说新语》	[唐]刘　肃	
《海山记》	[唐]佚　名	《古今逸史》
《迷楼记》	[唐]佚　名	《古今逸史》
《开河记》	[唐]佚　名	《古今逸史》
《唐语林》	[唐]王　谠	中华书局
《北梦琐言》	[五代]孙光宪	中华书局
《唐摭言》	[五代]王定保	中华书局
《唐长安图》（吕大防图）	[宋]吕大防	
《南部新书》	[宋]钱　易	中华书局
《游城南记》	[宋]张　礼	《古今图书集成》
《入唐求法寻礼行记》	[唐]日僧·国仁	
《戒坛图经》	[唐]释·道宣	金陵刻经处
《两京城坊考》	[清]徐　松	《古今图书集成》
《两京城坊考补记》	[清]陆鸿诒	《藕香零拾》
《神机制敌太白阴经》	[唐]李　筌	《古今图书集成》
《隋、唐史》	岑仲勉	高教部教材处（1954年）
《隋、唐制度渊稿略》	陈寅恪	商务印书馆（民国25年）上海．
《唐代政治史述论稿》	陈寅恪	商务印书馆（民国31年）重庆．
《咸阳县志》		
《西京胜迹考》	阎文儒	西安新中国文化出版社（民国32年）
《唐长安与西域文明》	向　达	三联书店（1957年）
《唐昭陵石迹考略》	林同人	

《唐代雕塑选集》	王子云	朝花出版社（1955年）
《敦煌唐代图案选》	敦煌文物研究所	人民美术出版社（1959年）
《唐长安大明宫》	考古研究所	科学出版社（1959年）
《南唐二陵发掘报告》	南京博物院	文物出版社（1957年）
《苏州虎丘塔出土文物》	苏州市文管会	文物出版社（1958年）
《渤海国东京城》	[日]	
《渤海国小史》	[日]鸟山善一	
《长安与洛阳》	[日]平冈武夫	陕西人民出版社（1953年）

五、宋

《宋史》	[元]托克托	[备要29.30.31.32]
《宋史纪事本末》	[明]冯琦、陈邦瞻增订	《历朝经事本末》中华书局（1955年）
《宋朝事实》	[宋]李　攸	《古今图书集成》
《续资治通鉴长编》	[宋]李　焘	《四库全书》
《东都事略》	[宋]王　偁	《四库全书·宋、辽、金、元别史》
《宋会要辑稿》	[清]徐　松	中华书局
《归田录》	[宋]欧阳修	《稗海》涵芬楼
《春明退朝录》	[宋]宋敏求	《古今图书集成》
《文昌杂录》	[宋]庞光英	《古今图书集成》
《梦溪笔谈》	[宋]沈　括　胡道静校注	中华书局（1957年）
《渑水燕谈录》	[宋]王辟之	《古今图书集成》
《挥尘录》	[宋]王清明	《古今图书集成》
《鸡肋篇》	[宋]庄季裕	《古今图书集成》
《洛阳名园记》	[宋]李格非	《古今图书集成》
《东京梦华录》	[宋]孟元老	《中华邓思诚笺证》、《古今图书集成》
《相国寺考》		
《中吴纪闻》	[宋]龚明元	《古今图书集成》
《吴中旧事》	[元]陆友仁	《古今图书集成》
《平江纪事》	[元]高德基	《古今图书集成》
《烬余录》	[宋]徐大焯	《国粹丛书》
《吴船录》	[宋]周必大	《古今图书集成》
《思陵录》（《周益公文集附录》）	[宋]周必大	《宋卢陵四忠集》
《老学庵笔记》	[宋]陆　游	《古今图书集成》
《入蜀记》	[宋]陆　游	《古今图书集成》
《吴兴园林记》	[宋]周　密	《说郛》
《癸辛杂识》	[宋]周　密	
《杭州城巷志》	[清]丁　(?)	未刊稿
《武林旧事》	[宋]周　密	宝颜·知不足斋

《梦粱录》	[宋]吴自牧	《古今图书集成》
《都城纪胜》	[宋]耐得翁	
《湖山便览》	[清]翟　灏、翟　翰	
《西湖志》	[清]李　卫	
《西湖浏览志·志余》	[明]田汝成	《武林掌故》中华书局
《乾道临安志》	[宋]周　淙	《古今图书集成》、《武林掌故》
《咸淳临安志》	[宋]潜说友	《四库全书》
《景定建康志》	[宋]周应合	《四库全书》
《嘉泰会稽志》	[宋]施宿［续志］张淏	《四库全书》
《吴兴志》	[宋]谈　钥	《吴兴丛书》
《严州图经》	[宋]陈公亮	《古今图书集成》
《吴地记》	[唐]陆广微	《古今图书集成》
《吴郡图经续记》	[宋]朱长文	《古今图书集成》
《吴郡志》	[宋]范成大	《古今图书集成》
《骖鸾录》	[宋]范成大	《古今图书集成》
《桂海虞衡志》	[宋]范成大	知不足斋
《岭外代答》	[宋]周去非	《古今图书集成》
《建炎以来繁年系年要录》	[宋]李小传	《古今图书集成》
《大宋宣和遗事》	[宋]佚　名	《古今图书集成》
《守城录、守城机要》	[宋]陈　规	《古今图书集成》
《西征道理记》	[宋]郑刚中	《古今图书集成》
《云麓漫钞》	[宋]赵彦卫	《古今图书集成》
《北道刊误志》	[宋]王　瓘	粤雅堂守山阁
《武经总要》	[宋]曾公亮	
《政和五礼新仪》	[宋]郑居中等	
《云谷杂记》	[宋]张　淏	《古今图书集成》
《华阳宫记事》	[宋]释·祖秀	《学海类编》
《参天台五台山记》	[宋]日僧·成寻	
《侯鲭录》	[宋]赵令田等	《古今图书集成》
《墨庄漫录》	[宋]张邦基	《古今图书集成》
《东坡志林》	[宋]苏　轼	《古今图书集成》
《仇池笔记》	[宋]苏　轼	《古今图书集成》
《可书》	[宋]张知甫	《古今图书集成》
《识小录》	[宋]徐树丕	
《宣和奉使高丽图经》	[宋]徐　兢	《古今图书集成》
《南宋古迹考》	[清]朱　彭	《古今图书集成》
《宋平江城坊考》	王　謇	苏州青年会出版社（民国14年）
《元河南志》	徐松辑自《永乐大典》	
《河南通志》	[清]郝玉麟、王士俊	《四库全书》

《开封府志》		
《汴京遗迹志》（又：《汴京勼异记》）	[明]李　濂	《勼异记》在《古今图书集成》
《宋平江府城图》	[宋]碑刻，存苏州文庙	
《清明上河图》	[宋]张择端	文物出版社（1958年）
《四景山水图卷》	[宋]刘松年	朝花出版社（1963年）
《天籁阁宋人画册》	商务印书馆	商务印书馆
《营造法式》	[宋]李　诫	《中国营造学社汇刊》
		《古今图书集成》
《宋营造法式图注》	梁思成	清华大学出版社
《论法式之本质》	陈　干、高　汉	《建筑学报》
《宋、元通鉴》	[明]王宗林	《资治通鉴大全》
《浙江省史地记要》	张其昀	商务印书馆（民国17年）
《两宋经济重心的南移》	张家驹	
《白沙宋墓》	宿　白	文物出版社（1957年）
《甪直保圣寺宋塑一览》	陈万里	
《长清灵岩宋塑》	廖　华	
《晋祠宋塑选》		中国古典艺术出版社（1959年）
《大足石刻》	四川美术学院雕塑系	朝花出版社
《泉州宗教石刻》	吴文良	科学出版社
《唐、宋贸易港研究》		
《宋代都市发达史》	陈望达译	
《The Twin Pageds of Zayton》：G. Ecke		

六、辽、金

《辽史》	[元]托克托等	[备要33]
《金史》	[元]托克托等	[备要33]
《契丹国志》	[宋]叶礼隆	[古今图书集成]
《大金国志》	[宋]宇文懋昭	[古今图书集成]
《使金记》	[宋]程　卓	《碧琳瑯馆丛书》
《北行日录》	[宋]楼　钥	知不足斋
《乘轺录》	[宋]路　振	《指海》
《揽辔录》	[宋]范成大	《古今图书集成》
《河溯访古录》	[元]纳　新	粤雅堂守山阁
《河溯访古新录》	顾奕光	
《修独乐寺记》	王宏祚	
《辽、金燕京城郭、宫苑图考》	朱　偰	
《辽、金京城考》	周肇祥	
《辽、金土城谈》	崇　璋	

《燕京故城考》	奉　宽	
《大同古建筑调查报告》	刘敦桢、梁思成	《中国营造学社汇刊》
《内蒙古古建筑》	建研院内蒙古建筑史编委会	文物出版社
《蒙古高原横断记》	[日]东亚考古学会蒙古调查班	日光书院（昭和16年）
《辽、元文化图谱》（四册）	[日]鸟居龙藏	
《辽、金时代之建筑及其佛像》	[日]关野贞	
《辽庆陵》	[日]田树实造	
《辽之墓》	[日]岛田正郎	
《辽、金之佛教》	[日]	
《辽阳》	[日]	
《东蒙古辽代旧城探考记》	[法]J.Mullie（闵宣化）冯承钧译	

七、元

《元史》	[明]宋　濂	[备要34]
《元氏掖庭侈政记》	[元]陶宗仪	《稗乘》
《青云梯》	[元]佚　名	《宛委别藏》
《大元仓库记》	[元]佚　名	《广仓学丛书》甲类·二集
《长春真人西游记》	[元]李志常	《古今图书集成》·[备要]
《马可波罗游记》	[元]（意）马可波罗 张星烺译	商务印书馆
《故宫遗录》	[明]萧　洵	《古今图书集成》
《陵川记》	[元]郝　经	
《雪楼记》	[元]程钜夫	
《蜕庵集》（五集）	[元]张　翥	
《古杭杂记》	[元]李　有	《古今图书集成》
《元朝秘朝史》	[清]李文田	《古今图书集成》
《元史译文补正》	[清]洪　钧	《古今图书集成》
《辍耕录》	[元]陶宗仪	
《日下旧闻考》	[清]乾隆时官修	
《春明梦余录》	[清]孙承泽	
《禁扁》	[元]王士点	《楝亭十二种》
《元典章索引考》		
《新元史》	柯勉忞	开明书局
《元史学》	李思纯	中华书局（民国29年）
《元大都宫殿图考》	朱　偰	商务印书馆
《周公测景台调查报告》	刘敦桢	
《蒙古喇嘛教史》		
《元代云南史地丛考》	夏光南	中华书局（民国24年）
《元代画塑记》		
《永乐宫壁画》		文物出版社（1958年）

《永乐宫壁画选集》		文物出版社（1958年）
《胜像宝塔》		
《元上都》		
《居庸关》	[日]村田治郎	
《元寇之新研究》	[日]池内宏	
《元朝经略东北考》	[日]箭内亘 陈捷捷译	
《多桑蒙古史》	[亚美尼亚]C.D' ohsson 冯永钧译	商务印书馆（民国25年）
《蒲寿庚考》	[日]桑原隲藏 陈裕菁译	中华书局（1954年）

八、明

《明史》	[清]张廷玉	[备要35.36]
《明实录》	[明]官　修	
《明会要》	[明]龙文彬	中华书局（1956年）
《明会典》	[清]徐溥等	《四库全书》
《明宫史》（《酌中志》）	[明]刘若愚	《学津》
《如梦录》	[明]佚　名	《三怡堂丛书》
《天工开物》	[明]宋应星	
《五杂俎》	[明]谢肇制	
《七修类稿》	[明]郎　瑛	
《野获编》	[明]沈德符	中华书局（1959年）
《袁中郎集》	[明]袁宏道	
《北游录》	[明]谈　迁	
《长物志》	[明]文震亨	《古今图书集成》
《游金陵诸园记》	[明]王世贞	
《园冶》	[明]计　成	《中国营造学社汇刊》(民国25年)
《皇明九边图考》	[明]魏　焕	《北京图书馆善本丛书集》
《洪武京城图志》	[明]杜　泽	
《金陵古今图考》	[明]陈　沂	《南京文献》
《昌平山水记》	[清]顾炎武	《顾亭林先生遗书》（1962年）
《南雍志》	[明]黄　佐	
《金陵梵刹志》	[明]葛寅亮	
《金陵玄观志》	[明]佚　名	
《拙政园图》	[明]文征明	
《狮子林纪胜集》	[明]释·道洵	
《帝京景物略》	[明]于　侗	《说郛》中华书局
《鲁班经营造正式》	[明]午　荣	《民间坊间刊本》
《两宫鼎建记》	[明]贺仲轼	《古今图书集成》
《乡约》	[明]尹　畊	《古今图书集成》
《春明梦余录》	[清]孙承泽	《古香斋袖珍十种》

《天府广记》　[清] 孙承泽
《明代的南京》　徐兆奎
《金陵古迹图考》　朱　偰　商务印书馆
《首都志》　王焕镳　正中书局（民国 24 年）
《明孝陵志》　王觉无　（民国 22 年版）
《南京的名胜古迹》　朱　偰　江苏人民出版社
《南京大报恩寺塔》　张惠衣　商务印书馆（民国 37 年）
《明代建筑大事年表》　单士元　《中国营造学社汇刊》
《明代营造史料》　单士元　《中国营造学社汇刊》
《明、清二代宫苑建置图考》　朱　偰　商务印书馆（民国 36 年）
《明长陵修缮工程纪要》
《北京古建筑》　建筑科学研究院编　文物出版社
《我们伟大的首都北京》　俞同奎
《地下宫殿》（定陵）　长陵发掘委员会定陵工作队　文物出版社（1958 年）
《重建法海寺记》　[清] 魏　禧
《中国建筑彩画图集》（明代）　古建修整所　中国古典艺术出版社（1958 年）
《法海寺壁画》　人民美术出版社（1959 版）
《徽州明代住宅》　张仲一等　建筑工程出版社（1957 年）
《佛山祖庙古建筑调查》　赵振武　华南工学院出版社
《Wall and Gate of Peking》：O.Siren

九、清

《清史稿》　赵尔丰等
《清史纂要》　刘法增
《清实录》　[清] 官　修
《东华录》　[清] 官　修
《东华续录》　王先谦
《大清会典》　[清] 官　修
《嘉庆重修大清一统志》　[清] 官　修
《日下旧闻考》　[清] 乾隆时官修
《盛京通志》　[清] 乾隆四十四年官修
《宸垣识余》　[清] 吴长元
《长安客话》　[清] 阮葵生
《天咫偶闻》　[清] 曼殊震钧
《听听雨丛谈》　[清] 佛　格
《金鳌退食笔记》　[清] 高士奇
《乾隆京城全图》　[清] 乾隆时官修
《热河志》　[清] 乾隆四十六年官修
《乾隆南巡盛典》　[清] 高晋等撰　《四库全书》

《鸿雪因缘》	［清］麟　庆	
《履园丛话》	［清］钱　泳	
《扬州画舫录》	［清］李　斗	中华书局
《平山堂图》	［清］赵之璧	
《钱南园先生遗集》	［清］钱　沣	《云南丛书初编》
《受宜堂宦游笔记》	［清］常　安	
《秋笳集》	［清］吴兆骞	《古今图书集成》
《灞桥图说》	［清］杨名飏	
《清工部工程做法则例》	［清］雍正时官修	
《清式营造则例》	梁思成	中国营造学社汇刊
《营造算例》	梁思成	中国营造学社汇刊
《营造法原》	姚补云、张镛森	建筑工程出版社
《清代史》	萧一山	商务印书馆（民国 36 年）
《清代前期中国社会之停滞变化和发展》	尚钺	
《太平天国前期商品货币经济的发展》	唐毅生	
《燕都丛考》	陈宗蕃	（民国 24 年）
《北京庙宇通检》	许道龄	
《旧都文物略》	北平市政府秘书处	北平市政府
《故宫建筑》	故宫博物院	文物出版社
《北京古建筑》	建筑科学研究院历史室	文物出版社
《清代苑囿建筑实例鉴》	天津大学	天津大学出版社
《圆明园图》	程寅生	
《圆明园考》	程寅生	
《颐和园实例图》	清华大学	清华大学出版社
《苏州旧住宅参考图》	陈从周等	同济大学出版社（1958 年）
《西北民居调查》	西北工业建筑设计院	西北工业建筑设计院（1955 年）
《闽西永定客家住宅》	张步骞	建研院（未刊）
《西藏建筑》	建筑科学研究院历史室	建筑工程出版社
《穴居杂考》	龙庆忠	《中国营造学社汇刊》
《江南园林志》	童　寯	中国工业出版社
《苏州园林》	陈从周	同济出版社（1956 年）
《苏州的园林》	刘敦桢	南京工学院出版社（1956 年）
《北京宫阙图说》	朱　偰	
《中国建筑彩画图》	刘　醒	
《苏州彩画》	苏州市文管会	上海人民美术出版社（1959 年）
《太平天国文物图释》	罗尔纲	
《太平天国壁画》	南京太平天国纪念馆	江苏人民出版社（1959 年）
《太平天国彩画》	南京太平天国纪念馆	江苏人民出版社（1959 年）
《装修集录》	陈从周	同济大学出版社（1954 年）

《窗格》　工业及城市建筑设计院　建筑工程出版社（1954 年）
《中国式门窗》　叶子刚　龙门联合书局（1954 年）
《漏窗》　陈从周　同济大学出版社（1953 年）
《广东十三行考》　梁嘉彬
《清代匠作则例汇编》　王世襄
《蒙、藏佛教史》　妙丹法师
《满洲通史》　[日] 及川仪右兵卫
《朝鲜史 · 满洲史》　[日] 福叶岩吉、天野仁一
《唐土名胜图绘》　[日] 冈田玉山等
《满、蒙、北支宗教艺术》　[日] 逸见梅荣
《满、蒙喇嘛教美术图版》　[日] 逸见梅荣、仲野半の朗
《北清建筑调查报告》　[日] 伊东忠太
《支那北京皇城宫殿图》（三册）　[日] 伊东忠太
《白云观志》　[日]
《天坛》　[日]
《热河遗迹》　[日]
《热河》（四册）　[日] 关野贞、竹岛卓一　《座右宝刊》（昭和十二年）
《热河》　[日] 黑川武敏
《奉天昭陵图诙》
《避暑山庄图诙》
《蒙古旅行》　[日] 鸟居龙藏
《山西古迹志》　[日] 水野清一
《满洲旧迹志》　[日] 八木奘三郎
《满洲から》　[日] 岛田贞彦
《红头屿土俗调查报告》　[日] 鸟居龙藏
《满洲宗教志》　[日] 满铁弘报处
《满洲碑记考》　[日]
《支那街头风俗记》　[日]
《满、蒙风物纪兴》　[日]
《台湾文化志》（三册）　[日]
《克山地农家之经济》　[日]
《古贤の迹へ》　[日] 常盘大定
《回教真象》　[叙利亚] Hussien. Al. Ojsr 马坚译　商务印书馆（1951 年）
《Chinese Buddhist Monasteries》（《中原佛寺志》）：Prip. Moller
《Chinese Garden》：O. Siren
《Keno Trad Garder》：O. siren
《Chinese Domestic Funiture》：G. . Eeke

附录三　中国历代帝王都城简况*

夏（公元前 2070 年～前 16 世纪）：

传禹始都阳城（今河南登封），后都安邑（今山西夏县）。启迁阳翟（今河南禹县）。太康都斟寻（今河南巩县）。文史称又有迁帝丘（今河南濮阳），原（今河南济源），老丘（今河南开封东），西河（今河南安阳东南）者。亦有称迁晋阳、平阳（今山西临汾西南）的记载。它们的位置大多在今河南北部及山西南部。

商（公元前 16 世纪～公元前 1046 年）：

汤都亳（音“薄”，今河南商丘）。据《史记》载，仲丁迁隞（或称嚣，今河南荥阳）。河亶甲居相（今河南内黄）。祖乙先迁耿（今山西河津），后迁邢（今河北邢台）。盘庚先迁奄（今山东曲阜），后都殷（今河南安阳西），直至祚绝，为期 200 ～ 300 年。

西周（公元前 1027 ～前 771 年）：

武王姬发都丰及镐（镐为期较长），均在今陕西西安西郊，夹沣水西、东两岸。据文献西周初周公又建东都洛邑及成周。

东周（公元前 770 ～前 256 年）：

犬戎入丰、镐，西周亡。周平王姬宜臼东迁，是为东周。有二都城。

① 王城：大体位置在今河南洛阳以西（即涧河以东，瀍水以西）。

② 成周：在瀍水以东，即后来之汉、魏洛阳，使用期较长。

■ 春秋、战国时期各国（◎为春秋，● 为战国）：

◎ 鲁：都曲阜（今山东曲阜）。

◎ 齐：先都营丘（今山东昌乐东南）。后都临淄（今山东益都），齐献公六年（公元前 894 年）已成为当时中国最繁荣都市之一。

◎ 晋：初都唐（今山西太原）。后迁绛（今山西翼城）。再南迁新田（今山西侯马西南），又称新绛。公元前 416 年，分裂为赵、魏、韩三国。

● 赵：原都中牟（今河南汤阴）。后都邯郸（今河北邯郸）。

● 魏：原都安邑（今山西夏县西北）。后都大梁（今河南开封）。

● 韩：先都阳翟（今河南禹县）。公元前 375 年灭郑，遂迁都新郑。

◎ 燕：都上都（今河北大兴县，即蓟县境内，亦今北京西南郊），建于西周初。战国后期昭王时（公元前 313 ～前 279 年）迁下都（今河北易县）。

◎ 秦：秦德公元年（公元前 677 年）都雍（今陕西凤翔南古城）。献公二年（公元前 383 年）迁栎阳（今陕西临潼东北）。战国时（秦孝公十二年，公元前 350 年）迁咸阳（今西安北，渭水北岸）。

◎ 楚：始都丹阳（今湖北丹江下游，公元前 1024 年建）。后都郢（楚文王元年，公元前 689 年建），又称纪南城（今湖北江陵）。再一度迁都（今湖北宜城境）。战国末迁陈（今安徽淮阳，公元前 278 年建），又称陈都。最后都寿春（考烈王二十二年，公元前 241 年迁来，亦称“郢”）。

◎ 吴：都吴（今江苏苏州）。　　　　◎ 宋：都商丘（今河南商丘）。

*[整理者注]：此资料经作者多次收集补充，最后约成于 1964 年。原作自用，现刊出供学习建筑史者参考。其中有关年代及都城之若干数据，今据当前资料予以修订。标题为整理时所加。

◎越：都会稽（今浙江绍兴）。　　◎卫：都朝歌（今河南淇县）。
◎郑：都新郑（今河南新郑）。

秦（公元前231～前207年）：
嬴政都咸阳（今陕西西安北）。

西汉（公元前206～公元8年）：
刘邦都长安（今陕西西安西北）。另以洛阳为东都，与邯郸、临淄、宛、成都合称五都。

新（公元9～23年）：
王莽都长安。东汉及新以洛阳、谯、许昌、长安、邺为五都。

东汉（公元25～220年）：
刘秀都洛阳（即东周成周之扩大，今河南洛阳东约15公里）。

三国
●魏（公元220～265年）：曹丕初都邺（今河南安阳北）。后迁洛阳。
●蜀（公元221～263年）：刘备都成都。
●吴（公元222～280年）：孙权都建业（今江苏南京）。曾一度都武昌（今湖北黄州南）。

西晋（公元265～317年）：
司马炎都洛阳（汉洛阳）。

南朝
●东晋（公元317～420年）：司马睿都建康（今江苏南京。元帝东渡，避愍帝讳，改建业为建康）。
●宋（公元420～479年）：刘裕都建康。
●齐（公元479～502年）：萧道成都建康。
●梁（公元502～597年）：萧衍都建康。
●陈（公元557～589年）：陈霸先都建康。

北朝
■五胡十六国：
实际建立政权者亦有汉人，而建国也不仅十六。现依年代先后罗列如下：
●成汉（公元304～347年）：李雄，氐族，都成都。
●汉（前赵）（公元304～329年）：刘渊，匈奴族。先都平阳（今山西临汾西南），后都长安。
●后赵（公元312～351年）：石勒，羯族。都襄国（今河北邢台西南）→邺（今河南安阳）。
●前凉（公元313～376年）：张寔，汉族。都姑臧（今甘肃武威）。
●前燕（公元349～370年）：慕容儁，鲜卑族。先都龙城，后都邺。
●前秦（公元351～394年）：符健，氐族。都长安（汉长安北部）。

●冉魏（公元352～354年）：冉闵，汉人。都邺。
●后秦（公元384～417年）：姚苌，羌族。都长安。
●后燕（公元384～409年）：慕容垂，鲜卑族。先都中山，后都龙城。
●西燕（公元384～395年）：慕容泓，鲜卑族。
●西秦（公元385～431年）：乞伏国仁，鲜卑族。都宛川。
●后凉（公元387～404年）：吕光，氐族。都姑臧（今甘肃武威）。
●南凉（公元397～414年）：秃髪乌孤，鲜卑族。都乐都。
●南燕（公元398～410年）：慕容德，鲜卑族。先都滑台，后都广固。
●北凉（公元401～439年）：沮渠蒙逊，匈奴族。都姑臧。
●西凉（公元400～421年）：李暠，汉族。先都敦煌，后都酒泉。
●夏（公元407～431年）：赫连勃勃，匈奴族。都统万城，又名白城子（今陕西靖边北）。
●北燕（公元409～436年）：冯跋，汉族。都龙城。

北魏（公元386～534年）：
拓跋珪，鲜卑族。统一北方十六国，是为北朝。
先都盛乐（今内蒙古自治区和林格尔），后改称北都。再都平城（今山西大同），后改称南都。
孝文帝迁都洛阳（今洛阳东20里，在汉、魏、晋基础上恢复），是为汉化时期。
●东魏（公元534～550年）：元善见，都邺。→ 北齐：（公元550年～577年）：高洋，都邺。又有陪都太原。
●西魏（公元535～556年）：宇文泰，都长安（汉长安北部）。→ 北周（公元557年～577年）：宇文觉，都长安。

隋（公元581～618年）：
杨坚。先都长安（沿汉长安），以该城狭水碱，另选旧城北三十里龙首原，建新都大兴城。又有东都洛阳（今河南洛阳，周王城以东）及江都（今江苏扬州）。

唐（公元618～907年）：
李渊，都长安（即隋都大兴城）。唐时以长安为上都。洛阳为中都。凤翔为西都。江陵为南都。太原为北都。

五代
●后梁（公元907～923年）：朱温，汉族。都洛阳（今河南洛阳）。
●后唐（公元923～936年）：李存勗，沙陀族。都洛阳（今河南洛阳）。
●后晋（公元936～946年）：石敬塘，沙陀族。都汴梁（今河南开封）。
●后汉（公元947～950年）：刘知远，沙陀族。都汴梁（今河南开封）。
●后周（公元951～960年）：郭威，汉族。都汴梁（今河南开封）。

十国
●吴（公元902～937年）：杨行密，都淮南（今江苏扬州）。
●吴越（公元907～978年）：钱镠，都钱塘（今浙江杭州）。

●前蜀（公元 907 ~ 925 年）：王建，都成都。
●闽（公元 907 ~ 945 年）：王审知，都福州。
●南汉（公元 907 ~ 971 年）：刘隐，都南海（今广州）。
●南平（荆南）（公元 907 ~ 963 年）：高季昌，都荆州。
●楚（公元 907 ~ 951 年）：马殷，都潭州（今湖南长沙）。
●后蜀（公元 934 ~ 965 年）：孟知祥，都成都。
●南唐（公元 937 ~ 975 年）：李昪，都金陵（今江苏南京）。
●北汉（公元 951 ~ 979 年）：刘旻，都太原。

北宋（公元 960 ~ 1127 年）：
●东京：赵匡胤都汴梁（今河南开封）。居诸京之首。
●西京：（今河南洛阳）。
●北京：河北河间府（有名无实）或称大名府（仁宗庆历二年，公元 1042 年建）。
●南京：河南应天府（真宗大中祥符七年，公元 1014 年建）。

南宋（公元 1127 ~ 1279 年）：
赵构都临安（今浙江杭州）。

辽（公元 947 ~ 1125 年）：始称契丹，后称辽。
上京：临潢府（今内蒙古自治区昭乌达盟巴林左旗林东镇南），为辽之首都。（公元 916 年）契丹建国初名龙眉宫。太祖阿保机神册三年（公元 918 年）正式筑城名皇都。太宗耶律德光会同元年（公元 938 年）改称上京。
中京：大名城（或大明城，今内蒙古昭乌达盟宁城县）。又称大定府。圣宗耶律隆绪统和二十一年（公元 1003 年）始建。
南京：古称燕京城（今北京西，原唐代幽州府）。太宗会同元年（公元 938 年）建。规模居五京之首。统和三十年（公元 1012 年）改称析津府。
西京：大同府（今山西大同）。
东京：辽阳府，又称黄龙府（今辽宁辽阳）。

西夏（公元 1032 ~ 1127 年）：
都兴庆府（今宁夏银川）。始建年代不明。

金（公元 1115 ~ 1234 年）：
上都：会宁府，或称上京（今黑龙江省阿城县白城子）。为金代初期首都，后屡经废兴（公元 1115 ~ 1153 年）。
中都：即辽南京（今北京西南）。海陵王天德三年（公元 1151 年）建，四年迁入。贞元元年（公元 1153 年）改燕京为中都大兴府，称北京。
南京：汴梁（今河南开封）。
西京：大同府（今山西大同）。
东京：临潢府（原辽上京）。

元（公元 1260 ~ 1368 年）：

上都：又名开平府，（今内蒙古自治区锡林郭勒盟正蓝旗黄旗大营 东北 30 公里）。始建于宪宗蒙哥六年（公元 1256 年）。

大都：（今北京）始建于世祖忽必烈至元四年（公元 1267 年）。

明（公元 1368 ~ 1648 年）：

南京：（今江苏南京）太祖朱元璋洪武二年（公元 1369 年）建。

北京：（今北京，明初在元大都基础上改筑）。成祖朱棣永乐十八年（公元 1420 年）由南京迁都于此。世宗嘉靖三十二年（公元 1553 年）又扩建北京南城。

中都：（今安徽凤阳，又称临濠）。太祖洪武二年（公元 1369 年）始建，未作成而中顿（洪武八年，公元 1375 年）。

清（公元 1644 ~ 1911 年）：

盛京：（今辽宁沈阳）。太祖努尔哈赤天命十年（公元 1625 年）自辽阳迁都于此。为入关前都城。

北京：即明代北京。清世祖福临入关（顺治元年，公元 1644 年）后沿用。又称燕京。

■唐、宋时期的边陲大国：

1．高昌

都高昌：（今新疆维尔吾自治区吐鲁番县东 50 公里）

2．渤海（公元 762 ~ 926 年）

上京龙泉府：（今黑龙江宁安县）又称忽汗城。

中京显德府：（今吉林西南之苏密城）。

东京龙原府：

西京鸭绿府：

南京南海府：

3．南昭

都太和城：（今云南大理白族自治州大理市郊）。

4．吐蕃

原都址不明，后以今拉萨为政教中心。

中国古代建筑营造之特点与嬗变*

一、序说

中国建筑至今已有五千余年之辉煌历史，其得以长久存在，并跻身于世界著名建筑体系之林，乃基于我国所具有之特殊自然条件与社会背景。再经历代建筑哲匠名师之长期实践与创造，不断吸取国内、外建筑精华，推陈出新，方形成如此丰富多彩与独树一格之建筑文化。在这方面之学界论述甚多，拙作如《中国古代建筑史》等，亦曾予以阐叙，故于此不另赘言。本篇之内容，乃仅就我国古代建筑传统形式与结构、构造之特点与演变，作一简要之综述。

（一）中国古代建筑之分类

我国古代建筑，可按其用途、结构、材料、平面及外观等方面，予以区别。

1. 建筑用途

我国古代建筑就其使用范围，大体可划分为官式建筑与民间建筑两大类。若依建筑群体之功能，则有宫殿、坛庙、陵墓、官署、园苑、寺观、住宅、店肆、作坊、仓廪、祠堂等等。再就单体建筑而言，又有门、殿、堂、寝、楼、阁、亭、榭、廊、庑、台、坛、塔、幢……多种。

2. 建筑之材料及结构

依我国传统建筑所使用之材料，不外有土、石、陶、木、竹、茅草、金属、天然矿物染料及植物之提炼（如漆、桐油）。而结构之类型，亦因材料而定，如木建筑、砖石建筑、土建筑等。另由结构之方式，如木建筑中，可区别为抬梁、穿斗、干阑、井干。砖石建筑则有拱券、穹窿、空斗、空心砖、板梁等。土建筑有窑洞、夯土、土坯砖等。其中以木结构之抬梁形式，是为我国古代建筑之结构主流。

总的说来，建筑的材料决定了建筑的结构，而建筑的结构，又决定着建筑的平面与外观。

3. 建筑平面

我国之木架建筑，系以“间”为平面之基本构成单元。并以此构成建筑物之单体与群体。其运用十分灵活，可组成方、矩形、圆、曲尺、冂形、工字、王字、田字、卍字、三角、五角、六角、八角、扇形等多种平面。在宫殿、坛庙、官署、寺观和住宅中，建筑平面大多采用矩形（图 1）。前述平面形状之较复杂者，通常仅应用于苑囿、园林中之观赏游息建筑。此外，就建筑群体之总平面布置，可区分为规则与不规则二类。前者常有明显轴线，依轴线顺序排列各主、次建筑，并形成若干层次之矩形庭院，整个布局主、次分明，井然有序。这是中华民族长期受礼制思想影响及注重均衡美的结果，并大量表现在官式建筑及民间多数宅邸与祠堂等建筑中。后者除皇家苑囿之朝廷部分以外，为园林设计所广泛采用，其特点为能够最佳配合园中景物并形成最多的空间及景观变化。

4. 建筑外观

我国传统建筑单体之外观大体可分为台基、屋身及屋顶三部分（图 3）。其形成均出于实际之需要，尔后在发展过程中产生了许多特点和变化，内中尤以屋顶之表现最为突出，从而成为识别我国古建筑之重要标志之一。常见的屋顶类型有庑殿（宋名“四阿顶”）、歇山（“九脊殿”）、悬山（“不厦两头”）、硬山、卷棚、盝顶、攒尖（“斗尖”）、囤顶、平顶、单坡、盔顶、抱厦（“龟头屋”）、副阶、腰檐（“缠腰”）、拱券、穹窿等（图 2）。此外，又有单檐与重檐之分，以及由若干不同屋顶所组成之综合形体。

（二）中国古代建筑结构之形成与演变

结构为中国建筑之根本，平面和立面不过是结构的反映。一部中国建筑史，可谓大体上是其结构之变迁史。

中国原始社会后期之半穴居与地面建筑，已使用稍予加工之天然木植构作简陋之建筑骨架，是为后代抬梁式木架构（图 5）之嚆矢。由河南安阳小屯殷墟遗址之发掘，可知当时已有较高水平之木屋架，但

* [整理者注]：本文为未刊稿，写作年代不详。似将宋、清式营造法主要内容予以揉合扩廓，而为研究生讲授者。

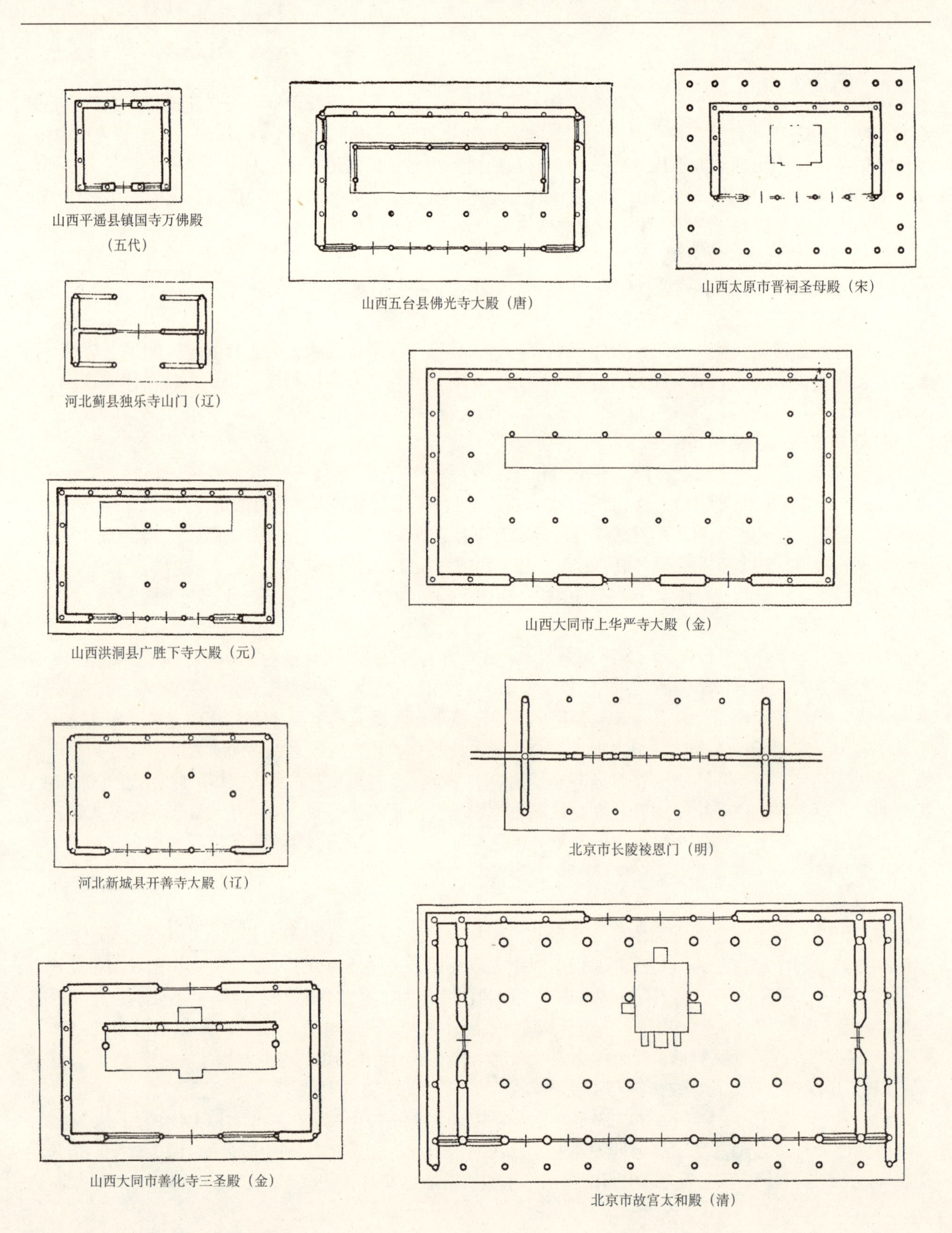

图1　中国古代官式建筑单体平面举例

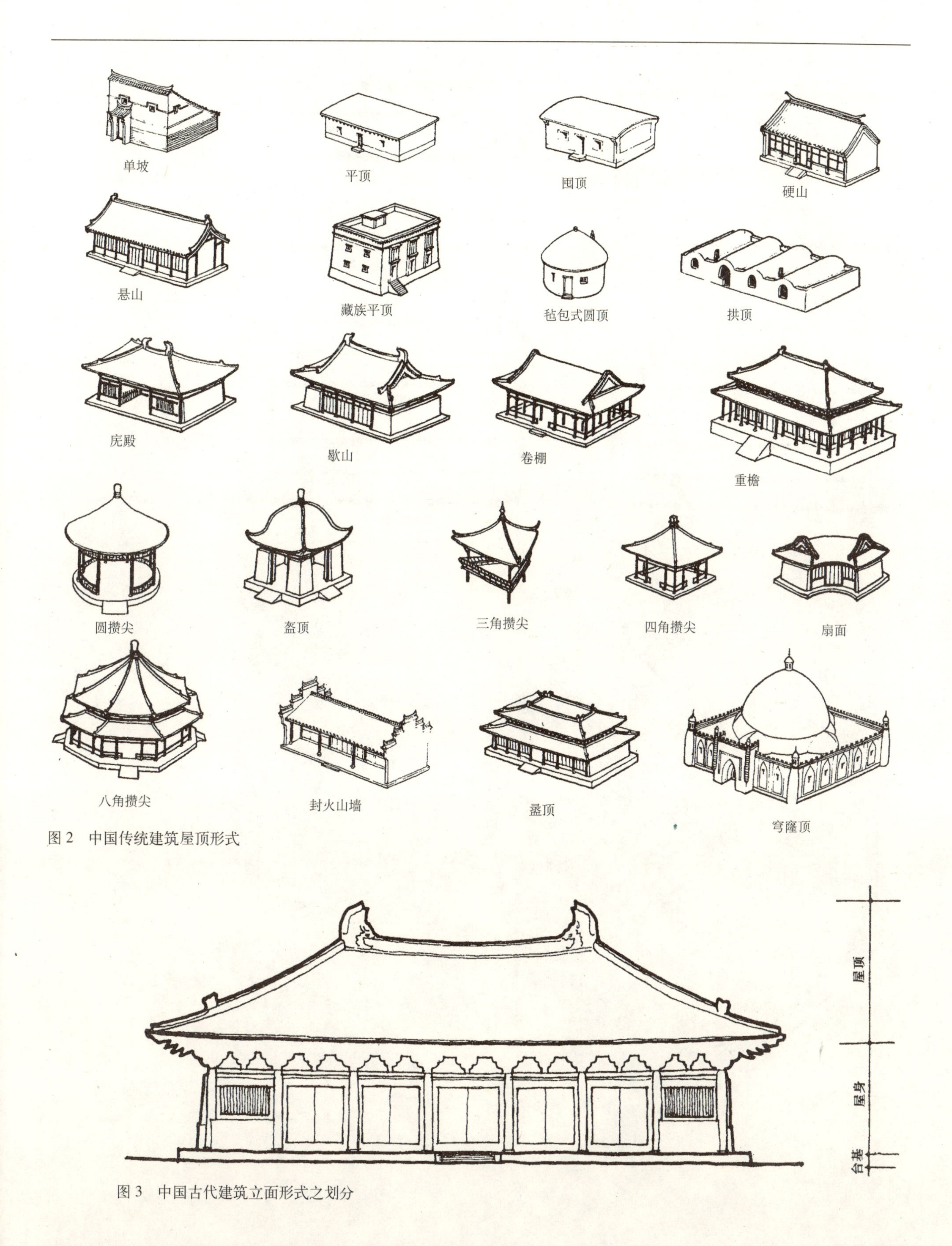

图 2　中国传统建筑屋顶形式

图 3　中国古代建筑立面形式之划分

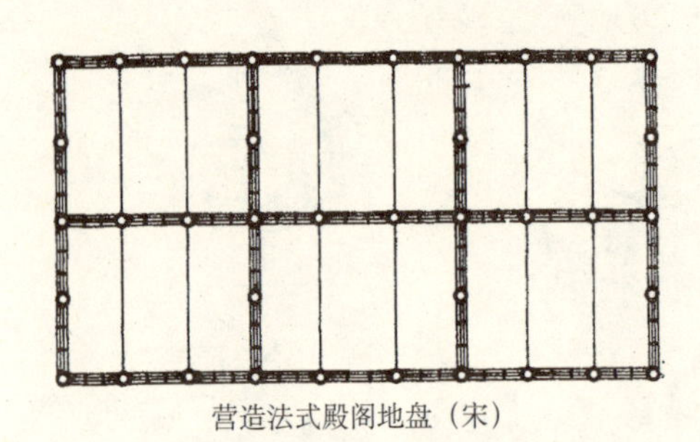

营造法式殿阁地盘（宋）

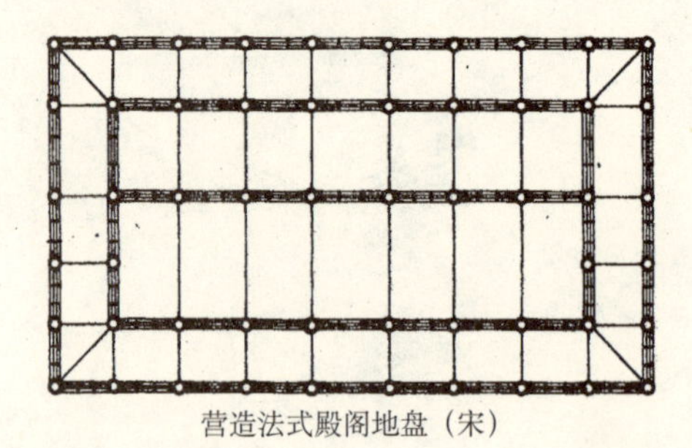

营造法式殿阁地盘（宋）

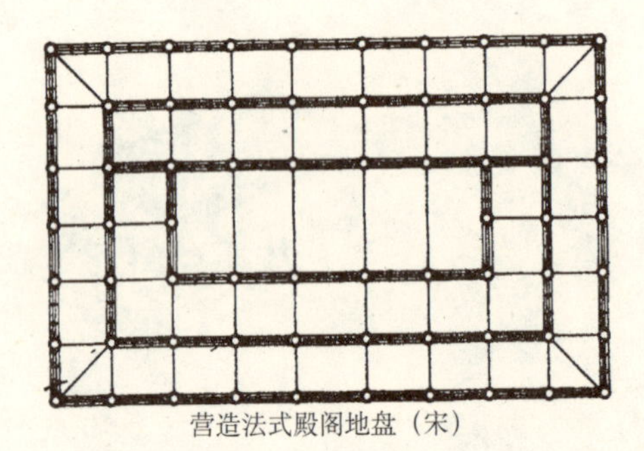

营造法式殿阁地盘（宋）

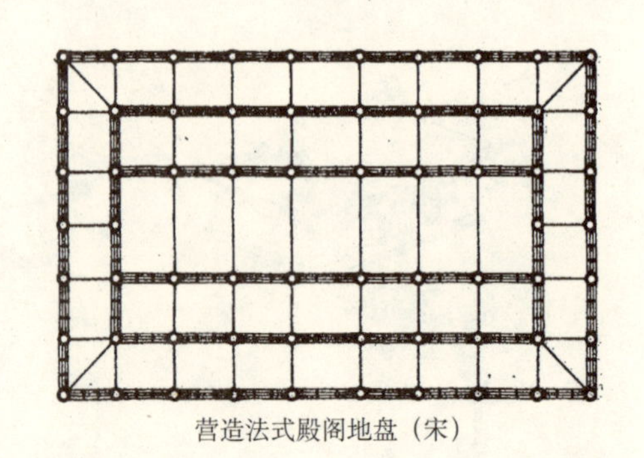

营造法式殿阁地盘（宋）

图 4 宋《营造法式》殿阁平面

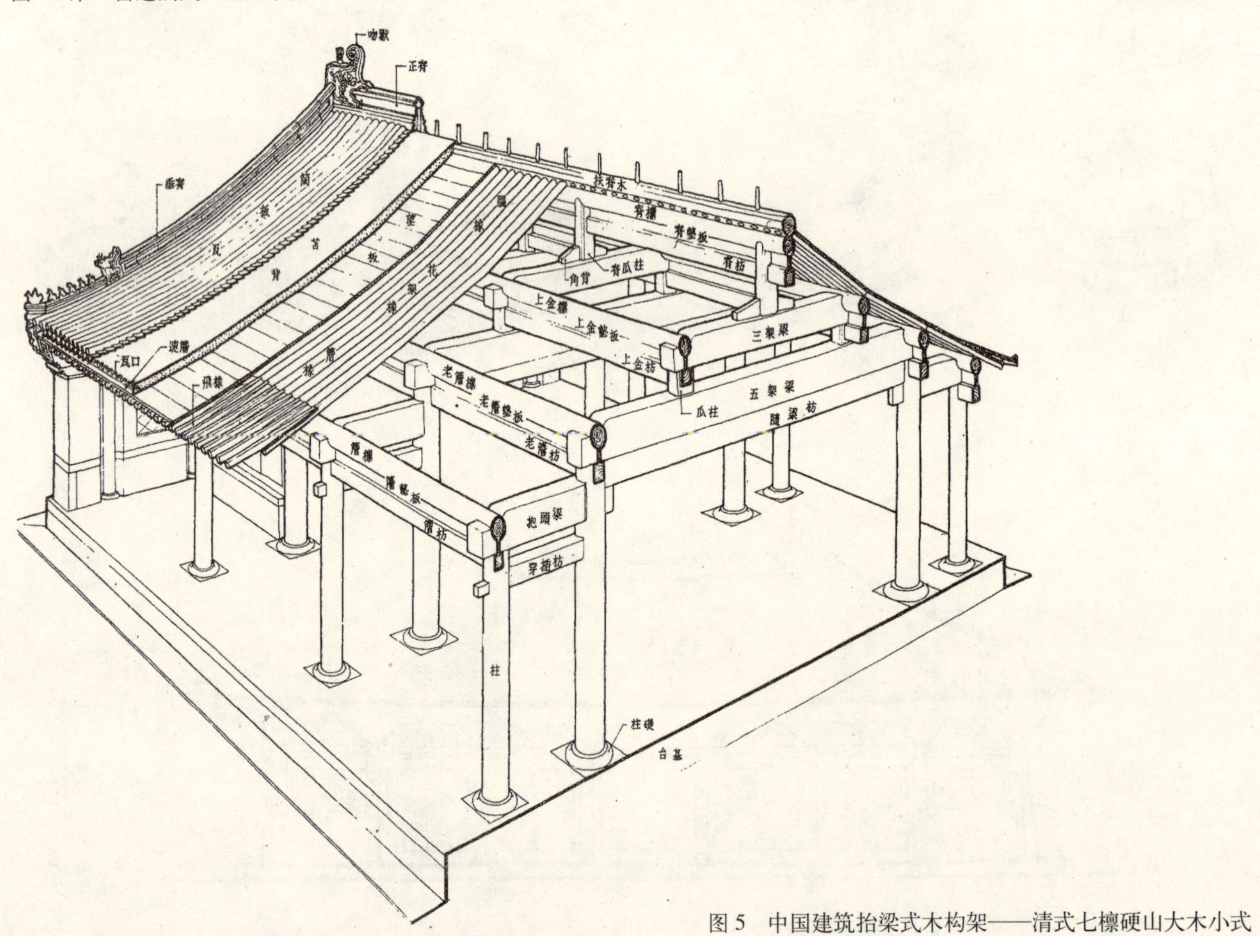

图 5 中国建筑抬梁式木构架——清式七檩硬山大木小式

其最大跨度尚未超过六米，而檐柱间距约在三米左右。众所周知，中国建筑较早之木结构形式尚有干阑式与井干式二种，另穿斗式（图 6）出现则可能稍迟。但结构之主流，仍非抬梁式木构架而莫属，此乃与其本身具有之种种优点有关，故得以风行数千年而不衰。且日后出现的其他结构类型建筑，其平面与外观，亦有模仿木建者。如砖石所构之例，可谓比比皆是。木架建筑至汉代已基本定型，今日所见大量汉代明器，其建筑多有表明柱、梁木构架之刻画。而南北朝石窟中以石仿木建之形象，亦可证明其时木建筑结构之发达。今日所存最早木构建筑实物，为山西五台建于唐代之南禅寺大殿与佛光寺大殿，就前者梁架之简洁，与后者草栿、明栿之并用以及斗栱之配置，俱为木架构成熟之明证。及两宋之世，木结构之发展已臻顶点而开始转折，《营造法式》就是对以往建筑活动的一次大总结。金、元时为改变建筑内部空间，采用了某些不规则梁架，导致结构上许多变化和不少并非成功的例子。因此明、清又重依旧法，采用正规梁架，除南方民间建筑有若干例外，总的显得拘谨与呆板。至于木构之高层建筑，汉时已多有所建。就其结构而言，既有依靠外围护结构承重者，如西汉武帝建于长安上林苑之井干楼。又有采用木梁柱架构之形式，例如四川出土东汉画像砖之住宅塔楼。其他熟知之汉代多层建筑，若明器中陶楼、水阁，画像砖石所绘楼堂，以及《汉书》陶谦传中有关浮屠祠之记载等，皆属此类结构。其中尤以楼阁式佛塔，于后代更有所影响与发展。文献所载北魏洛阳永宁寺塔，即为最宏巨之例。而云岗诸窟中所雕刻之多座楼阁式塔，外观俱为仿木建筑形式，亦可作为殷证。就今日所见，隋、唐以前遗留砖、石塔极少，当可推测其时木塔应占统治地位。现存我国最早之木塔实物，为建于辽清宁二年（公元 1056 年）之山西应县佛宫寺释迦塔。上下几乎全部采用木构，估计所用木材当在二千立方米以上。此塔高 67.31 米，底径 30 米，其高度、体积与斗栱数量均为海内第一。又于各层间施结构暗层，方式与河北蓟县辽建之独乐寺观音阁同出一辙，

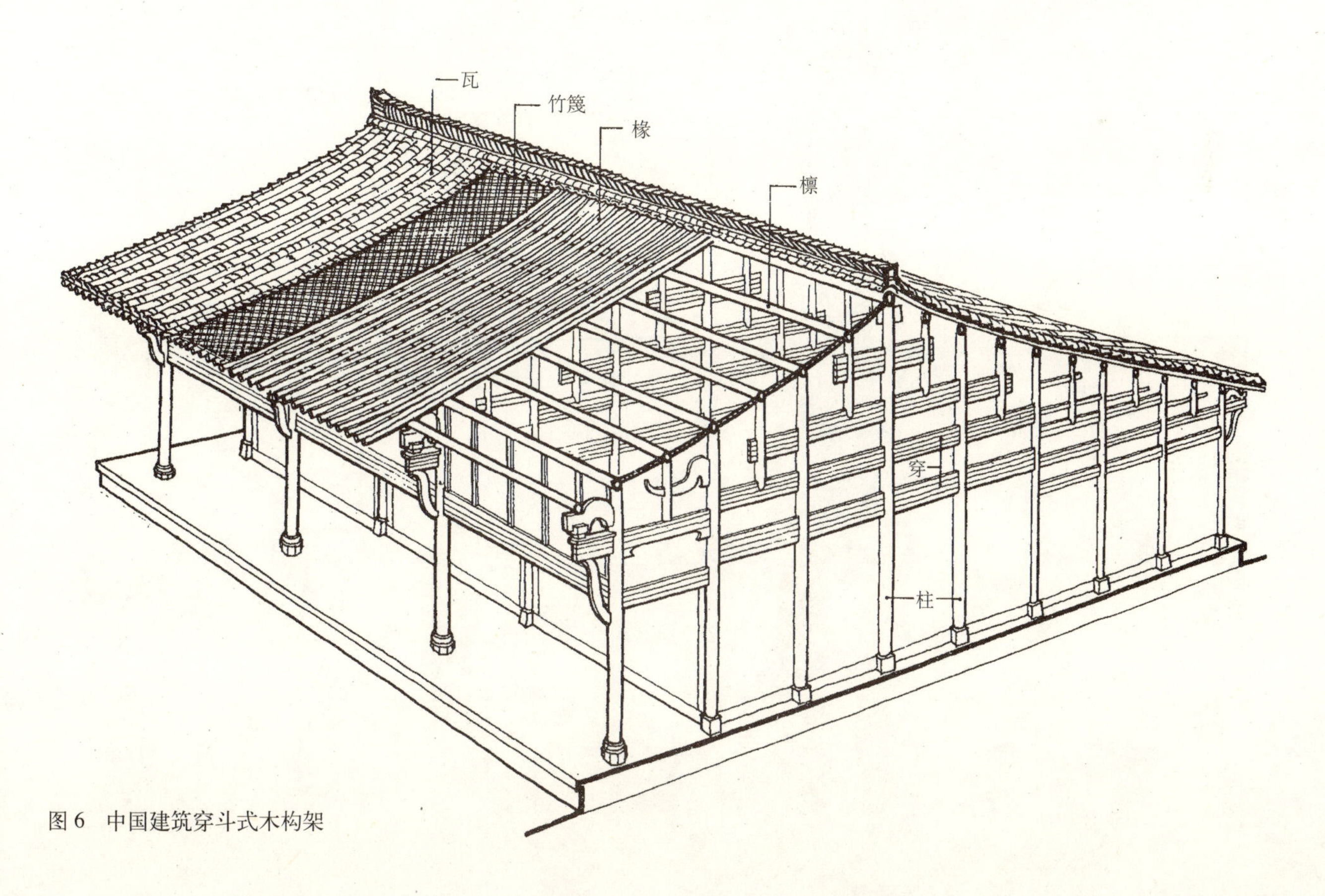

图 6　中国建筑穿斗式木构架

以厅堂八架椽屋前后乳栿用四档为例

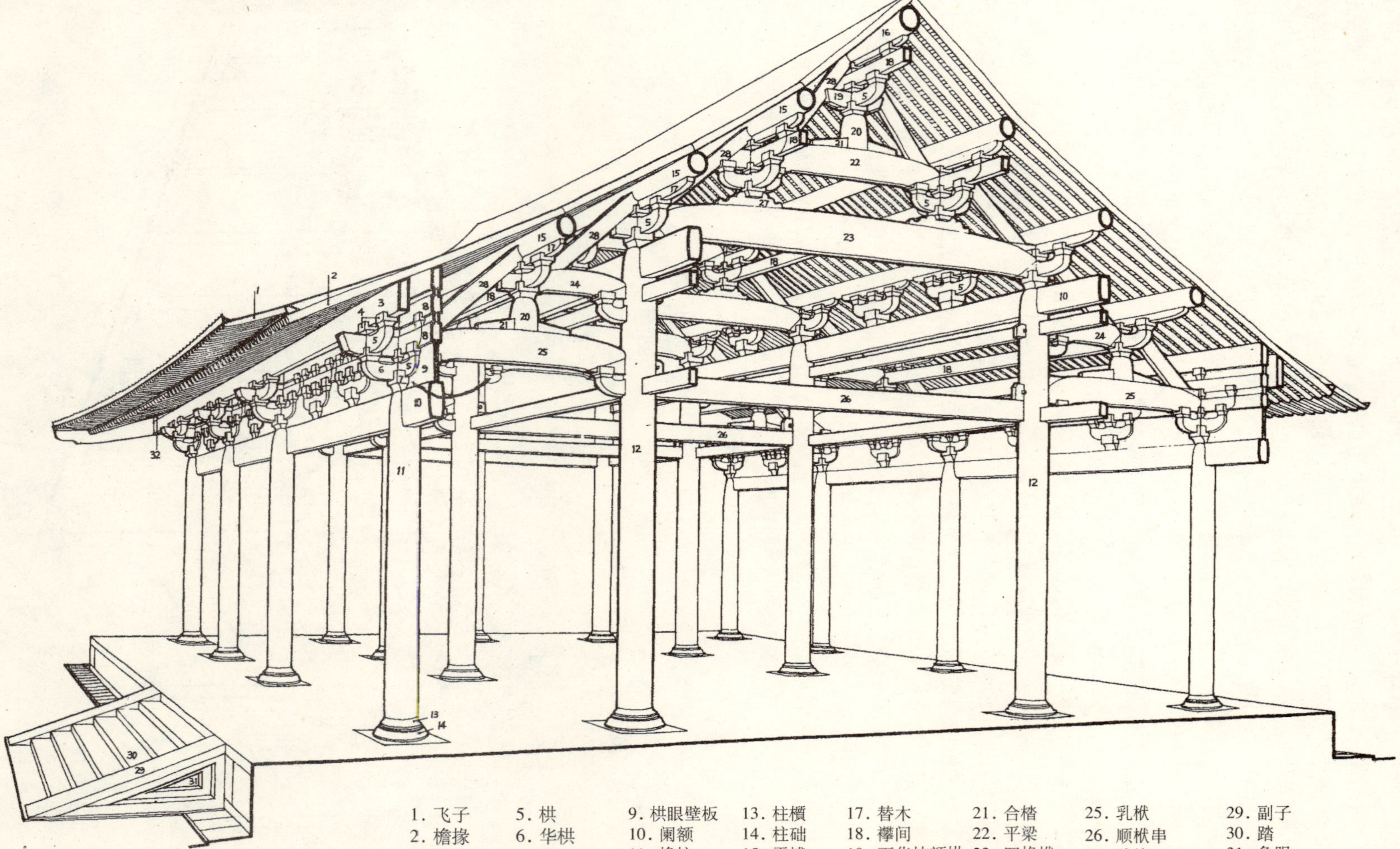

1. 飞子
2. 檐椽
3. 橑檐方
4. 斗
5. 栱
6. 华栱
7. 櫨斗
8. 柱头方
9. 栱眼壁板
10. 阑额
11. 檐柱
12. 内柱
13. 柱櫍
14. 柱础
15. 平槫
16. 脊槫
17. 替木
18. 襻间
19. 丁华抹颏栱
20. 蜀柱
21. 合楷
22. 平梁
23. 四椽栿
24. 劄牵
25. 乳栿
26. 顺栿串
27. 驼峰
28. 叉手、托脚
29. 副子
30. 踏
31. 象眼
32. 生头木

图7 宋《营造法式》大木作制度示意图

对强化塔体之刚度，起着决定性作用。该塔在建成后之九百余年内，虽屡遭地震与兵灾之破坏，犹能巍然耸立而未有大损，不可不谓上述结构之成功，亦足可誉为一时之杰作。然木构建筑不戒于火与易罹虫害及潮湿，乃其根本之缺陷。且高层木架结构复杂与用材过多，亦众所周知之事。是以在木材逐渐匮乏之际，不得不以砖、石等塑性材料予以取代。是以两宋以后，高层之建筑若塔，鲜有以木营构者。

我国砖、石建筑之出现，为期并不太晚。战国已有空心砖墓，而发券及穹窿亦盛于东汉墓中并迄至唐、宋，但应用于地面者甚少。若北魏郦道元《水经注》关于券桥之叙述。又隋代名匠李春于河北赵县所建之安济桥，采用矢径达 37 米之石构单弧拱券，并在桥肩辟小券各二，以利泻洪并减轻桥头重量，可称一举数得之杰作。而举世闻名之万里长城，其雄伟壮观形象，已成为中华民族之象征。虽目前所见之城垣、台堡大多建于明代，然就其工程之艰巨与使用工料之繁重，亦可属世界古建筑之首流。又明代出现之无梁殿，为全由砖石砌筑而未施一木者。虽数量不多，然于我国建筑中已独辟蹊径，表明此项结构不仅使用于陵墓、城门、碑亭，且已进入若皇室斋宫、御库及佛殿之高级建筑领域矣。

（三）中国古代建筑平面之演译

我国新石器末期之先民建筑，若西安半坡之半地下式穴居，平面已采用圆形或近于方之矩形，室中置柱之数量及位置已有若干定则。其后建于地面之木构架建筑逐渐发展，并出现具有较整齐之柱网，例如河南安阳小屯之晚商宫室遗址中所见。内中之夯土基台，有长达二十余米者，且建筑正面开间常呈偶数。此种现象出现之原因及始于何时，目前尚不明瞭*。但依汉代画像石、明器、墓葬及现存之惟一石建筑——山东肥城孝堂山石祠等资料，知上述制式，多用于祭堂及墓室。其他各种类型建筑，仍以奇数开间为主。尔后由北朝诸石窟窟廊、北魏宁懋石室、北齐义慈惠石柱上小殿，唐大明宫诸殿遗址及大雁塔门楣石刻与敦煌壁画等文物所示，均表明建筑正面使用奇数开间，已成为不移之定制。至于各间之面阔，由汉明器及画像石中之三开间建筑形象，知其当心间跨度已显然广于次间。但超过三间之建筑所见甚少，故次间以下是否仍依此法，今日尚难作出决断。此种当心间较阔之制式，于北魏之宁懋石室亦复如此。但云岗 21 号窟之五开间塔心柱及麦积山 4 号窟之七开间外廊，各间面阔似乎相等。稍晚之天龙山北齐 16 号窟，其三间窟檐之当心、次间复有较大差别。可知在南北朝时期，开间增减之制度尚未臻于统一。又唐长安大明宫含元殿为当时大朝所在，通面阔十一间而未有出其右者，然其中央九间等广，仅两端尽间稍窄。山西五台佛光寺大殿面阔七间，亦中央五间等距为 5.04 米，而两端尽间减为 4.40 米。现知自当心间向两侧递减之制，至迟已行于北宋，例见山西太原晋祠圣母殿。而明、清时更成为普周天下之建筑通则。

关于柱网之排列，宋《营造法式》有“金厢斗底槽”、“分心槽”、“单槽”、“双槽”之分（图 4）。而实际之使用早见于唐、辽，如五台佛光寺大殿、蓟县独乐寺观音阁及山门等。至于为扩大建筑内部某处空间而采用的“减柱造”和“移柱造”，似始于北宋**而盛乎金、元。著名之例，如山西太原晋祠圣母殿、五台佛光寺文殊殿、芮城永乐宫三清殿等。降及明、清，其于官式与民间建筑中，仍有若干实例可循。如山东曲阜孔庙奎文阁、安徽歙县明代祠堂、河北易县清西陵泰陵与昌陵之隆恩殿等。“满堂柱”式平面之例首见于唐长安大明宫麟德殿、其后南宋平江府（今苏州）玄妙观三清殿亦作如是布署。

某些建筑之平面，系由若干单体平面组合而成，一般以中央之建筑为主体，周旁之建筑为附属。山东沂南汉墓出土之画像石中，就有以小屋（宋称“龟头屋”）附于堂后者。河北正定隆兴寺之摩尼殿建于

---

*［整理者注］：① 由河南偃师二里头 1 号宫室遗址，知其主殿堂面阔八间，表明偶数面阔之制至少在夏代末期已被使用。

② 其后位于陕西岐山县凤雏村之先周大型建筑之厅堂面阔六间，故知此制至商末仍被沿用。

③ 另发现于扶风县陈召村之西周中期建筑遗址群，其建筑面阔有用偶数者（F3、F8），亦有奇数者（F5）。

**［整理者注］：陕西扶风县陈召村西周建筑遗址中之 F8，已有“移柱”迹象。但作者为此文时，上述资料均未发现。

北宋，其四壁中央各建抱厦一区，形制甚为特异。而唐长安大明宫中之麟德殿，则由前、中、后三殿依进深方向毗联而成。宋画《黄鹤楼》、《滕王阁》中建筑亦皆为多座组合者，形体更为复杂。若干明、清佛寺于大殿前另建一拜殿，亦属此种组合方式。宋、金、元之际，其宫室、坛庙、民居建筑，常于前、后二殿堂间建一过殿以为联系，因其组合之平面与工字相仿，故有斯名。

（四）中国古代建筑外观之特点

建筑之外观与本身之结构类型，使用材料、构造方式以及功能要求有密切联系。又受自然地形、气候等条件之制约。此外，还为社会之生产力与生产关系、文化水平、民族习俗等因素所左右。

在远古时期，我们的祖先野处于大自然中，以棲居树上或寻找天然洞穴作为住所，此时可谓几无建筑可言。后来在仰韶——龙山文化中出现的半穴居与地面建筑（以西安半坡原始聚落为代表），外观仍极简单。夏、商之世，虽宫室、宗庙亦皆为“茅茨土阶”之朴素形象，其余乡宅民居当可想像。周代建筑有较大发展，特别是春秋、战国之际，各国诸侯竞相构筑宫室台榭，其遗址与建筑形象至今尚有若干留存者。由河北易县燕下都之高台遗基与战国铜器上之纹刻，即可窥其一斑。而陶质瓦、砖之出现与铜铸件之应用，并使建筑面目大为改观。例如屋面铺瓦，则屋顶之防水效能大大提高，坡度因此降低，房屋比例及外观亦为之变更。但建筑结构与构造也由此得到长足的改进和发展。又若施于柱、枋之金釭，不但加强了构造接点的稳固，而且还起着重要的装饰作用，其形象后来又成为官式彩画中突出的图案之一。我国古来席地而坐和使用床榻习惯，至隋、唐、五代仍很盛行。但垂足而坐的形式，已逐渐有所发展。室内家具也出现了长桌、方桌、长凳、扶手椅、靠背椅等异于周、汉的新类型，如五代顾闳中《韩熙载夜宴图》所示。及至两宋，席地之制已完全不用，而家具之高足者尽占优势，如此则不可能不影响到室内空间增高，从而使建筑的外观与比例亦受到影响。唐、宋建筑因采用“生起”和“侧脚”，产生了檐口呈缓和上升曲线的优美感和墙、柱稍呈倾斜的稳固感。这与明、清大多数官式建筑外观的平直僵硬，形成极为鲜明的对比。此外，官式建筑与民间建筑、北方建筑与南方建筑、以及各民族地方建筑之间，都存在着相当显著的差异。内中许多特点，都是因为结构与构造的不同而形成的，例如骑楼、马头墙、脊头、屋角等等。

贯穿中国社会历史的礼制宗法思想，亦表现于建筑的外观之中。例如台座的高低、层数与装饰，斗栱出跳的多少，柱、墙及屋面铺材之色彩，屋顶的形式，彩画的构图等等，无不有其寓意。因此，在中国古代社会中，建筑（特别是官式建筑）又是统治阶级炫耀其特殊权力与地位的重要工具。

此外，若干建筑局部构件的变化，如梭柱之采用、斗栱尺度及组合等，亦对建筑之外观产生一定影响。

二、台基

（一）台基

在仰韶时期的半穴居或地面建筑中，尚未发现显著之台基形式。它后来产生的原因，乃在于防止潮湿，从而使人们保有一个较舒适之室内生活条件，并减少大自然对由土壤、木材所构成的人类建筑的损害。及至后来，才发展成为建筑立面所不可缺少的内容之一。是以《墨子》始有：“高足以避湿润”之语。河南安阳小屯的商殷宫室，其台基均系土筑，并在表面予以烧烤及打磨。周代台基使用之材料，大体仍为夯土版筑，但事实上，恐已采用了砖与石材。此时台基与阶级等级与礼制已产生联系，如《礼记》中载：“天子之堂九尺，诸侯七尺，大夫五尺，士三尺”。但台基为一层或多层，则未述及。由于当时木架构尚未能解决高层建筑之结构问题，故于建筑之下构高台以弥补其高度之不足，所谓台榭建筑，遂由此产生。据记载，夏桀曾囚成汤于阳翟之钧台，它是否为专门之监狱，或系借用夏王之离宫别馆，则目前无可考。又商之末帝辛（即纣王）亦建鹿台于朝歌以贮钱贝，兴沙丘之苑台用作离宫，皆为有关台之最早史录。以后，西周文王建灵沼、灵台，依史载，该台系在囿中而不在宫内。与尔后春秋、战国之际，各国诸侯竞建宫室于高台上之情况又有所不同。如今燕下都与鲁故城遗址中，尚遗有高台残迹多处可为殷证。秦、汉宫殿亦多建于高大台基之上，此制至东汉才逐渐衰落。而其后曹魏邺城之铜雀、金虎、冰井三台，系利用城墙再予加筑者，其上楼阁巍峨，台间复联以阁道，亦一时之壮观。尔后唐太宗于长安西北建大明宫，其正衙含元殿亦矗立于高基之上。自此以降，台榭建筑之施于宫殿者遂成绝响，仅偶见于园林风景建筑，如宋画《金明池夺标图》、《滕王阁图》、《黄鹤楼图》中所示。由此可见，台榭建筑至少起源于商末，盛行于春秋、战国，而式微于唐、宋。其结构系以夯土为主，后始外包砖石。建筑之布置形式，除建于台顶，并有环绕土台周围者，其具体而微之例，若西汉长安南郊之辟雍。在另一方面，陵墓之制亦受其影响。大概从周中叶起，改变了古人"不封不树"习惯，墓上出现垒土为坟。其于帝王、诸侯者规模更为宏大，且上建祭享堂殿，例如辉县战国大墓、平山中山国王墓等等。而秦始皇陵、两汉帝陵及唐、宋皇陵之封土皆巨，但其上均未有祭祀建筑。因此，流行于周代宫殿及陵墓之台榭建筑的共同兴衰，愚意恐未能视作是一种巧合。

一般位于建筑物下之台基，除前述安阳小屯商殷宫室外，于汉代诸画像砖石中亦屡有所见，如小至门阙，大至殿堂，皆有置者（图 8、图 10 ～ 12、14）。山东沂南汉墓石刻及四川出土汉住宅画像砖与北朝建筑等，其台基往往于四隅建角柱，中置陡板石及间柱，上覆阶条石（图 9、13、15），但各部均不施雕饰。其制式与后世迄于清代所用者几无二致，足见其成熟至少已在东汉。及佛教流播，作为佛座之须弥座亦传来中土。其最早形式见于敦煌石窟北魏 428 号窟（图 16），于束腰上、下施简单之方涩线脚若干。特点是束腰高而无装饰，方涩上、下不对称与极少使用莲瓣。尔后于束腰处使用间柱及壶门，莲瓣亦自下部方涩间延及上涩（图 17）。早期之壶门较宽，其上部由多数小曲线组成，底部为一直线。后来宽度变窄，上部曲线简化，底部亦采用曲线形式。壶门内并施神佛、伎乐等雕刻，装饰日趋华丽。大约在宋代中叶以后，间柱逐渐取消，束腰部分之装饰开始施用几何纹样。其上、下方涩间出现斜涩及枭混曲线，下方涩之下，另加龟脚。此类台基之式样变化，实以宋代为枢纽（图 28 ～ 30）。现存古代须弥座之最华丽繁复者，恐无出河北赵县北宋仁宗景祐五年（公元 1038 年）陀罗尼石幢之右。其下石须弥座三层，琢刻极为秀美丰富，

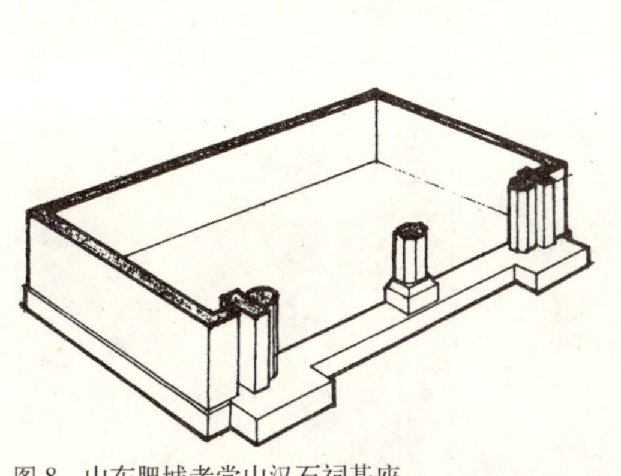

图 8　山东肥城孝堂山汉石祠基座

四川彭县画像砖

山东两城山石刻

图 9　汉画像石中建筑基座二例

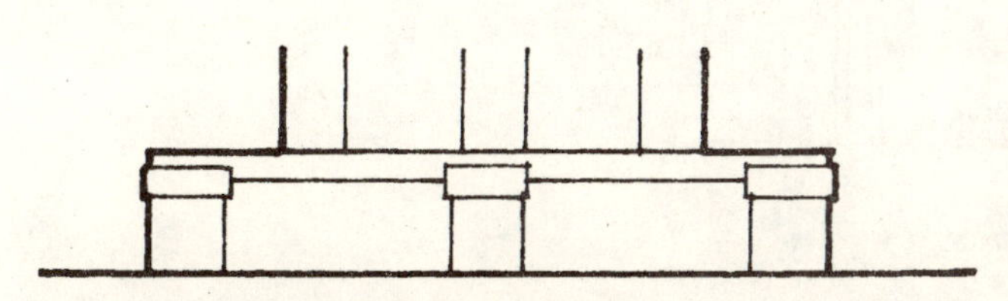

图 10　四川雅安汉高颐阙母阙基座

图 11 江苏铜山汉画像石

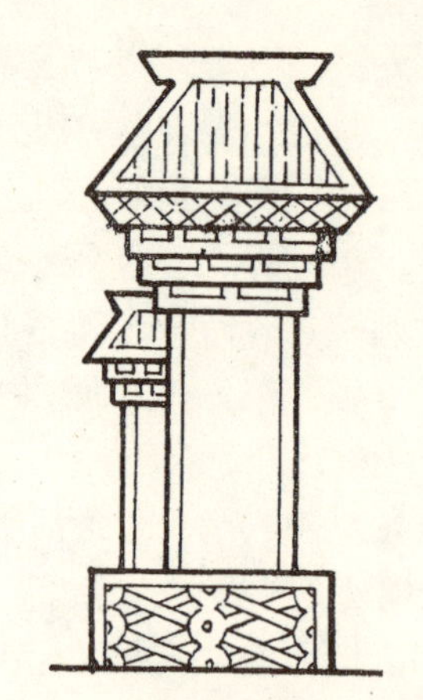

图 12 汉画像石中双阙基座

图 13 北魏宁懋墓石室雕刻

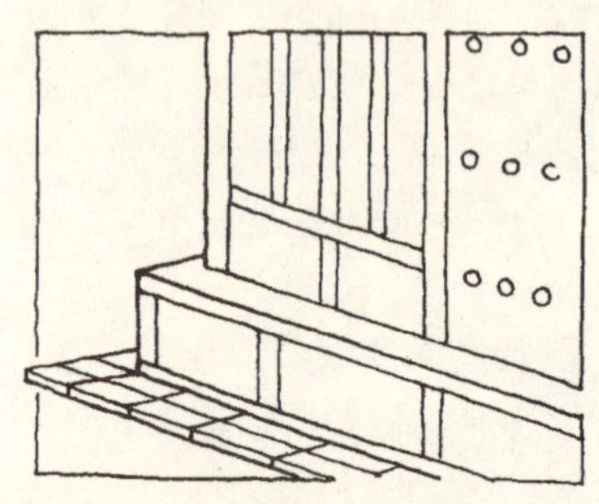

图 14 河南洛阳出土北魏宁懋墓石室之台基和砖铺散水

图 15 敦煌 285 号窟壁画中之西魏建筑

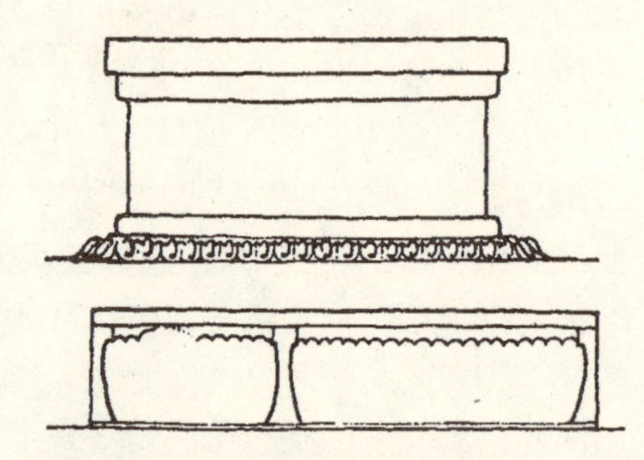

上、须弥座 甘肃敦煌莫高窟 428 窟佛座
下、壶门 河北磁县南响堂山 6 窟佛座
图 16 北朝石窟须弥座

图 17 太原天龙山北齐石窟佛像须弥座

角柱与间柱作束莲柱或木建筑柱式，其间雕饰壸门、天神力士、飞天伎乐等。须弥座之使用，除施于佛像、塔、幢之下，又有用作棺床（如五代十国之前蜀王建墓）及官式建筑之台基（如明、清之南京、北京宫殿）。从而正式纳入中国建筑之礼制范围（图 18 ～ 24）。如北京故宫三大殿下，建白石须弥座三层，又天坛祈年殿亦复如此。此时之须弥座之束腰高度已降低，其上、下之线脚以采用对称之布置而几乎相等（仅下方多一龟脚）。角柱表面浅刻海棠纹一至二道，束腰端部及中部则浮雕卷草图案。清代官式须弥座的尺度比例及装饰，可见图 33。至于明、清之区别，仅为前者形状较圆和与后者较方正而已。此外，宋、元之普通台基，有于压阑石之角隅，置称为角石之方石板者，其上雕卧狮等，例见北京护国寺千佛殿前月台之元刻(图27)。而清代普通台基多以石或砖石混合砌造，阶沿仅平铺阶条石而已（图 35）。

（二）踏道

以阶级形之踏跺（又称踏步）为最常见，此系供步行升降而多置于露天者。据《仪礼》所载，周代宫室、住宅已有东、西阶之制。其式为于殿堂前设双阶，东侧称主阶或阼阶，供主人用；西阶称客阶或宾阶，以待宾客而示尊崇，盖古礼尚右，故尔。其后汉代与六朝以下之文献亦多有所载。至于佛寺、坛庙亦有用此制者，如唐长安慈恩寺大雁塔之门楣石刻，即有五间单檐四阿顶佛殿施东、西双阶之形象。而河南济源建于北宋太祖开宝六年（公元 973 年）之济渎庙渊德殿，尚留有此项遗构，是为目前国内所知之最早实例。然自宋代以降，此制于文献及实物中，均未有再现者。

古代帝王于宫中常乘辇车，故升降殿堂须建坡道。汉班固《西都赋》中已有“左平右墄”之描述，“墄”者踏跺也，“平”者坡道也。故知此项坡道至迟于西汉已经使用。其置于殿前而两侧挟以踏跺者，于《营造法式》中称为“陛”。它很可能是东、西阶二者合并的结果。现存实例以河南登封刘碑寺唐开元十年（公元 722 年）之石塔及少林寺北宋宣和七年（公元 1125 年）初祖庵前之石级最为有名。明、清之世应用更广，除屡见于皇宫主要殿堂以外，又施于陵寝、坛庙、佛寺。此时之陛石表面多刻有龙、凤、云纹、海山等高浮雕，已不宜于车行，而是作为一种等级制度之标志与装饰。

一般常见之踏道，为中央施踏跺而两侧夹以垂带石（宋称“副子”）者。在大多数情况下，于建筑之阶前仅设一道。较早之例如四川出土描绘东汉地主住宅之画像砖中，其三间厅堂前即依上述原则（图 9）。在皇家殿宇中，则有并列三踏道者，如唐长安大明宫含元殿前龙尾道。但三者以居中之道为最广，又各道皆先“平”而后“墄”，此种组合形式，为他例所未睹。

室外之斜道，为防止冬日冰雪滑溜，常于表面以陶砖侧砌成斜齿状，称为“礓礤”。宋《营造法式》已载有做法。此外，用于园林建筑中之踏跺，平面常作多边蝉翅状展开，故称“蝉翅踏跺”。

正规踏跺每步之高宽比，如宋《法式》规定高五寸、广一尺；清《则例》为高至五寸、广一尺二寸至一尺五寸。均在 1:2 左右。较局促之处，如佛塔内阶梯，则可达 1:1 或更多。所用材料，室外者除用整齐之石条及陶甓，又可用天然石料砌作不规则形，称为“如意踏步”，多施于住宅、园林建筑。

踏步之侧面，于垂带石下所形成之三角区域，《法式》谓之“象眼”。此处于宋、元时砌作层层内凹之形状(图34)。明代之初，如南京明孝陵享殿之石阶，犹在此置表面浅刻凹槽之三角形整石，以象征旧时做法。以后均改为砖石平砌。象眼近地平处，有的设有排水孔，例见南京明故宫、明孝陵与成都明蜀王府殿堂故基。

（三）栏杆

古称“勾阑”。最早之形象，见于西周铜器兽足方鬲，其正面下端两隅，有十字棂格之短勾阑各一段。战国晚期，又出现陶制之栏杆砖，纹样有山字形及方格，例见河北易县燕下都出土遗物。经由汉代陶屋明器及画像砖、石所表现者，为数更众。其棂条有直棂、斜方格、套环等多种（图 31）。望柱则有不出头与出头者，而以前者为多，出头部分均作笠帽形。南北朝时期之勾阑见于山西大同云冈第九窟者，其间柱上以斗子承寻杖，寻杖与盆唇间未施其他支撑，阑版作勾片造，再下置地栿（图 31），与宋《营造法式》

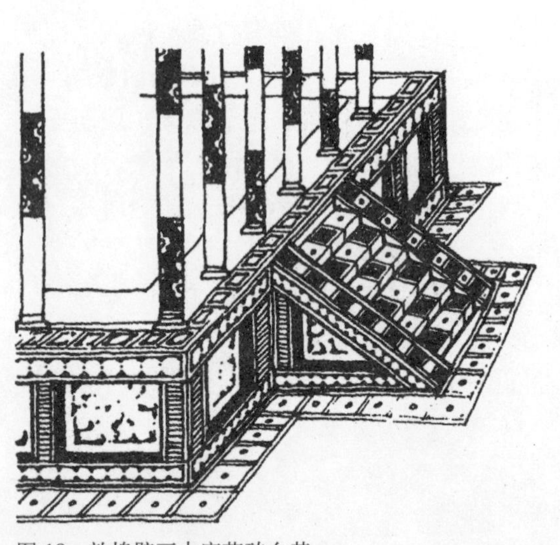

图 18　敦煌壁画中唐花砖台基

图 19　敦煌壁画中唐住宅台基

图 20　山西五台南禅寺大殿佛坛须弥座（唐）

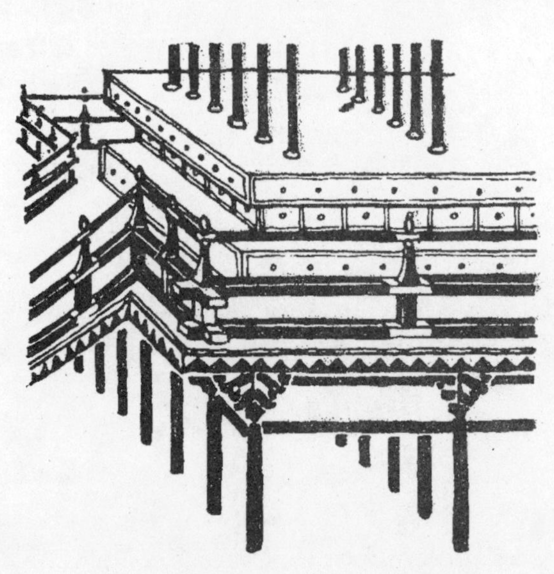

图 21　敦煌壁画中唐临水木桩台座（172 号）

图22 敦煌壁画中临水砖石台座（用斗子蜀柱栏杆、转角用望柱）

图23 敦煌25号窟壁画砖木临水台座（用斗子蜀柱瓦片勾栏，转角用望柱）

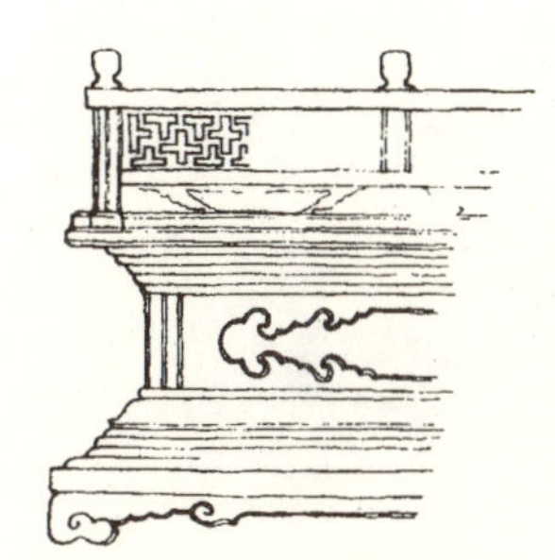

蓟县独乐寺观音阁（辽）

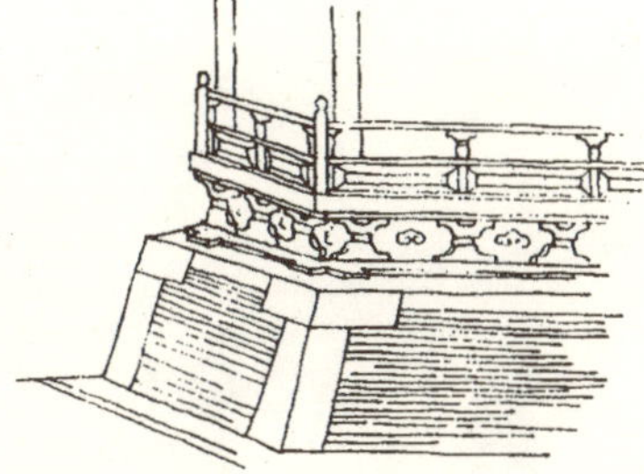

宋画《黄鹤楼图》

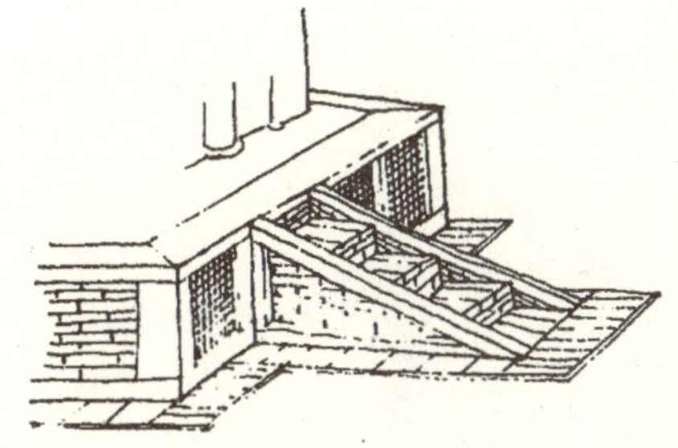

宋画《晋文公复国图》

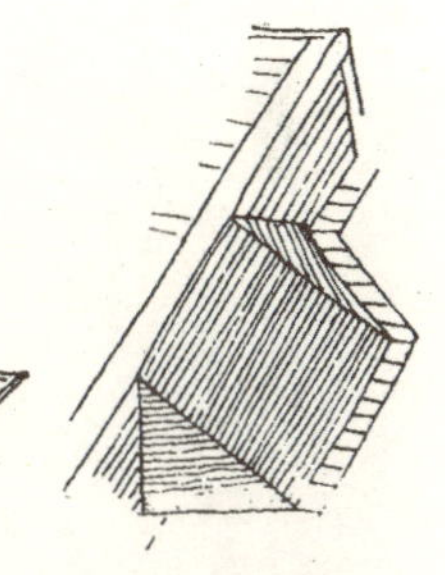

宋画《中兴祯应图》

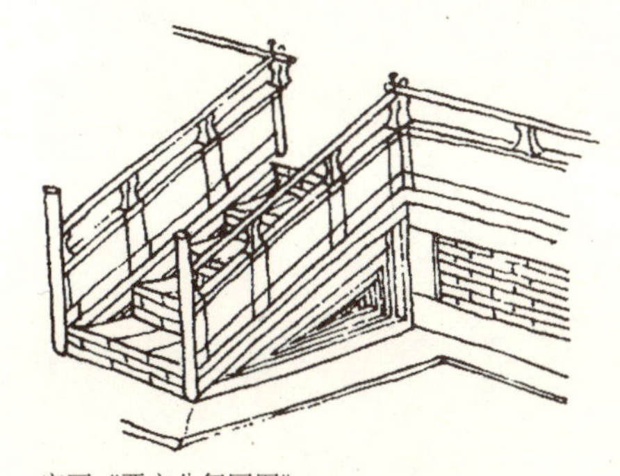

宋画《晋文公复国图》

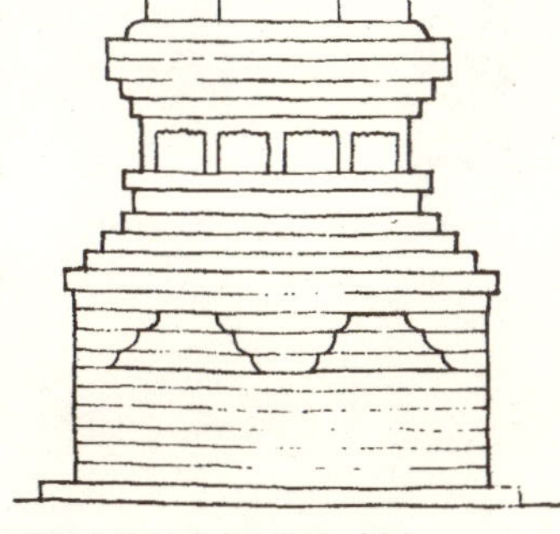

登封会善寺戒壇院墓塔（金）

正定隆兴寺大悲阁（宋）

图24 宋、金建筑及绘画中之基座

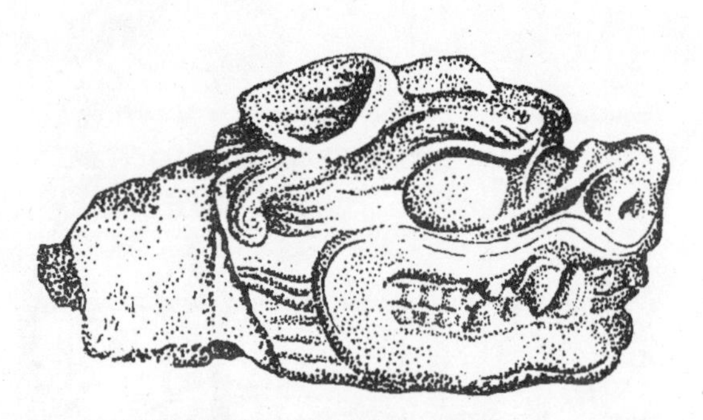

图 25 宁安渤海国东京城遗址出土石螭首

图 26 南京栖霞寺舍利塔台基及勾阑

图 27 元代台基角兽

图 28 河北正定开元寺正殿须弥座

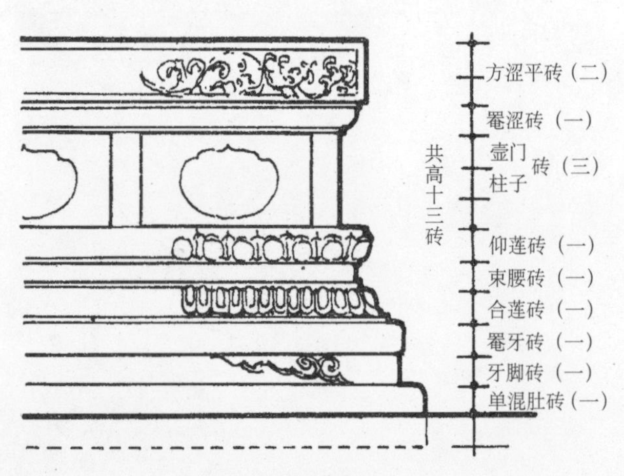

图 29 宋《营造法式》砖砌须弥座

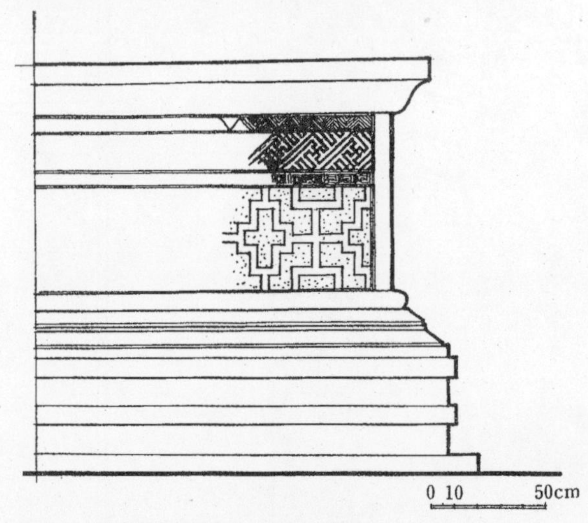

图 30 江苏苏州玄妙观三清殿须弥座

所示勾片造单勾阑，大体差别无多。另甘肃敦煌莫高窟第257窟所绘壁画，其楼阁之勾阑中部望柱已出头，且阑版采用直棂与勾片之混合式样（图31）。唐代之勾阑亦无实物存留，其于壁画中所绘者，寻杖有插入于角端之望柱，及采用"寻杖绞角造"之二种方式。阑板纹样仍以卧棂为多，其他或用勾片造，或用华版造。望柱端部常做成莲花形，寻杖与盆唇间支撑，则施斗子撮顶。五代勾阑实例，仅南京栖霞山舍利塔一处(图26)。因塔之台座为八边形，故勾阑置于台隅之望柱，亦采此种平面。寻杖断面圆形，其下承以类似《法式》中之斗子瘿项（断面作方形），盆唇下施勾片造镂空阑版，纯系仿木构式样，与所用石材特性不相符契，似欠合理。宋代勾阑较前代更为华丽，依《营造法式》，其勾阑有单勾阑与重台勾阑之别（图32），而具体使用则以前者为多。宋代勾阑现无实物遗存，但由《晋文公复国图》、《黄鹤楼图》、《捣衣图》、《雪霁江行图》《折槛图》等宋画（图31），亦可窥当时勾阑情况之一斑。其形制大体仍如唐代风范，惟局部更为纤秀工巧。又依《雪霁江行图》及《西园雅集图》，知已有具坐栏之鹅颈椅。

与北宋时期相近之辽代建筑，其勾阑实物亦颇有可观者。已知之例，若河北蓟县独乐寺观音阁、山西应县佛宫寺释迦塔、山西大同下华严寺薄伽教藏殿壁藏、河北易县白塔院千佛塔等砖木建筑皆是。其中尤以教藏殿内壁藏与天宫楼阁之勾阑华版形式种类最多，有卍字、T形、亚字、勾片、十字等（图31），均以镂空之木板为之，制作极为精美。以后降至明、清，栏板之式样大体布局未变，而细部处理之手法殊多，因篇幅所限，未能一一列举（图36～41）。

我国早期之石、木勾阑，均未见有于尽端施抱鼓石（又名"坤石"）者，就其结构而言，终不甚坚固。今日所见施抱鼓石之形状，以金《卢沟桥图》中所示之形象为最早。其后明、清除建筑栏楯外，又施于牌坊、大门、垂花门等处。因石之中部常雕一圆形之鼓状物，故有斯名。但明南京孝陵下马坊与明楼前石桥二处使用之坤石，其上遍刻云纹，与上述者有所区别。又综观勾阑坤石之形状，似从纵长形，演变为近乎方形，最后发展为横长方形。自其承受横向推力之效应而言，此最终之体形，亦为最符合力学要求者。

（四）螭首

其形状为兽首或龙首，置于建筑外部须弥座之石栏杆望柱下，其于角隅者谓之"角螭"，体量较望柱下者为大。原为将台基上积水外泄之工具，后渐成为装饰（如角螭即已失却排水功能）。螭首之记载，曾见于宋《营造法式》，其始用于何时，目前尚不明了。实例如宁安渤海国东京城遗址出土者（图25），又依山西平顺海会院唐明惠大师塔，其须弥座上枋角部有龙头装饰若后世之角螭者，放置方式亦雷同。而太原晋祠北宋圣母殿台基，也仅有角螭之设置。故颇疑角螭之使用，当早于望柱下之螭首。

三、木构架

（一）我国传统建筑木架之主要形式及特点

我国传统建筑之主要结构形式为木抬梁式屋架，虽具诸多优点，但在结构与构造方面，亦有若干不足：

1. 木架结构主要考虑承受垂直方向之荷载，而未考虑较大水平推力之作用。

2. 各榀木屋架间之联系欠充分。

3. 木屋架与房屋基础间，亦缺乏紧密之结合。

因此，当受到较强之水平推力（如地震、大风等）时，木架常易产生倾斜而致毁。是以木架外常护以厚墙，非独为防寒保暖，而亦有其结构之意义。

就木架之各构件而言，大体可分为承垂直压力之柱，与抗水平张力之梁二类。其中梁所需要之单位材料应力强度，又远胜于柱。而各种梁中，悬臂梁（或称挑梁）之应力又大于简支梁。当建筑悬伸的结构长度（如房屋之出檐）达到某种范围时，用单一的构件已不能满足。于是改用加斜撑或施层叠出挑的方式，这就形成了我国木构建筑特有的构件——斗栱。古代匠师虽然缺乏系统的科学力学知识，但能根据多年实际经验，得知出挑构件受力（目前我们知道的是剪力与弯矩）很大，需要采用较大的结构断面。

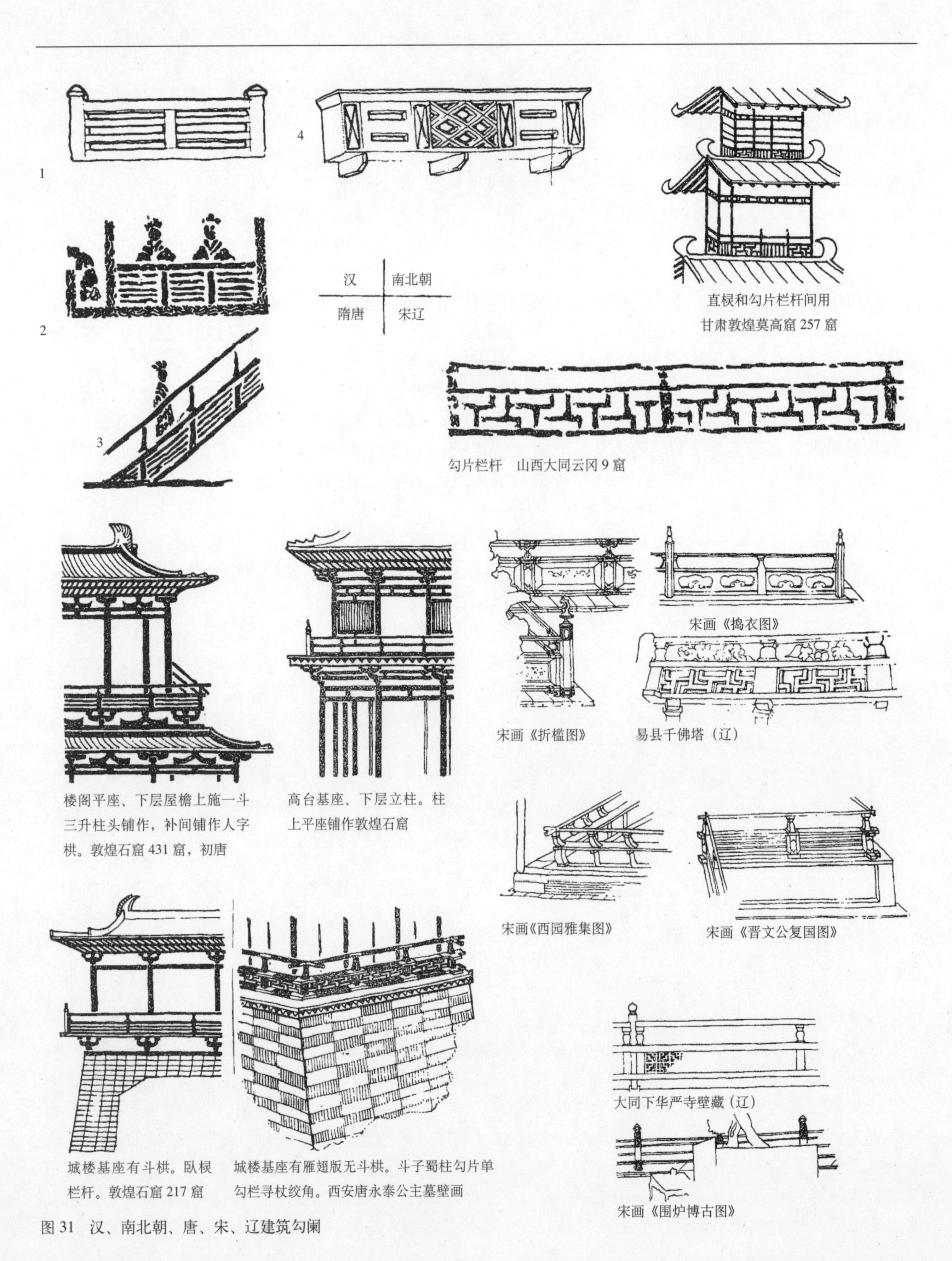

图 31　汉、南北朝、唐、宋、辽建筑勾阑

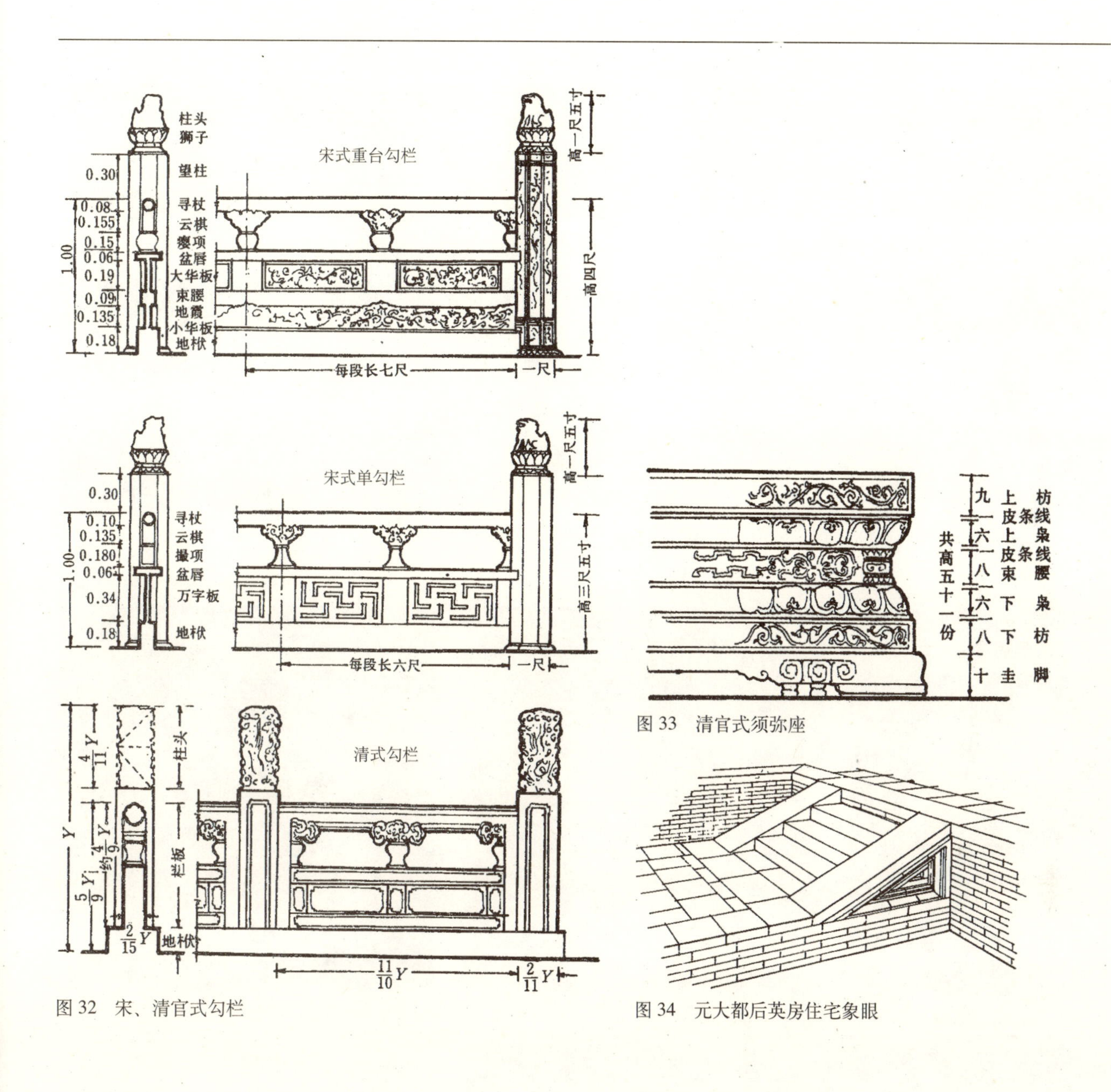

图 32　宋、清官式勾栏

图 33　清官式须弥座

图 34　元大都后英房住宅象眼

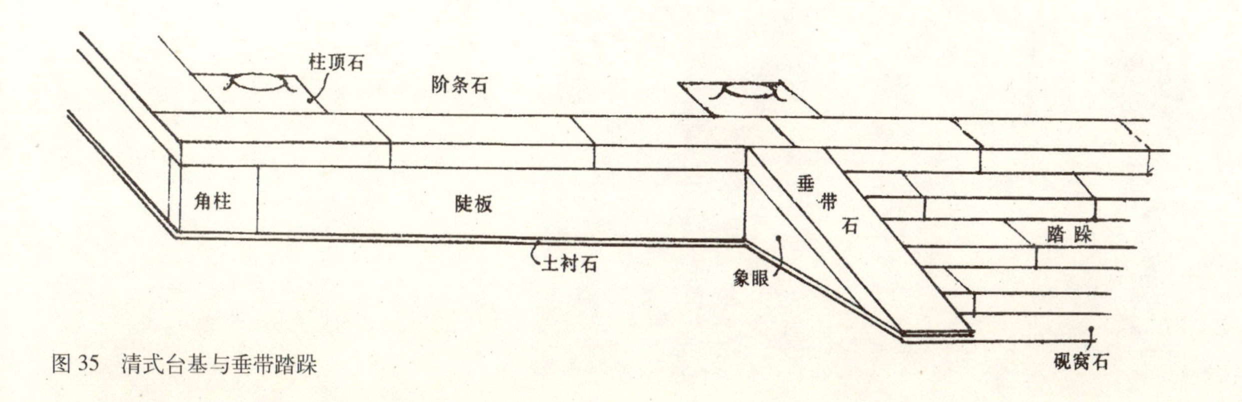

图 35　清式台基与垂带踏跺

图 36　曲阜孔庙杏坛石栏

图 37　华北某寺石栏

图 38　皖南民居木栏杆

图 39　成都文殊院木栏杆

图 40　苏州玄妙观石栏

图 41　四川合川钓鱼城某寺台基、石栏及踏步

从而创立了以栱的断面尺寸作为一切其他构件标准的方法。它的应用至少始于唐末，而予以系统阐述并付之实行的，则在北宋。具载于徽宗崇宁二年（公元1103年）刊行之《营造法式》。其中规定以“材”为一切大木构件之用料标准。这“材”实际就是“栱”的断面，宽度定为十分°，高定为十五分°（此分°，即“份”之意），为2∶3之比例。依建筑物大小，分“材”为八等如下：

一等材 宽6寸、高9寸	用于殿身九间至十一间。
二等材 宽5.5寸、高8.25寸	用于殿身五间至七间。
三等材 宽5寸、高7.5寸	用于殿身三间，或殿身五间，厅堂七间。
四等材 宽4.8寸、高7.2寸	用于殿三间，厅堂五间。
五等材 宽4.4寸、高6.6寸	用于殿小三间，厅堂大三间。
六等材 宽4寸、高6寸	用于亭榭或小厅堂。
七等材 宽3.5寸、高5.25寸	用于小殿或亭榭。
八等材 宽3寸、高4.5寸	用于殿内藻井或小亭榭斗栱。

清代大木用料标准称“斗口”，即大斗之斗口宽度，亦即栱宽或材宽。其断面定为宽十分°、高十四分°，比例较宋式略矮，大体仍为2∶3之比例。按雍正十二年（公元1734年）所颁布之《工部工程做法则例》，亦根据建筑物大、小，分斗口为十一等。

一等斗口 宽6寸、高8.5寸 二等斗口 宽5.5寸、高7.7寸 三等斗口 宽5寸、高7寸	未见实例
四等斗口 宽4.5寸、宽6.3寸	用于城楼。
五等斗口 宽4寸、高5.6寸	用于大殿。
六等斗口 宽3.5寸、高4.9寸	用于大殿。
七等斗口 宽3寸、高4.2寸	用于小建筑。(太和殿所用斗口，较七等斗口略小。)
八等斗口 宽2.5寸、高3.5寸 九等斗口 宽2寸、高2.8寸	用于垂花门、亭。
十等斗口 宽1.5寸、高2.1寸 十一等斗口 宽1寸、高1.4寸	用于藻井、装修。

其中第六、七等斗口，为清代建筑所最常见者，仅合宋代第七等材或八等材。可知我国古代木建筑之用料比例，年代愈晚者，比例愈小。其重要原因之一，乃出于木材之匮乏。至于不用斗栱之小式建筑(即官式做法中之次要建筑），如厅堂、住宅、垂花门、亭等，则按其明间面阔或亭之进深，作为用料标准。

以上之材、斗口或明间面阔等尺度决定后，则所有柱、梁、枋、檩等构件之尺寸比例，以及屋顶坡度均随之确定。而建筑本身平面之通面阔及通进深，亦皆由此推算得出。

（二）柱础

其作用为将柱承受之荷重，经此传至地面。另外又有保护柱脚及装饰美化之功能。我国原始社会建筑已使用柱础，实例已非一端。商代柱础则得自安阳小屯之宫室。均为埋于室内地表以下或夯土台基内，而非若后世之置于台基表面上者。础之本身为天然卵石，未经任何加工，仅以较平整之一面朝上，用承柱身而已。

两汉柱础式样较多（图42），有的平面正方，上施枭线，恰如栌斗之置于地面，例见山东肥城孝堂山石祠及安丘石墓。或仅于柱下施方形平石，如四川彭山崖墓所示。其于画像砖、石中之形状，亦大抵如此。惟置于墓表下之石础，如北京西郊发现之东汉秦君墓表，础为长方形平面，上表浮刻双螭，恐系一种独特手法。

北朝时期之柱础，见于山西大同云冈石窟、甘肃天水麦积山石窟及河北定兴北齐义慈惠石柱者，有莲瓣、素覆盆及平板数种（图 42）。其中施莲瓣者形狭且高，与唐、宋以下迥异。而见于南京附近之南朝帝王陵墓神道柱下石础，表面亦琢刻双螭，与北京汉秦君墓表相仿佛。

唐代柱础见于西安大雁塔门楣石刻及山西五台佛光寺大殿者，皆饰以较低平之莲瓣，亦有用素覆盆（图 42）。尔后雕饰渐趋复杂，其莲瓣尖端向上翻起，作如意形，已开宋代宝装莲瓣制式之渐。

两宋建筑注重装饰，其于柱础亦不例外，是以此时期之柱础形式最多，雕刻亦复繁丽，于《营造法式》中已多有所载。就实物所见，有素覆盆（河南登封少林寺初祖庵大殿及江苏苏州玄妙观大殿），或于覆盆上浅刻缠枝花及人物（苏州罗汉院大殿），或刻力神、狮子等（河南汜水等慈寺大殿）（图 42）。

明代使用素覆盆及鼓镜式柱础较多，一洗赵宋繁缛之雕饰。

清代官式柱础以鼓镜为主，亦有用鼓墩式者。民间则花样繁多，尤以南方为最，有方、八角、圆形、瓜楞及数种混合叠用者。其上雕刻有动、植物等各式纹样。

除石质柱础外，明、清民间建筑中，尚有施用木柱础者，例见苏南、皖南之民居与祠堂。

（三）柱櫍（锧、碛）

置于柱底与柱础之间。使用之目的为防止木柱下部受潮湿，后又成为柱脚装饰之一部分。其材料似最早为木质，继改为金属板，最后用石材。故又名踬或碛。

安阳小屯殷墟宫室遗址发掘中，于建筑夯土台基内之卵石柱础上，得一覆盖之铜板，乃我国最早发现之锧，其上尚有炭化物残存，当为木柱之被焚烬者。其后《战国策》中，亦有类似之记载，可见直至周代乃在应用。

石碛之实例，如苏州玄妙观大殿及罗汉院大殿者（图 42），皆出于南宋，已有与石础合为一体的现象。而浙江宣平延福寺大殿之碛，则为元代所构。至于文献所载，可参阅《营造法式》石作诸篇。

其使用木櫍者，亦见于苏州之民居、宅邸。而苏州文庙大成殿中，于石础上之木柱脚周围，包以木櫍一圈，此乃纯自形式出发，追求装饰之陋例矣。

碛或櫍之外观，大抵近似于鼓镜形状。

（四）柱

柱为受压构件，屋架所受外力与其本身之自重，经此传递至基础。柱之种类甚多，因其所在之位置与在结构中之作用而各异。就建筑平面而言，大体可分为外柱与内柱两类。前者位于建筑物之外周，于前、后檐者，称檐柱；于两山面者，称山柱；位于角隅者，称角柱。内柱皆置于室内，清代有老檐柱、金柱、中柱等名称。其于梁架间，则为脊柱（宋称“侏儒柱”）、童柱（或名“瓜柱”，取其形似）。此外，另有槏柱（置于额枋之下，用以再划分开间者）、倚柱（半埋于墙内，半凸出于墙面）、塔心柱、刹柱、雷公柱、垂莲柱等等。

汉代现存遗柱皆为石构，其平面有方、八角、圆形、束竹、凹楞等多种。外形以平直与收分为常见，但未有卷杀。前者如山东肥城孝堂山石祠及沂南画像石墓中之例，后者若四川彭山东汉崖墓所示。又山东安丘东汉画像石墓之石柱，表面雕刻缠错之众多人物。而四川乐山柿子湾汉墓中，柱身作微凸之绳纹束竹状，均为罕见之例（图 42）。

北朝之柱，见于宁懋石室者为方形断面之直体形。云冈第 2 窟及第 21 窟之塔心柱，其所刻佛塔檐柱亦皆方形直柱，但略有收分。而甘肃天水麦积山石窟与山西太原天龙山石窟之檐柱则为八角具收分者。位于河北定兴之北齐义慈惠石柱（图 43），其主体 2/3 为八角形，1/3 为方形。惟其上之石佛殿柱作圆断面之梭状，是为已知我国梭柱之最早实例。至于建置墓前之神道柱，如南京南梁萧景墓表，表面亦用凹楞

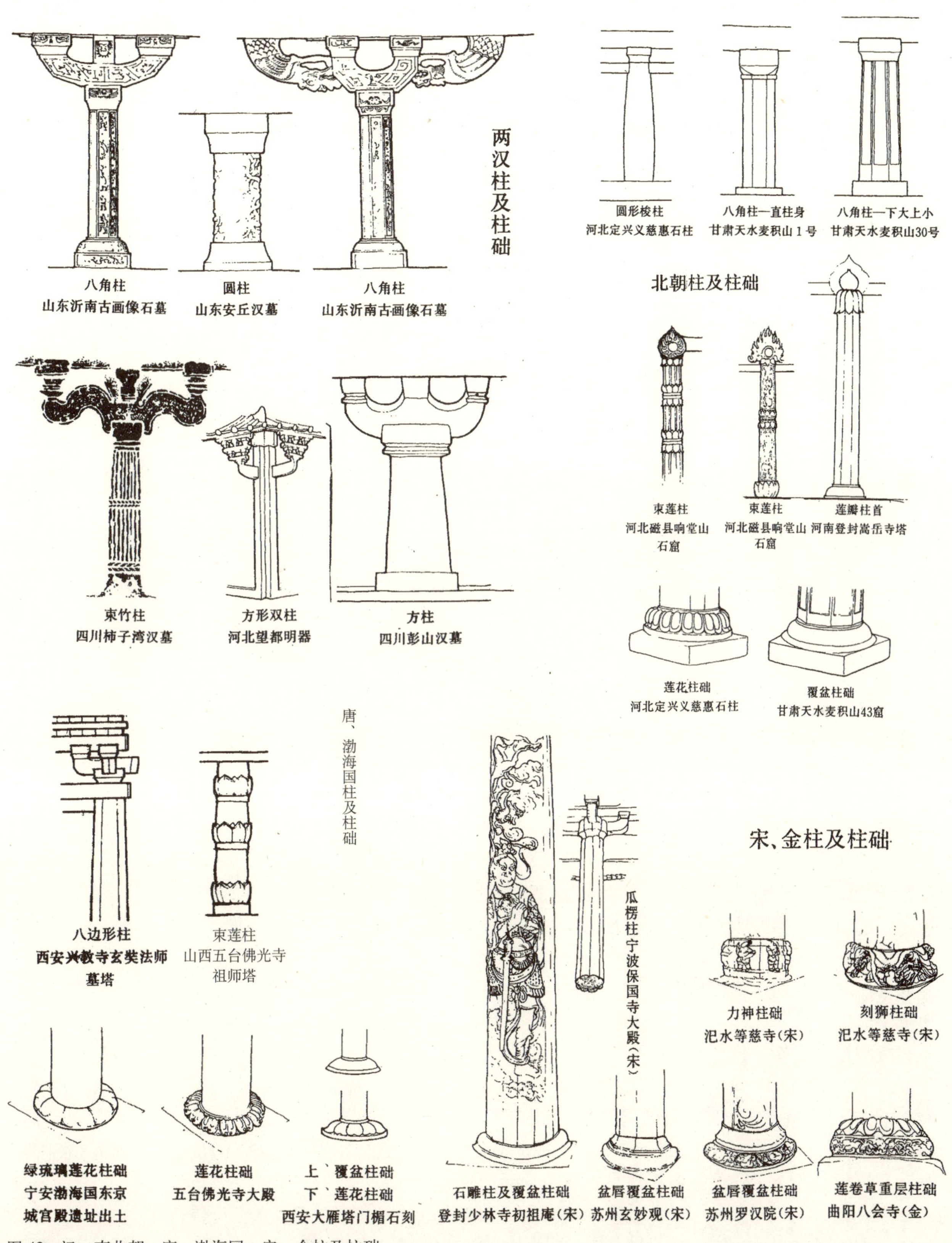

图42　汉、南北朝、唐、渤海国、宋、金柱及柱础

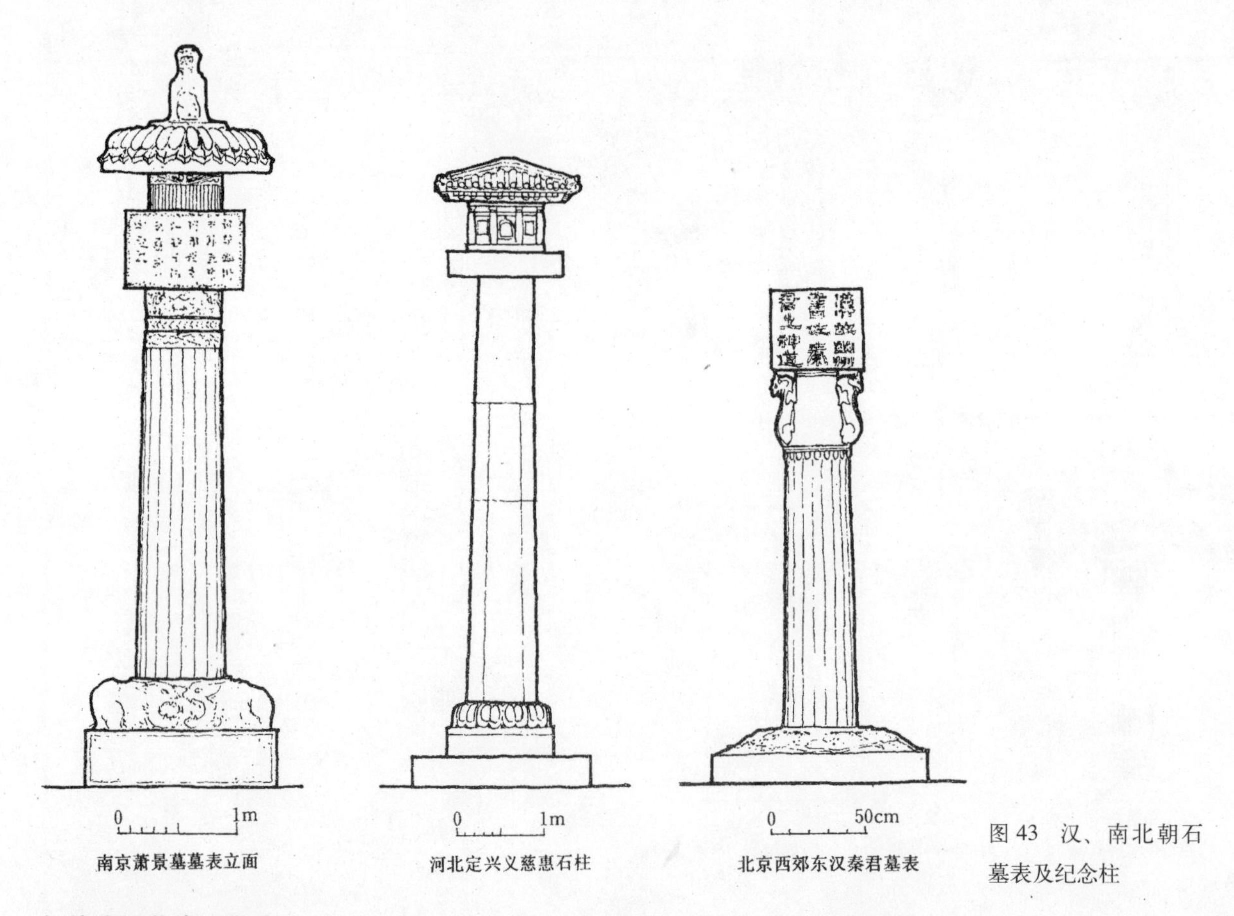

图43　汉、南北朝石墓表及纪念柱

如前述汉代秦君墓者。

此时外来文化之影响，亦有反映于我国之建筑者。如云冈石窟中曾出现爱奥尼(Ionic)与科林斯(Corinthain)式希腊柱头之雕刻，以及波斯双马柱式等，但为数极少，亦未再见于其他地域。又印度式样之莲瓣柱与束莲柱，仅见于河南登封之嵩岳寺塔及河北邯郸响堂山石窟，唐代仅见于山西五台山佛光寺大殿南侧之祖师塔，以后即行绝迹。

唐代木建筑如山西五台山之南禅寺与佛光寺大殿，柱之断面为方或圆，直体而上部稍有卷杀。其柱径与柱高之比值为1∶9左右。而佛光寺大殿之内、外柱等高，亦为此时之特点。此种制式，于受唐文化颇深之辽代建筑中仍有明显表现。如河北蓟县独乐寺观音阁，虽重建年代迟于佛光寺百有余年，其柱径柱高之比与内、外柱处理手法，依然如出一辙。

宋代柱之平面以圆及八角形为多，亦有瓜楞形（如浙江宁波保国寺大殿）及凹楞形（河南登封少林寺初祖庵大殿）者（图42）。而《营造法式》对各种柱之尺度与构造，并有较详细之规定。如当心间檐柱高不得超过其面阔；柱之直径于殿阁为42～45分°，厅堂36分°，余屋21～30分°；柱径与柱高之比在1∶8～1∶10之间等等。此外，又制定造梭柱之法：先将柱身依高度等分为三段，除中段保持原状，其余上、下二段均按一定程序以梭杀。然所成之外形与前述北齐义慈惠石柱上之梭柱相较，则有若干区别。

为使建筑具有视觉上的稳固感，《法式》规定将各外柱之上端，向内倾斜1/100柱高，谓之“侧脚”。此外，又按每间升高二寸之比率，自当心间向角隅增加各柱之高度，从而使檐口呈现为一缓和上升之曲线。此种做法，称为柱之“生起”。上述两种手法，除两宋以外，亦见于辽、金、元建筑。

明、清建筑之柱以圆形平面为最普遍，民间亦有用方形者，而八角、多楞等已不见。此时明间面阔已大于柱高，故其空间形状如横长之矩形。柱之细高比亦达 1∶10 ～ 1∶12 或更多。官式建筑已极少使用"侧脚"与"生起"，是以屋顶之檐口基本呈一直线，仅于角部始有起翘，故外观较为僵硬呆板。但南方若干地区之民间建筑，仍有局部保持宋代遗风者。

（五）柱数多寡与屋架形式之关系

柱为承载屋面荷载之主要构件，其数量与位置影响建筑之结构与室内之空间甚大。柱多虽结构稳定，但妨碍内部之交通与使用，且颇不经济。故如何正确地选择适当之梁柱结构形式，乃古代建筑设计中一个重要问题。

以宋《营造法式》所载各种屋架断面图为例，若八架椽（即清式之九檩）梁架，即有三柱、四柱、五柱、六柱等四类六种之多，可视实际之需要而作具体之选择。其以下之进深较小建筑，当可类推。内中立有中柱之"分心造"，如非用于山面，则大多见于门屋（或门殿）。而四椽之乳栿，于实物亦甚为稀有。辽、金、元建筑，常施减、移柱造，故不若宋式梁架之正规。然其原则，仍大体仿此。

明、清官式建筑之梁架与柱之布置，均较整齐，其重要建筑多用前、后对称形式。如北京故宫太和殿为重檐庑殿建筑，其殿身部分之梁架为四柱十三架，或前、后三步梁、中央七架梁形式。南方民间建筑之柱梁配置较为灵活，而减、移柱之旧法，亦未完全摒弃。

（六）额枋（阑额）、平板枋（普拍枋）

置于柱与柱上端之间的联系构件，宋称阑额。清称额枋。大型建筑常施用二层，上层清代称大额枋，下层断面较小者称小额坊（宋名由额）。两枋间再置较薄之由额垫板。额枋之作用有二：

(1) 将各柱联络成一完整之木框架。

(2) 承载平身科斗栱（即宋代之补间铺作）。

依汉代实物（孝堂山石祠）及陶屋明器、画像砖石等资料，当时之阑额多系承于柱顶，其有斗栱者更架于此项部件之上。而北朝石窟若大同云冈第 9 窟与第 21 窟、洛阳龙门古阳洞以及太原天龙山第 16 窟等处之石刻建筑，亦皆作如是之布署（图 50）。虽宁懋石室已在柱头以下施阑额置斗栱，但仍非正规做法。然阑额置于柱头之间之例，于甘肃天水麦积山第 5 窟及定兴义慈惠石柱亦有见之。凡此种种迹象，故可推知此项构造正嬗变于斯时。然其最后之成熟，恐在唐代之初叶。

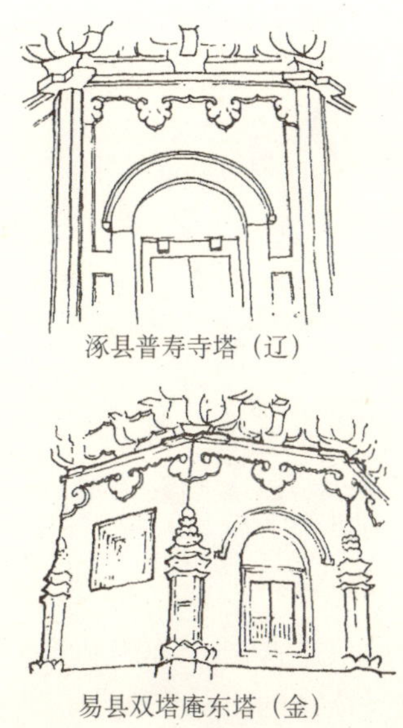

涿县普寿寺塔（辽）

易县双塔庵东塔（金）

图 44　辽、金塔角柱

图 45　河北易县清昌陵龙凤门石柱装饰

敦煌第423号窟隋代壁画中，其佛殿已有使用二层额枋之表示。以后之唐代壁画，如懿德太子墓及敦煌第321号窟，并皆如此。惟此时之补间铺作比较简单，多施人字栱而未有出跳者。其荷载不大，故承载之枋断面亦较小，上、下二层可用同一尺寸。建于晚唐之五台佛光寺大殿，其柱头铺作已用七铺作之最高标准，但补间铺作仅用一朵，且为在直斗造上承华栱二跳之简化形式。故其下仅用阑额一层，至为合理。

宋代之补间铺作朵数虽仍不多，但其出跳已与柱头铺作相同。因其体积与重量（包括结构荷载）俱已增加，故承托之阑额亦须相应调整其断面。因此形成了上层阑额（清称大额枋）与下层由额（清称小额枋）截面尺度之不等。

早期阑额之高宽比例，于唐佛光寺大殿均为3∶2，与北宋《营造法式》规定大体一致。明、清时额枋高度比为5∶4或更趋于方形。宋代阑额之侧面常呈外凸之琴面，明、清则仅于额枋之四角稍加卷杀，惟南方明代民间建筑仍有用琴面者。至于阑额至角柱处之做法，唐代南禅寺、佛光寺二例未见出头，辽代出头作垂直之截割，宋代则有不出头或出头呈耍头形者，金代出头作耍头或霸王拳式，元代者形如楷头，明、清则皆作霸王拳，但其曲线略有变化（图46）。然民间建筑尚有依循古制之例，如北方乡间额枋之出头，至今犹采用垂直截割者。

阑额上之普拍枋为置放斗栱而设。唐代木建若五台南禅寺、佛光寺大殿均无，但西安兴教寺玄奘塔之砖构仿木者反有。辽、宋建筑亦如此，其若独乐寺观音阁者，置与不置兼具，可见尚不完全统一。大约在金以后，始成为建筑中之必备。普拍枋之断面，亦由开始之宽薄渐变为窄厚，至明、清时已窄于额枋。其出头初为平截，至元代于出头之角部施海棠纹（图46）。

（七）雀替（绰幕枋）

施于额枋下之雀替，宋《营造法式》谓之为绰幕枋。其最早起源疑为替木，形象似出于汉画像石中柱头实拍栱之原形。云冈石窟第8窟之北魏浮雕，为已知此类构件之首例。河北新城辽开善寺大殿之两层替木，形状若实拍栱，犹与云冈者相近。宋《营造法式》所载之绰幕枋，其前端已雕成楷头或蝉肚二种形式。今日所知之宋代实例，皆施之于内檐，而外檐则未有见者，令人难以索解。岂《营造法式》所载仅汴京一带建筑而言，而此一带屡遭兵灾，故遗物荡然，而无法证实耶？辽、金之例，其下多用蝉肚。元代济渎庙临水亭之绰幕枋，亦依《营造法式》所云，前端作成蝉肚。现代之雀替形式，始于明代。然建于明初的安平县文庙，其雀替前端作楷头，次施枭混，再次为蝉肚与栱子。后来楷头与枭混部分特别发达，而蝉肚相对减缩，遂成清代之典型雀替式样（图47）。

清式雀替之比例，其长等于开间净面阔之四分之一，高等于檐柱径，厚为高之十分之三（或高等于1.25檐柱径，厚为0.4柱径）。如其下用栱子，则栱之长度为6.2斗口。所谓斗口，即指雀替之厚而言。栱高为二斗口，厚一斗口。十八斗之面阔为1.8斗口，进深1.38斗口，高一斗口。三幅云长度为檐枋厚三倍，高等于雀替高，厚以雀替厚减六分°。以上比例，仅为大概情况，实际应用时可酌予增省。

（八）斗栱

斗栱为我国官式建筑（如宫殿、坛社、庙宇……）所常用之结构构件，由斗、升、栱、昂等构件组合而成。此乃人所共知者，无庸再述。惟斗栱之起源、演变及各阶段形成之经过，则颇为复杂。此为研究中国古代建筑史最重要之课题之一，故应予详加分析与研讨。如能对此问题有较明确之了解，则若干有关大木之结构现象，自当迎刃而解。

（甲）斗栱之作用 斗栱是为了承载建筑出跳部分之荷载，在木构架建筑中所形成的单体构件或组合的结构形式。它最初置于檐柱顶部以承出檐，后来才施于楼台之平座以及室内，并进一步作为大木结构之尺度衡量标准。此外，它还起着装饰作用。

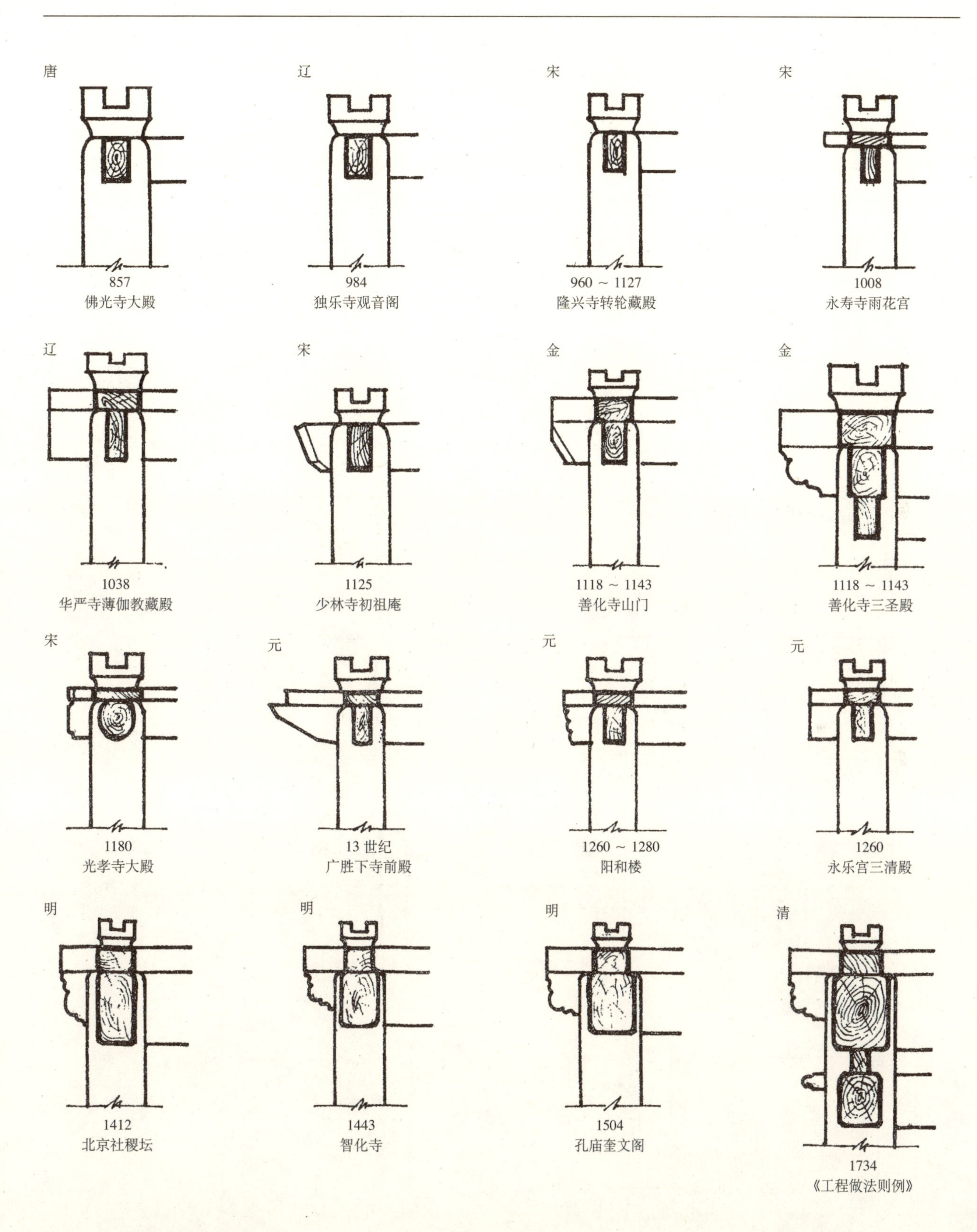

图 46　历代阑额、普拍枋演变图

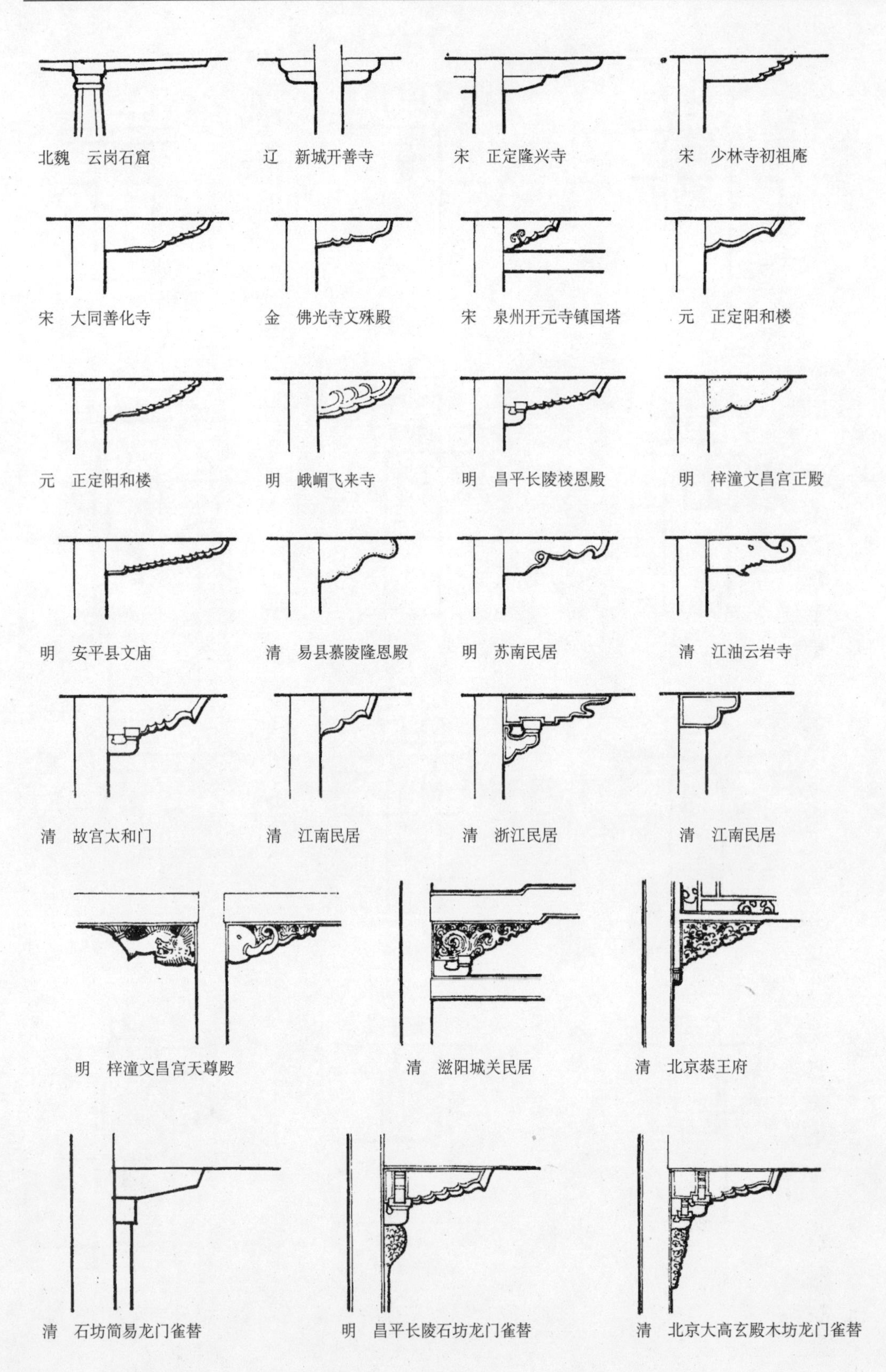

图 47 历代绰幕枋（雀替）及花芽子示例

（乙）斗栱之发展 其经过又与建筑出檐之变化有密切关系。

1. 我国古代早期木构建筑的出檐，系以保护版筑或土坯所砌之墙面为目的。惟当时仅以木椽挑出，因构件断面甚小，故伸延距离有限，当建筑不甚高大时，尚属可行。今日所见四川汉代石阙上浮刻，与西康一带之建筑，均皆如此。

2. 在木构架建筑发展到相当水平后，上述出跳距离甚短之缺点，始获得一定之解决。即利用内部之梁挑出于檐柱外侧，另于梁端加挑檐桁，以作为檐椽之外延支点，于是使出檐长度大为增加。但挑出之梁头，有二种不同之结构：一为水平形；一为利用天然弯曲之木料，以其反翘向上部位承桁。而后者即栱之起源。汉代许慎《说文》中的“舍”字，于小篆作“[illegible]”，乃最恰当的证明。

随着建筑物的体量日形庞巨，其出檐长度势必随与俱增。此时如何维护悬出梁头之安全，即成为建筑结构与构造之重大问题。依笔者设想，可用二种方法：一是于梁端之下加斜撑；另一是于梁下承柱之处，施水平之短木（使皆受压于梁下）。此二种作法，于今国内多有存者。而后一种即木构插栱之雏形，于汉明器中屡见。此种结构今天虽已不甚普遍，然在福建、浙江、广东乃至日本等处，尚在使用而未曾绝迹。

3. 使用上述插栱时，需剜去柱体之一部，方可使其固着。然此举必定削弱柱身之强度，特别是当外力为水平方向时，易产生折断之危险。而柱与柱间联系之枋栿，乃为构架所不可缺少之构件，但其对柱身之危害，并如上述。是以从结构安全出发，必须考虑其他手段。因此，就采取了在柱顶使用硕大栌斗（即清之坐斗），交汇承托其上层叠之栱、枋等构件于一处的形式。这就为后世的正规斗栱奠定了发展的基础，而插栱和替木式叠栱的做法，也就日益式微与渐被淘汰了。此项栌斗之使用，至迟在西周之初，其斗身与斗欹之区分甚为明显，尤表示并非原始形式。

后世较完整之斗栱，系由栌斗、小斗（清称升）、栱、昂等组成。依汉代石祠、陶屋明器及画像砖石、壁画等资料，知当时已有栌斗、小斗与栱等构件，但无斜向之昂。其中就栌斗而言，平面均为方形，外观则有三种：一种之斗身全为斜面，形状上大下小，较之实用升斗量具几无二致，例见山东嘉祥武氏祠画像石。另一种与西周早期铜器“令毁”所示（为我国目前发现最早斗栱）形象相仿，即上部之斗耳、斗平不分，但下部斜杀之斗欹已作略内䫜之曲线。实例如山东沂南画像石墓及四川彭山崖墓等。以上二种栌斗俱未开有斗口，所承诸梁枋，均置于栌斗之上。第三种可以四川雅安高颐阙所雕斗栱为代表，其各类栱均嵌于栌斗之中，形制与后代正规斗栱大体雷同，仿木构的程度则远胜于前者。至于栱之形状，可分直栱、斜栱与曲线形栱多种。栱端之处理，有垂直截割、多边折线卷杀、圜和曲线卷杀、曲茎式样以及附龙首翼身之复杂形象。栱身上部且有剜出栱眼或不剜者。

汉代斗栱之组合（图 42、48），有一斗一升、一斗三升及一斗多升等多种。有单栱造，亦有重栱造。但斗栱绝少向外出跳者。斗栱以柱头铺作为主，补间极为简单，常仅为一短柱或一人字栱，或全然不用。斗栱之置于角隅者，常自角柱之二面出插栱，其上再施单栱或重栱承托檐口。至于在屋角 45°斜出铺作的做法，于汉代资料中尚未得见。

栱上之小斗，有的已具斗形，有的仅施矩形块体。其数量亦不一律，自二枚直至四、五枚不等，由下而上逐层递增。内中使用一斗二升单栱者，往往于栱背中央加一矩形垫块，似为一斗三升式样之滥觞。此项构造使上部荷载得以循柱中心线直接下传，在结构上是合理之举。

南北朝斗栱之遗物（图 49）多得自石窟，均未有斗栱出跳之例。仅洛阳龙门石窟之古阳洞有自栌斗伸出似二层替木之形象。作为斗栱之单体，一斗三升制似已确立，若汉代之一斗二升及曲茎形栱皆已绝迹。其他如人字栱及直斗造，都已广泛使用。在细部方面亦已逐渐定型，如斗耳、斗平、斗欹三者高度之比例，若干实例已与宋《营造法式》规定之 4∶2∶4 大体相符。又栱头之卷杀已有使用多瓣之内䫜曲线者，而栌斗与小斗下也常置有皿板。

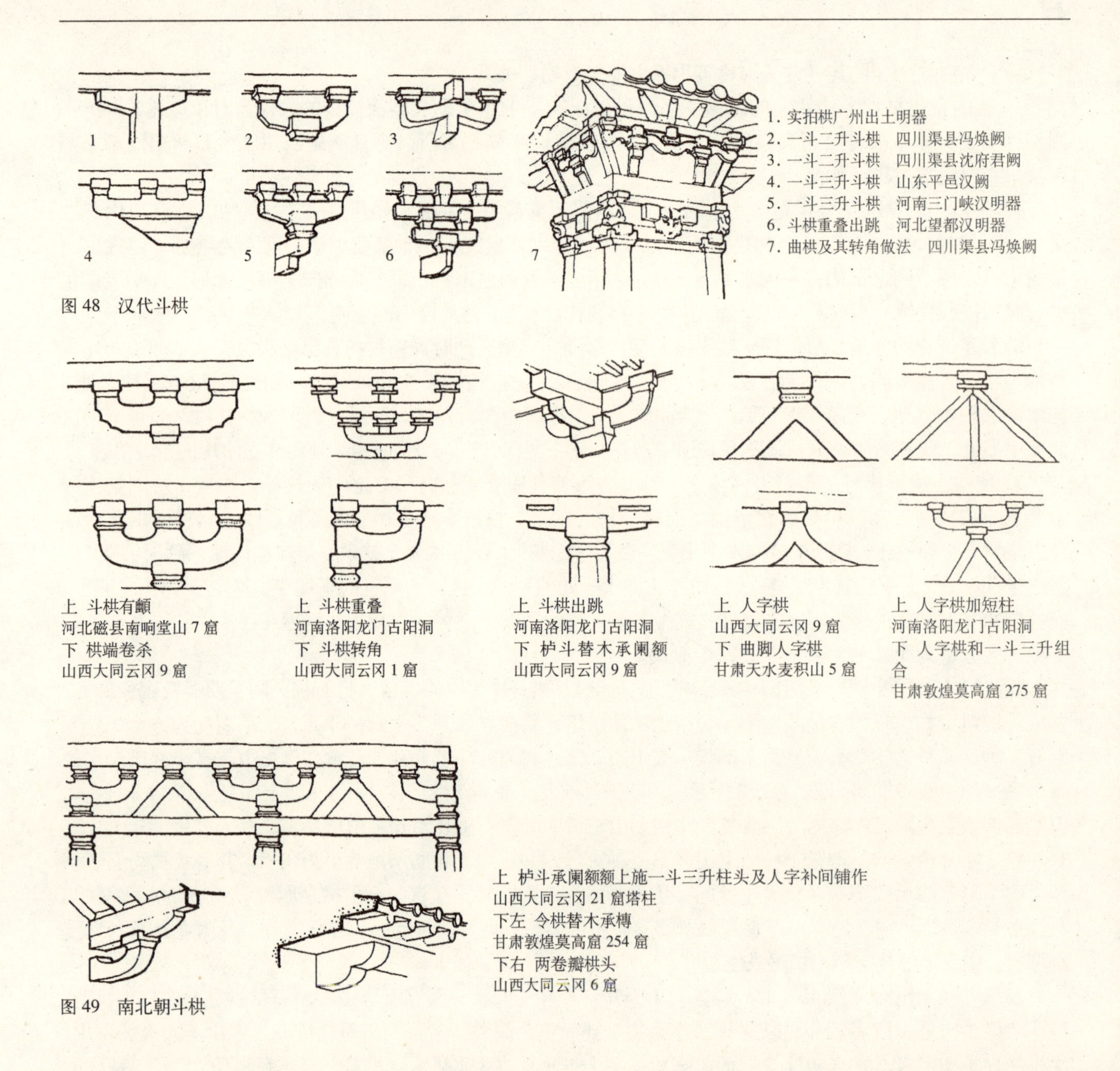

图 48　汉代斗栱

上　斗栱有䫜
河北磁县南响堂山 7 窟
下　栱端卷杀
山西大同云冈 9 窟

上　斗栱重叠
河南洛阳龙门古阳洞
下　斗栱转角
山西大同云冈 1 窟

上　斗栱出跳
河南洛阳龙门古阳洞
下　栌斗替木承阑额
山西大同云冈 9 窟

上　人字栱
山西大同云冈 9 窟
下　曲脚人字栱
甘肃天水麦积山 5 窟

上　人字栱加短柱
河南洛阳龙门古阳洞
下　人字栱和一斗三升组合
甘肃敦煌莫高窟 275 窟

上　栌斗承阑额额上施一斗三升柱头及人字补间铺作
山西大同云冈 21 窟塔柱
下左　令栱替木承槫
甘肃敦煌莫高窟 254 窟
下右　两卷瓣栱头
山西大同云冈 6 窟

图 49　南北朝斗栱

唐代斗栱已采用出跳，如佛光寺大殿及南禅寺大殿、大雁塔门楣石刻、敦煌各窟及懿德太子墓中壁画等所示（图 50）。总的说来，其柱头铺作已很成熟，但补间铺作仍甚为简单。以佛光寺大殿为例，柱头铺作已用出四跳（双杪双下昂）之七铺作，为旧时之最高等级；而补间仅用直斗（或驼峰）承托之五铺作，数量且仅一朵。方之唐代其他资料，亦皆如此。可见是当时使用斗栱的一个普通规律。此外，批竹形真昂的出现，也表明斗栱的结构出现了新的变化。这种斜撑构件有若杠杆，可使一部分屋檐荷载为屋面荷载所抵消。

从宋代起，柱头铺作(图 54)与补间铺作之尺度与体量已经一致。其于殿堂之外檐者，无论构造与外观，均几无区别，仅斗栱之后尾制式不同而已（图 51）。室内之内柱也因高度之增加，故柱上承托天花、藻井之内槽斗栱，已无需采用唐佛光寺大殿中之多层叠累形式。而于南宋之殿、塔中，更有施上昂者，尤为前代之所无。但失却斜撑作用之假下昂，亦出现于是时，如构于北宋之太原晋祠圣母殿，其下檐斗栱中，已有此类构造。辽、金之际，建筑之补间铺作，又常施斜出45°或60°之栱、昂（此种做法，延至元、明仍有见者）。至于补间铺作之数量，最多不逾两朵，布置较为疏廊宏阔。此时斗栱之详部做法，亦因时因地而在尺度上产生不少变化（图52）。另如栌斗之形状，除最常使用之方形平面者以外，又有讹角、圆、多瓣形（或称瓜楞）数种。栌斗的各部比例尺寸，已经完全定型，各种小斗（齐心斗、交互斗、散斗）亦复如此，比例尺寸为栌斗的具体而微。仅因使用要求有所不同，其宽窄与槽口略有区别而已。不同种类的栱（泥道栱、瓜子栱、慢栱、泥道慢栱、令栱、华栱）之长度、栱头卷杀瓣数（图55）及安置部位，都已确定。又如昂之制作亦成定规，但外形已由批竹渐变为琴面(图53)。而斗栱最上层水平构件之出头——“耍头”，也大体由“批竹”形转为“蚂蚱头”形（另又出现多种异变）（图60）。虽然如此，但由于以上各主要单体构件的标准化，不但大大加速了营建中的备料与施工速度，又使得群体建筑（如宫殿、庙宇……）各建筑的风貌趋于统一。

此时斗栱的各种类型亦复不少，有直斗造、斗口跳、杷头绞项造、单斗支替、一斗三升等简单形式，也有自出一跳的四铺作到出四跳的七铺作（《营造法式》中有出五跳之八铺作双杪三昂斗栱之叙述，但未见实物）的复杂组合。依施用部位，有内、外檐、上、下檐及平座斗栱等。按构造简繁，又分单栱造与重栱造，以及偷心造（跳头上不置横栱）与计心造（跳头上置横栱）之做法。

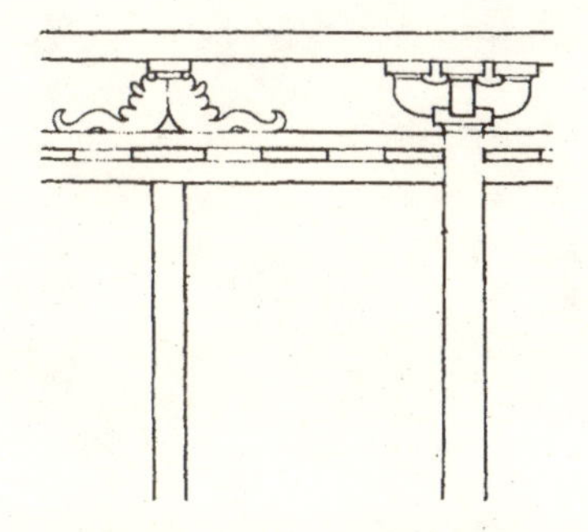

柱头铺作一斗三升，栌斗上出梁头，补间铺作人字栱，柱间施阑额。西安薛莫墓（公元728）

柱头及转角铺作双抄双下昂补间铺作驼峰上出双抄。
敦煌石窟172窟（盛唐）

柱头铺作栌斗，补间铺作人字栱，上承撩檐方。
太原天龙山隋开皇四年窟（公元584）

平座铺作柱头出双抄承替木、上层柱头铺作同，无补间铺作
敦煌石窟321窟（初唐）

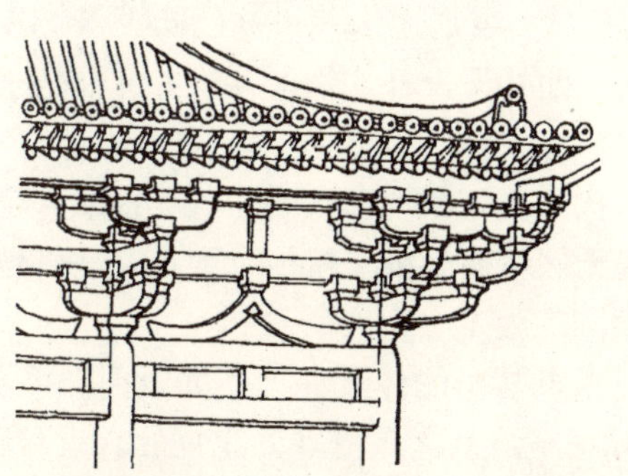

柱头铺作出双抄，上承令栱撩檐方，补间铺作用人字栱蜀柱不出跳。
西安大雁塔门楣石刻、盛唐（公元704）

图50 隋、唐斗栱

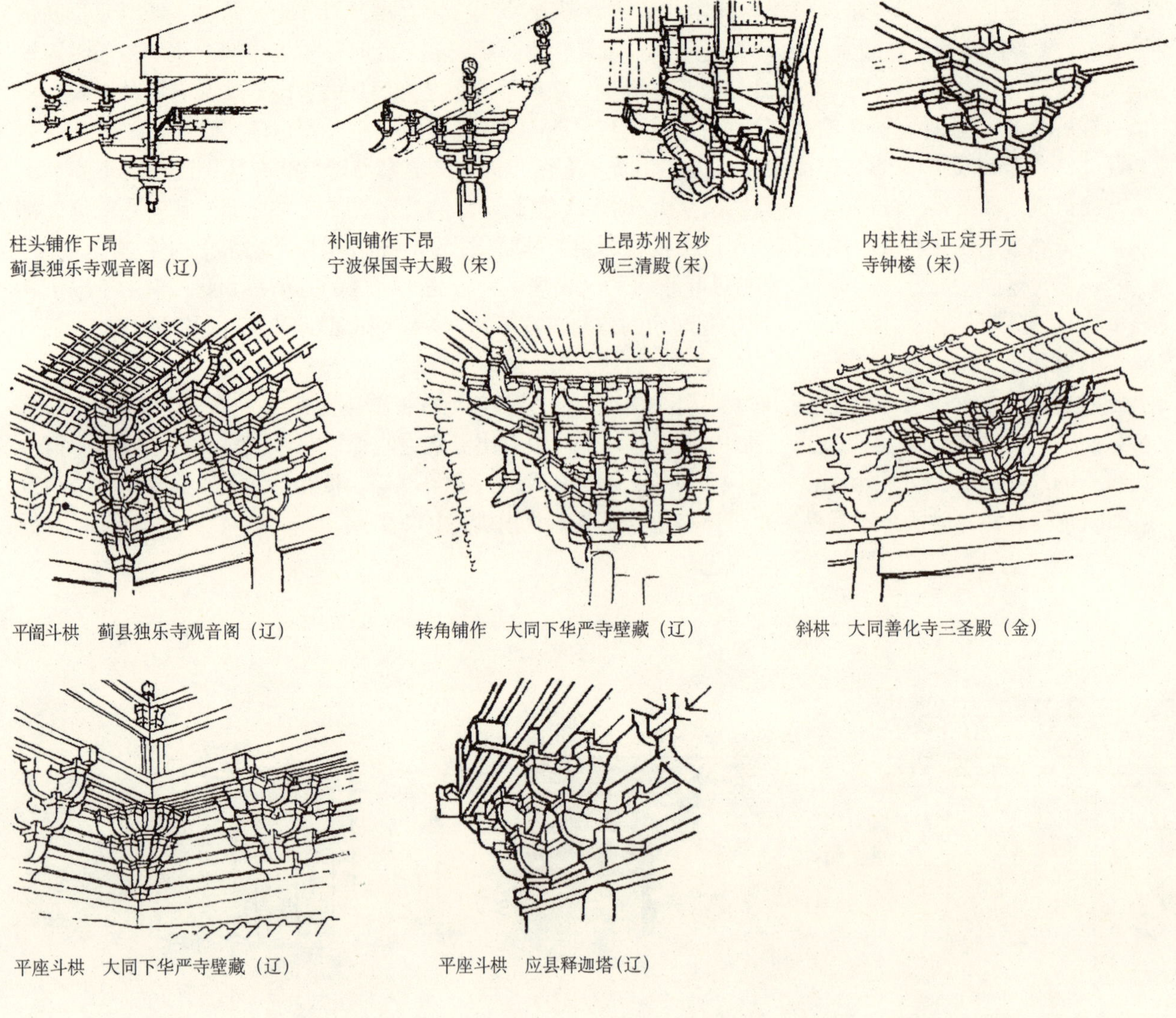

柱头铺作下昂
蓟县独乐寺观音阁（辽）

补间铺作下昂
宁波保国寺大殿（宋）

上昂苏州玄妙
观三清殿（宋）

内柱柱头正定开元
寺钟楼（宋）

平阁斗栱　蓟县独乐寺观音阁（辽）

转角铺作　大同下华严寺壁藏（辽）

斜栱　大同善化寺三圣殿（金）

平座斗栱　大同下华严寺壁藏（辽）

平座斗栱　应县释迦塔（辽）

图51　宋、辽、金斗栱

我国传统木建筑斗栱之结构功能与形式，发展至宋代可称已臻极限，以后即逐渐走向僵化与衰落。辽、金时流行之斜出斗栱，于建筑之结构与立面并无大补，然对斗栱本身则是一种不成功的创作尝试，因此终于在实践中归于淘汰。

元代斗栱之出跳数及用材尺度较宋代又减，依现存实物，其斗栱未有超过六铺作者。除使用假昂及重栱计心造较普遍以外，因大木架中常施天然弯曲梁栿，从而导致在某些部位上采用非正规之斗栱形式，系为前无古人后无来者的做法，如山西洪洞广胜下寺大殿所示。

明、清斗栱之材制尺度日益减缩，故斗栱总的体量亦大不如以前。平身科（即元及以前之补间铺作）数量则相应增加，由明初之三攒（朵）增至清末之八攒（如北京故宫太和殿）。此外，由于柱头科承硕大之桃尖梁头，其下置之十八斗、翘及坐斗等，均不得不自下而上予以拓宽，遂再度形成了柱头科与平身科在体量上的差别。在结构上，真下昂与上昂均已不见。而材制的变小，亦使出跳必须采用足材和计心造。为了便利计算与施工，除了将大木的计量标准由宋制的材（高十五分°）改为清制的斗口（宽十分°）以外。

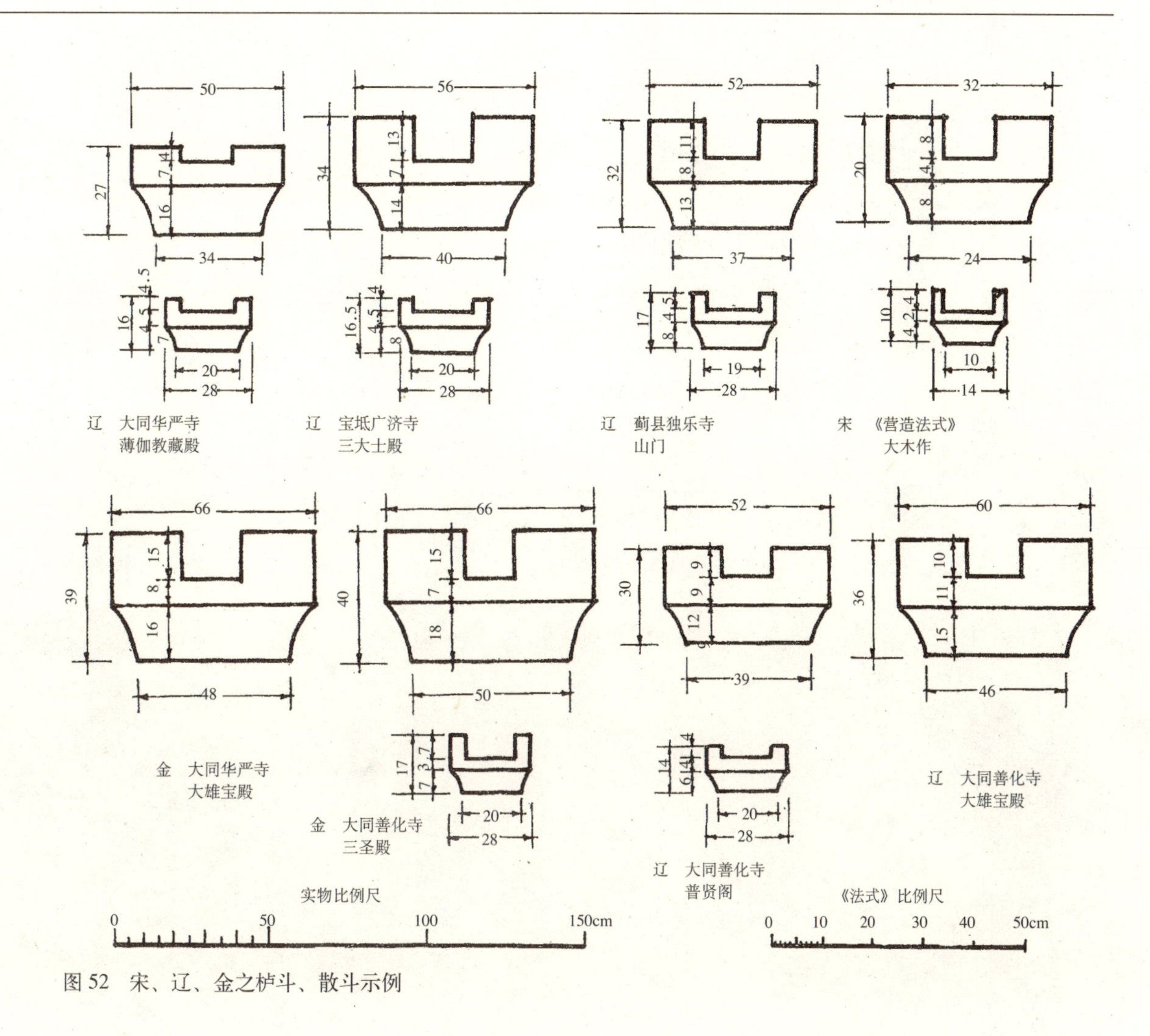

图 52 宋、辽、金之栌斗、散斗示例

还采取了将单材高度降低一分°，使足材高度成二十分°之整数；定斗栱每攒宽度（即二组斗栱中心线间距离）为十一斗口；以及简化斗欹之内鰤曲线为直线等措施。

组成斗栱各构件之名称，清《工部工程做法则例》中与宋《营造法式》亦有甚多区别。如座斗（宋称栌斗）、十八斗（交互斗）、槽升子（齐心斗）、三才升（散斗）、泥道栱（正心瓜栱）、正心万栱（泥道慢栱）、内外拽瓜栱（瓜子栱）、内外拽万栱（慢栱）、翘（华栱或杪、卷头）、昂（飞昂）等等。其局部做法复形成若干差异，如下昂、麻叶头、三幅云，或外形改变，或为宋式斗栱中所未有。

明、清还出现一种溜金斗栱，其外檐部分一如常规施水平之构件，如翘、假昂、蚂蚱头等。但自正心枋后则层叠多层斜向构件（秤杆、夔龙尾等）承托于金檩下或金枋上，结构上作用甚微，只能视作上昂蜕化为装饰之变体。另在牌楼中，又使用了以直栱和斜栱组成的网状如意斗栱（图 59），其装饰意图显然较结构作用为突出。

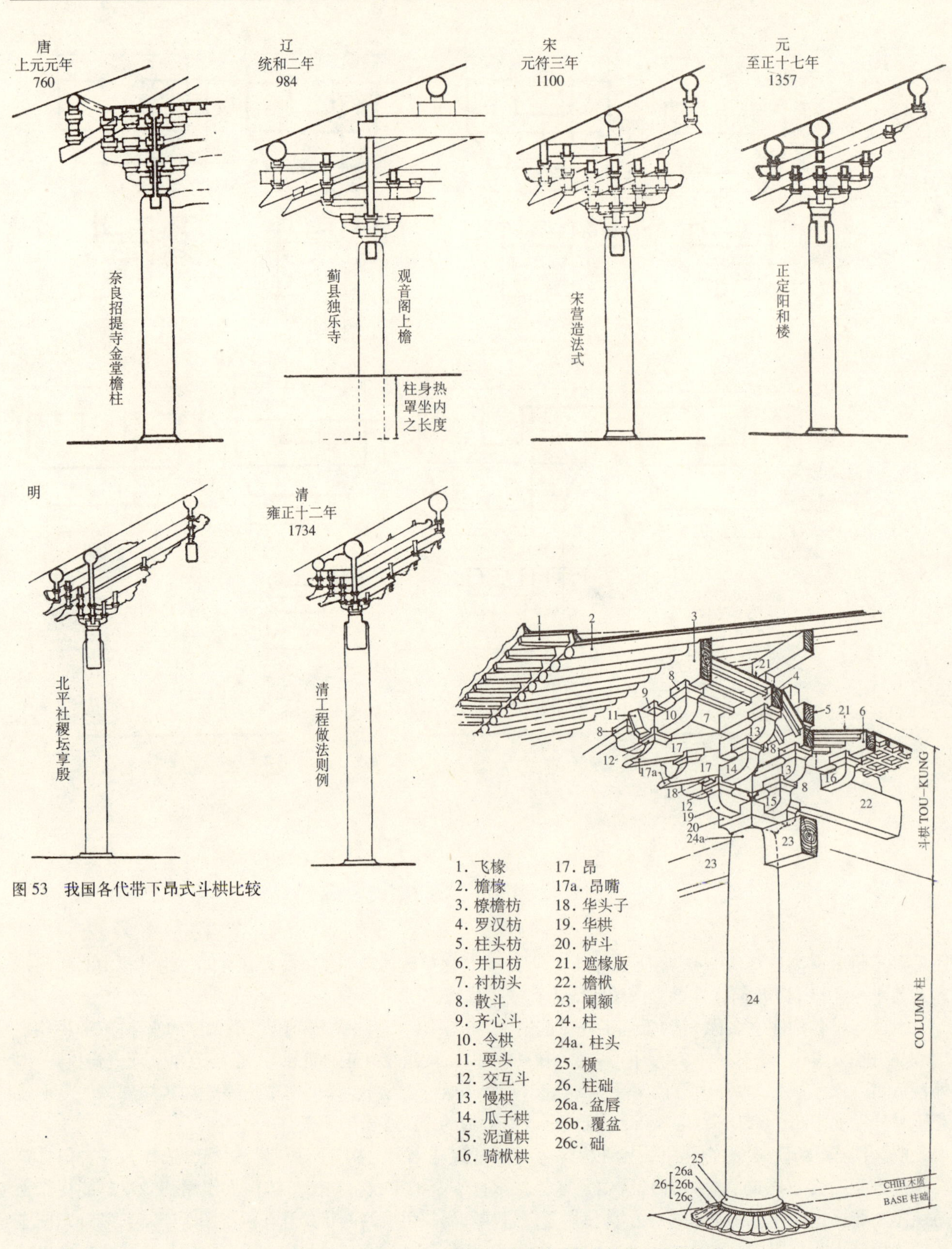

图 53　我国各代带下昂式斗栱比较

图 54　宋式建筑柱头铺作及檐部构造

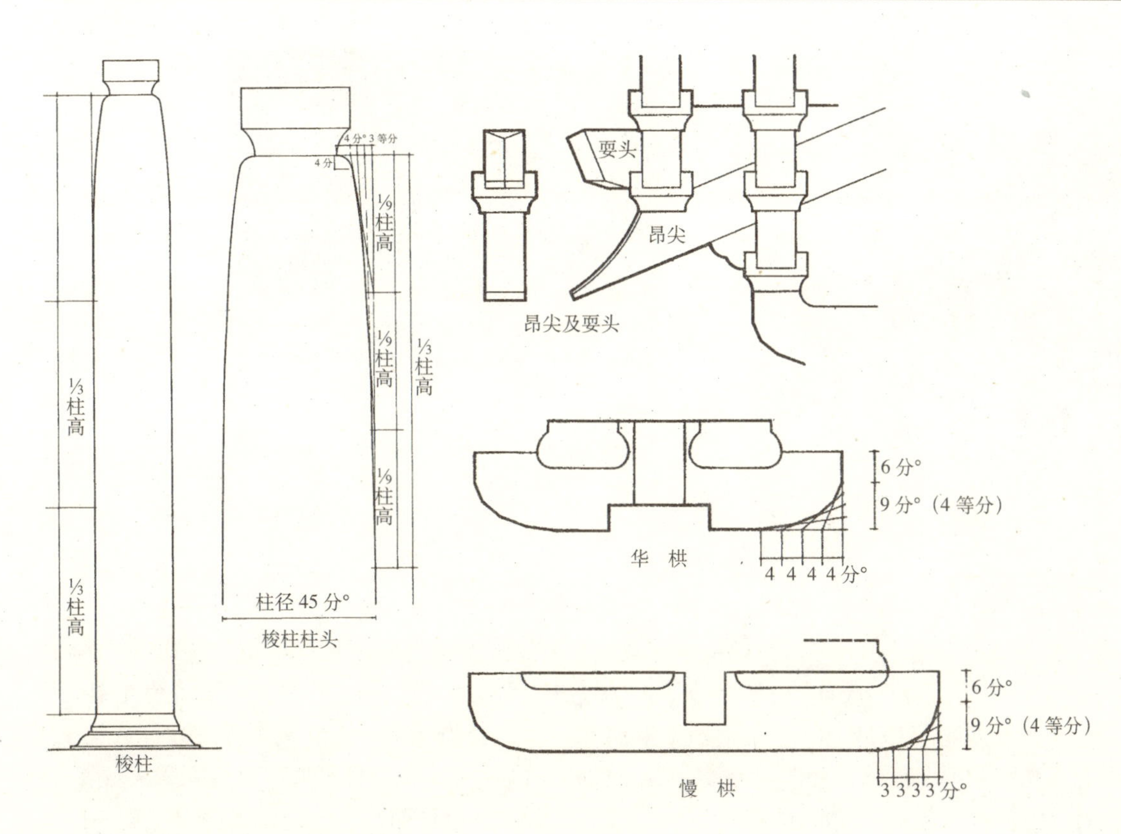

图55 宋《营造法式》构件卷杀举例

图56 沁阳紫陵镇开化寺大殿斗栱（元）

图57 正定隆兴寺摩尼殿角铺作（金）

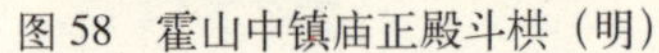

图 58 霍山中镇庙正殿斗栱（明）

图 59 滋阳娘娘庙牌楼如意斗栱（清）

（九）梁（栿）

为水平之承重构件（图 61 ~ 65）。依据其荷载可分为主要梁栿与次要梁栿二类。前者长度大，多依进深方向，架设于建筑前、后檐柱间，常横跨室内大部（或全部）空间。宋制称梁为栿，并以其上所承椽数之多寡命名；清式则以梁上桁（或称檩）数为准。如为通常之两坡屋面，宋之八椽栿，于清为九架梁，六椽栿为七架梁……如此类推，但最上之三架梁，于宋则称平梁。若为无正脊之卷棚屋顶，则称八架梁、六架梁……，最上承双檩者谓之顶梁。次要梁栿，常置于檐柱与内柱（清之金柱）间，且多采取外端承于柱上，内端插入柱中之形式。其名称亦以跨度之长短与所承椽、檩之数量而定。如上承二椽（三架）的，宋称乳栿，清名双步梁；承一椽（二架）的，宋称札牵，清名单步梁。

其余梁栿因所处部位之不同，亦有种种名称。如斜出于屋角 45°者为角梁，宋代或称阳马，一般由二梁相叠而成，其居上者宋名大角梁，清称老角梁；居下者分别谓之小角梁与仔角梁。我国南方又有将仔角梁（江南苏州一带称嫩戗）斜立于老角梁（苏州称老戗）上者，使屋角因此起翘甚高并显得外观灵巧生动，与北方屋角的敦厚淳朴形成强烈对比。若老角梁后再有同方向之梁连续，则称为续角梁，其断面较老角梁略小。

歇山屋顶（宋称九脊殿）因有收山做法，需在最外一榀屋架与山花间，增加由采步金梁所承托的一榀附加屋架（图 66）。而庑殿屋顶（宋称四阿顶）则因有推山，亦需在山面增加太平梁（图 66）。现知我国古建筑中，使用九脊殿顶之实例，以唐建中三年（公元 782 年）之南禅寺大殿为最早。但此殿规模仅三间，而两山收进距离约为次间 3/4，采步金梁与主梁架间距离仅 80 厘米。故结构上只需自角隅置递角梁交四椽栿背，再立蜀柱于递角梁上，承平槫下之交手栱，栱上横陈采步金梁即得。佛光寺大殿之四阿顶木构架，建于唐大中十一年（公元 857 年），亦为此式屋架之最早遗物。其推山之太平梁，二端搁置于上平槫上，构造甚为简洁。由上述二例，知采步金梁与太平梁之结构，至少在唐晚期已很成熟了。根据铜器中纹刻所示，四阿顶在周代已很流行，又于汉代重要建筑中大量使用，故可推测太平梁之形成，似不应晚于战国。九脊殿顶出现较迟，初见于大同云冈石窟，是以采步金梁之运用上限，当不致超越北魏。

施于建筑角隅之梁，有抹角梁和递角梁二种。前者在平面上与角梁之方向垂直；后者则与之同一轴向，如南禅寺大殿例。为了结构上的需要，在梁、槫等构件之间，常置有在平面上与其垂直的短梁。此类短梁之两端均与梁栿相交者，名曰：扒梁。两端与槫联络者，称为：顺梁，一端在梁，另端在槫，则谓之：顺扒梁。此外，又有置于梁背，使梁断面增大之缴背。以及置于柱脚间之联系构件地栿。

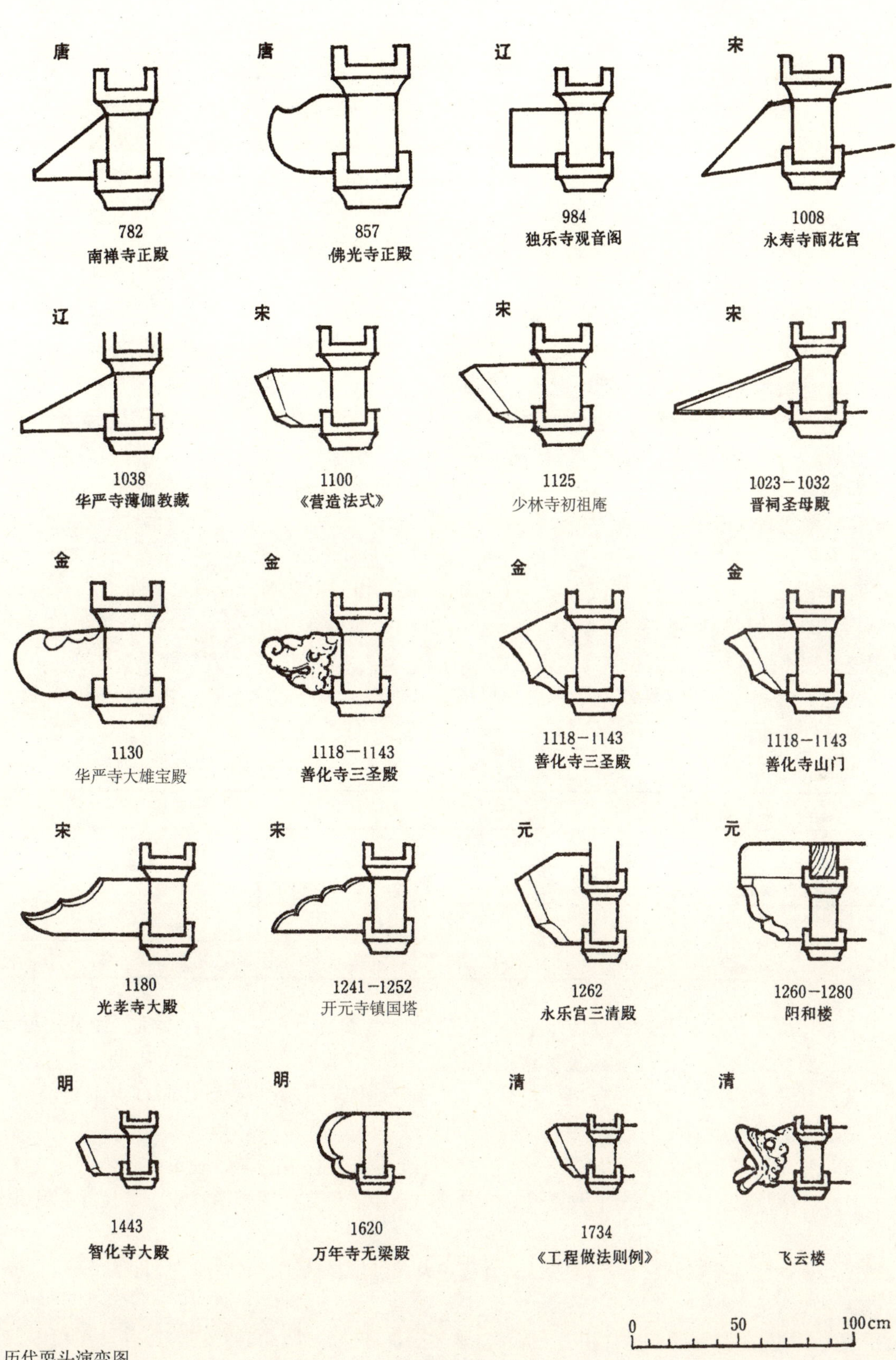
唐
782
南禅寺正殿
唐
857
佛光寺正殿
辽
984
独乐寺观音阁
宋
1008
永寿寺雨花宫
辽
1038
华严寺薄伽教藏
宋
1100
《营造法式》
宋
1125
少林寺初祖庵
宋
1023－1032
晋祠圣母殿
金
1130
华严寺大雄宝殿
金
1118－1143
善化寺三圣殿
金
1118－1143
善化寺三圣殿
金
1118－1143
善化寺山门
宋
1180
光孝寺大殿
宋
1241－1252
开元寺镇国塔
元
1262
永乐宫三清殿
元
1260－1280
阳和楼
明
1443
智化寺大殿
明
1620
万年寺无梁殿
清
1734
《工程做法则例》
清
飞云楼
0
50
100cm

图 60　历代耍头演变图

（十）枋

枋是次于梁栿的水平受力构件，又是大木结构尺度衡量标尺，其于建筑中应用甚广，种类亦多。与斗栱联用的，有柱头枋（清名正心枋），它位于外檐斗栱之横向轴线上，即与檐柱缝之轴线相重合。唐、宋之柱头枋均用单材，其间承以散斗（清名三才升）。而明、清之正心枋则改为足材，其三才升以隐出方式刻于枋间。又因斗栱间置有栱眼壁版，故正心枋厚度较足材另加 1/4 斗口宽（合 2.5 分°）。在斗栱内、外端令栱上，或置橑檐枋，如宋《营造法式》所示（明、清则称挑檐枋），其余载于斗栱诸跳头上之枋，于宋名为素枋 或罗汉枋（明、清名拽枋），另支托天花者为平棊枋（清名井口枋），而置于斗栱上部之耍头（清称蚂蚱头）及衬方头（清名撑头木）等，均为枋之异形。

（十一）檩（榑）、椽

檩或桁（宋称榑）为屋架之重要构件之一，屋面荷载经此下传至梁及柱。由建筑之断面，得知檩数可自三架多至十余（图 67），其名称则由所在位置而定。如有正脊之坡形屋面，其居最顶者，于清式称脊桁或脊檩，在古文献中则谓之栋，宋《营造法式》中名脊榑。置于檐柱上者清名檐桁（檩），宋称檐榑。挑檐枋上为挑檐桁，宋为橑檐榑。位于脊、檐檩之间，谓之金桁，宋曰平榑，依其部位又可分为上、中、下者。若为卷棚顶，最上之二桁并称脊桁，其余均依上述。至于诸桁（檩）之具体位置，则因房屋进深各步架之距离与举架之高低所决定。

所谓步，乃建筑沿进深方向各檩中心线间之水平距离，亦有檐步、金步、脊步之分。宋代建筑各步或相等，或递相增减。清官式建筑，概以每步二十二斗口(即两攒斗栱距离)为标准，然亦有于廊步减半者。各步架之总和，即为建筑之通进深。而屋架之总举高，亦由此而推算得出。如举高为 1/3，则由脊檩上皮至前、后檐檩上皮水平联线之垂直距离，为通进深之 1/3。其他若 1/4、1/2 者，皆循此法。

至于各檩之实际高度，则按所在之各步架水平距离，乘以不同之举高系数，再予以叠加即得。现将清式建筑各举高列表于下：

	飞 檐	檐 步	下金步	中金步	上金步	脊 步
五 檩	三五举	五 举				七 举
七 檩	三五举	五 举		七 举		九 举
九 檩	三五举	五 举	六五举		七五举	九 举
十一檩	三五举	五 举	六 举	六五举	七五举	九 举

表中之五举，表示此步之升高高度为水平距离之 50%，六五举即 65%。余此类推。由此可知各檩之举高，以形成一折线形之屋面轮廓，其坡度愈往上愈陡，系从排除雨雪之实用要求出发。但除亭、塔等攒尖顶外，其余建筑脊步之举高均未有超过九举者，因其不利施工挂瓦也。计算时，由下而上，即先计金檩于檐步处之升高，再逐渐及于脊檩。

宋式建筑屋顶坡度之做法称为“举折”。首先决定建筑屋顶之总举高（如殿阁举高为进深之 1/3，筒瓦厅堂为 1/4）。然后从上而下，依上平榑降四十分之一中金步……其作图较清式复杂，尺寸亦常非整数，颇为不便。

宋制榑径等于檐柱径，在两材至一材之间。清官式大式之檩径为檐柱径之 3/4，即 4.5 斗口。小式则仍同檐柱径。

椽位于檩上，并与之在平面上垂直相交，是直接承屋面荷载之构件。其种类亦多，在坡屋顶中，最上接脊檩者为脑椽，以下称花架椽，于檐口处名檐椽。檐椽之上，或另置飞檐椽（宋名飞子）。施卷棚顶者，其

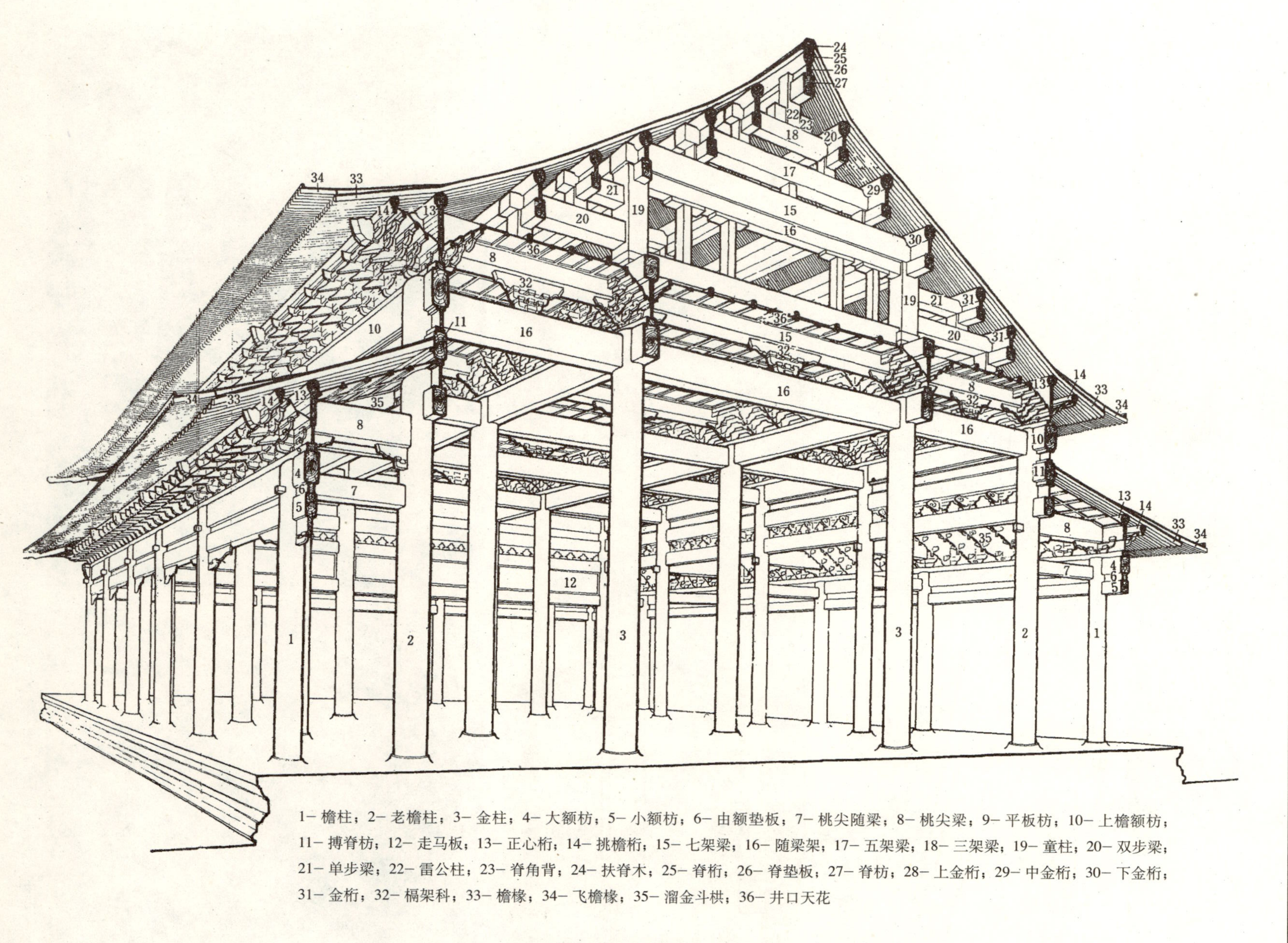

1- 檐柱；2- 老檐柱；3- 金柱；4- 大额枋；5- 小额枋；6- 由额垫板；7- 桃尖随梁；8- 桃尖梁；9- 平板枋；10- 上檐额枋；11- 搏脊枋；12- 走马板；13- 正心桁；14- 挑檐桁；15- 七架梁；16- 随梁架；17- 五架梁；18- 三架梁；19- 童柱；20- 双步梁；21- 单步梁；22- 雷公柱；23- 脊角背；24- 扶脊木；25- 脊桁；26- 脊垫板；27- 脊枋；28- 上金桁；29- 中金桁；30- 下金桁；31- 金桁；32- 槅架科；33- 檐椽；34- 飞檐椽；35- 溜金斗栱；36- 井口天花

图 61　北京市故宫太和殿梁架结构示意图

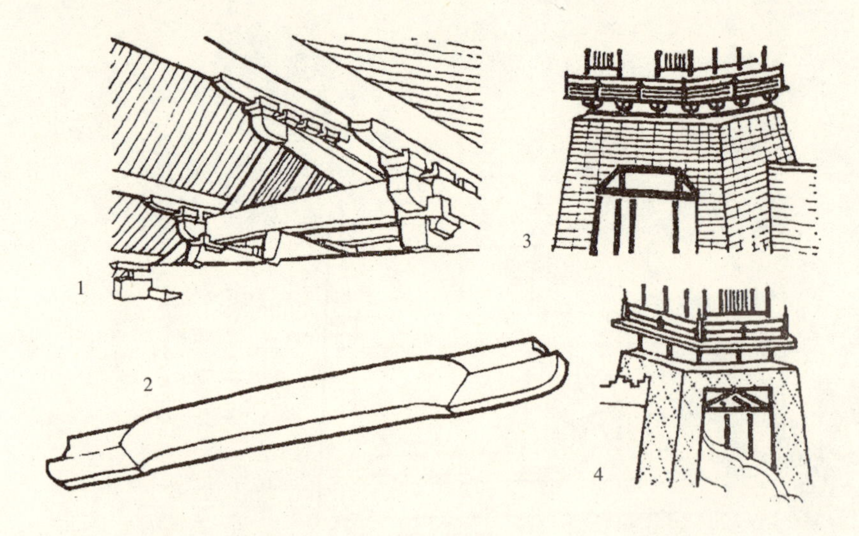

1. 叉手，上施令栱替木承屋檐
2. 月梁，梁身卷杀梁头延伸成外跳华栱（五台县佛光寺大殿）
3. 用梯形梁架做城门道
4. 用叉手做城门道（敦煌石窟唐代壁画）

图 62　唐代建筑梁架

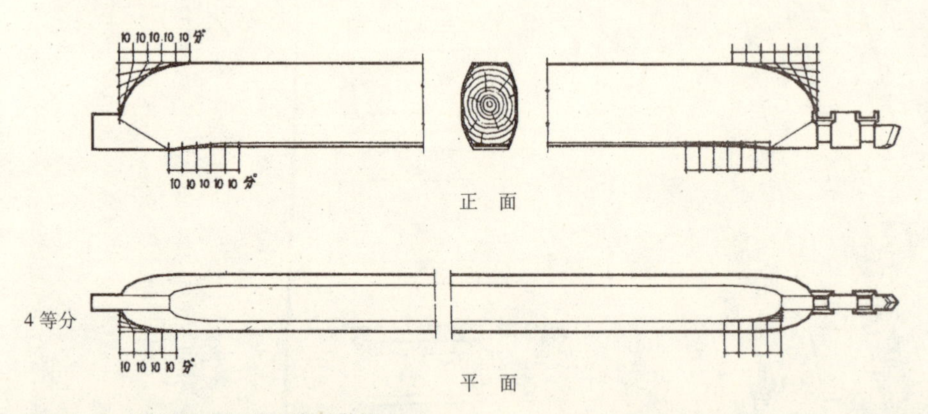

图 63　宋《营造法式》月梁卷杀做法

图 64　苏州太平天国忠王府大殿梁架

图 65　大同善化寺大殿梁架（金）

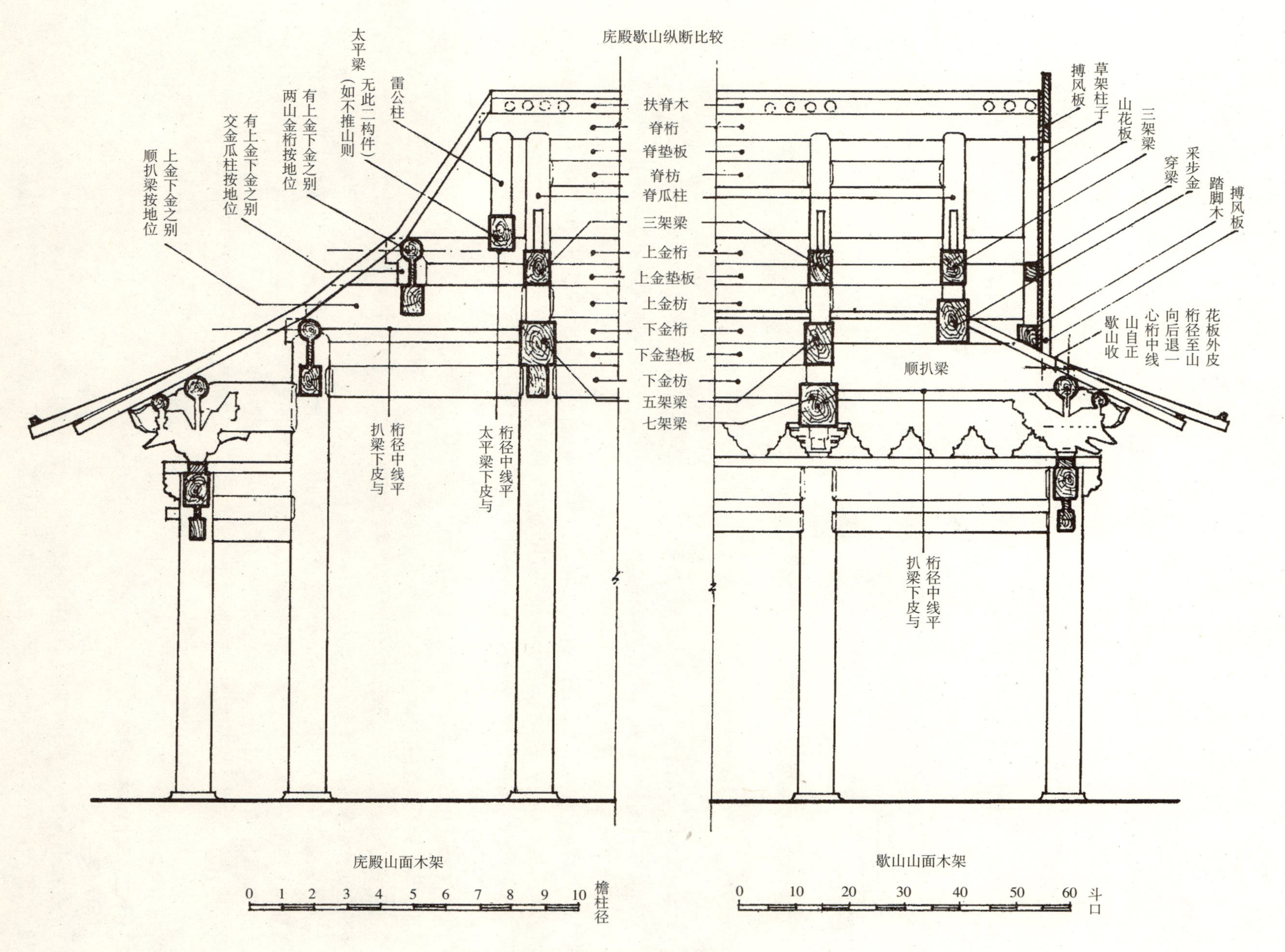

图 66　清式庑殿推山与歇山收山做法

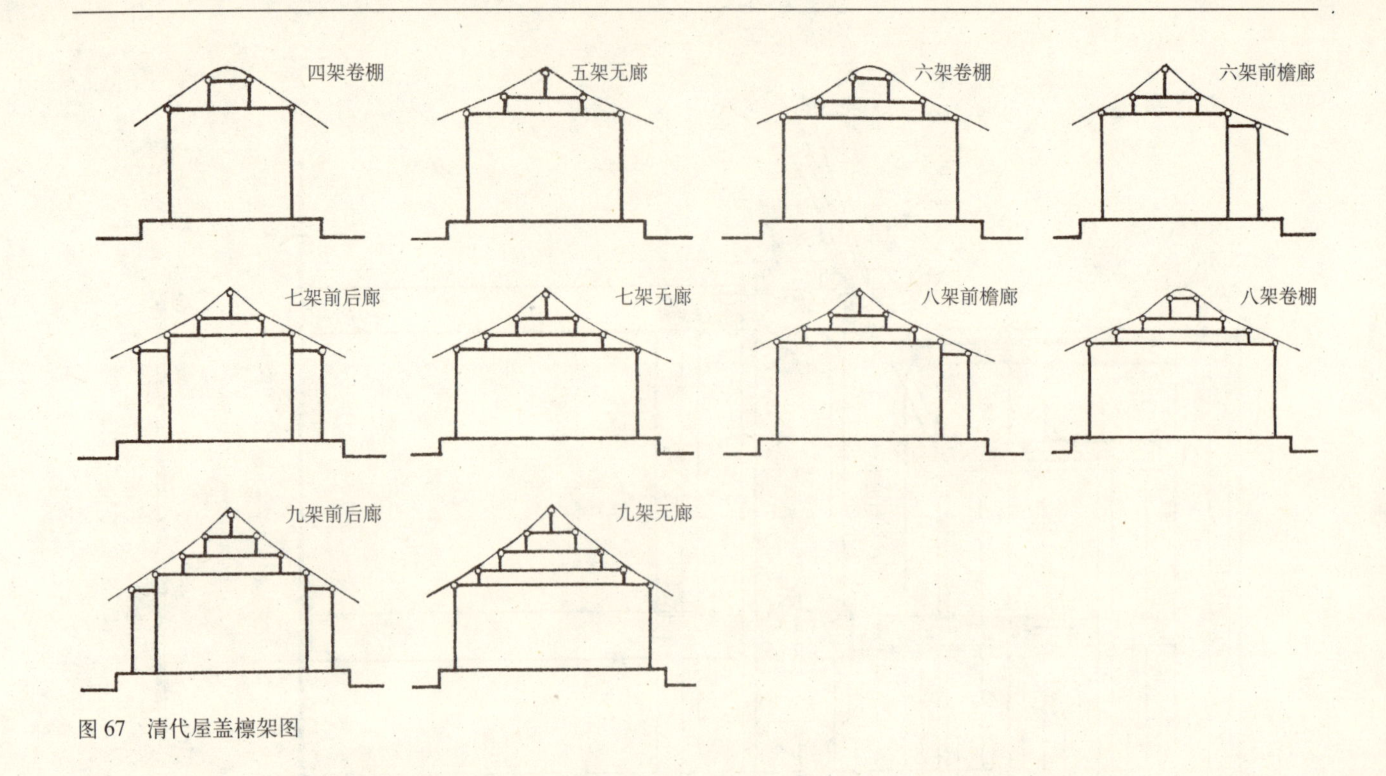

图 67 清代屋盖檩架图

最上曲椽清称罗锅椽（宋称顶椽）。此外，又有用于室内轩顶之轩椽，外形作多种折曲形状。

现存最早檐椽实例，为汉石室与墓阙檐下所琢刻者，其中尤以四川雅安之高颐阙所置最为逼真。除椽之断面为半圆形，并有显著之收杀以外，其角部之各椽皆作放射状排列。而山东肥城孝堂山石祠，则于檐下浮刻圆椽一列，仅为象征性之表示。甘肃天水麦积山北朝第 30 窟廊檐下有方形椽形象。又河北定兴北齐义慈惠石柱，上部小佛殿雕有断面半圆之檐椽及扁方之飞子，为此种式样之最早例。而敦煌莫高窟第 254 窟内人字坡顶下之椽，则为室内所罕见者。唐代之大雁塔门楣石刻佛殿及佛光寺大殿，均施上方下圆之飞子与檐椽，可见已成建筑定制。南禅寺大殿虽仅存檐椽，乃后代重修所致。以后之宋、辽、金、元以至明、清，凡稍重要建筑，无不于檐下用椽二层者，且上方下圆之制，始终遵行而不渝。使用于室内轩顶之椽，如见于江南民间之住宅与园林，皆属明中叶以后。因仅承较轻之望砖或望板，故断面不大，为半圆或扁方形。椽身亦出于装饰，而呈圜曲或折线式样。又流行于苏南、浙江一带之屋角起翘甚高，近屋角之椽且逐渐翘起与仔角梁齐，称为翼角飞椽。

椽之长度依举架及出檐而定，若各步距相等，则檐椽最长，脑椽次之，花架椽又次，飞檐椽最短。椽之直径，佛光寺大殿为 15 厘米，恰为材高之半，合七分°有半。与宋《营造法式》比较，则小于其殿阁之十分°，而与其厅堂所用七分°至八分°相近。清《则例》则定为 1.5 斗口，合十五分°，又与唐例雷同。椽身收杀，始于汉而渐隐于金、元，至明、清已不用此法，仅于端部稍作卷杀而已。又搁置于檩上之方式，唐、宋皆采取上、下椽头相错，尔后则将二椽头斜削对接，就构造坚固而言，自是前者为佳，但美观与整齐却不及后者。

（十二）其他大木构件

（甲）叉手

为支撑于脊槫及侏儒柱二侧之斜撑构件。最早形象，见于北魏宁懋石室（现存美国波士顿博物馆）。此建于孝庄帝永安二年（公元 529 年）之三开间悬山建筑，于山面阑额上，置有短柱之人字栱式构架承脊槫。此虽与唐南禅寺大殿之正规叉手形式不尽相同，且又与佛光寺大殿脊槫下，仅施斜撑而无侏儒柱之构造有别，但其间存在渊源嬗替之关系，殆无疑问。叉手之应用，于宋、辽、金之时甚为普遍。元代外形渐趋细长，如山西洪洞广胜上寺前殿结构；而南方之例，若浙江武义延福寺正殿则予以摒弃不用。明代以降，除个别例外，重要建筑中均未有见者。

叉手之尺寸，宋《法式》规定："若殿阁，广一材一栔；余屋随材，或加二分°至三分°。厚取广三分之一"。而洪洞上寺前殿叉手则大体同单材，由于元代材分尺度已较宋为小，故此项构件之实际结构作用，当可想而知矣。

（乙）托脚

亦为起斜撑作用之构件，其上端托于槫侧，下端承于梁背。现知最早例为南禅寺大殿之唐构，以后之佛光寺大殿及宋、辽、金诸代大木中均用。元代有用与不用者。明、清基本绝迹。

托脚之制作，于《营造法式》卷五 · 大木作制度（二）有载："凡中、下平槫缝，并于梁首向里斜安托脚，其广随材，厚三分之一；从上梁角过抱槫，出卯以托向上槫缝"。

（丙）驼峰

置于蜀柱或斗栱下以承诸槫（图 68），实物以南禅寺大殿中为最早。以后各代建筑均用，惟尺度与形式有所变化。见于南禅寺大殿者有二种：一在平梁中央，上承侏儒柱，其形状较扁平，两肩各雕出瓣四道以为装饰。另一在四椽栿上，以栌斗、令栱承平梁，其体积较高阔，两侧饰以入瓣及枭混线。而佛光寺大殿中，则将枋或华栱之尾端，延出作半驼峰以承交互斗及令栱。辽之驼峰有用低平之枭混线外形者，如山西应县佛宫寺塔。亦有用直线之梯形，如辽宁义县奉国寺大殿。宋代实物以出瓣或入瓣加两头卷尖形状者居多，有鹰嘴、掐瓣，笠帽等数种，如山西太原晋祠圣母殿、河北正定隆兴寺转轮藏殿等处之实物，以及《法式》之载述。金代驼峰式样亦众，除若干沿用前代各种形状外，亦有自身之创改。如晋祠献殿承平梁者，其高度已踰 70 厘米，两侧密饰出瓣，下再施枭混线与直线。元代则趋于简单，使用出瓣、入瓣的已不多见。明、清则多用云纹或荷叶墩等式样。

在施天花、藻井之非彻上明造时，其草架梁栿下，常用方木及矮柱墩添以代驼峰，取其施工简易与无需作任何装饰加工也。

（丁）合楷

置于蜀柱下端两侧，使其固定于梁上之构件。建于北宋之河南登封少林寺初祖庵，其合楷外形甚为简单，如一倒置之实拍栱。隆兴寺摩尼殿合楷施两曲卷杀，晋祠圣母殿施四出瓣。金代山西朔县崇福寺弥陀殿为削角之矩形，而佛光寺文殊殿则作二瓣之鹰嘴驼峰式样。元代有矩形、弧形（近 1/4 圆）及折线形等。

四、围护结构

建筑的围护结构，乃是人为之构造物，用以保障居室内之安宁，不受外来各种因素之侵袭。总的来说，不外墙壁与屋盖两大类型。惟本节所述，仅系与建筑单体有密切与直接关连者，若城垣、围墙、栅篱等，均未在其列。

我国传统建筑墙壁及屋盖，若依其结构方式，可分为柱梁、墙体、拱券、穹窿等多种。依结构荷载，有承重与非承重之别。按建筑材料，则有土、石、砖、木、竹、草、金属等等。

（一）墙壁

墙壁为建筑之外围与内部之屏障及分隔物，依其部位可分为檐墙、山墙、屏风墙、隔断墙、坎墙等。除原始社会建筑所用之木骨泥墙外，墙身所使用之材料以土、砖、石为多。其中土墙出现最早，大约在商代即已使用，至今于我国农村中，还相当普遍。其方法是在固定的两块木板之间，填入松散土壤（有的加石灰少许，北方称为“灰土”。或采用石灰、砂、碎石之“三合土”），铺平后再用墙杵夯实。如此层层而上，直至达预定高度为止。此种夯土墙垣，至少在唐代还用于重要建筑，如长安大明宫麟德殿之例。而今日所见福建崇安客家土楼建筑之外墙，高可十余米，有经二百余年而未损者。此外，又有在泥土中掺入截短之稻草及水，将其置于木模中制成砖形，然后候其自然干燥（如经日晒），再予使用的，谓之土坯砖。现存古例如山西大同善化寺大雄宝殿（金）、北京护国寺土坯殿（元）（图69）等。为了加固墙身，常于内中加木板或木架的（图70）。土墙之最大缺点为防水性能差，潮湿时承受水平推力及冲击力之抗力强度大为降低，但适量加入若干掺料后，可改善其防水性能。

石墙之应用在我国不及土、砖墙之普遍，其简陋者以乱石叠砌或干摆，较考究者则使用整齐之石条或石板。早期之例，见于汉代石墓，如山东沂南画像石墓，即用石条砌造。而肥城孝堂山石室，亦用石

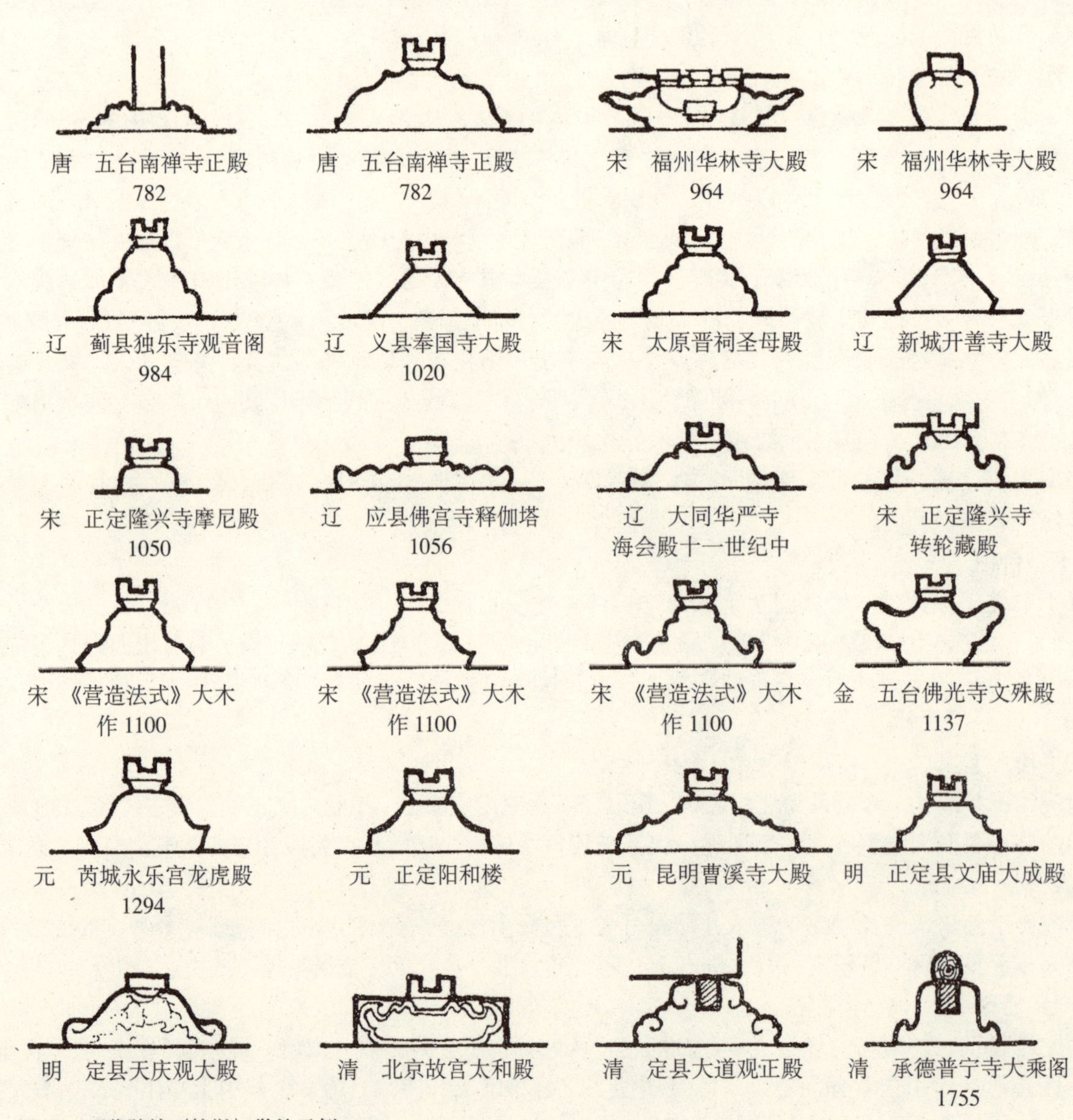

图68　历代驼峰（柁墩）做法示例

材构为墙壁及屋顶。其他实例，如山东历城隋神通寺四门塔、山西平顺唐海会院明惠大师塔、江苏南京南唐栖霞山舍利塔、福建泉州南宋开元寺双石塔等等均是。今日我国农村建筑有全部墙身俱用石砌者，见于西藏、四川、福建、山东诸地。亦有部分用石，部分采用砖、木者。如福建山区，仅于坎墙处使用石板之民居，随处可见。

砖墙以实砌为多，东汉砖券墓中墙体均采此种形式，如洛阳烧沟汉墓所示。其砌法多用顺砖错缝。而他处汉墓，如河北望都，有四层顺砖之上再砌一层丁砖，直至一层顺砖一层丁砖之多种砌法。

战国至西汉初期，中原地区常使用大型板状之空心砖作为墓室之构材。此项砖的长度在 1.3 ～ 1.5 米之间，宽度不大于 50 厘米，厚度则在 15 厘米左右。将其侧放与平置，以为墓室之侧壁、地面与顶盖。后来又出现具有榫卯之板状及条状空心砖。

以小砖砌作空斗形状之墙壁，出现较迟。空斗中可填充土或碎砖石，亦可不填。总的说来，它的承载力不强，常作为民间木架建筑之外墙。江南所用之此类砖尤薄，仅 2 厘米左右。

现就常见的几种墙壁的清式做法，介绍如下：

（甲）硬山山墙　依山面墙壁外观，可自下而上划分为群肩、上身与山尖三大部分。

1. 群肩　即墙裙部分，其高度占檐柱高之 1/3。最上施水平之腰线石，尽端角隅置角柱石，其间多砌以清水砖或石。

2. 上身　为群肩以上、挑檐石以下之墙身部分。高度为檐柱高之 2/3。厚度按檐柱直径二倍加二寸，较群肩略为收进（清水墙收 3 ～ 4 分，混水墙收 7 ～ 8 分）。

3. 山尖　为上身以上，山墙顶端之三角部分。高随屋架举高，厚同上身。此部自下而上，首置断面呈倾斜状之拔檐砖两道，以利排水。再施由水磨砖制之搏风板，其近檐口之端部，做成霸王拳式曲线。最上砌披水砖，有时亦采用有垂脊之排山形式。

山面挑檐石转至正面，于其上置一倾斜之戗檐砖，通称“墀头”（图 73）。此处砖面多浮刻人物、花鸟或植物图案，为墙头装饰重点所在。

南方城镇人口密集，为防止火灾，常将山尖部分向上伸延，高出屋面甚多。并将墙头做成递落之三段或五段形式，称为三山或五山屏风墙（图 74）。或将墙头做成弧形，如四川称之为“猫拱背”，江南谓之“观音兜”者（图 75）皆是。

（乙）封护檐墙　可施于多种建筑，应用甚广。其特点为将墙头做成外突之叠涩（或加菱角牙子）及枭混线脚，直抵檐瓦之下。从而使梁头及柱均为墙所封护。

（丙）签肩墙　应用亦广。墙头止于檐枋之下，然向外倾斜并稍凸出于墙身，此种做法谓之“签肩”。建筑之柱头、梁端及檐枋均暴露在外。

（丁）五花山墙（或三花山墙）（图 76）　仅施于悬山建筑之山面。此墙之外形亦为多层递落之阶级形，墙头作成签肩式样。其水平之顶部贴于各步架梁栿之下皮，而垂直者则与各山柱之中心线重合。二者均于梁栿下及檐柱处稍向外伸出。各步梁栿以上至椽间，实以垂直之象眼板，亦髹以丹朱色。

（戊）坎墙　多置于檐下之次、梢间，以承室窗，故高度仅及人腰。一般砌以条砖，讲究者用磨砖对缝。亦有以土坯填塞（图 72）或施石板竖置以代砖墙者，后者多见于盛产石材之地方民居。

（己）竹笆泥墙　南方气候较暖，其使用穿斗式结构之地方建筑，内、外墙常用竹片编织，置于柱、穿间之空隙，然后两面抹泥使平，待干后刷白（图 71），甚为经济、实用。

（庚）木板墙　可作外墙，亦可作内墙。木板多垂直放置，鲜有若西洋之横向施鱼鳞板者。使用地点亦为南方民间建筑。如皖南民居，除堂屋之板屏及与左、右侧室之隔墙均用木板外，其侧屋及厢房面临内院之墙壁，亦有为木构者。

图 69 北京护国寺土坯殿墙内木骨

图 70 河北蓟县独乐寺观音阁墙壁构造

（二）屋盖

中国传统屋盖之外形式样甚多，其类型及特点已在序言中予以介绍。所依之结构形式，则有木架、密梁、平板、拱券、穹窿等数种。

原始社会建筑，如分布于河南、陕西、山东之仰韶与龙山文化时期者，因已采用简单之绑扎木架，故半穴居之屋顶形式，为圆形或方形之攒尖。而地面建筑则渐使用两坡及四坡顶。大概到了商代，屋檐下施用引檐，从而出现了重檐屋盖。这些形式，于汉画像石、墓阙、明器及石祠中均有表现（图 77）。九脊式屋盖至迟已出现于南北朝，云冈石窟雕刻中已见（图 78），后代则大量使用（图 79、82）。攒尖顶最早见于汉陶屋明器，后边亦屡见不鲜（图 83）。硬山之使用最晚，描绘北宋汴京市街之《清明上河图》，尚未有此类形式，估计当在陶砖已大量应用于建筑之际，即南宋或更迟。工字形组合屋顶至少在宋已有，后沿用于元、明、清（图 81）。密梁式结构之屋面多为平顶，通行于我国少雨之华北及西藏地区，现有建筑均为明、清所建。至于地面建筑使用砖石砌造之拱券、穹窿者，实物亦未超过明代。除伊斯兰建筑若礼拜寺外，其用于佛殿、藏经楼……，均另加攒尖、歇山或庑殿等式屋顶。故其结构与外形，并非一致。

屋面之铺材，自仰韶时期至商代，仍以茅草为主。西周渐有陶瓦，开始数量不多，至战国逐步普遍及于宫室。檐端之筒瓦，已具半圆形及圆形瓦当（图 86），纹样亦有同心圆、蕨纹、动物等。为使瓦得以固定于屋面，又于筒瓦背部预留孔洞，以供插入特制之陶瓦钉。汉代板瓦之宽度一般为筒瓦宽之二倍，但少数较阔，约为筒瓦之三倍。依山东肥城孝堂山墓祠，其不厦两头造屋盖（悬山）之两端，已做成排山形式，并有 45°斜脊之初步表示。正脊施水平线脚数道，似表示为叠瓦做法，接近脊端处则微微起翘。瓦当作圆形。板瓦于檐口处均平素无饰，未见有若后世之垂唇或尖形之式样者。瓦当图案以蕨纹为最多，另有四神、宫苑官署名（如黄山宫、上林等）及吉祥语（如千秋万岁、富贵万岁、长乐未央等）（图 86）。大约在唐代，才出现了垂唇板瓦，瓦当纹样则以莲瓣、宝珠最常见。宋代瓦当以莲瓣和兽面两种装饰为普遍（图 80），其板瓦之滴水外形，除仍用垂唇外，一部已呈尖形。至于琉璃瓦之应用，最早之记载出于北朝，如宫中即有以五色琉璃作行殿者。而《北史》卷九十 · 何稠传，亦有施作绿琉璃之叙述。后至唐、宋，应用渐广，色彩至少已有蓝、绿两种。根据唐三彩之制作水平，估计当时琉璃瓦之种类恐不尽乎此。元代琉璃之水平更有提高，屋顶上使用筒子脊，大概即在此时。且脊上浮隐各种动、植物图像，异常生动。

图 71　四川夹江民居竹笆墙

图 74　“五山屏风”式山墙

图 72　山西榆次永寿寺土坯填充墙

图 75　“观音兜”式山墙

图 73　江南民居墀头及檐下做法

图 76　大同华严寺海会殿三花山墙

山西各地所存诸例，尤可作为代表。明、清两代建筑琉璃之生产及使用，达到自古以来之顶峰。颜色亦甚为丰富，有黄、绿、蓝、黑、褐、紫、白、桃红等多种。其中对不同色彩使用的范围和等级，亦有明确规定。如黄色等级最高、绿色次之……施剪边者亚于全色；角脊兽则以数多者为上；……等等，都表明了封建等级制度在建筑中的反映。此外，极少数建筑，有铺以铁瓦或铜瓦者，或再于其上镏金，如承德须弥福寿庙妙高庄严殿所示。至于全国各地之民间建筑，犹使用茅草、竹、树皮、石板等作屋面铺材的，为数亦多，本篇暂予从略。

然而屋面之装饰重点。乃在于屋脊。在汉代石阙及建筑明器中都有不少表现。唐、宋以降，主要建筑正脊的之鸱尾，更形成了多样变化（图 79、80）。而民间建筑，则以屋角之起翘取胜，尤以江南为最（图 84、85）。

五、小木装修

（一）门

门户为建筑物中供交通出入之通道，并具有启闭之功能。是以城市、村镇、宫殿、坛庙、官署、寺观、园苑、住宅、祠堂等均予设置(图 87 ~ 90)。我国古代对门与户有着不同的概念，门多指建筑之主要出入口，常为双扇或更多。户为小门，位于较次要部位，且以一扇为常见。

衡门恐系最早之室外大门形象。其结构为于入口两侧立柱，柱头上架一通长之横木。柱间之门扉，可能为板门或栅栏。此式门自上古以来，沿用颇久。我国历代绘画中，表现高人逸士之山居野处，亦常采用衡门形式。而至今较偏僻之农村中，犹有见者。

衡门后经发展，成为见于隋、唐绘画中贵族住宅之乌头门。此门以二侧门柱头上，置有髹为黑色之

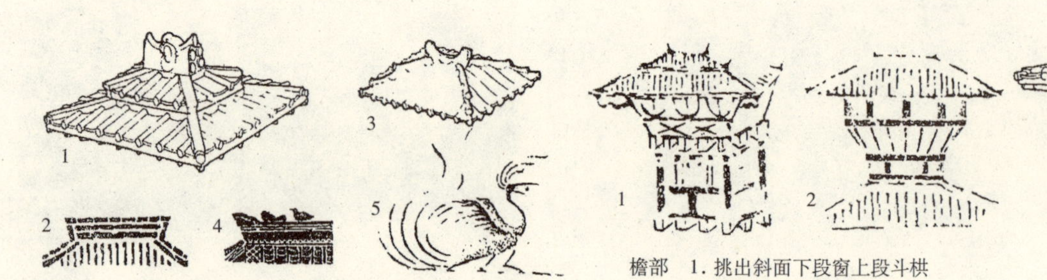

屋顶脊饰　1. 高颐阙屋脊　4. 武梁祠石刻屋顶
2. 两城山石刻屋脊　5. 四川成都画像砖阙屋脊上凤
3. 明器屋脊

檐部　1. 挑出斜面下段窗上段斗栱
2. 挑出斜面下段支条
3. 挑出斜面及斗栱

图 77　汉代屋画

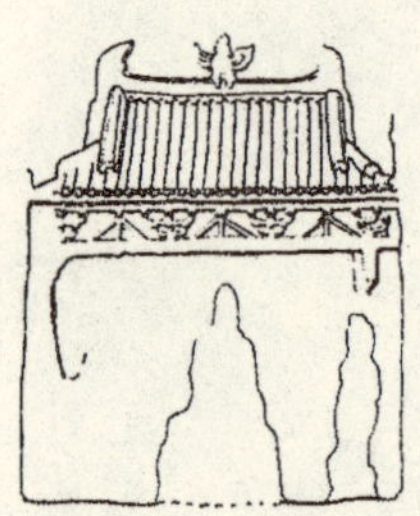

歇山顶　用鸱尾、屋脊有生起曲线。
河南洛阳龙门古阳洞

庑殿顶　屋脊有生起曲线。
河南洛阳龙门古阳洞

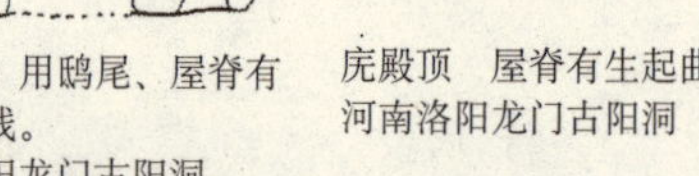

庑殿顶　用鸱尾、脊上有鸟形及火焰纹装饰。
山西大同云冈 9 窟

屋角起翘
河北涿县旧藏北朝石造像碑

屋角起翘
河南洛阳出土北魏画像石

图 78　南北朝屋面

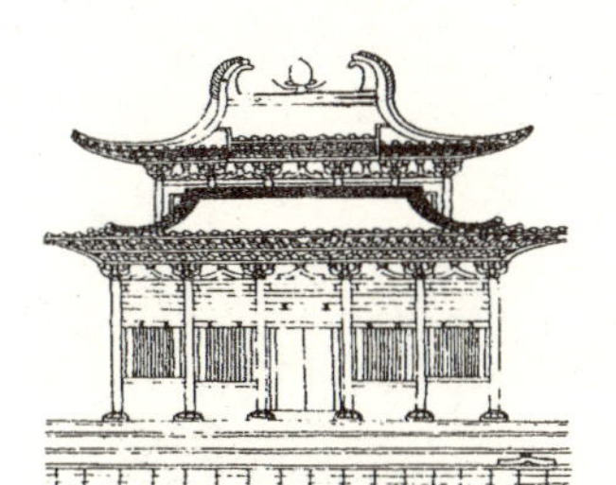

前面建筑屋檐平直，补间用一般人字栱。后面建筑屋檐起翘，补间用加装饰的人字栱
长安县韦洞墓壁画，盛唐，公元708

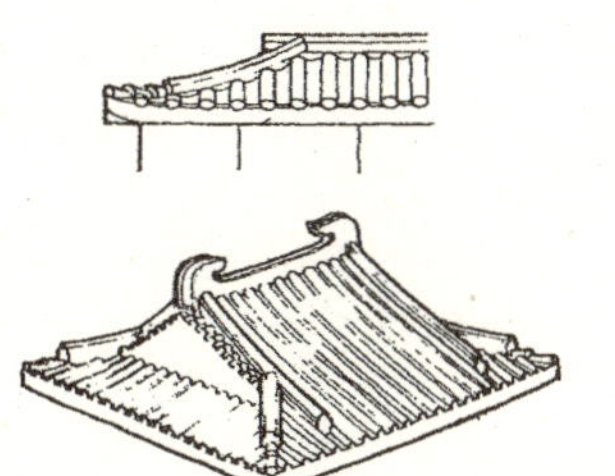

上，屋角起翘，长安县韦洞墓壁画，盛唐。
下，屋檐平直，屋顶有鸱尾
河南博物馆藏隋开皇二年石刻（公元582）

上，脊头瓦的应用，敦煌石窟壁画
下，脊头瓦
西安唐大明宫重玄门遗址出土

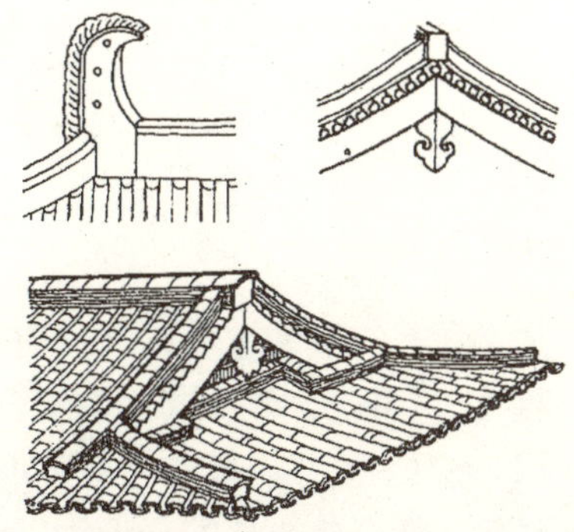

上左，鸱尾，西安大雁塔门楣石刻
下右，悬鱼，唐·李思训《江帆楼阁图》
下，板瓦屋脊及歇山做法，五代·卫贤《高士图》

图79　隋、唐、五代屋面

图81　正定小关帝庙工字殿顶

图82　北京官式建筑歇山顶

图83　成都青羊宫屋脊

瓦饰

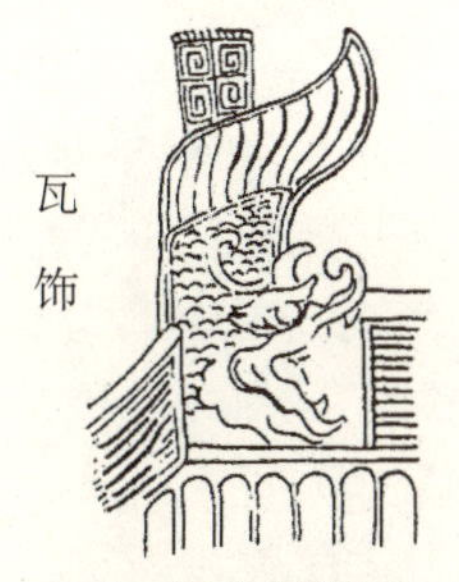

吻　宋画《瑞鹤图》

吻　宋画《高阁焚香图》

吻　泰宁甘露庵（宋）

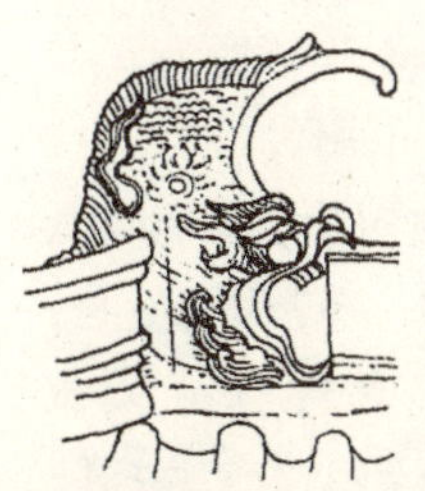

吻　蓟县独乐寺山门（辽）

吻　大同下华严寺壁藏（辽）

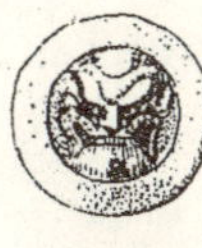

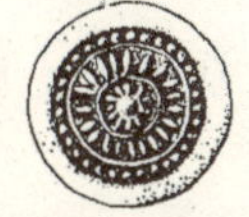

宋瓦当

图80　宋、辽屋面

图 84 苏州园林屋脊

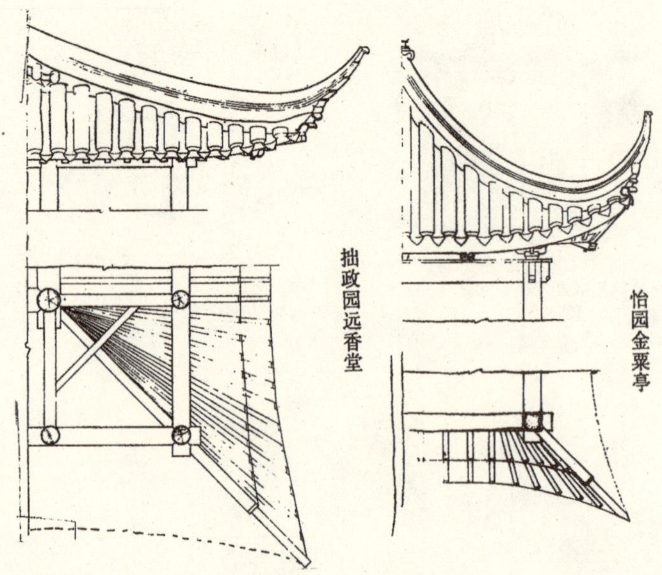

图 85 苏州民间屋顶角部二种做法（右为嫩戗发戗，左为老戗发戗）

陶罐为饰，故有是名。大门门扉上部施直棂，下部实塌。若门道较宽，则其间可再增二柱，大门亦由两扇改为四扇（中间二扇，两侧各一）。观敦煌壁画中所绘之唐代住宅，其门有抹头、直棂格心、腰华板、附门钉之裙板等。而门柱于乌头之下外侧，又置有短木为饰，遂开后世日月板装饰之先河。

现存于苏州府文庙之宋刻《平江府图碑》，其于各坊之入口，建有坊门。形式为二侧立上悬短木之门柱，柱间置二横枋，其间实之以书有坊名之木板。牌坊之最初形式，恐出于此类坊门之应用。山西永济永乐宫（现迁芮城）之元代壁画，其表现园林之一幅，亦有类似此种门坊之形式。尔后添加屋顶、增扩开间，发展成为牌坊或牌楼，其功能已不仅限作入口之象征矣。

乌头门进一步发展为使用于祭祀建筑之棂星门。实例可见明、清北京天坛、社稷坛及各地之孔庙。此门可单独使用，亦可组合使用。后者多用三门，门间联以短垣。其用于帝王陵寝者，又称龙凤门，如北京昌平明十三陵即是。

板门之使用亦早。一种由大边、抹头等构件先组成门扇之框架，再钉之以板，称为棋盘门。其最早形象见于西周铜器兽足方鬲，以后之汉画像石中亦屡有表现。现存实物如山西五台佛光寺大殿之殿门，即为此式构造。其门板后列横楅五道，各以铁门钉十一枚与门板紧联。另一种不用门扉框架，门扇全由较厚之木条若干组成，其间联以穿带，并将穿带一端插入附门轴之大边内，上、下亦不置抹头，此种门称“撒带门”。如城门、寨门等需加强防御处多用此门。此类门除木制者外，亦有全用石板者，但多用于墓中（图 94）。

槅扇门较为轻巧，由边梃、抹头、槅心、绦环板、裙板等组成，常用于单体建筑之外门或内门。宋代称“格子门”，因其槅心部分多施方格。然《法式》所载，并有球纹等多种纹样。而辽、金槅心装饰则进一步精致华丽。现存木构实物如山西朔县崇福寺弥陀殿诸槅扇，皆金代所构，有四椀菱花、六椀菱花等图案。其于墓中施砖刻仿木门、窗者，精丽程度尤胜上述木构，如山西侯马董氏墓中所见，除槅心施龟甲纹、十字纹、八角纹……外，于障水板壶门中所雕人物、花卉，亦极秀美生动。宋代格子门之尺度，依《法式》规定，高六尺至一丈二尺，一般在一丈左右。每扇宽度随所在开间而定，均分为二、四、六扇，一般约为三尺。其构造除门桯（即清之边梃）与上、下抹头外，并施腰串（清式称抹头）、腰华板（即清之绦环板）、障水板（即清之裙板）等。门之各部比例，“每扇各随其长，除桯及腰串外，分作三分，腰上留二分安格眼，腰下留一分安障水板”。由此可知格眼（即清之槅心）所占高度，约为槅扇全高 2/3。金崇福寺弥陀殿格

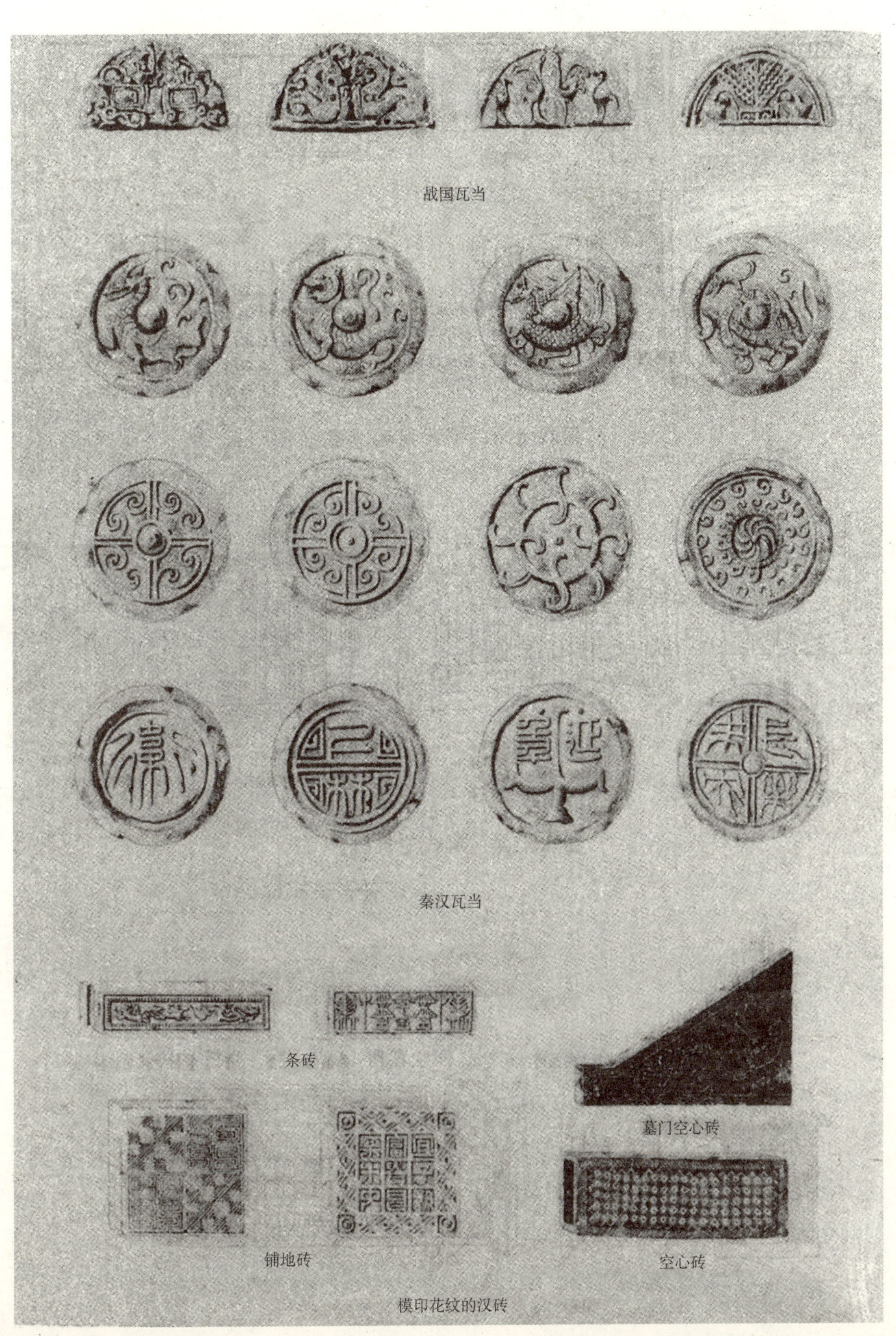

图 86　战国、秦汉砖瓦纹样

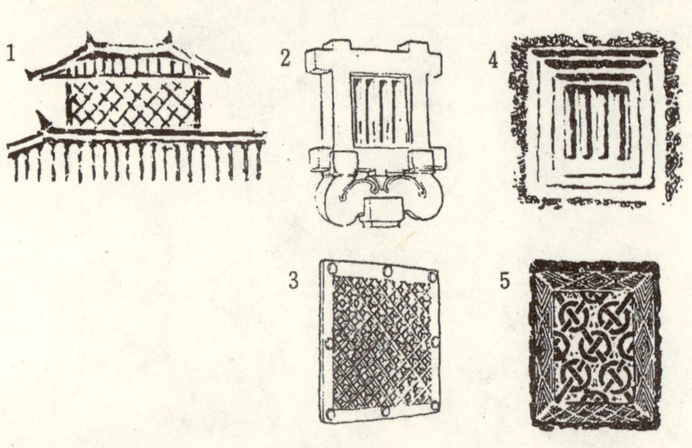

窗 1. 天窗 四川彭县画像砖 4. 直棂窗 徐州汉墓
2. 直棂窗 四川内江墓 5. 锁纹窗 徐州汉墓
3. 窗 汉明器

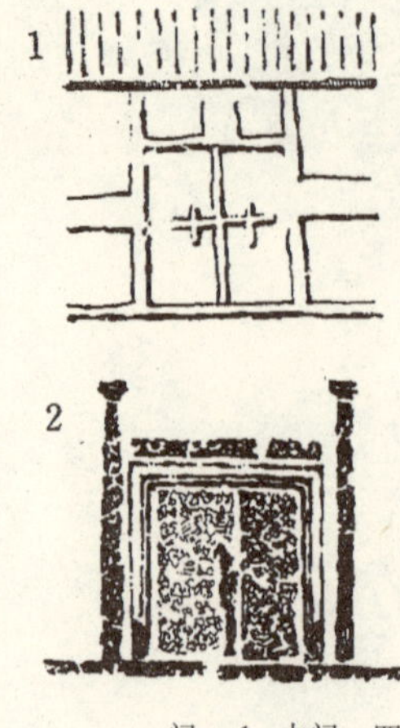

门 1. 木门 四川彭县画像砖
2. 版门 徐州市县汉墓
3. 石墓门 陕西绥德汉墓

图 87 汉代建筑门、窗

版门、直棂窗
河南洛阳出土北魏宁懋墓石室

图 88 北朝建筑门窗

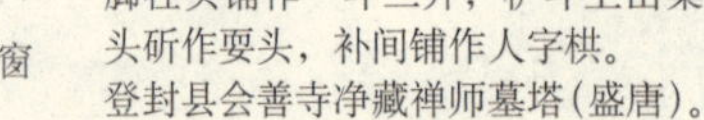

门窗 版门及破子棂窗、门窗框四周加线脚柱头铺作一斗三升，栌斗上出梁头斫作耍头，补间铺作人字栱。
登封县会善寺净藏禅师墓塔（盛唐）。

直棂格子门。
唐·李思训《江帆楼阁图》

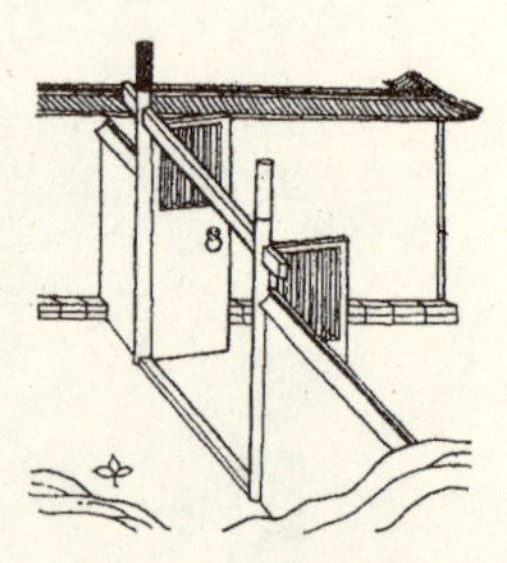

乌头门，上段开直棂窗
敦煌石窟（初唐）

图 89 唐代建筑门窗

乌头门 金刻宋《后土祠图》碑

版门 禹县白沙宋墓

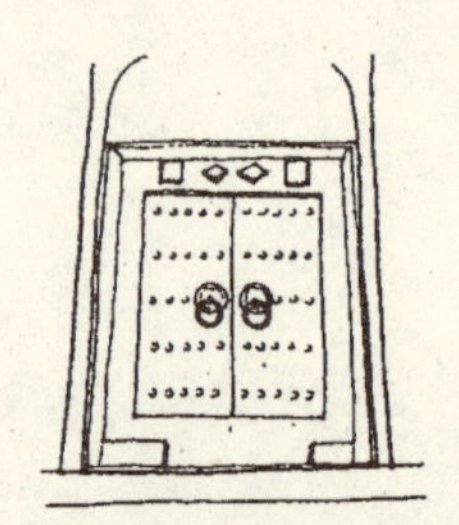

版门 登封少林寺墓塔（金）

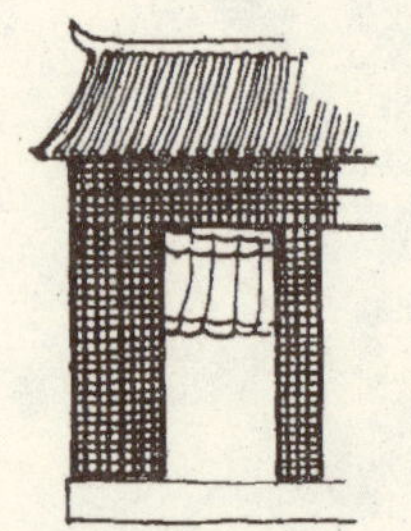

落地长窗
宋画《华灯侍宴图》

格子门
涿县普寿寺塔（辽）

格门、阑槛钩窗 宋画《雪霁江行图》

图 90 宋、辽、金建筑门窗

子门（图 91）之比例，亦复如是。而侯马董氏墓中，格眼仅占全高 1/2。此与清官式小木作中占 3/5 之比例，较为接近。后世之槅扇门，其抹头数及绦环板数皆有所增加，如宋、辽、金之三抹头、四抹头（均包括腰串在内）。明、清时格子门已很少见，槅扇一般以六抹头、三绦环板者为普遍。门之装饰，除集中于槅心、绦环板与裙板处，并在边梃及抹头表面隐压混面、枭面与线脚，有的还在其转角处包以称为“角页”的铜饰。

（二）窗

窗于建筑除具通风、采光、瞭望等功能，还是建筑自身美化重要因素之一。故其比例尺度、构造形式与所处位置之选择，均甚为关键。

原始社会建筑之窗，如西安半坡聚落之住所，系利用其两坡或攒尖屋顶上部作为通风、排烟及采光之用。此类原始手法至今仍有应用者，如蒙、藏及新疆若干兄弟民族之帐幕即是。

十字棂格之窗，以西周铜器兽足方鬲之形象为最早。而汉明器及画像砖、画像石中，则有直棂、卧棂、斜方格、锁纹等式样。其中尤以直棂窗最为多见（图 89、90）。后经南北朝迄于唐、宋，一直成为我国建筑窗扉的主要形式。直棂窗的缺点在于它的固定与不能开启（图 92），以致阻碍了人的视线和活动。支窗的形象虽已见于汉明器，至宋发展为阑槛钩窗。但在建筑中仅处于相当次要地位，应用范围不广。洎宋代起，槅扇窗逐渐取代直棂窗而跃居诸窗之首，除具启闭便利，其格心与腰华板等处产生之装饰效果，自较朴素楞木不可同日而语。此或与宋、金社会崇尚奢华，有所关连焉。而此种装饰制式，亦沿用直至今日（图 95）。

宋《营造法式》中之直棂窗，有破子棂窗（将方木条对角锯开，即成两根三角形断面之棂条，用以为窗，故名）与板棂窗两种。其破子棂窗高四尺至八尺，广为开间之 1/3 ～ 2/3。板棂窗高二尺至六尺，广约为开间 2/3。但实物之做法不尽于此，如山西五台唐佛光寺大殿及太原晋祠北宋圣母殿，其直棂窗皆占通间之广，由此可见一切规章制度，均未能全部予以概括也。另外，又有将棂条作成曲线形状，如《法式》卷六 · 小木作制度中之睒电窗及水文窗。窗高二至三尺，广约为间面阔之 2/3，多用于“殿堂后壁之上，或山壁高处”。亦可作“看窗，则下用横钤、立旌，其广、厚并准板棂窗所用制度”。至于门、窗之横披，最早之例见于南京栖霞寺南唐所建之舍利塔，其板门上横披窗之棂格作六角龟纹式样。尔后明、清建筑中，横披棂格所采用纹样，大多与其下之槅扇棂格一致，如方格、菱花等。窗扇之划分，宋式阑槛钩窗每间划为三扇。明、清之槛墙支摘窗，则分为上下、左右四扇（图 93）。槅扇窗依开间之广狭，有置四扇或六扇者。此类窗之构造与形式，与槅扇门基本一致，仅缺裙板以下部分。为取得与槅扇门外观统一，各门、窗之抹头、槅心、绦环板等，均须位于同一水平。而槅扇之名谓，亦因抹头之多寡决定。为了隔绝外界的风砂等自然干扰并取得最可能大的照度，常在槅扇的内面裱糊一层白色的棉纸。讲究的做法，则用小块磨光的蚌壳，嵌于槅心之棂格间。作为室内隔断的槅扇，亦有用薄纸或绢等织物，固定于棂格上者。

（三）天花、藻井

天花与藻井具承尘、分隔室内空间及装饰之功能。虽同属室内上部之小木构造，但又有若干区别。天花多呈平面形状，构造较为简单，种类有平棊（大方格）、平闇（小方格）、覆斗形数种。藻井呈层层凹进形象，构造较复杂，种类有斗四、斗八、圆顶、螺旋等。

汉代天花、藻井（图 96）见于墓葬者，如四川乐山崖墓之覆斗天花，山东沂南画像石墓之斗四天花及镌有巨大莲花之方形天花。而汉文献中亦不乏此类之叙述，如刘梁《七举》、王延寿《鲁灵光殿赋》、孙资《景德殿赋》等。北朝石窟中，除仍有覆斗形天花（山西太原天龙山石窟）与方形平棊（甘肃敦煌莫高窟第 428 窟），又有长方形平棊（甘肃天水麦积山石窟 5 窟）及人字披（甘肃敦煌莫高窟 254 窟）等形式（图 97）。此项间接遗物于南朝则未有留存。仅沈约《宋书》卷十八 · 礼志中，有“殿屋之为圆渊、方井，兼植荷华者，以厌火祥也”之语。可知天花、藻井之属，于当时官式建筑中亦常使用。

图 91 山西朔县崇福殿弥陀殿金代门窗

图 92 河北正定旧县府大堂直棂窗

图 93 北京护国寺廊屋槅扇及槛窗

图 94 河北易县清崇陵地宫石门

图 95 苏州拙政园留听阁窗下木雕

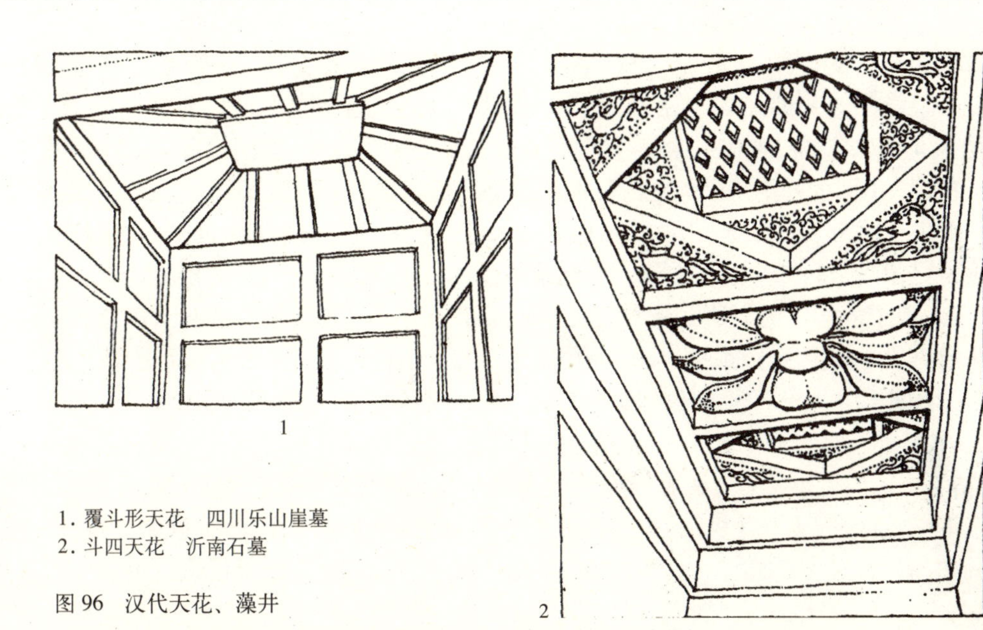

1. 覆斗形天花　四川乐山崖墓
2. 斗四天花　沂南石墓

图 96　汉代天花、藻井

唐佛光寺大殿（山西五台，公元 857 年建）之平闇天花（图 98），为我国现存古代木建筑之最早实物。据梁思成先生调查，此乃以每面宽 10 厘米之方楞木，构成 20 厘米 ×20 厘米之空格网，其后再覆以木板。殿中内槽与外槽之天花，均系同一做法，即无藻井与天花之区别。惟槽内每间平闇之中央以四方格组成一八角形之图形，似为求得单调中的变化。平闇四周另以峻脚椽及木板构作斜面，形成类同覆斗形天花式

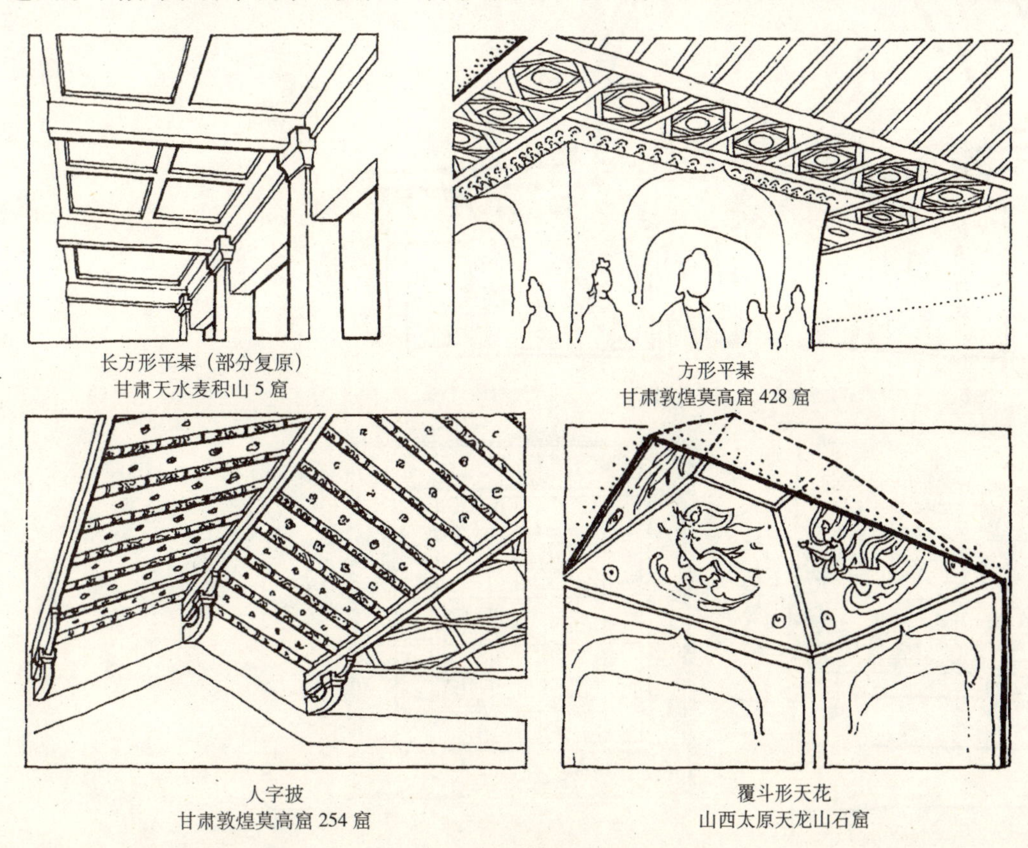

长方形平棊（部分复原）
甘肃天水麦积山 5 窟

方形平棊
甘肃敦煌莫高窟 428 窟

人字披
甘肃敦煌莫高窟 254 窟

覆斗形天花
山西太原天龙山石窟

图 97　南北朝天花藻井

样。此种乃小方格组成的“平闇”，又见于山西平顺海会院明惠大师墓塔中。另若墓室顶为穹窿形状，则在其表面绘以日月星辰，例见陕西乾县唐永泰公主墓(图98)，迟建于上述大殿127年之辽独乐寺观音阁(河北蓟县)，其外槽天花亦采取同样形制，但在内槽高16米之十一面观音塑像之上，则构以六角攒尖式藻井，且棂格也易为三角形。山西大同下华严寺之薄伽教藏殿亦为辽代遗构(公元1038年)，其天花为平棊式样，而藻井则为八角攒尖（图99）。宋《营造法式》中所载天花，已有平棊与平闇两种，藻井则有斗四与斗八。此类典型式样，常见于两宋时期仿木构之砖、石建筑中，如江苏苏州云岩寺塔(俗称虎丘塔)及报恩寺塔（又称北寺塔）等。而于木构实例，则更有所发展。如浙江宁波保国寺大殿，系创于北宋之巨构，其殿内之藻井，于斗八中再置八瓣圆形平面之斗尖。而周旁之平闇，亦有方格与菱形格两种。整个造型，甚为活泼生动（图99）。北朝、唐、宋石窟、塔、殿中天花、藻井之其他实例，可参见图100～图104。金代建筑之天花、藻井，其华丽程度又胜于赵宋。以山西应县净土寺大殿为例(图105)，此建筑虽属三间之小殿，但天花、藻井之精美，国内无出其右者。各间先于周边施方形与矩形之平棊，上建缩尺殿宇之“空中楼阁”，中央再置斗四与斗八之藻井，承以斗栱。最上为八边形平顶，饰以双龙戏珠图案。元代木建筑尚有施平闇者，但为数已不多。如苏州云岩寺二山门。明代以降，平闇已成绝响，凡建筑之天花概施平棊。其藻井除承袭

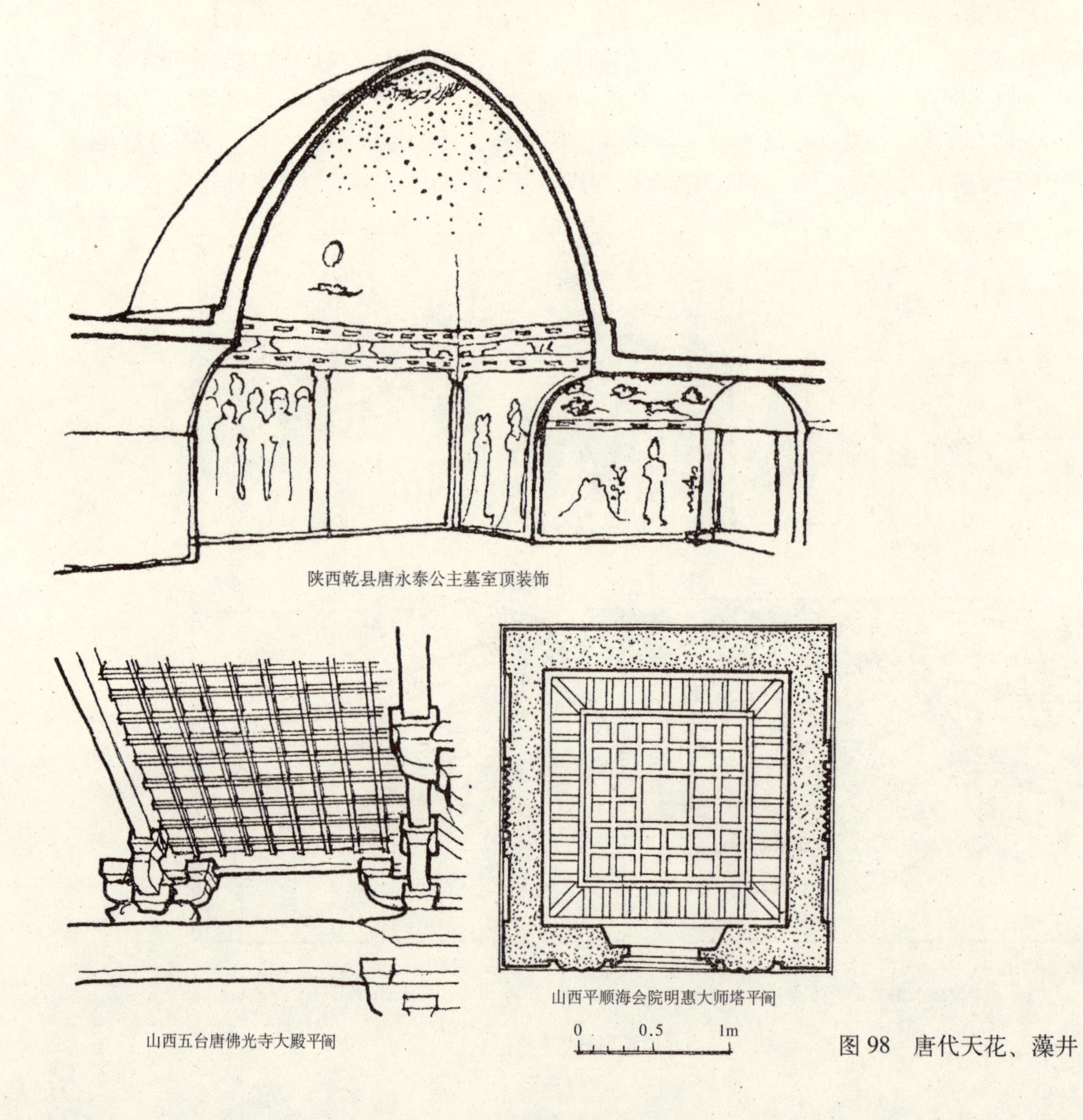

图98　唐代天花、藻井

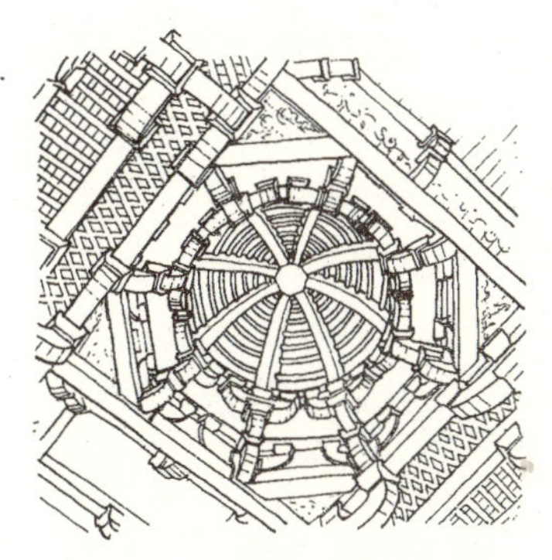

圆形井　宁波保国寺大殿（宋）

八角井、平阇
蓟县独乐寺观音阁（辽）

八角井、平棊
大同下华严寺薄伽教藏殿（辽）

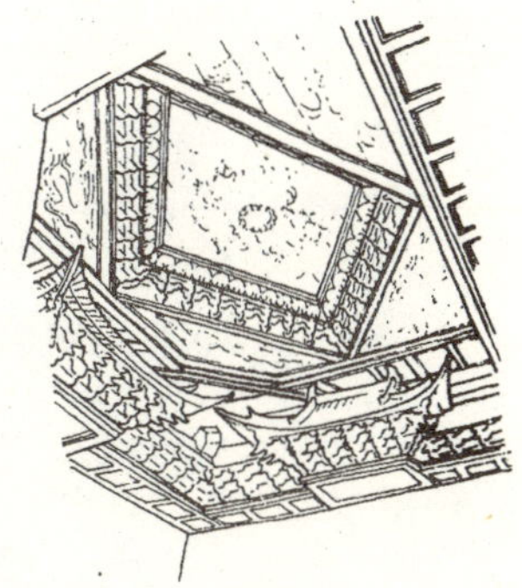

菱形覆斗井
应县净土寺大殿东间（金）

图 99　宋、辽、金代天花、藻井

图 100　大同云冈石窟藻井

图 101　河北正定隆兴寺摩尼殿内天花

图 102　河北定县开元寺塔藻井（宋）

图 103　河北定县开元寺藻井（宋）

图 104　四川广元千佛崖石窟藻井（唐）

历代形式外，又有以小斗栱连缀呈螺旋形，曲旋迢绕直上者，例见四川南溪李庄之旋螺殿。

另一种天花形式称为轩顶，系于建筑之草架下再做卷棚或两坡式顶棚，下施明栿、童柱（或驼峰）、椽及望砖（或望板）。此式构造于江南明、清住宅、园林中尤多，而寺庙、祠堂亦有用者。

（四）罩

罩为室内隔断之一种，多用硬木透雕成树藤、花草、人物、鸟兽等形象，再拼合而成。其木质纹理优美者，常不髹漆。构图也较自由，而不全采用对称方式。依其外形，有落地罩、圆光罩、栏杆罩、床罩、单边罩、飞罩（图 108 ～ 110）等多种。现置江苏苏州耦园水阁“山水间”中之“岁寒三友”落地罩，为苏州目前已知最宏巨与精丽者。此罩广 4.45 米，高 3.55 米，以缠绕之松、竹、梅为构图主题，雕刻甚为巧致，形象亦极逸雅，故于当地有“罩王”之称。

罩之使用于室内，由于其本身形状与构造关系，并未能起完全阻绝空间之作用。但此种似隔非隔形式，对室内空间之组织，较之全封闭的屏板或槅扇，显得更为灵活。加以罩体又具有很强的装饰性，因此在宫廷、住宅和园林中被广泛予以应用。实例如北京故宫西六宫之翊坤宫及苏州耦园、留园、狮子林等处皆有。

（五）坐栏

最通常之做法为省略栏杆之望柱与扶手，然后扩展栏板上部之盆唇，使其成为可供人众坐息之所在。此类坐栏之置放地点，多在走廊或檐下列柱之间。所用材料以砖、石、木材为常见。

另一较复杂之坐栏除仍扩展其盆唇外，还保留栏杆之扶手，但将其移向外侧，再承以弯曲之支撑，故有“鹅颈椅”之称。于江南民间，又名为“吴王靠”或“美人靠”。此式坐栏全由木构，或建于住宅之楼堂，或置于园林之亭阁，凌风依水，别有佳趣。宋画《西园雅集图》中即有此项坐栏之描绘。因其造型纤巧，雕饰崇丽，又常成为建筑重点装饰所在。如皖南明、清若干民居，其内院楼居之窗下即采用此种构造。

（六）挂落

通常施于走廊或建筑外檐上部柱头之间，仅供装饰而无结构作用。其形体空透扁狭，在大多数情况下，均采用由木条组成之灯笼框或卍字形图案，外观甚为轻巧明快。挂落之左、右及上方，各周以较粗之边框，框上预留孔洞以纳入插销，使与额枋及柱身固着。

六、建筑装饰

建筑之外观美，主要依靠其整体与各局部比例尺度与体量之均衡，以及所施各种建筑材料质地与色彩之对比。为了强化其效果，往往又在建筑的某些部分，使用若干附加的色彩、图案、雕饰……所用材料，

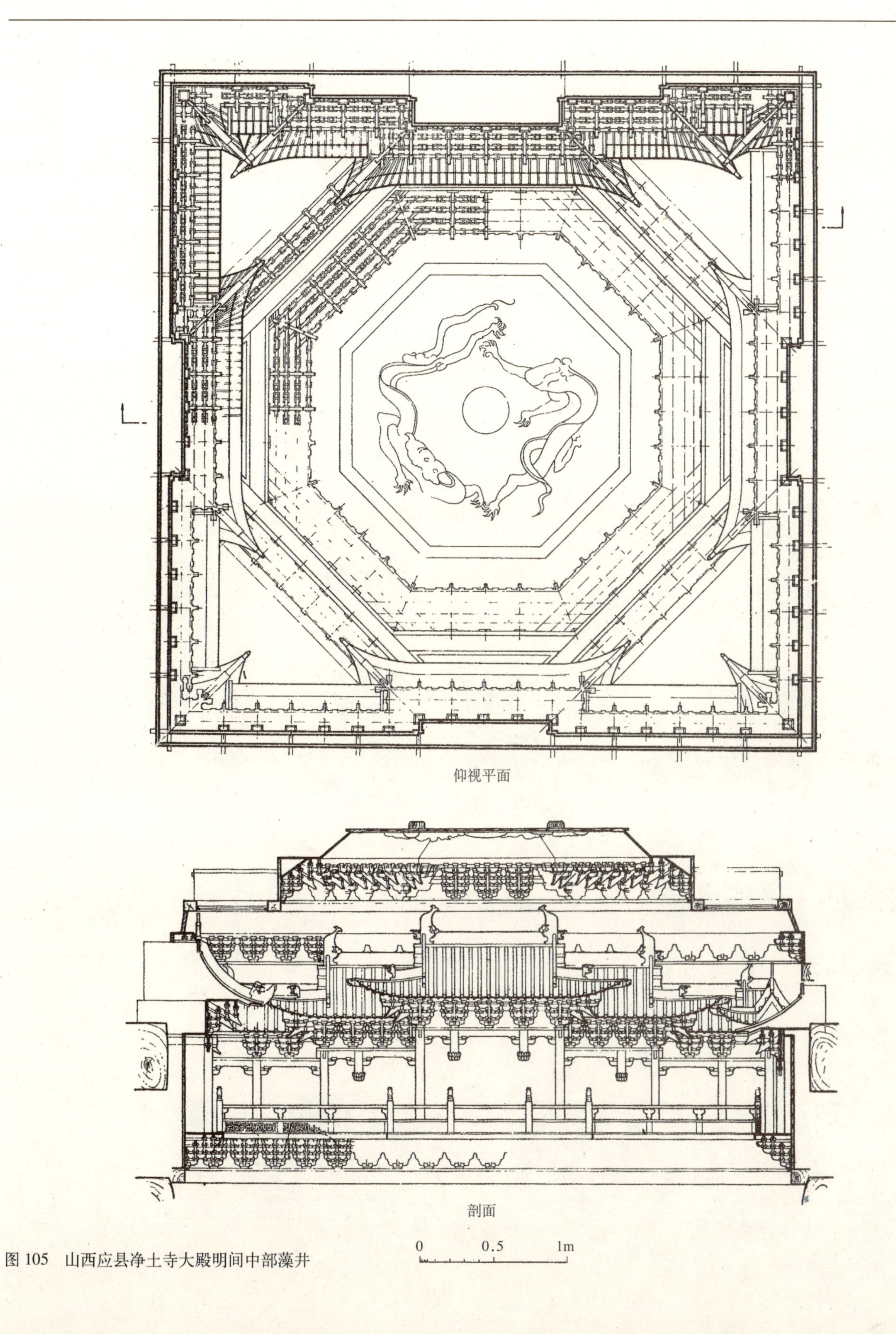

图 105　山西应县净土寺大殿明间中部藻井

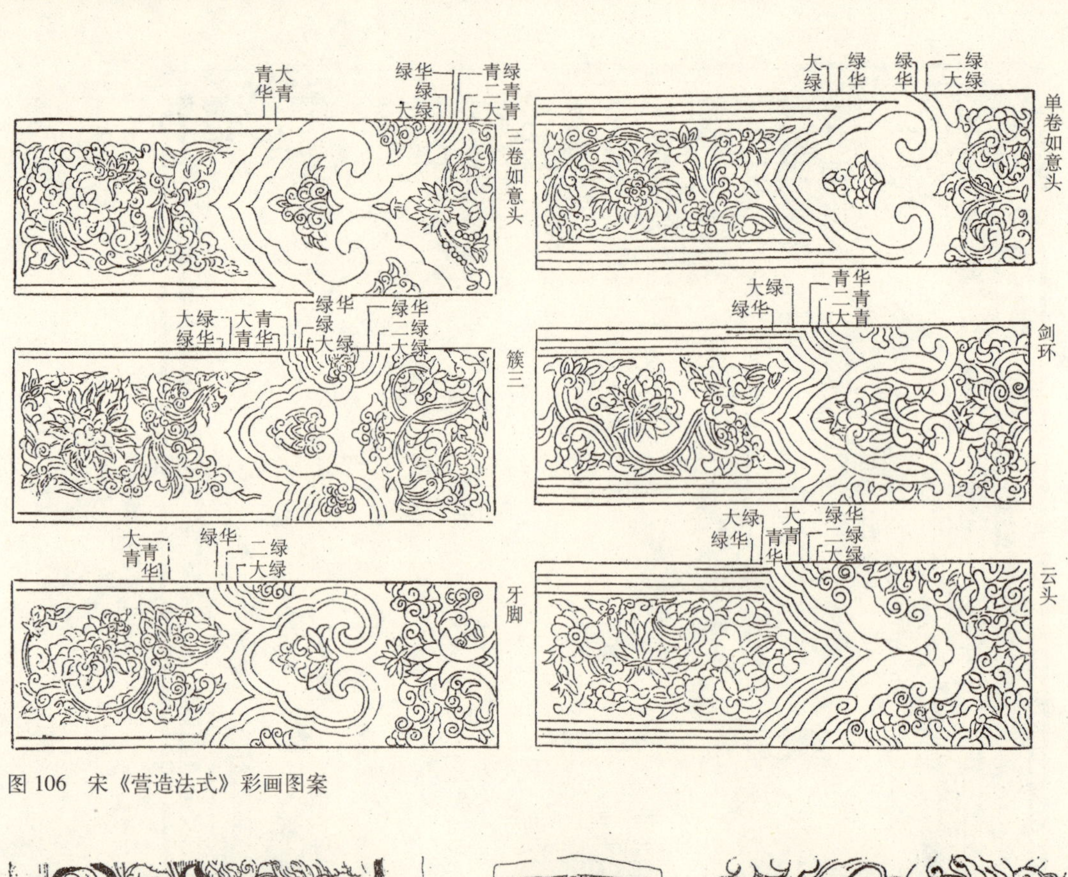

图 106　宋《营造法式》彩画图案

大智禅师碑边花纹（唐）

南京栖霞山舍利塔浮雕（五代）

北京智化寺佛龛上木雕（明）

杭州六和塔云纹浮雕（宋）

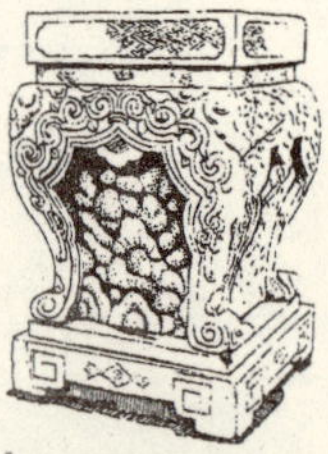

石台雕饰（清）

重修宣圣庙记碑唐草锦纹（元）

北京智化寺佛座木雕（明）

图 107　历代建筑装饰花纹

图 108 清宫殿室内装修示意图

图 109　北京故宫储秀宫炕

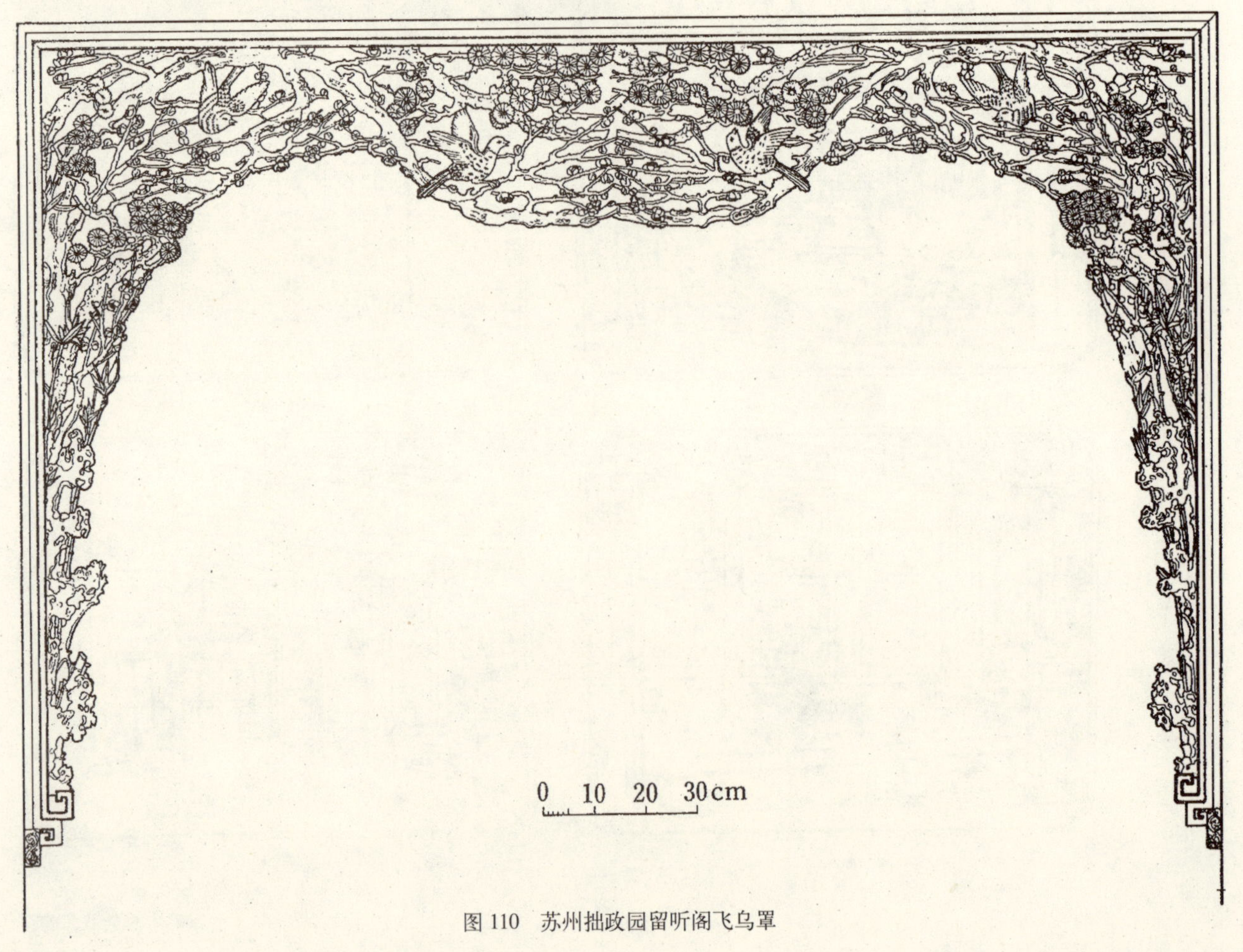

图 110　苏州拙政园留听阁飞鸟罩

则来自天然矿物染料、植物提炼、金属制品、纺织物等等。

据《论语》所载“山节藻棁”，知至少在春秋时，已于木建筑之坐斗（即节）与童柱（即棁）上绘有山形和藻类的彩画。而《礼记》则有：“楹：天子丹，诸侯黝、大夫苍、士黈”之记述，表明社会的不同阶级已在建筑结构的主要支承体——柱上，以不同的色彩表现其严格的等级制度了。根据出土的东周半瓦当与瓦钉，其表面纹饰已有同心圆、涡纹、蕨纹、S纹、饕餮纹、尖瓣纹等多种。

战国至秦，长期的兼并战争亦推动了建筑的发展。诸侯竞构宫室，争尚豪华，室内地面已铺模印多种纹样之大型方砖，梁、枋与柱头交汇处亦使用有锯齿形之铸铜套饰金釭。此外，具有山形及饕餮形饰之陶制勾阑及虎头形陶排水管，并见于河北易县燕下都遗址。又秦咸阳宫中，也发现墙面绘有壁画及地面涂朱的残迹。而河南信阳长台关1号战国墓出土之编钟木架及雕花木几，表面施有蕨纹、三角纹样，并承以变断面之立架，说明当时之家具已甚注意形体与装饰之美观。

汉代文献中有关建筑之记载渐多，其中亦不乏建筑装饰之描绘。尤以武帝所宠赵飞燕居住之昭阳宫最为奢侈。《西汉会要》内载：“……其中庭彤朱，而殿上髹漆。切皆铜沓，冒黄金涂，白玉阶，壁带往往为黄金釭，函蓝田璧，明珠、翠羽饰之”。而《西京杂记》于上述之后，尚有补充：“……上设九金龙，皆啣九子金铃，五色流苏带，以绿文紫绶金银花镊。……窗扉多是绿琉璃，亦皆达照毛发，不得藏焉。椽桷皆刻作龙蛇，萦绕其间……”。另班固《西都赋》中之记汉宫：“……屋不呈材，墙不露形，裛以藻绣，络以纶连，隋侯明珠，错落其间，金釭啣壁，是为列钱……”。其他文赋中所载尚多，于此未能一一尽述。由此可知，汉宫殿堂之地面常涂为红或黑色，墙面与木构之建筑材料均不暴露在外，而采用粉刷、金釭、珠玉、绵绣装饰。台基砌以文石（见《西汉会要》），琢玉石为磌以承柱（班固《西都赋》），角梁与檐椽或施以雕刻，或涂以彩绘，有的还在椽头置玉璧为饰（《西汉会要》及《西都赋》）。室内梁架，常做成屈曲之“虹梁”式样。屋顶之脊，或于端部隆起如鳍，即《汉书》武帝纪中所述之鸱尾形象，亦屡见于出土之汉代陶屋明器。正脊中央，有立铜雀为饰者，亦得之于汉画像石及班固《西都赋》。至于汉代陶瓦之瓦当纹饰，除主要以蕨纹及其形形色色之变种外，另有施青龙、白虎、朱雀、玄武四神，与奔鹿、飞鸿等图案，以及书有宫苑（如黄山、梁宫、上林、橐泉宫……）、官署（上林农官、关、卫……）、吉祥语（千秋万岁、长乐未央、与天无极、天降单于……）以及施于陵墓者（巨杨冢当、西延冢当……）。其方形陶地砖表面，则模印回纹、套方纹、涡纹与四神加吉祥语等，内中以规整之几何形纹样为最常见。空心砖上纹饰，概以方格、四叶纹……为主，或模印建筑（门阙……）及执兵人物、车马等形象。其置于墓门上呈三角形者，亦有施四神或其他神怪之图像。东汉时盛行之小砖拱券墓，其条砖侧面常印有波纹、列钱、菱形纹、同心圆纹，或房舍、阙楼、树木、车马出行等等，内容甚为丰富。另外，又有纪年与吉祥语者，例见1954年四川宜宾出土汉砖，上镌“永元六年（按：为东汉和帝第一年号，公元94年），宜世里宗墼，利后安乐”等字样。

佛教自东汉初已传入我国，虽其流播日益深远，但终汉之世，对于建筑上之影响究竟甚微。然经两晋至南北朝，情况即大有改观。作为佛教圣物之一的莲花，于佛教建筑中已应用甚广。下至柱础之高莲瓣（如河北定兴北齐义慈惠石柱），上至室内天花之莲花雕刻（如山西大同云冈北魏之7、9、10诸窟），皆随处可见。而外来文化之染濡，如西番莲、毛茛叶、卷草等纹饰，以及尖形拱门与塔柱之形象，于北朝石窟中亦有较突出之表现。南朝之地面遗物极少，现存江苏南京梁代萧景墓前石表，其上部之圆形顶盖，镌有凸出之莲瓣一周，表明此时帝王之墓葬，亦已深受释教之影响矣。此外，北魏时期之瓦当，表面已施端部较尖、形体较瘦之莲瓣。而前述之北齐义慈惠石柱，其顶部小佛殿屋面之瓦当，亦镌有六出之莲瓣图像。至于墓砖之模印，除仍沿袭汉以来之钱纹、套方及同心圆等以外，两晋时又使用莲瓣、双斧、人面、鱼纹、车轮等纹样。在南朝墓中，更有以若干小砖，拼合成为大幅砖画的。如南京西善桥大墓中的《竹林七贤图》，即为最有代表性之一例。其他施于室内之装饰物，如垂幛与缨络，亦屡见于北朝石窟，皆属宫殿居室中常用者，故可引为此时装饰之旁证。北朝石窟所示佛殿之脊饰，自石窟外檐及内部壁画之雕刻，均大体依两汉之鸱尾形式。惟正脊中央，已易朱雀为金翅大鹏。有的另附内刻火焰纹之三角形装饰，如大同云冈第9窟所示。其他如须弥座束腰壶门与下部叠涩装饰化之出现（见于南响堂山石窟及敦煌莫高窟），勾阑之阑板施勾片造（大同云冈第9窟），以及檐柱采用梭杀形式（定兴义慈惠石柱）等等，均表示此时建筑装饰已有长足之进展。

隋、唐为我国封建社会隆盛时期之一，木架建筑之结构与构造，也已基本臻于成熟。故对建筑构件本身之装饰化，亦较前代偏于古拙之形象有所易更。以著名之佛光寺大殿为例，除明栿部分仍施虹梁外，内槽四椽栿上之驼峰，已采用具混线与尖瓣之外形。又虹梁上之半驼峰及外檐柱头铺作之耍头，其轮廓之曲线皆甚优美。铺作中斗栱与批竹昂之形体尺度及其与建筑整体之比例关系，并皆无可非议。此种无损构件之结构功能，同时又能产生良好装饰效果的手法，即使对今日的建筑师而言，也是极大的成功。在砖、石建筑方面，初唐之际仿木形象仍甚简单，如西安兴教寺玄奘法师塔建于高宗总章二年（公元669年），二层以上之塔壁除隐起倚柱及阑额外，别无装饰。斗栱亦仅用外出耍头之“杷头绞项造”，极为简练朴素。此外，永泰公主墓（中宗神龙二年，公元706年）墓室中所表现之柱、枋、斗栱等建筑形象，均为壁画形式而非以砖、石隐出者。其他如懿德太子与章怀太子墓中亦然。贵若帝胄尚且如此，可证当时砖、石建筑之仿木程度，还处于较低水平。中唐以后，建筑装饰渐趋奢华。如山西平顺唐乾符四年（公元877年）所建之明惠大师墓塔，虽为单层石构，其整体与局部造型俱极精丽。若须弥座之壶门、角螭，塔壁之天神、垂幡，檐下混线之六角龟纹与屋面戗脊端部之兽头，塔顶之山花蕉叶、莲瓣与葫芦等，皆细致而不繁琐，华美而不伧俗，足可列为一时之代表。由敦煌壁画，知唐代建筑之台基常包砌各种图案之花砖。而实际出土之地砖，则大多仍以莲瓣与宝珠为主题。其瓦当纹样亦复如此，惟莲瓣之外形较圆润肥短，与前述北朝者区别颇大。再依诸贵胄墓中壁画，知屋盖常覆以蓝琉璃瓦，有的屋脊另为黑色。正脊中央施火珠，而无复汉、六朝之朱雀或金翅大鹏形象。九脊殿之山面已出现如意头式样之悬鱼装饰，例见李思训《江帆楼阁图》。建筑之柱础趋于低平，大多为素平或莲瓣，其施宝装莲瓣者尤其瑰丽。石刻纹样仍以卷草最多，或用海石榴，杂以佛像、迦陵频加、狮、鹿、凤等形象（图107）。敦煌诸窟壁画中又见流苏、葡萄、团窠及带状花……图案。

宋、辽、金时之建筑装饰，由汉、唐之粗犷雄丽，逐渐走向纤巧柔秀。木架建筑之大木结构至北宋已完全定型，其后遂陷于停滞而未取得任何有决定意义之突破。但砖、石结构及其相应之装饰，却得到相当大的发展。其中尤以砖、石建筑之仿木构造型，自简单而繁密，由神似而形似。举凡柱枋、斗栱、门窗等等，无不形象逼真，惟妙惟肖。例如河南禹县白沙镇一号宋墓之墓门门楼与内室之柱枋、斗栱；山西侯马金代董氏墓中之须弥座、槅扇门、檐下挂落与顶部藻井；江苏苏州报恩寺塔塔心室之上昂斗栱，皆为十分突出之物证。又河北赵县城关之北宋石幢，以规模宏巨及雕刻华美被目为全国之冠。其幢座及幢身所刻佛像、天神、狮、象、山崖、城郭、殿宇、垂幛、流苏、莲华、宝珠、火焰等，俱纤细入微，精美绝伦。建筑之石柱础，除覆盆（平素或刻卷草纹）及莲瓣外，又有刻力神及狮者（河南汜水县等慈寺大殿）。柱身有凹槽（河南登封少林寺初祖庵大殿）、瓜楞（浙江宁波保国寺大殿）以及梭形的（见《营造法式》）。斗栱中之栌斗形象亦颇丰富，有方、圆、讹角、瓜楞等多种。北朝至隋、唐盛行之“火焰门”已消失，代以由多道曲线组成之壶门。格子门之使用已渐多，除宋画中有全由方格构成之落地式样，又有见于河北涿县辽普寿寺塔之三抹头式格子门（有格心、障水板，但无腰华板）。天花、藻井之构造与装饰，亦较前代复杂华丽。其著名者如山西应县金代净土寺大殿、河北蓟县辽独乐寺观音阁、浙江宁波宋保国寺大殿等，皆已于前节有所介绍，故不赘言。此期勾阑之变化亦多，其差别集中于华板之纹样、寻杖之装饰，以及望柱头之形式。具体可参见宋代绘画及《营造法式》。又辽、金之密檐塔，并于塔下建有须弥座及勾阑、莲座等砖、石仿木之高台，较江苏南京南唐栖霞山舍利塔之形象更趋复杂，而与唐密檐塔下朴素无华之低台基大相径庭。塔之底层，有于角隅施小塔以代角柱，以及在檐口下悬如意头者，均为强化装饰之表现。

依《营造法式》所载，宋代石刻按雕刻起伏之高低，可分为剔地起突（高浮雕）、压地隐起华（浅浮雕）、减地平钑（线刻）和平素四种。彩画则分为五彩遍装、碾玉装、青绿叠晕棱间装、三晕带红棱间装、解绿装、解绿结华装、丹粉刷饰、黄土刷饰、杂间装九种。内中以五彩遍装为最高级。或以青绿叠晕为外缘，内中以红为底，上绘五彩花纹；或以红色叠晕为边，青色为底绘五彩花纹。用于宫殿、庙宇等主要建筑。第二种为碾玉装及青绿叠晕棱间装，系以青绿叠晕为外框，中为深青底描淡绿花；或用青绿相同之对晕而不用花纹。用于住宅、园林及宫殿次要建筑。第三种为以遍刷土朱再铺以各色边框，底上或绘花纹，或不绘，即解绿装至黄土刷饰四类。其中尤以刷饰之等级最低，仅用于次要房舍。第四种为两种彩画混合使用者，称杂间装。如五彩间碾玉、青绿叠晕间碾玉等。以上实物遗存不多，仅第一种见于辽宁义县辽奉国寺大殿、江苏江宁南唐二陵及河南禹县白沙宋墓。但由其种类之繁纷，可知当时装饰内容已极为丰富多彩。且其中以青绿叠晕为主者，对后世明、清之彩画影响至大。宋代彩画所用纹样（图106），有海石榴华（包括宝牙华、太平华等）、宝相华（包括牡丹华等）、莲荷华、团窠宝照（包括团窠柿蒂、方胜合罗）、圈头盒子、豹脚合晕、玛瑙地、鱼鳞旗脚、圈头柿蒂等华文九类。又有琐子、簟文、罗地龟文、四出、创环、曲水等琐文六种。此外还有飞仙（包括嫔伽）、飞禽（凤凰、鹦鹉、鸳鸯）、走兽（狮子、天马、羚羊、白象）、云文（吴云、曹云）等，种类既多，内容亦极广泛。

由宋代绘画及《营造法式》，知建筑正脊两端有施鸱尾、龙尾及兽头者，而垂脊亦施垂兽，角梁头置套兽，脊上用嫔伽及蹲兽。正脊中央另施火珠。鸱尾下侧已有龙口吞脊之形象，如河北蓟县辽独乐寺山门及山西大同华严下寺辽薄伽教藏殿壁藏，皆作如是之表现。此时陶瓦当之纹饰，除仍有莲瓣、宝珠纹外，施兽面者渐多。但滴水尚为垂唇式样，有的下缘已呈尖状之波浪形。

元代建筑之装饰较两宋为蜕化，惟琉璃之制作有所进步。今日山西诸地之元代建筑，其琉璃正吻与脊尚有不少实例，色彩及构图亦有较多变化。如鸱吻之鱼尾渐转向外侧，遂开明、清此式之先河。对大木构件本身之装饰则甚少考究，宋代流行之多种柱础及柱体形式已不复使用，制作亦较草率。石刻以北京居庸关云台之拱门为最佳。其圆券下门道仍作成圭形，券石上刻金翅大鹏、白象、神人及莲瓣等。而门道内浮雕之四大天王，造型威武，形象生动，构图丰富，刀法流畅，可列为我国浮刻之杰作。此外，元代之壁画亦具相当高湛水平，尤以山西芮城永乐宫诸殿之道教壁绘最为著名。其五百值日神像各具特色，容颜迥异，线条猷劲，颇存唐吴道子风格。考壁绘之使用，于原始社会已有，内容多为当时生活之写照(如狩猎等)。后至商代，则有绘山川、鬼神于其宗庙之记载。最早之壁画实物均见于汉墓，如内蒙古自治区和林格尔出土者，描绘为城郭、官寺、井栏等内容。而河北望都1号墓则为官吏形像。南北朝迄于隋、唐，石窟及佛寺殿阁中以梵像及各种经变为主题之壁绘甚为流行。其中且不乏名家手笔，如顾恺之，吴道子辈。降及宋、金，此风渐衰。元代更稀，除前述永乐宫外，尚有洪洞广胜下寺明应王殿中表现元代戏曲演出之"太行散乐忠都秀在此作场"民间壁画。虽其内容与所在建筑无关，但亦可自另一角度了解当时壁绘之状况。明、清佛寺仅有少数具此项艺术内容，然其构图及笔法均甚伧俗，与元代及以前者不啻天壤之别也。

自明代起，官式彩画以蓝、绿为主调。清代更规定蓝、绿上下或左右相间原则。又根据其制式及使用情况，依次划分为和玺、旋子、苏式与箍头四类。和玺彩画用于最高级与隆重建筑，特点是贴金多并采用龙、凤及衍眼图案。旋子彩画又分为石碾玉、大小点金、雅乌墨等多种，应用范围最广。苏式彩画施于住宅、园林，形式较为自由。箍头彩画限于柱头，变化最小。除彩画等级须与建筑等级一致外，彩画本身图案之比例及形状，亦皆有严格之规定。如清代梁枋彩画枋心占全长1/3，而明代北京智化寺者占

1/4。清代旋子已全部作圆涡形，明代则形体较扁，且保有西番莲原意。又于彩画施沥粉贴金，使其轮廓线条具立体感，亦是清代中叶以后才出现的，是冀以增强装饰效果的新手法。又如须弥座之装饰，其束腰部分取消壶门与间柱，而于角柱内侧及束腰中央采用卷草纹之带状装饰。此项卷草纹于明代较为圆和，而清代则较为方硬。明代南方建筑常于须弥座束腰之角隅施竹节形小柱，其龟脚则刻扁长且简化之如意纹。檐枋下之雀替或雕以龙首或鱼身式样。梁之童柱下，则承以方形刻海棠纹或圆形雕莲瓣之托座。单步梁或作屈曲形，檐下常施浮刻或透雕之斜撑。某些地区（如皖南）之民居与祠堂，亦有使用外观极为秀美之梭柱，以及圆形断面之曲梁者。石柱础常为多层之雕刻，平面有方、圆、八角、多边等。雕刻内容有莲瓣、花卉、狮、瓜楞……。部分石础上，尚有施木櫍者。槅扇之槅心，较高级之官式建筑多采用四椀菱花，用方格或斜格亦不在少数，尤以明代为甚。清代则盛行灯笼框式样。木刻与砖雕亦达到很高水平，其中苏南、皖南最为突出，如门楼之砖雕，栏杆华板、滴珠板及槅扇绦环板与裙板之木刻，有楼阁建筑、人物、动植物及几何纹样等（图 107)，内容或为历史故事、神话传说、吉祥征兆，变化多端，令人目不暇接。此外，园林建筑中之漏窗棂格，仅苏州一地即有百余种之多。此皆以薄砖、瓦或竹条、木片涂泥，构为几何纹、人物、鸟兽、花木等形像，亦极丰富多彩。又地面铺地，系以卵石、碎砖瓦或陶瓷片，就其色泽、大小与结合之不同，组成众多图案。屋面做法之定型，于清代之《工部工程做法则例》中已有明确规定。其隆重建筑用琉璃瓦及筒子脊，并成为定制。如正脊用兽吻，垂脊用兽头，角脊上用仙人走兽等。其形制及大小、数量，均有规可循。民间之小瓦屋盖，其正脊之脊饰，亦有清水、纹头、哺鸡、皮条、空花等多种。硬山山墙头之做法，除北方使用水磨砖搏风之典型式样，尚有南方呈阶梯形之马头墙以及弯曲之“猫拱背”等形式。而园林之院墙，其上部又有作波浪形者，谓之“云墙”。住宅、园林之洞门，式样亦甚众多，有月洞、圭形、叶形、瓶形等。其边框施以灰色水磨砖，与白色或黑色之墙壁，形成鲜明对比。

中国木构建筑造型略述（1965年10月12日）

中国建筑的造型，大体上可分为对称与不对称两大类型。其中又各有变化，例如屋顶就有多种形式。要全面说明这一问题，首先必须依靠对各种建筑的大量实测图，才能对它们进行多方位的比较和深入的研究，从而得出较为全面与合理的论证。如仅靠现有的若干照片，则只能表现它们的局部特征而非全貌，因此很不可靠。要取得实测图，就要在今后付出更多劳动。测绘不是简单劳动，需要足够的经验和技巧。因为它是进行其他研究的基础。因此，切不可小视其意义，更不能轻率从事。越是复杂的对象就越容易出问题。多层的就比单层的麻烦。例如在对河北蓟县独乐寺观音阁的初测中，就未绘出生起，经朱启钤老先生根据《法式》提出，后来我和莫宗江等五人再去测绘才予以修正。解放后古建所进行了第三次测绘，又纠正了若干梁架中的错误。听说现在还发现存在问题。只此一例，便知测绘工作的艰巨和不易。

中国古代建筑的造型，是随着各种建筑类型的不同而形成差异的，就是在同一类型中也会出现若干变化，因此我们必须在这些千变万化中，努力整理并寻找出它们的规律来。

首先，还是从类型着手。例如宫室与民居、苑囿与私园、多层与单层、厅堂与亭榭……之间，都存在着很大的区别，这是大家都知道的。

其次，在同一类型建筑中，也存在着许多变化。例如民居，中国北方和南方的就有许多不同，各民族之间也有不少差别。单体建筑如亭子，其平面、结构和外观也有多种类型。

通过许多实例，人们不难发现其间存在着某些数学上和美学上的原则和比例，而它们又是和建筑的平面和结构有着密切的关系。这些内在和外在的许多规律，都是中国历代匠工在长期的建筑实践中，通过经验累积而传承下来的，因此十分珍贵。由于这些经验，使得建筑工程的进行更加顺利和合理，建筑的造型也更加协调与美观。

一般人对于建筑的要求是什么？从古到今，首先是适用，其次是安全，再次才是美观。当然，三者的区分并不是那么明显，但其中有主有次，则是不言而喻的。然而对于建筑的艺术处理，可以因为手法的不同，从而产生不同的效果。在这一方面，中国建筑从古到今，对“安定感”的处理就很突出。无论是单层或多层都是如此。例如我们对佛塔的造型，首先是采用了若干水平线条的划分，这就显出了塔的稳定性。再采取逐层向上递收的方式，也是为了能达到这一目的。然后又使塔的外轮廓线呈一缓和曲线，以及采用各种建筑构件（柱、枋……）及门、窗……，将塔身予以划分和装饰等手法，使得塔体虽然高大，但并不感到笨重僵直，反而显得挺拔秀丽。这就表现了结构与造型的和谐统一。又如巨大的殿堂虽然具有厚重的屋顶和深远的出檐，也能通过屋脊、檐口的起翘和屋面的曲线处理，使外貌迥然改观。而上述的这些处理手法，对建筑物的实用和安全感，并未产生不利影响。

在造型处理上，采用对称方式，是最常见的一种手法。特别是在表现神权和王权的高级建筑（宫殿、坛庙……）中，而它又是与该建筑（或建筑群）的平面和外观密切相关的。它给人们带来庄重、严肃和尊崇的印象，这也正是那些宣扬统治威权的建筑所企求的。然而在一些其他建筑中，例如大、中、小型住宅，这种方式也常有表现，只是规模大小不同，这也许是传统生活习惯带来的影响。

采用对称形式，必须有几个原则：

① 有一定的科学依据；

② 不同建筑有不同处理；

③ 同类建筑中亦有变化；

④ 以正方形或长方形为构图基础，否则不易产生稳定感。

对称也能反映在建筑的局部上，常通过采用具有对称形象的方形、矩形、圆形和三角形等几何形体。例如建筑两柱间的空间，门、窗洞的形状，大多都是方形或矩形的。如佛光寺大殿的前檐柱开间，苏州园林的廊柱间距等等。这些出现在建筑局部的比例形象，往往又和整个建筑的比例形成某种关系。如日本奈良唐招提寺金堂（目前屋顶已较原来的略升高），其中部当心间与二次间之柱高等于开间面阔。总的高度等于柱高三倍。总的外轮廓形体为二个正方形，而中央三跨又是一个正方，二侧的鸱尾正好落在柱轴线上。又如北京清故宫太和门本身的外形亦为正方形，而它又是整个殿屋高度的1/2和整个立面阔度（至二侧屋角）的1/4。而太和殿、保和殿的高度，也都占面阔的1/2。这些比例尺度绝不是任意所为，而是在建筑实践中经过深思熟虑的结果。它们不但符合几何图形的科学原则，也符合人们久经考验的审美观。这种建筑美学中的经验积累，在西方古典建筑中也屡有所见。可知是人类在建筑美学中的一个通则。

有关这方面的尺度比例和建筑造型的实例还有不少，例如北京太庙戟门的宽、高，都是整个门殿宽、高的1/2，社稷坛的情况也是如此。

但在非单层的楼阁建筑中，例如河北蓟县独乐寺观音阁，是建于辽代的二层楼阁，正面面阔五间，侧面三间。其下层正面面阔约等于阁之高度。而山西大同善化寺普贤阁，为建于金代之二层楼阁，平面为长方形，每面三间，而其高度则为面阔之二倍。北京鼓楼，高度等于面阔。而钟楼之高则为面阔二倍。另日本法隆寺金堂之造型有楼阁之意，原来高与宽之比为5∶4，后增加副阶，则比例改变为1∶1。

楼阁式建筑高度（H）与宽度（B）对比，若为长方形平面，则为H=B。方形平面，为H>B。

建于高大城台上之建筑则又有不同，如北京天安门的城台高占总高的1/3，其上城楼则占2/3，城楼平面约为二个正方形加明间。端门之情况也与之相似。东、西华门之比例，则仍用二个正方形。

除了大尺度的比例关系较多采用正方形外，建筑的其他局部如柱高、开间、檐口高等，都可作为衡量建筑尺度的“标尺”，而被广泛予以运用。现在已有不少同志在进行这方面的研究工作，其相互间存在的规律想必不久将可大白于公众之前。

以上仅约略谈及建筑对称造型的比例尺度问题。至于建筑的非对称造型以及局部造型，在处理上的种种原则和手法，都有着极为丰富的内容，以后有机会将再向大家介绍。

宋《营造法式》版本介绍（1965年11月10日）

一、《营造法式》简介

大家都知道，宋《营造法式》是我国古代已知最早与最为系统和全面的建筑著作。它是北宋王安石变法的产物，当时为了杜绝官方建设施工中的贪污浪费现象，于神宗熙宁五年（公元1072年）命将作监进行编修。该书于宋元祐六年（公元1091年）粗成，由于内中缺少用材制度，对工程中用工用料太宽的弊病不能防禁，以致未获正式颁行。哲宗绍圣四年（公元1097年）诏会将作少监李诫再修。于元符三年（公元1100年）完成，徽宗崇宁二年（公元1103年）正式颁行。全书共三十四卷（前另有看详一卷）内容由总释、总例，诸作制度，诸作功限，诸作料例，各作图样五部分组成。共三百五十七篇，三千五百五十五条，其中三百八篇，三千二百七十二条得自工匠历代相传。涉及工种有壕寨、石作、大木作、小木作、雕作、旋作、锯作、竹作、瓦作、泥作、彩画作、砖作、窑作十三类，附录图样218版。其内容丰富与条目齐全，在我国古代建筑史中尚无出其右者。

二、《营造法式》的几种版本

甲、刻本

1. 北宋元祐六年始本，以未正式颁行而未有留存。

2. 北宋崇宁二年本(开封版)亦已丢失，目前仅存极少残余。原印刻版亦在汴京陷于金人后不知所终。

3. 南宋绍兴十五年（公元1145年）由王�重刊，又称绍兴本（苏州版）。明代曾有补本。明、清内阁大库（皇家大图书馆）存有宋绍兴本完整的一部，另有若干另本，它们在内阁大库目录中都有记载。清末张之洞建图书馆，将此书迁出，但于中途遗失，仅存四卷，现存东北图书馆。

乙、抄本

1. 明《永乐大典》中曾收有之抄本。《大典》共二部，一存宫殿中，一存翰林院，均先后被烧毁。现《大典》存世者仅四、五百本，其中我国有三百余本，其余均散失海外，其中有一卷《法式》彩画（存大英图书馆）保存很好，内容与《法式》原印一致。

2. 明末钱酋王处亦有抄本，清乾隆帝曾向他索取，但仅提供一副本（原存故宫，称故宫本，又称乾隆本，现在台湾）。

3. 明天一阁中亦有抄本，后为《四库全书》抄录。但不久天一阁本即被毁。

4. 清中叶时有抄本，称丁本。后存南京图书馆，民国5年朱启钤经过南京，得知此本，即请商务印书馆翻印。

丙、重印本

1. 商务印书馆翻印本，即丁本。

2. 陶本（系根据《四库全书》本及丁本，由陶洙、朱启钤二人整理出版者）。

三、中国营造学社对《营造法式》的研究

朱启钤先生最初也曾参加，后以内容过于专业，未继续进行。

1933年4月刘敦桢与谢刚主、单士元曾以石印丁本对故宫本进行校核。

以后梁思成、刘敦桢、刘致平、莫宗江、陈明达都先后对《法式》作了研究。解放前后，刘敦桢并对故宫本、丁本、陶本再作多次校核。

按照学社调查的我国宋代建筑实物，有些与《法式》不相符合，估计其原因是：

1. 《营造法式》正式颁行于北宋崇宁二年（公元1103年），上距金灭北宋之靖康二年（1127年）仅二十四年，为期甚短，各地恐来不及实施。故除汴京一带少数建筑尚能符合者外（如少林寺初祖庵），其他较远地区均出现若干差距。

2. 宋室南渡后，《法式》虽又重刻印，但实际应用情况不甚明了。因当时之宫殿、坛庙、官署等主要官式建筑俱已不存，无法考证。依江右仅存之苏州玄妙观（建于南宋孝宗淳熙四年，公元1177年），其材、栔、结构及做法均大体与《法式》相同，但局部仍有不同，可能受南方传统建筑之影响。

解放后，梁思成和清华对《法式》进行了较长期的研究，并写出了《营造法式注释》(上)，其他各地亦有研究。

略述中国的宗教和宗教建筑（1965年12月9日）

这是两个在历史文化和建筑上极为重大而且涉及面甚为广阔的学术问题，不可能在短短的时间里讲清楚。在这里我只能作一点提纲性的介绍，以供大家工作参考。

一、首先要谈一谈宗教的起源和中国宗教发展的简况

有关宗教的涵义可以从广义和狭义两个方面来理解和讨论。广义的指始于人类早期的原始迷信，主要是崇拜自然物（山、川、海洋……）和自然现象（风、雷、地震、海啸……）。有些对象还被形象化了，就成为图腾。随着社会的进化，又由原始崇拜逐渐产生了宗教。狭义的就是指这后来出现的宗教。但它必须具有几个要素：首先，它要有明确的教义。其次要有一定的宗教组织和相关的仪式。最后，还要有阐明教义的经典。因此，二者不可混为一谈。然而无论是原始崇拜还是正式的宗教，在它们形成和发展的过程中，都会产生一些相互影响，并出现一些与之相关的艺术和文化，例如建筑、音乐、舞蹈、绘画、塑刻等。只是其程度与水平存在着较大的差别罢了。

中国的宗教又是怎样发展起来的呢？在人类社会和文化最初发达的地区，例如埃及、两河流域、印度和中国，都是以农业生产为主的。因此，给农业丰收带来最大影响的太阳、江河和土地等天地之神，就成为人类最早和最主要的崇拜对象。而那些带来欠收和破坏的洪水、地震、山崩、海啸……则是人们所深感畏惧而不得不屈从的神祇。除了这些，先民崇拜的还有火、生殖器官等等，因为它们也会给人类带来昌茂和繁盛。而自然界中的若干凶禽猛兽，如狮、虎、熊、巨蟒、鳄鱼……往往也成为膜拜对象，有的还成为某些部族的象征，并转化为图腾或族徽。总的来说，从事农业的先民所崇拜的对象似乎比从事游牧的先民要多一些，这大概是由于二者的生产劳动有所差异的缘故。而原始先民的上述多种崇拜，也导致了日后宗教所形成的多神现象。

原始崇拜必然要有它们的崇拜仪典，包括乞求神灵的祈祷和预测未来的占卜，还有就是要有主持和掌握仪典的执行者。人类的早期社会属于母系社会，由妇女执掌着部族的大权。因此原始宗教的祭祀也必然由妇女掌握，这就是巫。根据中外历史考证，女巫有着至高无上的神权，这一传统直到奴隶社会中还继续存在，如埃及和古罗马。在中国，现知从汉代到唐、宋一直都是女巫，宋以后才出现男巫。它表明了这种古代习俗衍延的久长。

中国正式宗教的出现大概是在东汉。佛教虽早创于印度，但在东汉明帝时才传来洛阳，并建造了中国首座佛寺白马寺。但当时佛教仅在上层统治阶级间传播，僧人是番僧，佛寺也是天竺制式。到了东汉末年，佛教才开始在民间流行，寺院也逐渐中国化。例如笮融在徐州建造的浮屠祠（当时官署称“寺”，宗教建筑称“祠”）。到南北朝时，佛教才得到真正的大发展，以后竟成为“国教”，经唐、宋直至明、清不衰。它的成功，除了历代统治者大力推广外，其教义的简明和易为广大民众接受，则是其成功的最大原因。

中国的第二大宗教是道教，它的起源应是从原始社会就存在的巫，传统的施法、驱鬼，再加上后来的五行、阴阳之说，是它的主要内容，但在汉代它还未形成正式的宗教。即使是东汉末年黄巾起义时所出现的太平道和五斗米道，都只是道教的雏形，还是离不开巫术的范畴，虽渗入了一些阴阳之说，并未形成什么正规的教义。后来知识分子将老子李耳附会为道家的始祖，东晋时又增添了黄老之说，才有了正式的教义。再吸收了佛教的组织形式和宗教仪式，因此道教的正式成立，应当在东晋以后。由于是出于土生土长，道教一直自称是中国的正统宗教，从而极力反对一切外来者，因此历史上也出现过多次佛、道之争。但由于道教本身的种种缺点，以及在民间难以普及，最后终于处佛教之下风。

伊斯兰教又称回教，是中国的第三大宗教，它何时传入中国，众说纷纭，莫衷一是。其大致时间应在唐朝。陆路是经由西域传到长安。海路则由波斯等地传到我国的广州、泉州一带，但范围仅及于沿海地区。当时来到我国的伊斯兰教徒主要是经营商业，运来非洲的象牙、香料和西亚的工艺品，运走中国的瓷器和丝绸，传布教义尚在其次，这和佛教完全不同。及至元代，蒙古人先曾征服西亚和中亚，并带来大量信奉伊斯兰教的色目人。当时对外的海运也很发达，来华经商的人更多，所至地域也逐渐深入内地，如江苏的扬州，就是当时他们在华较为集中的城市之一，现在还留下了伊斯兰礼拜寺和墓地。由于通商、通婚，交往日益密切，中国人信仰伊斯兰教的也日益增加，经过明、清两代，中国西北的新疆、甘肃、宁夏等省信仰此教的民众已占有很大比例，而陕西、河南、山东等省的回民，亦不在少数。

流行于欧洲（后来传到美洲）的天主教、基督教，虽在唐太宗时曾有少数信徒来到长安，当时称为大秦景教，但随后因武宗取缔而销声匿迹。然自明代利玛窦等来华以后，特别是经过清末的帝国主义列强入侵，西方传教士来华人数日益增加，除了国内的大中城市外，许多人还深入到边远内地的穷乡僻野，除设立教堂，宣传教义，并开办学校、医院……除了西北地区，后来他们在中国的势力，似已在道教和伊斯兰教以上。

二、其次要谈一谈我国宗教的建筑

即使在原始崇拜时期，为了举行崇拜仪式，必须设置祭祀的地点，它们可能在室外，也可能在室内，但都经过人工的处置，这就是最早的宗教建筑。随着社会的发展，宗教活动也愈来愈频繁，内容愈来愈丰富，因此对建筑的需求也愈来愈多，终于形成了一整套能满足各种宗教需求的建筑体系。

甲、佛教建筑大体上可划分为佛寺、石窟寺、摩崖石刻和僧人墓塔四大类。

1. 佛寺：现以汉族佛寺为介绍对象，其余藏、蒙、傣族佛教暂不列此。

中国早期佛寺总平面仍以塔为中心，其周围设置廊、院及门、殿。这是抄袭印度和西域的形制，从东汉到南北朝初期基本都采用这种方式，它后来又影响朝鲜和日本。而依照中国传统的宫殿、住宅式样，沿中轴线布置若干庭院的佛寺平面，也出现在南北朝。此类佛寺以大殿、佛堂为主，塔已退居次位，这种平面后来成为中国佛寺的主要形式。

佛寺依规模大小可分为：小者称“庵”，中者称“堂”，大者称“寺”，而最大者则在寺名前加“大”字，如北宋东京著名的大相国寺。大寺中又可分为相对独立的若干院，如观音院、罗汉院、达摩院、山池院等，多者可达数十院。

在单体建筑方面，除入寺处的山门、天王殿外，寺中最主要的建筑是大佛殿（供奉寺中主体佛像）和塔（有单塔和双塔之分），其次则有从属的佛殿和配殿（供奉寺内次要佛像）、经堂（又称讲堂）、法堂、藏经楼（或转轮藏）、钟楼、鼓楼等，有的寺中另置戒坛、禅堂、罗汉堂（有普通式及田字形平面的）、经幢。附属建筑有方丈、斋堂、客堂、僧舍、香积厨、浴室、净堂（厕所）、仓库、杂屋、碓房、水井等。此外还有供交通之廊庑，环绕寺院之围墙。有的寺前凿有放生池，寺内还建有园林（山池院），盛植山石、花木。

2. 石窟寺：也是从印度传来的一种佛寺形式，它是依崖开山凿出洞窟，并雕刻自立体圆雕到深浅浮刻的各式大小佛像。现有此种大像的石窟寺，以山西大同云冈和河南洛阳龙门最为著名。后者的奉先寺卢舍那大佛，高达17米余。石窟之平面，由最初的椭圆形单窟逐渐发展为方形或矩形且具外廊（石刻或木构）之前、后室。在外观上也出现了屋顶、柱、阑额、斗栱、柱础等仿我国传统木建筑形式，表示它已日益中国化了。此外，甘肃敦煌的鸣沙山石窟则因石质不佳，从而以塑像和壁画为其主要表现形式。较早石窟中有的还凿出可供绕行礼诵的塔柱，保存了印度古制的遗风。

我国石窟寺的盛行期是北魏至唐、宋，元以后基本已无开凿者。

3. 摩崖石刻：是在石壁上凿出圆雕佛像或先凿出浅龛，再雕作佛像，它与石窟寺之区别是没有石室。其规模大者亦极可观，如四川乐山凌云寺大佛刻于唐代，其大佛坐像自顶至踵高58.7米，原来像外建有九层木楼阁，现已毁。

4. 僧人墓塔：一般是用以贮放僧尼“荼毗”（火化）后的骨灰，极少数也有放置肉身的。其位置大多置于佛寺之后或侧旁，常形成墓塔群。河南登封少林寺的墓塔群就是最为大家知晓的例子。

墓塔采用的形制，有密檐式塔、楼阁式塔、单层式塔和喇嘛式塔。就时代而言，前三种较早，喇嘛式墓塔出现较迟（元代及以后）。就目前数量而言，以喇嘛式墓塔为最多，单层墓塔次之。密檐式墓塔又次之，楼阁式墓塔最少。墓塔的平面，则以方形为最多，其余六角形、八角形与圆形的都不多。一般在南面开一门，由此进入塔内之小室。

墓塔大多由砖砌构，部分也有用石材的。其外形及装饰，因受到传统木构架建筑在不同时代的影响，往往在塔壁上隐出倚柱、阑额、枋、斗栱、壶门、直棂窗等。其中仅喇嘛塔式墓塔例外。

乙、道教建筑：总的说来道教建筑本身的特点并不显著。其建筑布局与佛寺差不多，只是名称略异。一般较大的道教建筑组群称为“宫”，较小的称为“观”。在单体建筑方面，亦没有佛寺中的类型多，即无塔、藏经楼、钟鼓楼等。在建筑装饰中，亦缺乏道教的特点，仅有太极图等少量图形而已。目前国内存留的最著名道教建筑是山西芮城永乐宫，建于元代，有门殿五重，其中尤以殿内的元代壁画至为精美，价值还在建筑之上。建于明代永乐年间的湖北均县武当山道观建筑群，规模居全国之冠，有殿堂三十余座，各殿依山建筑，气势宏伟。

道教之石刻造像，目前仅知有四川绵阳一处，规模不甚大，且部分已被毁坏。

丙、伊斯兰教建筑：回教寺院称为清真寺、礼拜寺，常附有教长及教徒之墓地。

新疆一带之清真寺仍保存了固有的伊斯兰建筑风格，主体建筑礼拜殿采用拱券、筒拱和穹窿结构，殿后设一朝向圣地麦加之圣龛。殿前或侧面设有拱廊。门窗则用尖形拱券形式。殿旁侧构以耸高的光塔。大的清真寺可建有几座礼拜殿，如新疆喀什阿巴伙加清真寺。附属建筑有供信徒礼拜前使用之浴室，及主持人阿訇之住所。此外，又有大片教徒墓地。建筑物外表面常贴以各色琉璃砖以构成多种形式之几何纹图案。内部壁面则以《古兰经》文及植物等图案为饰，而不用人体与动物形象。

内地明、清时期之清真寺建筑，基本已采用汉族传统建筑之结构与外观，亦有公共浴室及阿訇住所。内地之礼拜寺多无信徒墓地，亦不设光塔，但建“唤醒楼”（邦克楼）以召唤信徒前来礼拜。

丁、天主教、基督教建筑：一般称为教堂或礼拜堂。此于西方盛行之宗教传来中国后，其建筑仍基本保持旧有之格局与外观，主体建筑大多为平面长方形之礼拜堂。其入口处置门厅，其上部或两侧建以具尖顶之高大钟楼，建筑形式大致分为仿高矗式和普通式二种。建筑结构为木屋架，外护以砖石墙垣。门窗上部或做成拱形或尖拱状，有的还用棂条及彩色琉璃构成多幅表现圣迹或几何形之图案。

任教职之牧师、修女则另建住所，少数且附有专用之小礼拜堂。其建筑形式，除前述者外，有的已与西式普通住宅无殊。

位于偏僻地区之教堂，或因建筑条件之不充分（材料、施工条件、工匠水平……），其形制已受到当地建筑之强烈影响。